U0445310

文化伟人代表作图释书系

An Illustrated Series of Masterpieces of the Great Minds

非凡的阅读

从影响每一代学人的知识名著开始

知识分子阅读，不仅是指其特有的阅读姿态和思考方式，更重要的还包括读物的选择。在众多当代出版物中，哪些读物的知识价值最具引领性，许多人都很难确切判定。

“文化伟人代表作图释书系”所选择的，正是对人类知识体系的构建有着重大影响的伟大人物的代表著作，这些著述不仅从各自不同的角度深刻影响着人类文明的发展进程，而且自面世之日起，便不断改变着我们对世界和自然的认知；不仅给了我们思考的勇气和力量，更让我们实现了对自身的一次次突破。

这些著述大都篇幅宏大，难以适应当代阅读的特有习惯。为此，对其中的一部分著述，我们在凝练编译的基础上，以插图的方式对书中的知识精要进行了必要补述，既突出了原著的伟大之处，又消除了更多人可能存在的阅读障碍。

我们相信，一切尖端的知识都能轻松理解，一切深奥的思想都可以真切领悟。

■ 文化伟人代表作图释书系

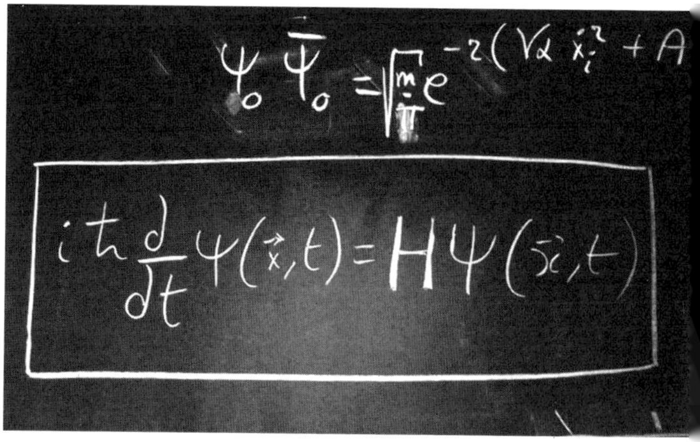

量子力学的数学基础

Mathematical
Foundations of
Quantum Mechanics

[美] 约翰·冯·诺依曼 / 著

景　婧 / 译

重慶出版社

图书在版编目（CIP）数据

量子力学的数学基础 /（美）约翰·冯·诺依曼著；
景婧译. -- 重庆：重庆出版社，2025. 6.
ISBN 978-7-229-20104-3

Ⅰ. O413.1
中国国家版本馆CIP数据核字第20259D0C13号

量子力学的数学基础
LIANGZILIXUE DE SHUXUEJICHU
〔美〕约翰·冯·诺依曼 著　景 婧 译

策 划 人：刘太亨
责任编辑：苏 丰
特约编辑：冯雁飞
责任校对：刘 刚
封面设计：日日新
版式设计：曲 丹

重庆出版社 出版
重庆市南岸区南滨路162号1幢　邮编：400061
重庆博优印务有限公司印刷
重庆出版社有限责任公司发行
全国新华书店经销

开本：720mm×1000mm　1/16　印张：23.75　字数：400千
2025年6月第1版　2025年6月第1次印刷
ISBN 978-7-229-20104-3
定价：58.00元

如有印装质量问题，请向重庆出版社有限责任公司调换：023-61520678

版权所有，侵权必究

译者序

本书作者约翰·冯·诺依曼（John von Neumann，1903—1957）是20世纪最重要的科学家之一。这位科学全才在计算机科学、物理学、化学、博弈论、核武器、生化武器等领域均做出了杰出的贡献，因其成就斐然，被后人尊称为“现代计算机之父”“博弈论之父”，享誉全球。美国物理学家，诺贝尔奖物理学获得者汉斯·贝特（Hans Bethe）曾对约翰·冯·诺依曼给予了极高的评价：“我有时在思考，约翰·冯·诺依曼这样的大脑，是否暗示着存在比人类更高级的生物物种。”

在约翰·冯·诺依曼的毕生研究工作中，希尔伯特空间上的算谱论和算子环论的研究占有重要的支配地位。他在这方面发表的文章数量大约占了他所发表的论文总数的三分之一，其中包括对线性算子性质极为详细的分析和对无限维空间中算子环进行的代数方面的研究。《量子力学的数学基础》是约翰·冯·诺依曼在20世纪30年代撰写的经典代表著作之一，已经被证实对量子物理学的发展具有极其重要的价值。这部革命性的著作通过探索量子力学的数学结构，以深入洞察量子物理学。在本书中，他首先介绍了埃尔米特算子和希尔伯特空间理论并将其视为量子力学的确定形式，而这也为量子力学提供了数学框架；随后，他介绍了量子统计学的概念以及它的演绎发展；最后，他还将严谨的数学理论与量子理论中的一些普遍问题相应对，例如热力学问题以及测量问题。

约翰·冯·诺依曼所著原书*Mathematishe Grundlagender Quantummechanik Dover*（1947）后由Robert T. Beyer翻译为英文版*Mathematical Foundations of Quantum Mechanics*（1955）。因约翰·冯·诺依曼曾亲自参与该英文版本的修订，其内容与原著偏差较小。为此，本书采用该英文版作为原本。因原著是专业性较强的学术类专著，译者秉持忠实原文的原则，结合学术图书的特征，力求译文兼具专业性、密集性、客观性、严谨性与正式性。也正因书中部分内容专业性过强，译文难免存在些许疏漏及有失精准之处，译者在此诚挚地欢迎各位专家、读者鉴读，万望不吝赐教。

本书得以付梓，得到多方专业人士的帮助。在本书翻译之初，上海交通大学粒子与核物理研究所的楚旻寰博士，为译文专业词表的确定与修订给出了宝贵意见，并对本书部分译文进行了审校。中国科学院大学概率论与数理统计专业理学博士、上海对外经贸大学统计与信息学院李瑞囡副教授，在数学专业知识方面给予译者极大的帮助与支持。在此，译者一并表示衷心的感谢！此外，译者还要着重感谢重庆出版社的编辑在本书出版过程中所付出的辛勤努力。书稿翻译期间，受上海艰难的工作条件所限，翻译工作异常艰辛，幸而最终不负使命，谨以此书为念。愿以译者微薄之力，助力真理的传播。

景　婧

2022年7月于上海

序言

本书旨在以一种统一的形式来呈现新量子力学，力求集各种可能性、实用性为一体，并在数学上具有严谨性。近年来，这种新量子力学的基础部分已经形成了一种确定的形式，即所谓的“变换理论”。因此，本书将把重点放在与该理论相关的一般问题和基本问题上。特别需要关注的是对那些难题的诠释，其中许多问题至今尚未得到完全解决，仍有待深入研究。在这种情况下，量子力学与统计学，以及与经典统计力学之间的关系就显得尤为重要。但我们通常不讨论量子力学的方法在具体问题上的应用，也不讨论由一般理论推导出的特殊理论——至少这么做不会影响对一般关系的理解。这样看来是更加可取的，因为解决这些问题的几种优秀方法，不是在刊载印刷过程中，就是已经在出版发行的过程中[1]。

此外，本书将对该理论所需的数学工具予以介绍，即希尔伯特空间理论，以及所谓的埃尔米特算子。为此，还需要对无界算子进行准确细致的介绍，即将理论扩展到其经典限制以外[无界算子由希尔伯特（David Hilbert），赫林格（Ernst Hellinger），里斯（Frigyes Riesz），施密特（Erhard Schmidt）和特普利茨（Otto Toeplitz）共同发展]。有关该模式中所采用的方法，可作如下说明：作为规定，运算应该使用算子本身（代表相应的物理量）进行，而非通过矩阵进行。矩阵是通过在希尔伯特空间中引入一个（特殊且任意的）坐标系之后，由算子产

〔1〕除此之外，还有以下的综合性著作：Sommerfeld，*Supplement to the 4th edition of Atombau and Spektrallinien*，Braunschweig，1928；Weyl，*The Theory of Groups and Quantum Mechanics*（translated by H. P. Robertson），London，1931；Frenkel，*Wave Machanics*，Oxford，1932；Born and Jordan，*Elementare Quantenmechanik*，Berlin，1930；Dirac，*The Principles of Quantum Mechanics*，2nd ed.，Oxford，1936。

□ 埃尔米特

夏尔·埃尔米特（Charles Hermite，1822—1901），法国数学家，因证明e是超越数而闻名。研究领域涉及数论、线性泛函分析、不变量理论、正交多项式、埃尔米特多项式等。其关于内积空间中埃尔米特算子（自伴算子）富有趣味的理论成为了半个世纪后兴起的量子力学研究的代数工具。“埃尔米特算子可与实数类比，其特征值一定是实数”这一基础性质，是量子力学必须引用自伴算子来表达可观测物理量的最大原因。

生的。这种“不依赖于坐标”的方法（即不变量方法），因其强烈的几何语言特征，而具有明显的形式优势。

狄拉克（Paul Dirac）在其几篇论文以及近期出版的著作中，已经对量子力学作过表述。该表述在简洁性与优雅性方面几乎无人能超越，同时还兼具了不变性。但是我们的方法与狄拉克的方法相比，存在着很大差异。因此，在此就我们的方法提出一些论点并予以阐释。

上文提及的狄拉克方法（其理论清晰、表述优雅，但现如今大部分量子力学的文献都忽略了这一点），并不符合数学严谨性的要求。即便把这些方法进行自然且适当的约化，使其达到在理论物理学其他方面也司空见惯的程度，该方法仍不满足数学的严谨性。例如，该方法遵循以下构想：每个自伴随算子均可以化为对角线形式。而对于那些实际上并非如此的算子，需要引入具有自相矛盾特性的“非正常”函数。在狄拉克方法中，通常必须插入这样一种数学“虚构”，即便要解决的问题只是对已有明确定义的实验结果进行数值上的计算，也必须插入该“虚构”。如果这些概念——从本质上来讲对物理理论是必要的，只是尚不能纳入当今的分析框架，那么在此也毫无异议。因此，就好像在牛顿力学首先带来无穷小微积分的发展时，其原始形式无疑是不自洽的，所以量子力学可能也会为我们的“无穷多变量分析”提出一种新的结构——也就是说，必须改变的是数学技巧，而不是物理理论。更应该指出的是，量子力学的“变换理论”可以同样以清晰、统一的方式构建，而不存在任何数学上的异义。需要强调的是，正确的结构不在于对狄拉克方法作数学上的改进与解释，而需要从一开始就采用完全不同的步骤，即以希尔伯特算子理论为基础。

在对基本问题的分析中，将展示如何从一些定性的基本假设中推导出量子力学的统计公式。此外，在我们对本质的描述中还将详细讨论，是否有可能将量子力学的统计特征追溯至“模棱两可”（即不完全性）的程度。事实上，这种解释是一般性原则的自然伴随物，即每个概率陈述都源于我们知识的不完整性。这种基于“隐参数”的解释，以及与之相关的另一种将“隐参数”归因于观察者而不是被观察系统的解释，已被提及多次了。但这似乎很难以令人满意的方式为人们所接受，或者更准确地说，这种解释与量子力学的某些定性的基本假设不兼容[1]。

本书还考虑了统计学与热力学之间的关系。更深入的研究表明，众所周知的经典力学的困难与热力学基础所必需的“无序”假设有关，而应用本方法可消除这一困难[2]。

---

〔1〕详情请参阅第四章以及6.3节。

〔2〕详情请参阅第五章。

目录 CONTENTS

第三章 量子统计学

第四章 理论的演绎与发展

第五章 一般考虑

第六章 测量过程

第一章　导　论

1.1 变换理论的起源

在普朗克（Max Planck）、爱因斯坦（Albert Einstein）和玻尔（Niels Bohr）[1]的引领下，量子理论在1900至1925年间取得了长足的发展。然而本书并非要突显这一成就。在这一发展阶段的末期，所有基本过程即所有原子或分子量级的现象，都毫无意外地遵循着量子的“离散”定律。通过各种定量研究方法、量子理论研究方法所得出的结果，大都与实验结论完美吻合，或者相差不大。更有实质性的意义在于，理论物理学界已经普遍接受了这一观点：在人类可感知的宏观世界中占主导地位的连续性原理所模拟的仅仅是不连续的真实世界中的平均过程。这种模拟通常可以使人类同时感知到数十亿个基本过程的总和，从而导致大数平均规律完全掩盖了个别过程的真实本质。

然而，那时还不存在这么一个量子理论的数理体系，能够把当时所有已知的相关知识都囊括在一个统一的结构中，就更别说一个可以体现（被量子力学现象所干扰的）力学、电动力学和相对论之间不朽稳固性的系统了。尽管据称量子理论具有一般性（这已被证实），但缺乏必要的形式和概念性工具来描述。那时所有的仅仅是由本质各不相同、相互独立、混杂且部分内容相互

[1] 主要阶段为：普朗克在黑体辐射案例中发现的量子定律［参见其著作 Planck, *The Theory of Heat Radiation*（translated by M. Masius）, Philadephia, 1914］；爱因斯坦提出的有关光微粒性质的假设（光量子理论），其中首次给出有关二重形式波－粒子的例子，如今二重形式已为我们所熟知，它主导了整个微观物理学；玻尔将这两组规则应用于原子模型。

矛盾的信息碎片所组成的集合体。在这方面最突出的要点是：分属于经典力学和电动力学的对应原理（它们对于问题的最终解释起到了决定性的作用）；光自相矛盾的二重性（波动性与粒子性）；以及非量子化（非周期性）与量子化（周期性或多周期性）运动的存在性[1]。

解决方案诞生于1925年。海森堡（Werner Heisenberg）首创了一个量子理论体系，随后由玻恩（Max Born）、海森堡和若尔当（Marie E. C. Jordan）共同完善，尔后又由狄拉克将其发展为一个量子理论的新体系。这就是物理学所拥有的第一个完整的量子理论体系。不久之后，薛定谔（Erwin Schrodinger）从完全不同的角度出发发展了波动力学。它也实现了同样的目标，并且很快被证实与海森堡、波恩、若尔当和狄拉克所建体系等价（至少在数学意义上是等价的，见本书1.3节和1.4节）[2]。基于玻恩对自然界量子理论描述的统计阐释，狄拉克和若尔当才得以将这两种理论合二为一，得到了“变换理论”。在变换理论中，这两种理论以互补的方式相结合，既实现了对物理问题的掌控，又将这些物理问题的数学形式变得十分简洁。

还需一提的是（虽然这并不属于本书的特定主题），在古德施密特（S. A. Goudsmit）和乌伦贝克（George E. Unlenbeck）发现了电子磁矩和自旋之后，早期量子理论的所有困难几乎都消失了。于是我们拥有了一个近乎完全令人满

---

〔1〕多周期运动的量子定律（已添加到力学定律中）最早由爱泼斯坦-萨默菲尔德（Epstein–Sommerfeld）提出（参见Sommerfeld，*Atombau and Spektrallinien*，Braunschweig，1924）。另一方面，经查证，自由运动质点或在双曲线轨道上的行星（与在椭圆轨道上的行星相反）是“非量子化的”。读者可以在以下著作中找到对量子理论这一阶段的完整处理：Reiche，*The Quantum Theory*（translated by H. S. Hatfield and H. L. Brose），New York，1922；Landé，*Fortschritte der Quantentheorie*，Dresden，1922。

〔2〕这一点已经被薛定谔所证明。

意的力学系统。诚然，前面所提到的电动力学和相对论尚未实现完全的统一，但至少我们已经拥有了一个一般适用的力学，它将量子定律以自然与必要的方式融入，并且令人满意地解释了我们大多数的实验结果[1]。

---

〔1〕目前的状况可以叙述如下：迄今为止，该理论在处理个别电子，或者处理原子或分子的电子壳层方面是十分成功的，就像处理静电力作用，处理与光的产生、传输和转换相关的电磁过程那样。另一方面，为了解决电子问题、尽一切努力开发出了电磁学的广义相对理论，虽然该理论取得了部分令人瞩目的成功，但若是不引入其他全新理念，仍然无法解决该理论所面临的巨大困难。

1.2 量子力学的原始表达

为了对该问题有一个初步认识，我们先简要概述一下海森堡－玻恩－若尔当的“矩阵力学”和薛定谔的“波动力学”的基本结构。

上述两种理论均首次提出了一个经典的力学系统，那就是哈密顿函数 $H(q_1, \cdots, q_k, p_1, \cdots, p_k)$ 表征的力学系统。（这意味着以下内容可以在力学教科书中找到更为详细的描述：设系统有 k 个自由度，即其存在状态由所给出的 k 个坐标 $q_1, \cdots, q_k$ 的数值来确定。能量是坐标及其时间导数的给定函数

$$E = L(q_1, \cdots, q_k, \dot{q}_1, \cdots, \dot{q}_k)$$

并且通常是导数 $\dot{q}_1, \cdots, \dot{q}_k$ 平方的函数。坐标 $q_1, \cdots, q_k$ 的“共轭矩阵” $p_1, \cdots, p_k$ 由关系式

$$p_1 = \frac{\partial L}{\partial \dot{q}_1}, \cdots, p_k = \frac{\partial L}{\partial \dot{q}_k}$$

确定。在上述步骤对 L 所作的假设下，它们线性地取决于 $q_1, \cdots, q_k$。如果有需要，我们可以用 $p_1, \cdots, p_k$ 消去 L 中的 $\dot{q}_1, \cdots, \dot{q}_k$，从而得到：

$$E = L(q_1, \cdots, q_k, \dot{q}_1, \cdots, \dot{q}_k) = H(q_1, \cdots, q_k, p_1, \cdots, p_k)$$

这里的 H 就是哈密顿函数。）在这两种理论中，我们现在必须尽可能地从哈密顿函数中了解系统的真实行为，即量子力学性态尽可能多的信息。因此，我们必须先确定[1]可能的能量水平，然后找出相应的“定态”，并计算“转移

---

〔1〕众所周知，根据经典力学，运动由哈密顿函数确定，因为它产生了运动方程

$$\dot{q}_l = \frac{\partial H}{\partial p_l}, \quad \dot{p}_l = -\frac{\partial H}{\partial q_l} \quad (l = 1, \cdots, k)$$ （转下页）

概率”，等等[1]。

针对这一问题，矩阵理论给出的解决方向如下：寻求一个由 $2k$ 个矩阵 Q_1，…，Q_k，P_1，…，P_k 组成的系统[2]，它首先要满足以下关系：

$$\left.\begin{array}{l} Q_mQ_n - Q_nQ_m = O,\ P_mP_n - P_nP_m = O \\ P_mQ_n - Q_nP_m \begin{cases} = O & \text{当 } m \neq n \text{ 时} \\ = \dfrac{h}{2\pi i}1 & \text{当 } m = n \text{ 时} \end{cases} \end{array}\right\} (m,\ n = 1,\ \cdots,\ k)$$

其次，矩阵 $W = H(Q_1,\ \cdots,\ Q_k,\ P_1,\ \cdots,\ P_k)$ 为对角矩阵。（我们不在这里详细介绍这些方程的起源，尤其是被称作“可对易法则”的第一组方程，它支配着该理论下整个非可对易矩阵的演算。量值 h 是普朗克常数。）W 的对角线元素，记为 w_1，w_2，…，是系统允许的不同能量水平。矩阵 Q_1，…，Q_k 的元素记为 $q_{mn}^{(1)}$，…，$q_{mn}^{(k)}$，这些矩阵的元素在一定程度上决定了系统的转移概率（由能

（接上页）在发现量子力学之前，人们曾试图在保留这些方程的条件下，尝试通过使用补充附加量子条件的方程来解释量子现象。

当时间 $t = 0$ 时，根据 q_1，…，q_k，p_1，…，p_k 的每一组值，运动方程能确定该运动随时间的变化，即系统在 $2k$ 维“相空间” q_1，…，q_k，p_1，…，p_k 中的“轨道”。因此，任何的附加条件都会造成可能的初始值或轨道被限制在某一特定的离散集合内的情况。（因此，对应于少数可能接受的轨道，只有少数可能的能量水平。）虽然量子力学已经完全打破了这种方法，但是哈密顿函数从一开始就起到了重要作用，这是显而易见的。事实上，大量的实验证明了玻尔对应原理的有效正确性。该原理断言，在所谓的大量子数的极限情况下，量子理论一定会得出与经典力学相一致的结果。

[1] 后三个概念取自玻尔主导的旧量子理论。稍后我们将从量子力学的角度详细分析这些概念。参见 3.6 节中的辐射理论。可通过玻尔于 1913 年至 1916 年间发表的关于原子结构的论文追踪其发展的历史根源。

[2] 一个更详细的数学分析表明，这必定是个无穷矩阵问题。我们不打算在此对该类矩阵的性质进行深入的讨论，因为稍后我们将对其进行彻底的分析。就目前而言，能够理解已知的矩阵加法和乘法规则，并基于此对这些矩阵进行形式上的代数计算就已经足够了。我们分别用 0 和 1 来表示零矩阵（所有元素恒为 0）和单位矩阵（主对角线上的元素等于 1，其他元素均为 0）。

□ 普朗克常数

普朗克常量记为 h，数值为 6.62607015×10^{-34} m^2kg/s，它是一个物理常量，用以描述量子大小。普朗克在 1900 年研究物体热辐射规律时发现，只有假定电磁波的发射和吸收不是连续的，而是一份一份地进行，计算的结果才能和实验结果相符。这样的一份能量叫作能量子，每一份能量子等于普朗克常量乘以电磁辐射的频率。普朗克从纯数学上考虑，得出每个量子携带的能量为 $E=h\nu$。在几乎一个世纪中，普朗克常量在原子物理学的计算中占支配地位，却无法对它给予解释，它是自然界中一个基本的和不变的事实。

量为 w_m 的第 m 个状态转变到能量为 w_n 的第 n 个状态，$w_m > w_n$ 的概率）和由此在转变过程中发出的辐射。

此外，需要注意的是，矩阵

$$W = H(Q_1, \cdots, Q_k, P_1, \cdots, P_k)$$

并非完全由 $Q_1, \cdots, Q_k, P_1, \cdots, P_k$ 及经典力学中的哈密顿函数 $H(q_1, \cdots, q_k, p_1, \cdots, p_k)$ 决定，因为 Q_l 与 P_l 在做乘法时并不是相互可换的。不过从经典力学的意义上考虑，在函数 $H(q_1, \cdots, q_k, p_1, \cdots, p_k)$ 中区分 p_1q_1 与 q_1p_1 是没有任何意义的。因此，我们必须根据 H 来确定变量 q_l 和 p_l 的顺序，这超出了该表达式的经典含义。这一过程还没有被一般地实现，但对于特殊情况的适当排列是已知的。（在最简单的情况下，只要所研究的系统由粒子组成，那么就有 $k=3\nu$ 个坐标 $q_1, \cdots, q_{3\nu}$ 使得例如 $q_{3\mu-2}, q_{3\mu-1}, q_{3\mu}$ 是第 μ 个粒子的三个笛卡尔坐标，$\mu=1, \cdots, \nu$。其中，这些粒子的相互作用是由势能 $V(q_1, \cdots, q_{3\nu})$ 给出的，这是毋庸置疑的。那么经典的哈密顿函数就是

$$H(q_1, \ldots, q_{3\nu}, p_1, \ldots, p_{3\nu}) = \sum_{\mu=1}^{\nu} \frac{1}{2m_\mu}(p_{3\mu-2}^2 + p_{3\mu-1}^2 + p_{3\mu}^2) + V(q_1, \ldots, q_{3\nu})$$

其中，m_μ 是第 μ 个粒子的质量，$p_{3\mu-2}, p_{3\mu-1}, p_{3\mu}$ 是其动量的分量。代入矩阵

$$Q_1, \cdots, Q_{3\nu}, P_1, \cdots, P_{3\nu}$$

后，其意义十分清晰。特别是，引入势能毫不困难，因为所有的 $Q_1, \cdots, Q_{3\nu}$ 之间都能够进行相互交换。）重要之处在于，允许的只有埃尔米特矩阵，即其元素满足关系 $a_{mn} = \overline{a_{nm}}$ 的矩阵 $A=\{a_{mn}\}$（a_{mn} 可能为复数）。因此，当所有 $Q_1, \cdots,$

Q_k，P_1，…，P_k 均为埃尔米特矩阵时

$$H(Q_1, \cdots, Q_k, P_1, \cdots, P_k)$$

必定是埃尔米特矩阵。这涉及上述问题中有关因子顺序的某些限制。但是，想要从经典的 $H(q_1, \cdots, q_k, p_1, \cdots, p_k)$ 中唯一地确定出 $H(Q_1, \cdots, Q_k, P_1, \cdots, P_k)$，这一限制还是不充分的[1]。

另一方面，波动力学的研究方向如下：我们首先构建哈密顿函数 $H(q_1, \cdots, q_k, p_1, \cdots, p_k)$，然后对系统构形空间（并非在相空间中，即 p_1，…，p_k 不会在 ψ 中出现）中的一个任意函数 $\psi(q_1, \cdots, q_k)$ 进行微积分方程

$$H\left(q_1, \cdots, q_k, \frac{h}{2\pi i}\frac{\partial}{\partial q_1}, \cdots, \frac{h}{2\pi i}\frac{\partial}{\partial q_k}\right)\psi(q_1, \cdots, q_k) = \lambda\psi(q_1, \cdots, q_k)$$

的构建。这样

$$H\left(q_1, \cdots, q_k, \frac{h}{2\pi i}\frac{\partial}{\partial q_1}, \cdots, \frac{h}{2\pi i}\frac{\partial}{\partial q_k}\right)$$

便被简单地看作一个泛函算子。例如，前面提到的算子

$$H(q_1, \cdots, q_{3v}, p_1, \cdots, p_{3v}) = \sum_{\mu=1}^{v}\frac{1}{2m_\mu}(p_{3\mu-2}^2 + p_{3\mu-1}^2 + p_{3\mu}^2) + V(q_1, \cdots, q_{3v})$$

把函数 $\psi(q_1, \cdots, q_3)$ 变换为

$$\sum_{\mu=1}^{v}\frac{1}{2m_\mu}\left(\frac{h}{2\pi i}\right)^2\left(\frac{\partial^2}{\partial q_{3\mu-2}^2}\psi + \frac{\partial^2}{\partial q_{3\mu-1}^2}\psi + \frac{\partial^2}{\partial q_{3\mu}^2}\psi\right) + V\psi$$

（我们在 V 与 ψ 中忽略了变量 q_1，…，q_{3v}）。因为算式

---

〔1〕若 Q_1 与 P_1 是埃尔米特函数，则 Q_1P_1 与 P_1Q_1 都一定不是埃尔米特函数，但 $\frac{1}{2}(Q_1P_1+P_1Q_1)$ 恒为埃尔米特函数。对于 $Q_1^2P_1$，我们还应该考虑 $\frac{1}{2}(Q_1^2P_1 + P_1Q_1^2)$ 和 $Q_1P_1Q_1$（但是，由于 $P_1Q_1 - Q_1P_1 = \frac{h}{2\pi i}\boldsymbol{I}$，两个表达式恰好相等）。对于 $Q_1^2P_1^2$，我们还应该考虑 $\frac{1}{2}(Q_1^2P_1^2 + P_1^2Q_1^2)$，$Q_1P_1^2Q_1$ 和 $P_1Q_1^2P_1$，等等（这些表达式在上述特殊情况下并不完全一致）。目前我们暂不深入探讨这一问题，因为稍后展开的算子微积分将清晰地呈现这些关系。

$$q_1 \frac{h}{2\pi i} \frac{\partial}{\partial q_1}$$

不同于算式

$$\frac{h}{2\pi i} \frac{\partial}{\partial q_1} q_1$$ [1]

这里也存在着不确定性，因为在 $H(q_1, \cdots, q_k, p_1, \cdots, p_k)$ 中，q_m 与 q_n 项的顺序模糊不清。不过，薛定谔指出了如何消除这种不确定性的方法：通过约化到某个确定的变分原理，从而使微分方程成为“自伴随的”。

现在这个微分方程（“波动方程”）具有本征值问题的特征，其中 λ 被解释为本征值参数，而本征函数 $\psi=\psi(q_1, \cdots, q_k)$ 在构形空间（也就是 $q_1, \cdots, q_k$ 的空间）的边界上等于 0，并且要求本征函数具有正则性与单值性。从波动理论的意义上讲，本征值 λ（无论是离散谱还是连续谱[2]）都是系统允许的能量水平。甚至对应的（复）本征值，也与对应的系统状态（玻恩视角下的“定态”）相联系。对一个有 v 个电子的系统（$k=3v$，如上，e 是电子的电荷），在 x, y, z 点对其第 μ 个电子的电荷密度进行测量，其表达式为

$$e \underbrace{\int \cdots \int}_{(3v-3)\text{ fold}} |\psi(q_1 \cdots q_{3\mu-3} xyz\, q_{3\mu+1} \cdots q_{3v})|^2 \mathrm{d}q_1 \cdots \mathrm{d}q_{3\mu-3} \mathrm{d}q_{3\mu+1} \cdots \mathrm{d}q_{3v}$$

据薛定谔所述，该电子可以被看作是“污染”了整个 $x, y, z(=q_{3\mu-2}, q_{3\mu-1},$

---

[1] 我们有：

$$\frac{h}{2\pi i} \frac{\partial}{\partial q_1}(q_1\psi) = q_1 \frac{h}{2\pi i} \frac{\partial}{\partial q_1}\psi + \frac{h}{2\pi i}\psi$$

因此

$$\frac{h}{2\pi i} \frac{\partial}{\partial q_1} \cdot q_1 - q_1 \cdot \frac{h}{2\pi i} \frac{\partial}{\partial q_1} = \frac{h}{2\pi i} \cdot 1$$

这里 1 为等同算子（把 ψ 变换为其本身），即 $\frac{h}{2\pi i} \frac{\partial}{\partial q_1}$ 和 q_1 都满足与矩阵 P_1 和 Q_1 相同的交换法则。

[2] 稍后将在 2.6 节至 2.9 节中给出关于谱及其类型的精确定义。

$q_{3\mu}$）所处的空间。（为了使总电荷为 e，ψ 必须通过以下条件归一化

$$\underbrace{\int\cdots\int}_{(3\nu)\ \text{fold}}|\psi(q_1\cdots q_{3\nu})|^2\,\mathrm{d}q_1\cdots\mathrm{d}q_{3\nu}=1$$

本积分是针对所有 3ν 个变量进行的。对每个 $\mu=1$，…，ν，得到同样的方程。）

此外，波动力学还可以通过以下方式，对不处于玻尔定态[1]的系统进行观察：如果系统状态不是定态，即如果它随时间的变化而变化，那么波函数

$$\psi=\psi(q_1,\ \cdots,\ q_k;\ t)$$

中包含时间 t，并且其变化由以下微分方程决定

$$-H\left(q_1,\ \cdots,\ q_k,\ \frac{h}{2\pi\mathrm{i}}\frac{\partial}{\partial q_1},\ \cdots,\ \frac{h}{2\pi\mathrm{i}}\frac{\partial}{\partial q_k}\right)\psi(q_1,\ \cdots,\ q_k;\ t)$$

$$=\frac{h}{2\pi\mathrm{i}}\frac{\partial}{\partial t}\psi(q_1,\ \cdots,\ q_k;\ t)$$ [2]

也就是说，当 $t=t_0$ 时，ψ 可以任意给定，并对所有的 t 唯一确定。正如对两个薛定谔微分方程进行比较所显示的那样，即便是处于定态的 ψ，实际上也是取决于时间的，但其对于时间 t 的依赖可以表示为

$$\psi(q_1,\ \cdots,\ q_k;\ t)=\mathrm{e}^{-\frac{2\pi\mathrm{i}}{h}\lambda t}\psi(q_1,\ \cdots,\ q_k;\ t)$$

也就是说，t 只出现在绝对值为 1 的因子中，而与 q_1，…，q_k（构形空间中的常数）无关。因此，诸如我们前面定义的“电荷密度分布”就并不会发生任何改变（我们通常假定，对 ψ 而言，绝对值为 1 且在构形空间中为常数的因子，在本质上是不可观察的。稍后我们将通过更为详细的考量来证实这一点）。

---

〔1〕在矩阵力学的原始框架中（参见前面的介绍），并没有给出这样一个关于一般状态的概念（其中定态是一种特殊情况）。只有根据能量的本征值进行排列的定态才是该理论的研究对象。

〔2〕$H(q_1,\ \cdots,\ q_k,\ p_1,\ \cdots,\ p_k)$ 也可以明确地包含时间 t。当然，在那种情况下通常是绝不会出现定态的。

由于第一个微分方程的本征函数构成了一个完全标准的正交系[1]，我们可以根据这组函数来展开每个 $\psi=(q_1, \cdots, q_k)$。如果 ψ_1，ψ_2，…是本征函数（都不取决于时间 t），且 λ_1，λ_2，…分别为它们相对应的本征值，则其展开式为

$$\psi(q_1, \cdots, q_k)=\sum_{n=1}^{\infty} a_n \psi_n(q_1, \cdots, q_k)$$ [2]

若 ψ 仍与时间相关，则将 t 引入系数 a_n 中（另外，本征函数集 ψ_1，ψ_2，…在此处和在随后的所有内容中，都应被理解为与时间无关）。因此，如果当前的 $\psi=\psi(q_1, \cdots, q_k)$ 实际上是 $\psi=\psi(q_1, \cdots, q_k; t_0)$，那么可知，它遵循以下运算：

$$\psi=\psi(q_1, \cdots, q_k; t)=\sum_{n=1}^{\infty} a_n(t) \psi_n$$

$$H\psi=\sum_{n=1}^{\infty} a_n(t) H\psi_n=\sum_{n=1}^{\infty} \lambda_n a_n(t) \psi_n$$

$$\frac{h}{2\pi i}\frac{\partial}{\partial t}\psi=\sum_{n=1}^{\infty}\frac{h}{2\pi i}\dot{a}_n(t)\psi_n$$

令上述第二个微分方程中两边的系数相等，可得

$$\frac{h}{2\pi i}\dot{a}_n(t)=-\lambda_n a_n(t),\quad a_n(t)=c_n e^{-\frac{2\pi i}{h}\lambda_n t}$$

即

$$a_n(t)=e^{-\frac{2\pi i}{h}\lambda_n(t-t_0)} a_n(t_0)=e^{-\frac{2\pi i}{h}\lambda_n(t-t_0)} a_n$$

$$\psi=\psi(q_1, \cdots, q_k; t)=\sum_{n=1}^{\infty} e^{-\frac{2\pi i}{h}\lambda_n(t-t_0)} a_n \psi_n(q_1, \cdots, q_k)$$

---

[1] 假设只存在一个离散谱，参见 2.6 节。

[2] 这些以及以下所有级数的展开，都是在“平均意义下”收敛，我们将在 2.2 节中再次探究。

因此，如果 ψ 不是定态，即除一项外的所有 a_n 均不为 0，则 ψ（对于变量 t）除了绝对值为 1 的空间常数，因子不再随 t 的变化而变化。因此，一般来说，上面定义的电荷密度也会发生变化，即在空间中发生的真实的电子振动[1]。

我们看到，这两种理论的初始概念和实践方法存在着很大的不同。尽管如此，它们从一开始就总是产生相同的结果，甚至两者还都提出了与量子理论的旧概念不同的一些细节。正如本书 1.1 节中所提及的那样，随着薛定谔证明了二者的数学等价性，这种奇特的情况很快得以解释清楚。现在我们将注意力转向对这个等价性的证明，同时解释狄拉克和若尔当的一般变换理论（上述两种理论的综合）。

〔1〕1913 年玻尔发表的最重要假设之一：这种振荡在定态下不会发生，且仅在定态下不会发生。经典电动力学则直接与之相矛盾。

1.3 两种理论的等价性：变换理论

矩阵理论的基本问题在于，首先要找到矩阵 Q_1，…，Q_k，P_1，…，P_k，以满足 1.2 节（见第 7 页）中的提到的交换法则；其次，这些矩阵的特定函数 $H(Q_1, \cdots, Q_k, P_1, \cdots, P_k)$ 可化为对角矩阵。在玻恩和若当所发表的第一篇论文中，该问题被分为两个部分：

首先，找出仅需满足交换法则的矩阵 $\overline{Q_1}$，…，$\overline{Q_k}$，$\overline{P_1}$，…，$\overline{P_k}$。这一步很容易实现，但是通常来说

$$\bar{H} = H(\overline{Q_1}, \cdots, \overline{Q_k}, \overline{P_1}, \cdots, \overline{P_k})$$

不是对角矩阵。于是，正解则由以下形式表达

$$Q_1 = S^{-1}\overline{Q_1}S, \cdots, Q_k = S^{-1}\overline{Q_k}S, P_1 = S^{-1}\overline{P_1}S, \cdots, P_k = S^{-1}\overline{P_k}S$$

其中，S 可以是一任意矩阵（但 S 必须具有逆 S^{-1}，且满足 $S^{-1}S = SS^{-1} = 1$）。由于

$$\overline{Q_1}, \cdots, \overline{Q_k}, \overline{P_1}, \cdots, \overline{P_k}$$

满足交换法则，因此 Q_1，…，Q_k，P_1，…，P_k 也满足交换法则（与 S 关系等同）。且因为

$$\bar{H} = H(\overline{Q_1}, \cdots, \overline{Q_k}, \overline{P_1}, \cdots, \overline{P_k})$$

通过 $S^{-1}\bar{H}S = H$ 转化为

$$H = H(Q_1, \cdots, Q_k, P_1, \cdots, P_k)$$ [1]

〔1〕由于
$S^{-1} \cdot 1 \cdot S = 1$, $S^{-1} \cdot aA \cdot S = a \cdot S^{-1}AS$, $S^{-1} \cdot (A+B) \cdot S = S^{-1}AS + S^{-1}BS$, $S^{-1} \cdot AB \cdot S = S^{-1}AS \cdot S^{-1}BS$，（转下页）

对于 S 唯一的要求是：$S^{-1}\bar{H}S$ 把给定的 $\bar{H}$ 转化为对角矩阵。（当然，还需注意到 $S^{-1}\overline{Q_1}S$ 正如 $\bar{Q}_1$ 等一样，都是埃尔米特矩阵。但经过仔细研究后发现，后续总能满足对 S 的这个附加条件，因此在这些初始的观察中可以不予考虑。）

总之，需要利用 $S^{-1}\bar{H}S$，将给定的 $\bar{H}$ 转化为对角阵形式。下面我们将详细地说明如何操作：

令矩阵 $\bar{H}$ 有元素 $h_{\mu\nu}$，待求矩阵 S 有元素 $s_{\mu\nu}$，（未知的）对角矩阵 H 有对角元素 w_μ 和一般元素 $w_\mu\delta_{\mu\nu}$[1]。现有 $H=S^{-1}\bar{H}S$ 与 $SH=\bar{H}S$ 等同，这表明（若将等式两边的相应元素相等同，根据我们所熟知的矩阵乘法法则）则：

$$\sum_\nu s_{\mu\nu}\cdot w_\nu\delta_{\nu\rho}=\sum_\nu h_{\mu\nu}\cdot s_{\nu\rho}$$

即

$$\sum_\nu h_{\mu\nu}\cdot s_{\nu\rho}=w_\rho\cdot s_{\mu\rho}$$

因此，矩阵 S（ρ=1，2，…）的各列 $s_{1\rho}$，$s_{2\rho}$，…与矩阵 H 的相应对角线元素 w_ρ 是所谓的“本征值问题”的解，其运算如下

$$\sum_\nu h_{\mu\nu}x_\nu=\lambda\cdot x_\mu\ (\mu=1,\ 2,\ \cdots)$$

（平凡解 $x_1=x_2=\cdots=0$ 自然排除在外。）事实上，$x_\nu=s_{\nu\rho}$，$\lambda=w_\rho$ 是一组解（虽然 S 有逆 S^{-1}，但对所有 ν 而言，$x_\nu\equiv 0$，即 $s_{\nu\rho}\equiv 0$ 是不可接受的，因为这会导致 S 的第 ρ 列全部为零从而消失）。值得一提的是，$x_\nu=s_{\nu\rho}$，$\lambda=w_\rho$ 其实是唯一的解。

实际上，上述等式表明：矩阵 $\bar{H}$ 对向量 $x=\{x_1,\ x_2,\ \cdots\}$ 的变换等于将

（接上页）因此 1，对于每个矩阵多项式 P（A，B，…）有

$$S^{-1}P(A,\ B,\ \cdots)S=P(S^{-1}AS,\ S^{-1}BS,\ \cdots)$$

如若我们选择交换关系的左边为 P，那么可以借此得到它们的不变性；如若我们选择 H，那么我们将得到 $S^{-1}\bar{H}S=H$。

〔1〕$\delta_{\mu\nu}$ 是众所周知的克罗内克符号；当 $\mu=\nu$ 时，$\delta_{\mu\nu}=1$；当 $\mu\neq\nu$ 时，$\delta_{\mu\nu}=0$。

该向量乘以常数 λ。我们用矩阵 S^{-1} 变换向量 $x=\{x_1, x_2, \cdots\}$，从而得到向量 $y=\{y_1, y_2, \cdots\}$。如果通过 H 转换 y，则它等同于通过

$$HS^{-1}=S^{-1}\bar{H}SS^{-1}=S^{-1}\bar{H}$$

转换 x。故通过 S^{-1} 转换 λx，其结果为 λy。现 Hy 有分量

$$\sum_{\nu} w_{\mu}\delta_{\mu\nu}y_{\nu}=w_{\mu}y_{\mu}$$

而 λy 有分量 λy_{μ}。因此，要求对所有 $\mu=1, 2, \cdots$，$w_{\mu}y_{\mu}=\lambda y_{\mu}$ 均成立，即当 $w_{\mu}\neq\lambda$ 时，$y_{\mu}=0$。若用 η^{ρ} 记一个向量，其第 ρ 个分量为 1，其他分量为 0，则表明：y 是对应 $w_{\rho}=\lambda$ 的那些 η^{ρ} 的线性组合；否则 $y=0$。将 S 作用于 y 可得 x 值，因此它是被 S 作用过的 η^{ρ} 的线性组合。（由于 η^{ρ} 的第 ν 个分量是 $\delta_{\nu\rho}$）$S\eta^{\rho}$ 的第 μ 个分量是：

$$\sum_{\nu} s_{\mu\nu}\delta_{\nu\rho}=s_{\mu\rho}$$

若把 S 的第 ρ 列，$s_{1\rho}$，$s_{2\rho}$，…视为一个向量，那么 x 是所有 $w_{\rho}=\lambda$ 列的线性组合——否则视 $x=0$。总之，我们的原始论断得以证实：w_1，w_2，…是唯一的本征值，并且 $x_{\nu}=s_{\nu\rho}$，$\lambda=w_{\rho}$ 是唯一的解。

这点至关重要，不仅是因为 S，H 的相关知识决定了本征值问题的所有解，而且反过来，我们在解出本征值问题后，就可以即刻确定 S，H。例如对 H 而言：w_{μ} 显然就是所有的解 λ，并且只要有线性无关解 x_1，x_2，…出现时，每个这样的 λ 就会出现在序列 w_1，w_2，…中[1]——故此，除 w_1，w_2，…的排列顺序尚未确定外，其余均已确定[2]。

借此，矩阵理论的基本问题就是本征值方程的求解问题。

---

〔1〕S 的第 ρ 列，$s_{1\rho}$，$s_{2\rho}$，…连同 $w_{\rho}=\lambda$ 形成了一套完整的解集，并且作为具有逆矩阵的列，它们必须是线性无关的。

〔2〕由于 S 各列的任意置换，以及 S^{-1} 各行的相应排列，H 的对角线元素以相同的方式置换，w_1，w_2，…的次序实际上是不确定的。

$$\mathbf{E}_1 \quad \sum_{\nu} h_{\mu\nu} x_{\nu} = \lambda \cdot x_{\mu} (\mu = 1, 2, \cdots)$$

接下来，让我们继续探讨波动理论。该理论的基本方程是波动方程。

$$\mathbf{E}_2 \quad H\varphi(q_1, \cdots, q_k) = \lambda\varphi(q_1, \cdots, q_k)$$

其中，H 是已经讨论过的微分算子——我们寻求所有的解 $\varphi(q_1, \cdots, q_k)$ 与 λ，但不考虑平凡解 $\varphi(q_1, \cdots, q_k) \equiv 0$，$\lambda$ 任意。这与 $\mathbf{E}_1$ 的要求相类似：我们可将序列 x_1，x_2，…看作有“离散”变量 ν（其变量值为 1，2，…）的函数 x_ν，使之与具有“连续”变量 q_1，…，q_k 的函数 $\varphi(q_1, \cdots, q_k)$ 相对应；λ 在两种情况下的作用相同。然而，线性变化

$$x_\mu \to \sum_{\nu} h_{\mu\nu} x_\nu$$

与

$$\varphi(q_1, \cdots, q_k) \to H\varphi(q_1, \cdots, q_k)$$

几乎没有相似之处，如何将两者作类比呢？

我们将指标 ν 视为变量，并将其与 k 个变量 q_1，…，q_k 相对应起来，即将该指标视为在 k 维构型空间（以下记为 Ω）中由正整数确定的一般的点。因此，我们不应该指望 $\sum_\nu$ 能够转化为 Ω 中的一个和，反而更应该期望积分 $\int_\Omega \cdots \int_\Omega \cdots \mathrm{d}q_1 \cdots \mathrm{d}q_k$（更简洁地表示为 $\int_\Omega \cdots \mathrm{d}\nu$，其中 $\mathrm{d}\nu$ 是 Ω 中的体积元素 $\mathrm{d}q_1 \cdots \mathrm{d}q_k$）是一种正确的类比。矩阵元素 $h_{\mu\nu}$ 是由指标 ν 类型的两个变量决定的，其对应的函数为 $h(q_1, \cdots, q_k; q'_1, \cdots, q'_k)$，其中 q_1，…，q_k 和 q'_1，…，q'_k 在整个 Ω 空间中独立取值。然后变换

$$x_\mu \to \sum_{\nu} h_{\mu\nu} x_\nu \text{ 或 } x_\nu \to \sum_{\nu'} h_{\nu\nu'} x_{\nu'}$$

就成为

$$\varphi(q_1, \cdots, q_k) \to \underbrace{\int \cdots \int}_{\Omega} h(q_1, \cdots, q_k; q'_1, \cdots, q'_k) \varphi(q'_1, \cdots, q'_k) \mathrm{d}q'_1$$

$\cdots \mathrm{d}q'_k$

并且对于本征值问题 $\mathbf{E}_1$，我们也可以写为：

$$\mathbf{E}_1 \quad \sum_{v'} h_{vv'} x_{v'} = \lambda \cdot x_v$$

由此得到

$$\mathbf{E}_3 \quad \underbrace{\int \cdots \int}_{\Omega} h(q_1, \cdots, q_k; q'_1, \cdots, q'_k)\varphi(q'_1, \cdots, q'_k)\mathrm{d}q'_1 \cdots \mathrm{d}q'_k$$
$$= \lambda \cdot \varphi(q_1, \cdots, q_k)$$

数学领域曾经对 $\mathbf{E}_3$ 这类的本征值问题进行过广泛的研究，并且该类问题实际上可以通过类比问题 $\mathbf{E}_1$ 来处理。这就是“积分方程”[1]。

但遗憾的是，$\mathbf{E}_2$ 并不存在这种形式。或者更确切地说，只有当微分算子

$$H = H\left(q_1, \cdots, q_k, \frac{h}{2\pi \mathrm{i}}\frac{\partial}{\partial q_1}, \cdots, \frac{h}{2\pi \mathrm{i}}\frac{\partial}{\partial q_k}\right)$$

能找到函数 $h(q_1, \cdots, q_k; q'_1, \cdots, q'_k)$，使得

$$H\varphi(q_1, \cdots, q_k) = \underbrace{\int \cdots \int}_{\Omega} h(q_1, \cdots, q_k; q'_1, \cdots, q'_k)\varphi(q'_1, \cdots, q'_k)\mathrm{d}q'_1 \cdots \mathrm{d}q'_k$$

对所有 $\varphi(q_1, \cdots, q_k)$ 恒成立时，才能将其代入这种形式。这个 $h(q_1, \cdots, q_k; q'_1, \cdots, q'_k)$ 如若存在，就称之为泛函算子 H 的“核”（kerenl），而 H 本身则称为“积分算子”。

上述变换一般不可能发生，即微分算子 H 绝非积分算子。即便是最简单的泛函算子（该算子被称为 1，且它并不是数字 1），把每一个 φ 都变换成其本身，也不是这样的变换。让我们来说明以上论点。简单起见，取 $k = 1$，并设

$$\mathbf{\Delta}_1 \quad \varphi(q) \equiv \int_{-\infty}^{\infty} h(q_1, q')\varphi(q')\mathrm{d}q'$$

[1] 通过佛雷德霍姆（Ivar Fredholm）和希尔伯特的努力，积分方程理论得以拥有确定的形式。

我们用 $\varphi(q+q_0)$ 代替 $\varphi(q)$，设 $q=0$，并引入积分变量 $q''=q'+q_0$。那么

$$\varphi(q_0)=\int_{-\infty}^{\infty}h(0,\ q''-q_0)\varphi(q'')\mathrm{d}q''$$

如若用 q，q' 代替 q_0，q''，那么会看到 $h(0,\ q'-q)$ 和 $h(q,\ q')$ 解决了我们的问题。因此，我们可以假设 $h(q,\ q')$ 只取决于 $q'-q$。于是上述要求变为

$$\Delta_2\quad \varphi(q)\equiv\int_{-\infty}^{\infty}h(q'-q)\varphi(q')\mathrm{d}q'\qquad [h(q,\ q')=h(q'-q)]$$

再次用 $\varphi(q+q_0)$ 代替 $\varphi(q)$，仅需考虑 $q=0$ 的情况，即

$$\Delta_3\quad \varphi(0)\equiv\int_{-\infty}^{\infty}h(q)\varphi(q)\mathrm{d}q$$

把 $\varphi(q)$ 替换为 $\varphi(-q)$，可见 $h(-q)$ 与 $h(q)$ 都是 Δ_3 的解，因此

$$h_1(q)=\frac{1}{2}[h(q)+h(-q)]$$

也是一个解。因此，$h(q)$ 可以被视为变量 q 的偶函数。

显然，这些条件是不可能同时满足的。如果我们选择 $q\neq 0$，$\varphi(q)>h(q)$ 及 $\varphi(0)=0$，则由 Δ_3 可知，对于 $q\neq 0$，$h(q)=0$，这引发了矛盾[1]。但若我们选择 $\varphi(q)\equiv 1$，则有

$$\int_{-\infty}^{\infty}h(q)\mathrm{d}q=1$$

而由上可直接得到矛盾的结果 $\int_{-\infty}^{\infty}h(q)\mathrm{d}q=0$。

尽管如此，狄拉克假仍设存在这样一个函数

$$\Delta_4\quad \delta(q)=0，对 q\neq 0，\ \delta(q)=\delta(-q)，\ \int_{-\infty}^{\infty}\delta(q)\mathrm{d}q=1$$

这意味着 Δ_3 可写作：

---

〔1〕更确切地说，如果我们以勒贝格积分概念为基础，则对 $q\neq 0$，除了一个测度为 0 的集合外，$h(q)=0$，即除了这样的一个集合外，$h(q)=0$ 恒成立。

$$\int_{-\infty}^{\infty}\delta(q)\varphi(q)\,\mathrm{d}q=\varphi(0)\int_{-\infty}^{\infty}\delta(q)\,\mathrm{d}q+\int_{-\infty}^{\infty}\delta(q)\left[\varphi(q)-\varphi(0)\right]\mathrm{d}q$$

$$=\varphi(0)\cdot 1+\int_{-\infty}^{\infty}0\cdot\mathrm{d}q=\varphi(0)$$

故 Δ_1 和 Δ_2 也成立。因此，我们应认为该函数在原点之外的任何地方均为 0，且在原点处具有强烈的无限性，使 $\delta(q)$ 在整条直线上的积分为 1[1]。

如果我们一旦接受了这个构想，就有可能把最多样化的微分算子表示为积分算子。前提是，除函数 $\delta(q)$ 以外，我们还引入其导数。则我们有

$$\frac{\mathrm{d}^n}{\mathrm{d}q^n}\varphi(q)=\frac{\mathrm{d}^n}{\mathrm{d}q^n}\int_{-\infty}^{\infty}\delta(q-q')\varphi(q')\,\mathrm{d}q'=\int_{-\infty}^{\infty}\frac{\partial^n}{\partial q^n}\delta(q-q')\varphi(q')\,\mathrm{d}q'$$

$$=\int_{-\infty}^{\infty}\delta^{(n)}(q-q')\varphi(q')\,\mathrm{d}q'$$

$$q^n\varphi(q)=\int_{-\infty}^{\infty}\delta(q-q')q^n\cdot\varphi(q')\,\mathrm{d}q'$$

即 $\frac{\mathrm{d}^n}{\mathrm{d}q^n}$ 与 q^n 的核分别是 $\delta^{(n)}(q-q')$ 与 $\delta(q-q')q^n$。根据同样的方式，我们可以对相当复杂的微分算子的核进行研究。对于多变量 q_1，…，q_k，δ 函数导致结果

$$\underbrace{\int\cdots\int}_{\Omega}\delta(q_1-q'_1)\delta(q_2-q'_2)\cdots\delta(q_k-q'_k)\varphi(q'_1\cdots q'_k)\,\mathrm{d}q'_1\cdots\mathrm{d}q'_k$$

$$=\int_{-\infty}^{\infty}\left[\cdots\left[\int_{-\infty}^{\infty}\left[\int_{-\infty}^{\infty}\varphi(q'_1,q'_2,\cdots,q'_k)\delta(q_1-q'_1)\,\mathrm{d}q'_1\right]\delta(q_2-q'_2)\,\mathrm{d}q'_2\right]\cdots\right]\cdot$$

$$\delta(q_k-q'_k)\,\mathrm{d}q'_k$$

$$=\int_{-\infty}^{\infty}\left[\cdots\left[\int_{-\infty}^{\infty}\varphi(q_1,q'_2,\cdots,q'_k)\delta(q_2-q'_2)\,\mathrm{d}q'_2\right]\cdots\right]\delta(q_k-q'_k)\,\mathrm{d}q'_k$$

---

〔1〕对于位于 $q=0$ 的点，$\delta(q)$ 曲线以下的面积被视为无限狭长且无限高的，其面积为一个单位。这或许可以被看作函数 $\sqrt{\frac{a}{\pi}}\mathrm{e}^{-aq^2}$ 在（$a\to\infty$）范围内的极限形态，但这仍是不可能的。

$$=\cdots=\varphi(q_1, q_2, \cdots, q_k)$$

$$\underbrace{\int\cdots\int}_{\Omega}\delta'(q_1-q'_1)\delta(q_2-q'_2)\cdots\delta(q_k-q'_k)\varphi(q'_1\cdots q'_k)\mathrm{d}q'_1\cdots\mathrm{d}q'_k$$

$$=\frac{\mathrm{d}}{\mathrm{d}q_1}\underbrace{\int\cdots\int}_{\Omega}\delta(q_1-q'_1)\delta(q_2-q'_2)\cdots\delta(q_k-q'_k)\varphi(q'_1\cdots q'_k)\mathrm{d}q'_1\cdots\mathrm{d}q'_k$$

$$=\frac{\mathrm{d}}{\mathrm{d}q_1}\varphi(q_1, \cdots, q_k)$$

等等。

因此，在实践中，所有算子均可以通过积分表示 I。

只要我们有了这一表示，问题 $\mathbf{E}_1$ 与 $\mathbf{E}_3$ 的类比就完成了。我们仅需用 q_1，…，q_k；q'_1，…q'_k；$\underbrace{\int\cdots\int}_{\Omega}\cdots\mathrm{d}q'_1\cdots\mathrm{d}q'_k$ 来替换 v；v'；$\sum_v$；x 即可。就像向量 x_v 对应于函数 $o(q_1, \cdots, q_k)$，核 $h(q_1, \cdots, q_k; q'_1, \cdots, q'_k)$ 必然对应于矩阵 $h_{vv'}$。而更行之有效的方法是将核本身看作矩阵，继而可将 q_1，…，q_k 看作行指数，把 q'_1，…，q'_k 看作列指数，分别与 v 和 v' 相对应。除由数字 1，2，…编码的离散行域与列域的普通矩阵 $\{h_{vv'}\}$ 外，我们还需要处理 $\{h(q_1, \cdots, q_k; q'_1, \cdots, q'_k)\}$（积分核）矩阵，其两个定义域均由 k 个变量表征，在整个 Ω 中连续变化。

上述类比看起来似乎完全是形式上的类比，但事实并非如此。指标 v 和 v' 也可被看作状态空间中的坐标，也就是将其视为量子数（玻尔理论认为：由于量子条件的限制，相空间中可能存在的轨道数量是离散的）。

至此，我们将不再追寻这一思路继续探究，狄拉克和若尔当已就此思路打造出一套统一的量子过程理论。“反常”函数［诸如：$\delta(x)$，$\delta'(x)$］在该发展过程中起着决定性作用。它们已经超出了通常使用的数学方法的范畴，而我们希望借助这些方法来描述量子力学。因此，我们转向统一了这两种理论的第三种（薛定谔）方法。

1.4 两种理论的等价性：希尔伯特空间

在 1.3 节中所简述的方法，对指标值 $Z=(1, 2, \cdots)$ 的“离散”空间与力学系统的连续状态空间 Ω（Ω 是一个 k 维空间，其中 k 是经典力学中的自由度的数量）之间作了类比。为实现这一类比，在形式上和数学方面有所突破并不足为奇。实际上，空间 Z 与空间 Ω 之间是截然不同的，尝试在二者之间建立联系定会遭遇到极大的困难[1]。

但我们所需处理的并非 Z 与 Ω 之间的关系，而是定义在这两个空间中的函数之间的关系，即在 Z 中定义的函数序列 x_1，x_2，…与在 Ω 中定义的波函数 $\varphi(q_1, \cdots, q_k)$ 之间的关系。此外，这些函数是最实质性地进入量子力学问题的实体。

一方面，在薛定谔理论中，积分

$$\underbrace{\int\cdots\int}_{\Omega}|\varphi(q_1, \cdots, q_k)|^2 \mathrm{d}q_1\cdots\mathrm{d}q_k$$

起着重要作用——为使 φ 具有物理意义（见 1.2 节），该积分的值必须等于 1。而另一方面，在矩阵理论中（见 1.3 节中的问题 $\mathbf{E}_1$），向量 x_1，x_2，…起着决定性作用。从希尔伯特理论层面上来说，这种本征值问题的有限条件 $\sum_v |x_v|^2$ 总是施加在该向量上的。排除平凡解 $x_v=0$，设正则化条件为 $\sum_v |x_v|^2=1$，也是一种习惯性做法。在 Z 或 Ω 中，这显然限制了可接受函

[1] 早在量子力学出现以前，E. H. 穆尔（E. H. Moore）就进行过这样的统一。穆尔正是所谓的“一般分析”的创始人。

数的集合必须具有有限的

$$\sum_{\nu}|x_{\nu}|^2 \text{ 或 } \underbrace{\int\cdots\int}_{\Omega}|\varphi(q_1, \cdots, q_k)|^2 \mathrm{d}q_1\cdots\mathrm{d}q_k$$

因为只有通过这样的函数，才能使上述$\sum_{\nu}$或$\underbrace{\int\cdots\int}_{\Omega}$在乘以一个常数因子后等于1，即可在通常意义下标准化[1]。我们将这些函数的全体分别记作F_z和F_{Ω}。

现有以下定理成立：F_z与F_{Ω}是同构的［费歇尔（R. A. Fishcher）与里斯[2]］。更精确地讲，这意味着：可以在F_z和F_{Ω}之间建立一一对应关系，即把$\sum_{\nu}|x_{\nu}|^2$有限的每个序列x_1，x_2，…与$\underbrace{\int\cdots\int}_{\Omega}|\varphi(q_1, \cdots, q_k)|^2 \mathrm{d}q_1\cdots\mathrm{d}q_k$的有限函数$\varphi(q_1, \cdots, q_k)$相对应，反之亦然。而且这种对应关系是线性与同构的。“线性”是指，若x_1，x_2，…与$\varphi(q_1, \cdots, q_k)$一一对应，且$y_1$，$y_2$，…与$\psi(q_1, \cdots, q_k)$一一对应，则有$ax_1$，$ax_2$，…和$x_1+y_1$，$x_2+y_2$，…分别与$a\varphi(q_1, \cdots, q_k)$和$\varphi(q_1, \cdots, q_k)+\psi(q_1, \cdots, q_k)$一一对应；“同构”是指，若$x_1$，$x_2$，…与$\varphi(q_1, \cdots, q_k)$相互对应，那么

$$\sum_{\nu}|x_{\nu}|^2 = \underbrace{\int\cdots\int}_{\Omega}|\varphi(q_1, \cdots, q_k)|^2 \mathrm{d}q_1\cdots\mathrm{d}q_k$$

［“同构”一词的内涵在于，习惯性地把x_1，x_2，…和$\varphi(q_1, \cdots, q_k)$看作

---

〔1〕这是薛定谔理论反复观察到的事实，在波函数φ的情况下，仅对$\underbrace{\int\cdots\int}_{\Omega}|\varphi(q_1, \cdots, q_k)|^2 \mathrm{d}q_1\cdots\mathrm{d}q_k$的有限性有要求。例如：只要上述积分保持是有限的，$\varphi$或许可为奇异函数，也可能是无限的。针对这种情况，有一个极具启发性的例子，那就是狄拉克相对论理论中的氢原子。

〔2〕在讨论希尔伯特空间的过程中，我们将给出对该定理的证明（参见2.2节和2.3节，尤其是2.2节中的定理5）。值得一提的是，该定理足以满足多种目的，并且极易被证实的那部分，就是F_z和F_{Ω}的适当部分之间的同构；这要归功于希尔伯特。因此，薛定谔的原始等价证明只对应于定理的这一部分。

向量，并且认为

$$\sqrt{\sum_{\nu} |x_{\nu}|^2}$$

和

$$\sqrt{\underbrace{\int \cdots \int}_{\Omega} |\varphi(q_1, \cdots, q_k)|^2 \mathrm{d}q_1 \cdots \mathrm{d}q_k}$$

分别为它们的“长度”。］此外，若 x_1，x_2，…和 y_1，y_2，…分别与 φ（q_1，…，q_k）和 ψ（q_1，…，q_k）相对应，则有

$$\sum_{\nu} x_{\nu} \overline{y_{\nu}} = \underbrace{\int \cdots \int}_{\Omega} \varphi(q_1, \cdots, q_k) \overline{\psi(q_1, \cdots, q_k)} \mathrm{d}q_1 \ldots \mathrm{d}q_k$$

（且两边均为绝对收敛）。就后者而言，结果表明：人们可能更喜欢比较一般的

$$\sum_{\nu} x_{\nu} = \underbrace{\int \cdots \int}_{\Omega} \varphi(q_1, \cdots, q_k) \mathrm{d}q_1 \cdots \mathrm{d}q_k$$

或类似的东西，即加法与积分之间的完全类比。而进一步研究表明，在量子力学中，加法 $\sum_{\nu}$ 与积分 $\underbrace{\int \cdots \int}_{\Omega} \cdots \mathrm{d}q_1 \cdots \mathrm{d}q_k$ 仅分别用于 $x_{\nu}\overline{y}_{\nu}$ 或 $\varphi(q_1, \cdots, q_k) \cdot \overline{\psi(q_1, \cdots, q_k)}$ 之类的表达式中。

我们无意探究这种对应关系是如何确立的，这将是我们在下一章中予以关注的问题。我们所要强调的是这种对应关系的存在意味着：Z 与 Ω 是很不相同的，在二者之间建立直接关系必定会导致数学上的巨大困难。另一方面，F_z 与 F_{Ω} 同构，即它们内在结构相同（它们以不同的数学形式实现了相同的抽象性质），并且由于它们（并非 Z 和 Ω 本身）是矩阵和波动理论的真实分析基础，这种同构就意味着这两种理论所产生的数值势必始终相同。也就是说，只要这种同构使矩阵

$$\overline{H} = H(\overline{Q}_1, \cdots, \overline{Q}_k; \overline{P}_1, \cdots, \overline{P}_k)$$

与算子

$$H=H\left(q_1, \cdots, q_k; \frac{h}{2\pi i}\frac{\partial}{\partial q_1}, \cdots, \frac{h}{2\pi i}\frac{\partial}{\partial q_k}\right)$$

相互对应，就会出现这种情况。由于二者均是由矩阵 $\overline{Q}_l$, $\overline{P}_l$（$l=1, \cdots, k$）与泛函算子

$$q_l\cdots, \frac{h}{2\pi i}\frac{\partial}{\partial q_l}\cdots(l=1, \cdots, k)$$

通过相同的代数运算分别得出的，因此仅需说明 q_l 与矩阵 $\overline{Q}_l$ 相互对应，且 $\frac{h}{2\pi i}\frac{\partial}{\partial q_l}$ 与矩阵 $\overline{P}_l$ 相对应就足够了。现在 $\overline{Q}_l$，$\overline{P}_l$ 只需满足在 1.2 节中所提到的交换法则即可

$$\left.\begin{array}{l} \overline{Q}_m\overline{Q}_n-\overline{Q}_n\overline{Q}_m=O \quad \overline{P}_m\overline{P}_n-\overline{P}_n\overline{P}_m=0 \\ Q_mP_n-P_nQ_m\begin{cases}=0 & \text{当 } m\neq n \text{ 时} \\ =\dfrac{h}{2\pi i}1 & \text{当 } m=n \text{ 时}\end{cases}\end{array}\right\}(m, n=1, 2, \cdots)$$

但与 q_l，$\cdots\frac{h}{2\pi i}\frac{\partial}{\partial q_l}$ 相对应的矩阵均可满足这一点，因为泛函算子 q_l，$\cdots\frac{h}{2\pi i}\frac{\partial}{\partial q_l}$ 具备上述性质[1]，且这些性质在同构变换至 F_z 时仍不会丢失。

因为系统 F_z 与 F_Ω 同构，且据此构建的量子力学理论在数学上是等价的，故可预期，若我们对这些函数系统（F_z 与 F_Ω 所共有）的内在属性进行探究，并以此作为出发点，将有望获得一套统一的理论。该理论与当时偶然选取的

---

〔1〕我们有

$$q_m\cdot q_n\cdot\varphi(q_1, \cdots, q_k)=q_n\cdot q_m\cdot\varphi(q_1, \cdots, q_k)$$

$$\frac{\partial}{\partial q_m}\frac{\partial}{\partial q_n}\varphi(q_1, \cdots, q_k)=\frac{\partial}{\partial q_n}\frac{\partial}{\partial q_m}\varphi(q_1, \cdots, q_k)$$

$$\frac{\partial}{\partial q_m}q_n\cdot\varphi(q_1, \cdots, q_k)-q_n\cdot\frac{\partial}{\partial q_m}\varphi(q_1, \cdots, q_k)\begin{cases}=0, \text{ 当 } m\neq n \text{ 时} \\ =\varphi(q_1, \cdots, q_k), \text{ 当 } m=0 \text{ 时}\end{cases}$$

由此，可直接从中获得所需的算子间的关系。

形式框架无关，仅展示量子力学真正重要的元素。

系统 F_z 通常被称为“希尔伯特空间”。因此，我们的首要问题是研究希尔伯特空间的基本属性，该属性与 F_z 和 F_Ω 的特殊形式无关。由这些性质（在任何特定的情况下，这些性质均等效地通过在 F_z 和 F_Ω 内进行的计算来表示，但相对一般目的的计算而言，通过直接计算要比通过此类计算更为容易）所描述的数学结构被称为“抽象希尔伯特空间”。

下面我们将描述希尔伯特空间，并严格证明以下结果：

a 抽象希尔伯特空间可用它的指定属性唯一地表征，即它只承认本质上相同的认识。

b 这些属性既属于 F_z 也属于 F_Ω（在这种情况下，我将对 1.4 节中仅做了定性讨论的属性严格分析）。

完成上述工作后，我们将利用由此所得的数学框架来构建量子力学。

第二章　抽象的希尔伯特空间

2.1 希尔伯特空间的定义

现在我们将完成 1.4 节末尾列出的计划：定义希尔伯特空间，为处理量子力学提供数学基础。对量子力学的阐释需要使用以下这些概念，它们不仅存在于序列 x_v（v=1，2，⋯）的“离散”函数空间 F_z 中，也存在于波函数 $\varphi(q_1, \cdots, q_k)$（其中，$q_1$，⋯，$q_k$ 在整个状态空间 Ω 中取值）的“连续”函数空间 F_Ω 中，并且在 F_z 和 F_Ω 中具有相同的意义。这里所指的概念如下所示：

α “纯量积”，即（复）数 a 与希尔伯特空间元素 f 的乘积：af。在 F_z 中，ax_v 是由 x_v 所得；而在 F_Ω 中，$a\varphi(q_1, \cdots, q_k)$ 是从 $\varphi(q_1, \cdots, q_k)$ 中所得。

β 希尔伯特空间中的两元素 f，g 的和与差：$f \pm g$。在 F_z 中，$x_v \pm y_v$ 由 x_v 和 y_v 得出；在 F_Ω 中，$\varphi(q_1, \cdots, q_k) \pm \psi(q_1, \cdots, q_k)$ 则是由 $\varphi(q_1, \cdots, q_k)$ 和 $\psi(q_1, \cdots, q_k)$ 得出。

γ 希尔伯特空间中的两元素 f 与 g 的“内积”：(f, g)。与前两种运算有所不同，这一运算将产生一个复数，而非希尔伯特空间中的一个元素。在 F_z 中，内积 $\sum_v x_v \overline{y_v}$ 是由 x_v 和 y_v 得出的；而在 F_Ω 中，内积

$$\underbrace{\int \cdots \int}_{\Omega} \varphi(q_1, \cdots, q_k)\overline{\psi(q_1, \cdots, q_k)}\,\mathrm{d}q_1 \cdots \mathrm{d}q_k$$

则是由 $\varphi(q_1, \cdots, q_k)$ 和 $\psi(q_1, \cdots, q_k)$ 得出的。（对 F_Z 与 F_Ω 的定义，仍需通过适当的收敛证明来完成。我们将在 2.3 节中给出这些证明。）

在以下阐释中，我们将用 f，g，⋯，φ，ψ，⋯表示希尔伯特空间中的点，用 a，b，⋯，x，y，⋯表示复数，用 k，l，m，⋯，μ，v，⋯表示正整数。必要时，我们也会把希尔伯特空间记作 $\mathfrak{R}_\infty$［作为“∞－维欧几里得空间”的

简称，类似于“n-维欧几里得空间”的惯用名称$\mathfrak{R}_n$（n=1，2，…）］。

值得注意的特点在于，af, $f \pm g$，（f, g）恰好是向量微积分的基本运算：在欧几里得几何中，这些运算可以对长度与角度进行计算；在质点力学中，这些运算也可以对力和功进行计算。在F_Z中，上述类比十分清楚。只要把$\mathfrak{R}_\infty$中的x_1，x_2，…替换为$\mathfrak{R}_n$中的x_1，…，x_n即可。特别是当$n=3$时，我们就得到了普通的三维空间。在某些情况下，不把复数x_1，…，x_n看作点，而是将其看作从点0，…，0到点x_1，…，x_n的向量更为合适。

为了定义抽象希尔伯特空间，我们以基本向量运算af, $f \pm g$，（f, g）为基础。在以下讨论中，我们将同时考虑所有的$\mathfrak{R}_\infty$与$\mathfrak{R}_n$。因此，我们若不想对$\mathfrak{R}_\infty$与$\mathfrak{R}_n$加以区分，则把$\mathfrak{R}$作为整个空间的通用术语使用。

首先，我们假定$\mathfrak{R}$具有如下典型的向量属性[1]。

A $\mathfrak{R}$是一个线性空间。

即对向量和$f+g$与“纯量积”af，在$\mathfrak{R}$中予以定义（f, g是$\mathfrak{R}$中的元素，a是一个复数——$f+g$，af属于$\mathfrak{R}$），且$\mathfrak{R}$中存在一个零元素[2]。那么我们所熟知的向量代数运算法则适用于该空间

$f+g=g+f$（加法交换律）

$(f+g)+h=f+(g+h)$（加法结合律）

$$\left.\begin{aligned}(a+b)f&=af+bf\\ a(f+g)&=af+ag\end{aligned}\right\}\text{（乘法分配律）}$$

$(ab)f=a(bf)$（乘法结合律）

---

〔1〕赫尔曼·外尔（Hermann Weyl）最早使用**A**，**B**，**C**$^{(n)}$来描述$\mathfrak{R}_n$的特征。如果我们想要得到的是$\mathfrak{R}_\infty$而不是$\mathfrak{R}_n$，那么自然需要用**C**$^{(n)}$来代替**C**$^{(\infty)}$。在这种情况下，只有让**D**，**E**成为必要条件，参见本节后续的讨论。

〔2〕除了原点或$\mathfrak{R}$中的零向量之外，还有数字0。因此，相同的符号可用于两者。但是，彼此间的关系就是这样的，只要结合上下文，应该就不会引起混淆。

$0\cdot f=0$，$1\cdot f=1f$（0与1的作用）

此处未提及的运算法则，可直接由上述公式推导得出。例如，零向量在加法中的作用

$$f+0=1\cdot f+0\cdot f=(1+0)\cdot f=1\cdot f=f$$

或者减法的唯一性：我们定义

$$-f=(-1)\cdot f,\ f-g=f+(-g)$$

则有

$$\left.\begin{aligned}(f-g)+g&=[f+(-g)]+g\\&=f+[(-g)+g]\\(f+g)-g&=(f+g)+(-g)\\&=f+[g+(-g)]\end{aligned}\right\}\begin{aligned}&=f+[(-1)\cdot g+1\cdot g]\\&=f+[(-1)+1]\cdot g\\&=f+0\cdot g=f+0=f\end{aligned}$$

或者，带减法的乘法分配律

$$\begin{aligned}a\cdot(f-g)&=a\cdot f+a(-g)=af+a[(-1)\cdot g]=af+[a(-1)]\cdot g\\&=af+[(-1)\cdot a]\cdot g=af+(-1)\cdot(ag)=af+(-ag)\\&=af-ag\end{aligned}$$

$$\begin{aligned}(a-b)f&=a\cdot f+(-b)\cdot f=af+(-1)b\cdot f=af+(-1)\cdot(bf)\\&=af+(-bf)=af-bf\end{aligned}$$

我们无须对这些规则进行更加深入的探讨了。应该清楚，所有线性向量运算的规则在这里都是适用的。

因此，我们同样可以像对向量时一样，对 $\mathfrak{R}$ 中的元素 f_1，…，f_k 引入“线性无关”这一概念。

定义 1 如果由 $a_1f_1+\cdots+a_kf_k=0$（a_1，…，a_k 为复数）可以得出 $a_1=\cdots=a_k=0$，则可推出元素 f_1，…，f_k 线性无关。

我们对向量微积分中出现的线性实体的类比（通过原点的线、平面等）作出进一步的定义，即线性流形。

定义 2 若对任意 $k(=1, 2, \cdots)$ 而言，$\mathfrak{R}$ 的子集 $\mathfrak{M}$ 均包含其元素 $f_1, \cdots, f_k$ 的所有线性组合 $a_1 f_1 + \cdots + a_k f_k$，那么我就将 $\mathfrak{M}$ 称为“线性流形”[1]。若 $\mathfrak{A}$ 为 $\mathfrak{M}$ 的任意子集，则由 $a_1 f_1, + \cdots + a_k f_k$（$k=1, 2, \cdots$；$a_1, \cdots, a_k$ 为任意复数；$f_1, \cdots, f_k$ 是 $\mathfrak{A}$ 中的任意元素）组成的集合就是一个线性流形，且其中必定包含 $\mathfrak{A}$。显然它也是其他所有包含 $\mathfrak{A}$ 的线性流形的子集。该线性流形被称为“由 $\mathfrak{A}$ 张成的线性流形”，记作 $\{\mathfrak{A}\}$。

在进一步发展该概念之前，让我们先来阐释一下向量微积分的另一个基本概念：内积的存在性。

B 在 $\mathfrak{R}$ 中定义埃尔米特内积。

即 (f, g) 已有定义 [f, g 位于 $\mathfrak{R}$ 中，且 (f, g) 为一个复数]，且具有以下属性

$$(f'+f'', g) = (f', g) + (f'', g) \quad \text{（对第一因子的分配律）}$$

$$(a \cdot f, g) = a \cdot (f, g) \quad \text{（对第一因子的结合律）}$$

$$(f, g) = \overline{(g, f)} \quad \text{（埃尔米特对称性）}$$

$$(f, f) \begin{cases} \geqslant 0, & \text{（定号形式）} \\ = 0, & \text{当且仅当 } f=0 \text{ 时}^{[2]} \end{cases}$$

此外，由于埃尔米特对称性（我们把 f 与 g 相交换，并取两侧的复共轭），第二个因素的对应关系来自第一个因素的两个性质

$$(f, g'+g'') = (f, g') + (f, g'')$$

$$(f, a \cdot g) = \bar{a} \cdot (f, g)$$

---

[1] 充分条件为：若 f 属于 $\mathfrak{M}$，则 af 也属于 $\mathfrak{M}$；若 f, g 属于 $\mathfrak{M}$，则 $f+g$ 也属于 $\mathfrak{M}$。那么，若 $f_1, \cdots, f_k$ 属于 $\mathfrak{M}$，则有 $a_1 f_1, \cdots, a_k f_k$ 也属于 $\mathfrak{M}$。因此，依次有 $a_1 f_1 + a_2 f_2$，$a_1 f_1 + a_2 f_2 + a_3 f_3$，$\cdots$，$a_1 f_1 + \cdots + a_k f_k$ 也都属于 $\mathfrak{M}$。

[2] 由埃尔米特对称性可知：(f, f) 为实数。实际上，当 $f=g$ 时，可得 $(f, f) = \overline{(f, f)}$。

这个内积非常重要，因为它使定义长度的定义成为可能。在欧几里得空间中，向量 f 的大小由 $\|f\|=\sqrt{(f,f)}$ [1] 定义，且 f 与 g 这两点间的距离由 $\|f-g\|$ 决定。我们将从这一定义开始。

定义 3 $\mathfrak{R}$ 中元素 f 的“长度”定义为 $\|f\|=\sqrt{(f,f)}$；f，g 之间的距离定义为 $\|f-g\|$ [2]。

该定义显然包含了有关距离的所有属性。为此，我们证明如下定理：

定理 1 $|(f,g)|\leqslant\|f\|\cdot\|g\|$

证明 首先，我们可以写出

$$\begin{aligned}\|f\|^2+\|g\|^2-2\mathrm{Re}(f,g)&=(f,f)+(g,g)-(f,g)-(g,f)\\&=(f-g,f-g)\geqslant 0\end{aligned}$$

$$\mathrm{Re}(f,g)\leqslant\frac{1}{2}(\|f\|^2+\|g\|^2)$$

（假定 u 与 v 均为实数，若 $z=u+\mathrm{i}v$ 为复数，则我们就可以用 $\mathrm{Re}z$ 与 $\mathrm{Im}z$ 分别表示复数 z 的实部与虚部，即 $\mathrm{Re}z=u$，$\mathrm{Im}z=v$）。若我们用 af，$(1/a)g$（a 为实数，且 $a>0$）代替 f，g，那么显而易见，上述不等式的左边不变，而右边为

$$\frac{1}{2}\left(a^2\|f\|^2+\frac{1}{a^2}\|g\|^2\right)$$

由于该表达式大于等于 $\mathrm{Re}(f,g)$，因此该不等式特别适用于其极小值

---

[1] 如果 f 具有分量 x_1，…，x_n，那么根据 2.1 节对内积所做的观察（若局限于有限数目的分量），有

$$\sqrt{(f,f)}=\sqrt{\sum_{v=1}^{n}|x_v|^2}$$

这也就是欧几里得空间中两点间的普通长度。

[2] 由于 (f,f) 为实数且不小于0，可知 $\|f\|$ 为实数，且选择其不小于0的平方根。对 $\|f-g\|$ 同样适用。

$\|f\|\cdot\|g\|$。（当 f, $g\neq0$ 时，极小值在 $a=\sqrt{\dfrac{\|g\|}{\|f\|}}$ 处获得；当 $f=0$ 或 $g=0$ 时，分别在 $a\to+\infty$ 或 $a\to+0$ 处取得）因此

$$\mathrm{Re}(f, g)\leqslant\|f\|\cdot\|g\|$$

如果我们用 $e^{i\alpha}f$, g（α 为实数）代替 f, g，那么方程右边不变，因为

$$(af, af)=a\bar{a}(f, f)=|\alpha|^2(f, f)$$

可得

$$\|af\|=|a|\cdot\|f\|$$

因此，当 $|a|=1$，$\|af\|=\|f\|$，左边为

$$\mathrm{Re}\left[e^{i\alpha}(f, g)\right]=\cos\alpha\,\mathrm{Re}(f, g)-\sin\alpha\,\mathrm{Im}(f, g)$$

显然其极大值为

$$\sqrt{\left[\mathrm{Re}(f, g)\right]^2+\left[\mathrm{Im}(f, g)\right]^2}=|(f, g)|$$

由此命题可得出

$$|(f, g)|\leqslant\|f\|\cdot\|g\|$$

推论 为使上述不等式中的等号成立，f, g 必须等同到只差一个常数（复数）因子。

证明 为使下列关系式

$$\mathrm{Re}(f, g)\leqslant\frac{1}{2}(\|f\|^2\cdot\|g\|^2)$$

中的等号成立，$(f-g, f-g)$ 必须为零，即必须满足 $f=g$。为了由该关系式推导出 $|(f, g)|\leqslant\|f\|\cdot\|g\|$，对于均不为零的 f 与 g，需用 $e^{i\alpha}af$，$(1/a)g$ 代替 f, g（其中 a, α 为实数，$a>0$）。因此，为了在这种情况下使等式成立，则必须有

$$e^{i\alpha}af=\frac{1}{a}g,\quad g=a^2e^{i\alpha}f=cf\ (c\neq0)$$

反之，对于 $f=0$ 或 $g=0$，或者 $g=cf$（$c\neq0$），等号必然成立。

定理 2 $\|f\|\geqslant 0$ 恒成立，当且仅当 $f=0$ 时，$\|f\|=0$ 成立。此外，恒有

$$\|a\cdot f\|=|a|\cdot\|f\|,\quad \|f+g\|\leqslant\|f\|+\|g\|$$

当且仅当 f 与 g 之间相差一个 $\geqslant 0$ 的实数常因子时，上述关系式中的等号成立。

证明 在上述部分中，我们已经证明了前两个命题是正确的。我们现在用以下方式证明第三个不等式

$$\begin{aligned}(f+g,\ f+g)&=(f,\ f)+(g,\ g)+(f,\ g)+(g,\ f)\\&=\|f\|^2+\|f\|^2+2\mathrm{Re}(f,\ g)\\&\leqslant\|f\|^2+\|g\|^2+2\|f\|\cdot\|g\|\\&=(\|f\|+\|g\|)^2\end{aligned}$$

$$\|f+g\|\leqslant\|f\|+\|g\|$$

为了使等号成立，$\mathrm{Re}\,(f,\ g)$ 必须等于 $\|f\|\cdot\|g\|$。通过对上述推论证明的观察可知，这必须满足以下条件：$f=0$ 或 $g=0$ 或者 $g=a^2f=cf$（$c>0$，且为实数）。在这种情况下，等式显然成立。

根据定理 2 即可得知，f 与 g 的距离 $\|f-g\|$ 具有以下属性：当 $f=g$ 时，f，g 之间的距离恒为 0；g，f 之间的距离与 f，g 之间的距离相等；f，h 之间的距离小于或等于 f，g 之间距离与 g，h 之间距离之和；当且仅当 $g=af+(1-a)h$ 时（$0\leqslant a\leqslant 1$，且 a 为实数），等号成立[1]；af，ag 的距离是 f，g 距离的 $|a|$ 倍。

正是长度概念的这些属性，使它可以在几何学（与拓扑学）中作为连续性、

---

〔1〕根据定理2（此处应用于 $f-g$，$g-h$），$f-g=0$，即 $g=f$，或 $g-h=0$，即 $g=h$ 或 $g-h=c\,(f-g)$（c 为大于0的实数），即

$$g=\frac{c}{c+1}f+\frac{1}{c+1}h$$

或者可以写成 $g=af+(1-a)\,h$，其中 a 分别等于1，0，$\frac{c}{c+1}$。在几何上，这表明点 g 与 f，h 共线。

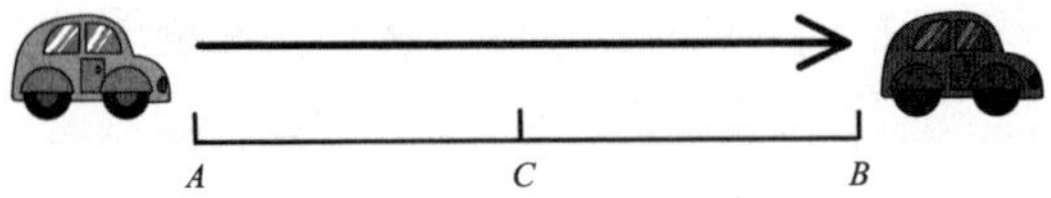

小车从 A 点行驶到 B 点一定经过 AB 之间的任意点 C

□ **连续性**

连续性的假设是微积分的基础。如果函数在某点不连续，要么该点函数就没有定义，要么即便是自变量移动一个无穷小量，函数值也会变动明显乃至无限量。如果把我们日常生活中的许多量，如温度、距离、速度看作时间的函数，当时间变化任意小时，这些量的变化也会任意小。

极限、极限点等概念的基础。我们也希望使用长度概念，并作出如下定义：

$\mathfrak{R}$ 中的一个函数 $F(f)$（即在 $\mathfrak{R}$ 中定义的 f，其值恒为 $\mathfrak{R}$ 内的点，或恒为复数），在点 f_0（位于 $\mathfrak{R}$ 内的一点）处是连续的。若对每个 $\varepsilon > 0$，恒有 $\delta > 0$，使 $\|f-f_0\|<\delta$，则有 $\|F(f)-F(f_0)\|<\varepsilon$ 或 $|F(f)-F(f_0)|<\varepsilon$（取决于 F 的值是 $\mathfrak{R}$ 中的点，还是复数）。若恒有 $\|F(f)\|\leqslant C$ 或 $|F(f)|\leqslant C$（C 是一个经适当选择的固定常数），则称该函数在 $\mathfrak{R}$ 上有界，或在 $\mathfrak{R}$ 的给定子集中有界。类似的定义适用于多个变量。若数值 $\|f_1-f\|$，$\|f_2-f\|\cdots$收敛至 0，那么序列 $f_1, f_2\cdots$收敛于 f，或有极限值 f。如果在 $\mathfrak{A}$ 中的序列存在一个极限[1]，那么该点是集合 $\mathfrak{A}$（$\mathfrak{A}$ 是 $\mathfrak{R}$ 的子集）的一个极限点。尤其当 $\mathfrak{A}$ 包含其所有的极限点时，则称 $\mathfrak{A}$ 为闭集；若其极限点的闭包是整个 $\mathfrak{R}$ 空间时，则称 $\mathfrak{A}$ “处处稠密”。

我们仍需证明 af，$f+g$，(f, g) 在其所有变量上都是连续的。因为

$$\|af-af'\|=|a|\cdot\|f-f'\|$$

$$\|(f+g)-(f'+g')\|=\|(f-f')+(g-g')\|\leqslant\|f-f'\|+\|g-g'\|$$

〔1〕关于极限点的以下定义也十分有用：当 $\varepsilon>0$ 时，取任意值，$\mathfrak{A}$ 中均存在 f' 满足 $\|f-f'\|<\varepsilon$。这两个定义的等价性，完全可以通过普通分析方法来证明。

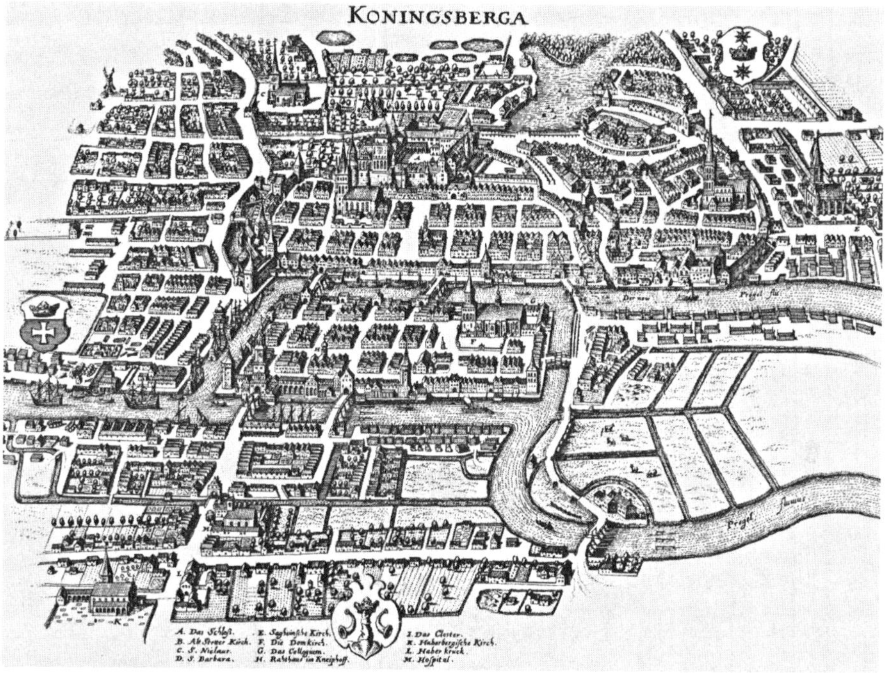

□ **哥尼斯堡七桥问题**

哥尼斯堡（今俄罗斯加里宁格勒）曾是东普鲁士的首府，普莱格尔河横贯其中。河中有两座小岛，河上有七座桥，将被河流隔开的两岸两岛连接起来。一天，有人提出疑问：能不能每座桥只走一遍，最后又回到原来的位置。1736 年，欧拉证明了这样的路线是不可能的。欧拉把两座小岛和河的两岸分别看作四个点，而把七座桥看作是这四个点之间的连线，并且给出了所有能够一笔画出来的图形所应具有的条件。哥尼斯堡七桥问题被看作拓扑学的先声。

前两个命题是显然成立的。进而，若我们由

$$\|f-f'\|<\varepsilon,\quad \|g-g'\|<\varepsilon$$

代入

$$f'-f=\varphi,\quad g'-g=\psi$$

可得

$$|(f+g)-(f'+g')|=|(f+g)-(f+\varphi,\ g+\psi)|$$

$$=|(\varphi,\ g)+(f,\ \psi)+(\varphi,\ \psi)|$$

$$\leqslant |(\varphi, g)|+|(f, \psi)|+|(\varphi, \psi)|$$

$$\leqslant \|\varphi\| \cdot \|g\|+\|f\| \cdot \|\varphi\|+\|\varphi\| \cdot \|\psi\|$$

$$\leqslant \varepsilon(\|f\|+\|g\|+\varepsilon)\|$$

当$\varepsilon \to 0$时，该表达式趋于零，且可使其小于任意δ（$\delta > 0$）。

如上所述，在$\mathfrak{R}$上定义的属性 **A**，**B** 使我们得出了许多推论，但这些推论尚不足以区分$\mathfrak{R}_n$之间，以及$\mathfrak{R}_n$与$\mathfrak{R}_\infty$之间的不同。到目前为止，尚未提及维数的概念。这一概念显然与线性无关向量的最大数量有关。若存在这样一个最大值$n=0$，1，2，…，则对n可作出如下推论：

$\mathbf{C}^{(n)}$ 恰好存在n个线性无关的向量。即可以指定n个这样的向量，但不能指定$n+1$个。

若不存在最大数，则有：

$\mathbf{C}^{(\infty)}$ 存在任意多个线性无关向量。

也就是说，对于每个给定的$k=1$，2，…而言，我们均可在$\mathbf{C}^{(\infty)}$中给出k个这样的向量。

因此，**C** 本质上不是一个新的属性。如果 **A**，**B** 成立，则$\mathbf{C}^{(n)}$或$\mathbf{C}^{(\infty)}$中必然有一个是成立的。这样，我们就可以得到一个不同的空间$\mathfrak{R}$，这取决于我们如何选择。一方面，按照$\mathbf{C}^{(n)}$的定义，可知$\mathfrak{R}$具有n维（复数）欧几里得空间的所有性质。另一方面，$\mathbf{C}^{(\infty)}$不足以证明空间$\mathfrak{R}$与希尔伯特空间$\mathfrak{R}_\infty$本质上的等同性，我们还需要两个附加假设 **D**，**E** 来证明二者的等同性。具体证明情况如下：我们将证明具有 **A**，**B**，**C** 属性的$\mathfrak{R}$拥有$\mathfrak{R}_n$的所有性质。特别是即将说明的属性 **D** 与 **E**，它们是通过 **A**，**B**，$\mathbf{C}^{(\infty)}$推导得出的。此外，我们将证明具有 **A**，**B**，**C**，**D**，**E** 属性的$\mathfrak{R}$拥有$\mathfrak{R}_\infty$的所有性质。但在这种情况下，附加属性 **D** 和 **E** 是必不可少的（它们不是通过 **A**，**B**，$\mathbf{C}^{(\infty)}$推导得出的）。下面我们将继续对附加属性 **D** 和 **E** 加以说明。我们将在后续章节（见 2.3 节）证明所有$\mathfrak{R}_n$与$\mathfrak{R}_\infty$均具有这些属性。

D　$\mathfrak{R}$ 是完全的[1]。

若 $\mathfrak{R}$ 中的某个序列 $f_1, f_2, \cdots$ 满足柯西收敛准则（对每个 $\varepsilon > 0$，均有 $N = N(\varepsilon)$，使得 $\|f_m - f_n\| < \varepsilon$，对所有 $m, n \geq N$ 成立），则该序列是收敛序列，即该序列具有一个极限 f（见上文对该概念给出的定义）。

E　$\mathfrak{R}$ 是可分的。

若 $\mathfrak{R}$ 中存在序列 $f_1, f_2, \cdots$，则该序列在 $\mathfrak{R}$ 中为处处稠密。

在 2.2 节中，我们将如上文所述，以这些基本假设为基础，来创建空间 $\mathfrak{R}$ 上的“几何学”，并区分两种情形：$\mathfrak{R}_n$ 与 $\mathfrak{R}_\infty$。

〔1〕为了简洁起见，我们使用拓扑学的术语，后文将对此进行进一步的解释。

2.2 希尔伯特空间几何学

我们从两个定义讲起。第一个定义包含了研究所需的三角学知识——直角的概念，即正交性，可以满足我们的研究目的。

定义 4 若 $(f, g)=0$，则 $\mathfrak{R}$ 中的两个 f，g 是正交的。若 $\mathfrak{M}$ 中的每个元素均与 $\mathfrak{N}$ 中的每个元素成正交关系，则线性流形 $\mathfrak{M}$ 与线性流形 $\mathfrak{N}$ 成正交。若对于 $\mathfrak{D}$ 的所有 f，g 均有

$$(f, g)=\begin{cases}1, & f=g\\0, & f\neq g\end{cases}$$

（每对元素都是正交的，且每个元素的长度均为 1[1]）。此外，若 $\mathfrak{D}$ 并非任何正规空间的子集，不包含其他元素，则集合 $\mathfrak{D}$ 是完全的[2]。

我们还进一步注意到：正交系的完全性明显地表示，显然不存在与整个 $\mathfrak{D}$ 正交，且 $\|f\|=1$ 的 f。但是，假若 f 不为零，且与整个 $\mathfrak{D}$ 正交，那么对于 $f'=\frac{1}{\|f\|}\cdot f$（当然，$\|f\|>0$），上述所有条件均将得以满足

$$\|f'\|=\frac{1}{\|f\|}\cdot\|f\|=1$$

f' 与整个 $\mathfrak{D}$ 正交。因此，$\mathfrak{D}$ 的完全性意味着与整个 $\mathfrak{D}$ 正交的每个 f 必须为零。

---

〔1〕事实上，$\|f\|=\sqrt{(f, f)}=1$。

〔2〕诚如我们所见，完全正交集对应于 $\mathfrak{R}_n$ 中的笛卡尔坐标系（其单位向量在轴线方向）。

第二个定义只是在 $\mathfrak{R}_\infty$ 中至关重要，因为在 $\mathfrak{R}_n$ 中，每个线性流形都是其自身所描述的类型（见 2.3 节末尾）。因此，我们无法给出反映其含义的直观几何图。

定义 5　同时也是封闭的线性流形称为"闭线性流形"。若 $\mathfrak{A}$ 是 $\mathfrak{R}$ 中的任意集合，且我们将其所有的极限点添加至 $\{\mathfrak{A}\}$，那么我们将会得到一个包含 $\mathfrak{A}$ 的闭线性流形。该线性流形同时也是其他包含 $\mathfrak{A}$ 的任意闭线性流形的子集[1]。我们称其为"由 $\mathfrak{A}$ 张成的闭线性流形"，并用符号 $[\mathfrak{A}]$ 表示。

现在我们将继续对 $\mathfrak{R}$ 进行更加详细的分析，尤其是对完全正交集的深入分析。对于除 **A**，**B** 以外，还需要 $\mathbf{C}^{(n)}$ 或 $\mathbf{C}^{(\infty)}$，**D**，**E** 定理，我们分别对其添加了指标（n）或（∞）。对两种情况均适用的那些定理，可忽略这些指标。

定理 $3^{(n)}$　每个正交系都有 $\leqslant n$ 个元素，并且当且仅当其有 n 个元素时，才是完全的。

注：由这个定理可知，正交系的元素个数存在最大值；根据定义，达到该最大值的那些正交系是完全的。根据这一定理，在 $\mathbf{C}^{(n)}$ 的情况下存在 n 个完全正交系，并且每个正交系均含有 n 个元素。

证明　每个正交系（若为有限集）是线性无关的。若其元素为 φ_1，φ_2，…，φ_m，则有

$$a_1\varphi_1+\cdots+a_m\varphi_m=0$$

通过用 φ_μ（$\mu=1,2,\cdots,m$）形成内积，可知 $a_\mu=0$。所以，按照 $\mathbf{C}^{(n)}$ 规定，该集合不能有 $n+1$ 个元素。因此，任何正交系不存在拥有 $n+1$ 个元素的子集。故其为有限的，且具有 $\leqslant n$ 个元素。

---

〔1〕作为线性流形，它必须包含 $\{\mathfrak{A}\}$，并且由于其为闭线性流形，它也包含了 $\{\mathfrak{A}\}$ 的极限点。

具备 n 个元素的集合不能继续扩张，因而是完全的。但是具备 $m < n$ 个元素的集合 φ_1，…，φ_m 是不完全的。实际上，在线性组合 $a_1\varphi_1 + \cdots + a_m\varphi_m$ 中，不可能给出 $n > m$ 个线性无关元素。因此，按照 $\mathbf{C}^{(n)}$ 规定，必定存在一个不同于所有 $a_1\varphi_1 + \cdots + a_m\varphi_m$ 的元素 f。使得

$$\psi = f - a_1\varphi_1 - \cdots - a_m\varphi_m$$

恒不为零。$(\psi, \varphi_u) = 0$ 现在表示 $a_\mu = (f, \varphi_u)$（$\mu=1, 2, \cdots, m$）。因此，该条件可以同时满足所有 $\mu=1, 2, \cdots, m$。因此，这同时提供了一个可以表明 φ_1，…，φ_m 是不完全的 ψ 的依据。

定理 3$^{(\infty)}$　每个标准正交系均为有限集或可数无穷集；若它是完全的，则必定是无穷的。

注：因此，我们可以把所有的正交系写成序列：φ_1，φ_2，…（可能会终止，即为有限数列）。应当指出的是，无限的元素对于集合的完全性而言是必要的，但与 $\mathbf{C}^{(n)}$ 的情况不同，该条件是不充分的[1]。

证明　设 $\mathfrak{D}$ 为一个标准正交系，f，g 是属于 $\mathfrak{D}$ 的两个不同元素。那么则有

$$(f-g, f-g) = (f, f) + (g, g) - (f, g) - (g, f) = 2$$

$$\| f-g \| = \sqrt{2}$$

现设 f_1，f_2，…为 $\mathfrak{R}$ 中处处稠密的序列。根据属性 $\mathbf{E}$，该序列存在。对 $\mathfrak{D}$ 中的每个 f，序列中均存在 f_m，使得 $\| f - f_m \| < \sqrt{2}/2$。$f$，$g$ 对应的 f_m，f_n 必须不同，因为若 $f_m = f_n$，则有

[1] 令 φ_1，φ_2，…是完全的，则 φ_2，φ_3，…是不完全的，但仍是无穷的！

$$\begin{aligned}\|f-g\|&=\|(f-f_m)-(g-f_m)\|\\&\leqslant\|f-f_m\|+\|g-f_m\|<\frac{1}{2}\sqrt{2}+\frac{1}{2}\sqrt{2}=\sqrt{2}\end{aligned}$$

因此，$\mathfrak{D}$ 中的每个 f 都与序列 f_1，f_2，…中的一个 f_m 相对应，不同的 f 对应于不同的 f_m。故 $\mathfrak{D}$ 是有限的或者是一个序列。

在定理 $3^{(n)}$ 的证明中，我们证明了以下性质：如果 $\mathfrak{R}$ 中有多于 m 个线性无关的元素，则系统 φ_1，φ_2，…，φ_m 是不完全的。但在 $\mathbf{C}^{(\infty)}$ 中，对所有 m 都存在 m 个线性无关元素，因此，完全系必定是无限的。

目前所遵循的定理，就收敛性而言，仅适用于 $\mathbf{C}^{(\infty)}$。但由于这些定理具备诸多其他内涵，最好对它们予以一般性的表述。

定理 4　设 φ_1，φ_2，…为标准正交系，则所有序列 $\sum_\nu(f,\varphi_\nu)\overline{(g,\varphi_\nu)}$ 绝对收敛，即使在此范围内有无限项也是如此。尤其当 $f=g$ 时，恒有 $\sum_\nu|(f,\varphi_\nu)|^2\leqslant\|f\|^2$。

证明　设 $a_\nu=(f,\varphi_\nu)$，$\nu=1$，2，…，则 $f-\sum\limits_{\nu=1}^{N}a_\nu\varphi_\nu=\psi$ 正交于所有 φ_ν，$\nu=1$，2，…，N（见定理 $3^{(n)}$ 的证明）。因为

$$f=\sum_{\nu=1}^{N}a_\nu\varphi_\nu+\psi$$

故

$$\begin{aligned}(f,f)&=\sum_{\mu,\nu=1}^{N}a_\mu\overline{a_\nu}(\varphi_\mu,\varphi_\nu)+\sum_{\nu=1}^{N}a_\nu(\varphi_\nu,\psi)+\sum_{\nu=1}^{N}\overline{a_\nu}(\psi,\varphi_\nu)\\&\quad+(\psi,\psi)=\sum_{\nu=1}^{N}|a_\nu|^2+(\psi,\psi)\geqslant\sum_{\nu=1}^{N}|a_\nu|^2\end{aligned}$$

即 $\sum\limits_{\nu=1}^{N}|a_\nu|^2\leqslant\|f\|^2$。若系统 φ_1，φ_2，…是有限的，则可直接得出 $\sum\limits_{\nu}|a_\nu|^2=\|f\|^2$。若该系统是无限的，那么 $N\to\infty$ 可导致 $\sum_\nu|a_\nu|^2$ 的绝对收敛性及其 $\leqslant\|f\|^2$ 的事实。由此就确立了第二个命题。因为

$$|(f, \varphi_\nu)\overline{(g, \varphi_\nu)}| \leqslant \frac{1}{2}\{|(f, \varphi_\nu)|^2 + |g, \varphi_\nu|^2\}$$

由上述收敛事实可得出对第一个命题更一般的收敛陈述。

定理 5 设 φ_1，φ_2，…为无限标准正交系，则序列 $\sum_{\nu=1}^{\infty} x_\nu \varphi_\nu$ 当且仅当 $\sum_{\nu=1}^{\infty} |x_\nu|^2$ 收敛时收敛（后一个序列 $\sum_{\nu=1}^{\infty} |x_\nu|^2$ 的每项均为非负实数，因此该序列或收敛或发散至 $+\infty$）。

证明 因为本命题只对 $\mathbf{C}^{(\infty)}$ 有意义，那么我们可以用 **D** 中所描述的柯西收敛准则来证明。当 $N \to \infty$ 时，若序列的部分和 $\sum_{\nu=1}^{N} x_\nu \varphi_\nu$ 收敛，则无穷和 $\sum_{\nu=1}^{\infty} x_\nu \varphi_\nu$ 必定收敛。而部分和收敛的条件是：对每个 $\varepsilon > 0$ 均存在 $N = N(\varepsilon)$，使 L，$M \geqslant N$ 时，

$$\left\| \sum_{\nu=1}^{L} x_\nu \varphi_\nu - \sum_{\nu=1}^{M} x_\nu \varphi_\nu \right\| < \varepsilon$$

设 $L > M \geqslant N$，则有

$$\left\| \sum_{\nu=1}^{L} x_\nu \varphi_\nu - \sum_{\nu=1}^{M} x_\nu \varphi_\nu \right\| = \left\| \sum_{\nu=M+1}^{L} x_\nu \varphi_\nu \right\| < \varepsilon$$

$$\left\| \sum_{\nu=M+1}^{L} x_\nu \varphi_\nu \right\|^2 = \left(\sum_{\nu=M+1}^{L} x_\nu \varphi_\nu, \sum_{\nu=M+1}^{L} x_\nu \varphi_\nu \right)$$

$$= \sum_{\substack{\mu, \nu \\ =M+1}}^{L} x_\mu \overline{x_\nu} (\varphi_u, \varphi_\nu) = \sum_{\nu=M+1}^{L} |x_\nu|^2$$

$$= \sum_{\nu=1}^{L} |x_\nu|^2 - \sum_{\nu=1}^{M} |x_\nu|^2$$

因此

$$0 \leqslant \sum_{\nu=1}^{L} |x_\nu|^2 - \sum_{\nu=1}^{M} |x_\nu|^2 < \varepsilon^2$$

这正是序列 $\sum_{v=1}^{N}|x_v|^2$，$N\to\infty$，即序列 $\sum_{v=1}^{\infty}|x_v|^2$ 的柯西收敛条件。

推论 对于级数 $f=\sum_v x_v\varphi_v$ 而言，$(f,\ \varphi_v)=x_v$（不论标准正交系是有限集还是无限集——在后一种情况下，都要对收敛性作假设）。

证明 当 $N\geqslant v$ 时，有

$$\left(\sum_{\mu=1}^{N}x_\mu\varphi_\mu,\ \varphi_v\right)=\sum_{\mu=1}^{N}x_\mu(\varphi_\mu,\ \varphi_v)=x_v$$

对于有限集 φ_1，φ_2，…，我们可以设 N 等于最大指标；对于无限集 φ_1，φ_2，…，由于内积的连续性，我们可以设 $N\to\infty$。在任何一种情况下，均可得到 $(f,\ \varphi_\mu)=x_\mu$ 的结果。

定理 6 设 φ_1，φ_2，…为一个标准正交系，对于任意 f，若级数 $f'=\sum_v x_v\varphi_v$ 是无穷和，且 $x_v=(f,\ \varphi_v)$（$v=1,\ 2,\ \cdots$），则该级数恒收敛，且表达式 $f-f'$ 与 φ_1，φ_2，…正交。

证明 收敛性遵循定理 4 和定理 5，而且根据定理 5 的推论，有 $(f',\ \varphi_v)=x_v=(f,\ \varphi_v)$，$(f-f',\ \varphi_v)=0$。

基于上述定理，我们可以给出一般判据，既适用于 $\mathbf{C}^{(\infty)}$，也适用于标准正交系完全性的一般性准则。

定理 7 设 φ_1，φ_2，…为一个标准正交系，以下的每一条都是使其具备完全性的充分必要条件：

a 由 φ_1，φ_2，…所张的闭线性流形 $[\varphi_1,\ \varphi_2,\ \cdots]$ 等于 $\mathfrak{R}$。

b 恒有 $f=\sum_v x_v\varphi_v$，$x_v=(f,\ \varphi_v)$ 成立（$v=1,\ 2,\ \cdots$，根据定理 6 可知其收敛性）。

c 恒有 $(f,\ g)=\sum_v(f,\ \varphi_v)\overline{(g,\ \varphi_v)}$ 成立（根据定理 4 可知其绝对收敛性）。

证明 若 $\varphi_1,\varphi_2,\cdots$ 是完全的，则 $f-\sum_v x_v\varphi_v=0\left[x_v=(f,\ \varphi_v),\ v=1,\ 2\cdots\right]$，

因为根据定理 6，其正交于 φ_1，φ_2，…，则满足条件 b。如果条件 b 成立，则每个 f 都是其部分和 $\sum_{\nu=1}^{N} x_\nu \varphi_\nu$ 在 $N\to\infty$ 时的极限（若 φ_1，φ_2，…是无限的），故而属于［φ_1，φ_2，…］。因此有［φ_1，φ_2，…］$=\mathfrak{R}$，即满足条件 a。如果条件 a 成立，那么我们可以作如下论证：如果 f 正交于所有 φ_1，φ_2，…，那么 f 也正交于它们的线性组合。且由于连续性的原因，也正交于它们的极限点，即正交于所有［φ_1，φ_2，…］。因此，它也正交于整个 $\mathfrak{R}$，也因此正交于其本身：$(f, f)=0$，$f=0$。因此，φ_1，φ_2，…是完全的。

于是我们得出以下逻辑关系：

完全性 → 条件 b→ 条件 a→ 完全性。

即条件 a，条件 b 被证明是充分必要条件。

一方面，由条件 c 又可知，若 f 与所有 φ_1，φ_2，…正交，且设 $f=g$，则可得 $(f, f)=\sum_\nu 0\cdot 0=0$，$f=0$，即 φ_1，φ_2，…是完全的。另一方面，由条件 b（现等价于完全性）可知

$$(f, g)=\lim_{N\to\infty}\left(\sum_{\nu=1}^{N}(f, \varphi_\nu)\cdot\varphi_\nu,\ \sum_{\nu=1}^{N}(g, \varphi_\nu)\cdot\varphi_\nu\right)$$

$$=\lim_{N\to\infty}\sum_{\mu,\nu=1}^{N}(f, \varphi_\mu)\,\overline{(g, \varphi_\nu)}\cdot(\varphi_\mu, \varphi_\nu)$$

$$=\lim_{N\to\infty}\sum_{\nu=1}^{N}(f, \varphi_\nu)\,\overline{(g, \varphi_\nu)}=\sum_{\nu=1}^{\infty}(f, \varphi_\nu)\,\overline{(g, \varphi_\nu)}$$

（若系统 φ_1，φ_2，…是有限的，那么限制过程就是非必要的。）因此，条件 c 也是一个充分必要条件。

定理 8 每个序列 f_1，f_2，…都与一个标准正交系 φ_1，φ_2，…相对应，该正交系与前一序列张于同一线性流形上（二者都可以是有限的）。

证明 首先，我们将 f_1，f_2，…替换为子序列 g_1，g_2，…。该子序列张于同一线性流形上，由线性无关元素组成。这一证明过程可按如下步骤进行，

设 g_1 为第一个不等于零的 f_n，g_2 为第一个与所有 a_1g_1 不同的 f_n，g_3 为第一个不同于所有 $a_1g_1+a_2g_2$ 的 f_n；⋯（如果对任一 p 而言，不存在与所有 $a_1g_1+\cdots+a_pg_p$ 不同的 f_n，我们则在 g_p 终止该序列）。这些 g_1，g_2，⋯显然提供了想要的结果。

我们现构建（这是著名的“施密特正交化过程”）

$$\gamma_1=g_1，\quad \varphi_1=\frac{1}{\|\gamma_1\|}\cdot\gamma_1$$

$$\gamma_2=g_2-(g_2,\ \varphi_1)\varphi_1，\quad \varphi_2=\frac{1}{\|\gamma_2\|}\cdot\gamma_2$$

$$\gamma_3=g_3-(g_3,\ \varphi_1)\cdot\varphi_1-(g_3,\ \varphi_2)\cdot\varphi_2，\quad \varphi_3=\frac{1}{\|\gamma_3\|}\cdot\gamma_3$$

实际上，每个 φ_p 都能被构建出来，即分母 $\|\gamma_p\|$ 均不为零。因为若 $\gamma_p=0$，则 g_p 将成为 φ_1，⋯，φ_{p-1} 的线性组合，即 g_1，⋯，g_{p-1} 的线性组合，这与原假设相矛盾。此外，g_p 是 φ_1，⋯，φ_p 的线性组合，φ_p 是 g_1，⋯，g_p 的线性组合，因此 g_1，g_2，⋯和 φ_1，φ_2，⋯确定了同一个线性流形。

最终，通过构建 $\|\varphi_p\|=1$，且 $q<p$ 时，$(\gamma_p,\ \varphi_q)=0$，因此 $(\varphi_p,\ \varphi_q)=0$。由于我们可以交换 p, q, 后者对 $p\neq q$ 成立。因此，φ_1，φ_2⋯是一个标准正交系。

定理 9 恒存在一个标准正交系，与每个闭线性流形 $\mathfrak{M}$ 相对应，且与闭线性流形张在同一 $\mathfrak{M}$ 上。

证明 在 $\mathbf{C}^{(n)}$ 情况下，该定理是直接可证的：由于 $\mathfrak{R}$ 满足 **A**，**B**，$\mathbf{C}^{(n)}$，当 $m\leqslant n$ 时，$\mathfrak{R}$ 中的每个线性流形 $\mathfrak{M}$ 均满足 **A**，**B**，$\mathbf{C}^{(m)}$，因此定理 $3^{(n)}$ 中的注释适用于 $\mathfrak{M}$——在 $\mathfrak{M}$ 中存在一个完全的正交集 φ_1，⋯，φ_m。由于定理 7 的条件 a 正好是需要证明的命题（可以看出，$\mathfrak{M}$ 封闭性的前提本身是不必要的，因为它实际上已被证明。在这种情况下，参照定义 5 的表述）。

在 $\mathbf{C}^{(\infty)}$ 的情况下，根据属性 **E**，我们已知 $\mathfrak{R}$ 是可分的。我们想证明 $\mathfrak{M}$ 也是可分的——一般来说，$\mathfrak{R}$ 的每个子集都是可分的。为此，我们在 $\mathfrak{R}$ 中形成处处稠密的（见 2.1 节中的 **E**）序列 f_1，f_2，⋯，对于每个 f_n 与

$m=1, 2, \cdots$，我们可构建由 f 组成的球体 $\mathfrak{R}_{n,m}$，其中 $\|f-f_n\|<\frac{1}{m}$。对于每个包含 $\mathfrak{M}$ 中点的 $\mathfrak{R}_{n,m}$，我们选择一个这样的点：g_{nm}。对于一些 n，m 而言，点 g_{nm} 或许可能是未定义的，但定义的点在 $\mathfrak{M}$ 中构成一个序列[1]。现设 f 为 $\mathfrak{M}$ 中的任意点，且 $\varepsilon>0$，则存在一个 m，满足 $\frac{1}{m}<\frac{\varepsilon}{2}$；也存在一个 f_n，满足 $\|f_n-f\|<\frac{1}{m}$。由于 $\mathfrak{R}_{n,m}$ 包含 $\mathfrak{M}$ 中的一个点（即 f），因此 g_{nm} 是有定义的，并且 $\|f_n-g_{nm}\|<\frac{1}{m}$，因此 $\|f-g_{nm}\|<\frac{2}{m}<\varepsilon$。因此，$f$ 是由此定义的 g_{nm} 的极限点，从而该序列满足了预期的要求。

我们将用 $f_1, f_2, \cdots$ 表示来自 $\mathfrak{M}$ 的序列，该序列在 $\mathfrak{M}$ 中处处稠密。由其确定的闭线性流形 $[f_1, f_2, \cdots]$ 包含其所有极限点，从而包含了全部 $\mathfrak{M}$；但由于 $\mathfrak{M}$ 是一个闭线性流形，并且 $f_1, f_2, \cdots$ 属于它，因此 $[f_1, f_2, \cdots]$ 是 $\mathfrak{M}$ 的一部分——因此它等于 $\mathfrak{M}$。我们现在通过定理 8 选择正交集 φ_1，φ_2，$\cdots$，则有 $\{\varphi_1, \varphi_2, \cdots\}=\{f_1, f_2, \cdots\}$，且若我们在两边都加上极限点，我们将得到 $[\varphi_1, \varphi_2, \cdots]=[f_1, f_2, \cdots]=\mathfrak{M}$。命题得证。

我们现在只需将 $\mathfrak{M}=\mathfrak{R}$ 代入定理 9 中，并且根据定理 7 中的条件 a 所得到的一个完全标准正交系 φ_1，φ_2，$\cdots$，即看到确实存在完全正交系。在此基础上，我们现在可以证明 $\mathfrak{R}$ 是 $\mathfrak{R}_n$ 或者是 $\mathfrak{R}_\infty$（根据是 $\mathbf{C}^{(n)}$ 还是 $\mathbf{C}^{(\infty)}$），即其所有属性都已完全确定。

现在只需要证明，$\mathfrak{R}$ 在所有 $\{x_1, \cdots, x_n\}$ 集合上或在 $\{x_1, x_2, \cdots\}$（$\sum_{\nu=1}^{\infty}|x_\nu|^2$ 有限）集合上，分别允许定义一个一一映射，使得：

[1] 大家应该还记得，二重序列 g_{nm}（n，$m=1, 2, \cdots$）也可以写作简单序列 g_{11}，g_{12}，g_{21}，g_{13}，g_{22}，g_{31}，$\cdots$。

a 由 $f \longleftrightarrow \{x_1, x_2, \cdots\}$ 得到 $af \longleftrightarrow \{ax_1, ax_2, \cdots\}$。

b 由 $\begin{cases} f \longleftrightarrow \{x_1, x_2, \cdots\} \\ g \longleftrightarrow \{y_1, y_2, \cdots\} \end{cases}$ 得到 $f+g \longleftrightarrow \{x_1+y_1, x_2+y_2, \cdots\}$。

c 由 $\begin{cases} f \longleftrightarrow \{x_1, x_2, \cdots\} \\ g \longleftrightarrow \{y_1, y_2, \cdots\} \end{cases}$ 得到 $(f, g) = \sum_{\nu=1}^{n或\infty} x_\nu \overline{y_\nu}$。

（在 c 无限情况下，必须对绝对收敛性予以证明。）我们现在对映射 $f \longleftrightarrow \{x_1, x_2, \ldots\}$ 进行详细说明。

设 φ_1，φ_2，…是一个完全标准正交系，在 $\mathbf{C}^{(n)}$ 情况下，它终止于 φ_n；在 $\mathbf{C}^{(\infty)}$ 情况下，它是无限的（定理 $3^{(n)}$ 与 $3^{(\infty)}$）。我们设

$$f = \sum_{\nu=1}^{n或\infty} x_\nu \varphi_\nu$$

根据定理 5，该序列即使在无限的情况下也会收敛（因为 $\sum_{\nu=1}^{\infty} |x_\nu|^2$ 是无限的），即无论是 $\mathfrak{R}_n$ 或 $\mathfrak{R}_\infty$，其元素都已穷尽。根据定理 7 条件 b，又因为 $\sum_{\nu=1}^{n或\infty} |(f, \varphi_\nu)|^2$ 是有限的，（定理 4）$\mathfrak{R}$ 中的元素也已用尽，[$x_\nu = (f, \varphi_\nu)$ 将被替换]。很明显，每个 $\{x_1, x_2, \cdots\}$ 只有一个 f 与之对应，而其反命题可根据定理 5 的推论得出。

陈述 a 与 b 显然满足，而陈述 c 由定理 7 中的条件 c 得到。

2.3 对条件 A ~ E 的补充[1]

我们还需对 1.4 节文末的命题 b 进行验证：即 F_z 与 F_Ω 确实满足条件 **A** ~ **E**。对此，我们只考虑 F_Ω 就足够了。因为在 2.2 节中，我们已经作过如下证明：在条件 **A** ~ **E** 下，$\mathfrak{R}$ 的所有属性必须与 $\mathfrak{R}_\infty$，即 F_z 相等同，因此条件 **A** ~ **E** 也必须对 F_z 有效。此外，我们将证明在 2.2 节中所提及的条件 **D**，**E** 相对于 **A** ~ $\mathbf{C}^{(n)}$ 的独立性，以及它们遵循 **A** ~ $\mathbf{C}^{(n)}$ 的事实，即它们在 $\mathfrak{R}_n$ 中成立。这三个纯数学问题构成了本章研究的主题。

我们首先在 F_Ω 中验证条件 **A** ~ **E**。为此，我们必须介绍勒贝格积分的概念。关于勒贝格积分的基础知识，请参考与该主题相关的专著（勒贝格积分的相关知识仅对本章而言十分重要，对于后续章节而言并不需要了解它）。

在 1.4 节，我们介绍过 Ω 是 q_1，…，q_k 的 k 维空间，F_Ω 是积分

$$\underbrace{\int\cdots\int}_{\Omega} |f(q_1, \ldots, q_k)|^2 \, \mathrm{d}q_1 \ldots \mathrm{d}q_k$$

有限的所有函数 $f(q_1, \cdots, q_k)$ 所构成的空间。我们现在允许所有的 q_1，…，q_k 在 $-\infty$ 到 $+\infty$ 之间变化。如果限制 q_1，…，q_k 的变化范围（例如，使 Ω 成为半个空间，或位于立方体的内部，或位于球体内部，或位于这些图形的外部，等等），即便选择使 Ω 成为曲面（例如球体表面等），我们所得的推论仍然会有效，甚至在很大程度上连证明步骤都可以逐字保留。但是，为了不迷失在不必要的复杂性之中（读者可以毫无困难地借助我们所给出的典型例证自行讨论），我们将

[1] 本节对于理解本书的后续部分而言，并不是必需的。

其限制为刚才提到的最简单情况。下面我们将以此处理条件 **A** ~ **E** 。

对 **A**，我们必须证明：若 f，g 属于 F_Ω，则 af，$f\pm g$ 也属于 F_Ω，即若

$$\int_\Omega |f|^2,\ \int_\Omega |g|^2$$

（我们将 $\underbrace{\int\cdots\int}_{\Omega}|f(q_1,\ \ldots,\ q_k)|^2\,\mathrm{d}q_1\ldots\mathrm{d}q_k$，$\underbrace{\int\cdots\int}_{\Omega}|g(q_1,\ \ldots,\ q_k)|^2\,\mathrm{d}q_1\ldots\mathrm{d}q_k$ 按上式缩写，这样就不会产生混淆）是有限的，则

$$\int_\Omega |af|^2=|a|^2\int_\Omega |f|^2,\quad \int_\Omega |f\pm g|^2$$

也是有限的。第一种情况是平凡的；第二种情况因为 $|f\pm g|^2=|f|^2+|g|^2\pm 2\mathrm{Re}(f\overline{g})$，只要能够确定

$$\int_\Omega |f\cdot\overline{g}|=\int_\Omega |f||g|$$

的有限性，那么第二种情况即可成立。但是由于 $|f||g|\leqslant\frac{1}{2}(|f|^2+|g|^2)$[1] 故由假设可直接得到结论。

对 **B**，我们将 $(f,\ g)$ 定义为 $\int_\Omega f\overline{g}$ 。如前所述，该积分是绝对收敛的。除了最后一个属性（$f,\ f=0$）表明 $f\equiv 0$ 以外，**B** 中假设的所有属性显然均成立。现有 $(f,\ f)=0$ 表明 $\int_\Omega |f|^2=0$，因此，能使 $|f|^2>0$ 的点集，即使 $f(q_1,\ \cdots,\ q_k)\neq 0$ 的点集，必有勒贝格测度为零。如果我们现在考虑的两个函数 f，g 仅在勒贝格测度为零的集合 q_1，…，q_k 上不相等［即 $f(q_1,\ \cdots,\ q_k)\neq g(q_1,\ \cdots,\ q_k)$］，则二者在本质上并无不同[2]，因此我们可以断言 $f\equiv 0$。

［1］一般来说，$|x+y|^2=(x+y)(\overline{x}+\overline{y})=x\overline{x}+y\overline{y}+(x\overline{y}+\overline{x}y)=|x|^2+|y|^2+2\mathrm{Re}(x\overline{y})$。

［2］这在勒贝格积分理论中是惯例。

对 **C**，设 O_1，…，O_n 为 Ω 中的 n 个区域，并且两两之间并没有共同点，另设每个区域的勒贝格测度均大于零但有限。令 $f_l(q_1, \cdots, q_k)$ 在 O_l 中为 1，在 O_l 外为零。由于 $\int_\Omega |f_l|^2$ 等于 O_l 的测度，f_e 属于 F_Ω（$l=1, \cdots, n$），这些 f_1，…，f_n 是线性无关的。对于 $a_1 f_1 + \cdots + a_n f_n \equiv 0$ 而言，左边的函数仅在一组测度为零的集合上不为零。因此，它在每个 O_l 中都有根，但由于它在 O_l 中是一个常数 a_l，因此，$a_l = 0$，$l = 1$，…，m。该结构对所有 n 成立，故 $\mathbf{C}^{(\infty)}$ 成立。

对 **D**，设序列 f_1，f_2，…满足柯西收敛准则，即对于每个 $\varepsilon > 0$，均存在一个 $N = N(\varepsilon)$，当 m，$n \geqslant N$ 时，使得 $\int_\Omega |f_m - f_n|^2 < \varepsilon$。我们选择 $n_1 = N\left(\frac{1}{8}\right)$；$n_2 \geqslant n_1$，$N\left(\frac{1}{8^2}\right)$；$n_3 \geqslant n_1$，$n_2$，$N\left(\frac{1}{8^3}\right)$；…则 $n_1 \leqslant n_2 \leqslant \cdots$；$n_\nu$，$n_{\nu+1} \geqslant N\left(\frac{1}{8^\nu}\right)$，因此

$$\int_\Omega |f_{n_{\nu+1}} - f_{n_\nu}|^2 < \frac{1}{8^\nu}$$

现在让我们考虑满足

$$|f_{n_{\nu+1}} - f_{n_\nu}| > \frac{1}{2^\nu}$$

的所有点的集合 $P^{(\nu)}$，若其勒贝格测度为 $\mu^{(\nu)}$，则

$$\int_\Omega |f_{n_{\nu+1}} - f_{n_\nu}|^2 \geqslant \mu^{(\nu)}\left(\frac{1}{2^\nu}\right)^2 = \frac{\mu^{(\nu)}}{4^\nu},\ \frac{\mu^{(\nu)}}{4^\nu} < \frac{1}{8^\nu},\ \mu^{(\nu)} < \frac{1}{2^\nu}$$

让我们再考虑由 $P^{(\nu)}$，$P^{(\nu+1)}$，$P^{(\nu+2)}$，…的并集组成的集合 $Q^{(\nu)}$，其勒贝格测度为

$$\leqslant \mu^{(\nu)} + \mu^{(\nu+1)} + \mu^{(\nu+2)} + \cdots < \frac{1}{2^\nu} + \frac{1}{2^{\nu+1}} + \frac{1}{2^{\nu+2}} + \cdots = \frac{1}{2^{\nu-1}}$$

在 $Q^{(\nu)}$ 以外，满足

$$|f_{n_{\nu+1}} - f_{n_\nu}| < \frac{1}{2^\nu},\ |f_{n_{\nu+2}} - f_{n_{\nu+1}}| < \frac{1}{2^{\nu+1}},\ |f_{n_{\nu+3}} - f_{n_{\nu+2}}| < \frac{1}{2^{\nu+2}},\ \cdots$$

因此，一般来说，对于 $v \leqslant v' \leqslant v''$

$$|f_{n_{v''}} - f_{n_{v'}}| \leqslant |f_{n_{v'+1}} - f_{n_{v'}}| + |f_{n_{v'+2}} - f_{n_{v'+1}}| + \cdots + |f_{n_{v''}} - f_{n_{v''-1}}|$$

$$< \frac{1}{2^{v'}} + \frac{1}{2^{v'+1}} + \cdots + \frac{1}{2^{v''-1}}$$

$$< \frac{1}{2^{v'-1}}$$

当 $v' \to \infty$ 时，上式独立于 v'' 趋近于零，即当 q_1，…，q_k 不在 $Q^{(v)}$ 中时，序列 f_{n_1}，f_{n_2}，…满足柯西准则。因为我们处理的是数值序列（对固定的 q_1，…，q_k 而言），所以该序列也是收敛的。因此反言之：若序列 f_{n_1}，f_{n_2}，…对某个特定 q_1，…，q_k 不收敛，则该序列位于 $Q^{(v)}$ 之中。设不收敛的所有 q_1，…，q_k 的集合为 Q，则 Q 是 $Q^{(v)}$ 的子集，因此其测度不会大于 $Q^{(v)}$ 的测度，即 $<\frac{1}{2^{v-1}}$。虽然对 Q 的定义与 v 无关，但该测度关系必定对所有的 v 成立。因此，Q 的勒贝格测度为零。因此，如令 Q 中的所有 f_n 为零，上述结论不变。但随后 f_{n_1}，f_{n_2}，…也在 Q 中收敛，从而处处收敛。

这样一来，我们得到在所有点 q_1，…，q_k 处收敛的 f_1，f_2，…的子序列 f_{n_1}，f_{n_2}，…（对 f_1，f_2，… 不必如此）。设 f_{n_1}，f_{n_2}，… 的极限为 $f = f(q_1, \cdots, q_k)$。那么接下来我们必须证明：

a f 属于 F_Ω，即 $\int_\Omega |f|^2$ 是有限的；

b f 是 f_{n_1}，f_{n_2}，…的极限，不仅从对每个 q_1，…，q_k 收敛的意义上讲，也从希尔伯特空间“长度收敛”的意义上讲，即 $\|f - f_{n_2}\| \to 0$ 或者 $\int_\Omega |f - f_{n_2}|^2 \to 0$；

c 从这个意义上讲，它也是整个序列 f_1，f_2，…的极限，即 $\|f - f_n\| \to 0$ 或者 $\int_\Omega |f - f_n|^2 \to 0$。

令 $\varepsilon > 0$，并设 v_0 满足 $n_{v_o} \geqslant N(\varepsilon)$（例如 $\frac{1}{8^{v_o}} \leqslant \varepsilon$），且 $v \geqslant v_o$，$n \geqslant N(\varepsilon)$，

则 $\int\limits_{\Omega} |f_{n_\nu} - f_n|^2 \leqslant \varepsilon$。若我们设 $\nu \to \infty$，则被积函数趋近于 $|f - f_n|^2$，因此 $\int\limits_{\Omega} |f - f_n|^2 \leqslant \varepsilon$（根据勒贝格积分的收敛定理）。所以，首先 $\int\limits_{\Omega} |f - f_n|^2$ 是有限的，即 $f - f_n$ 属于 F_Ω；又因 f_n 属于 F_Ω，故 f 也属于 F_Ω。于是，得以证明 a。其次，由上述不等式得出，当 $n \to \infty$ 时，$\int\limits_{\Omega} |f - f_n|^2 \to 0$，即得以证明 b 和 c。

对 **E**，我们必须确定一个在 F_Ω 中处处稠密的函数序列 f_1，f_2，…。

设 Ω_1，Ω_2，…为 Ω 中的一系列区域，每个区域都有一个有限测度，且它们整体上覆盖了整个 Ω。（例如：设 Ω_N 为以原点为中心，半径为 N 的球体。）设 $f = f(q_1, \cdots, q_k)$ 是 F_Ω 的任意元素。我们为每个 $N = 1, 2, \cdots$ 定义一个 $f_N = f_N(q_1, \cdots, q_k)$：

$$f_N(q_1, \cdots, q_k) = \begin{cases} f(q_1, \cdots, q_k) \begin{cases} \text{若 } q_1, \cdots, q_k \text{ 位于 } \Omega_N \text{ 中，} \\ \text{并且 } |f(q_1, \cdots, q_k)| \leqslant N \end{cases} \\ 0, \text{其他} \end{cases}$$

对 $N \to \infty$，$f_N(q_1, \cdots, q_k) \to f(q_1, \cdots, q_k)$（从某个 N 开始，得到的是等式），因此 $|f - f_N|^2 \to 0$。进而 $f - f_N = 0$ 或 f，因此 $|f - f_N|^2 \leqslant f^2$。因此积分 $\int\limits_{\Omega} |f - f_N|^2$ 被 $\int\limits_{\Omega} |f|^2$（有限）主导。由于被积函数趋近于零，积分也趋近于零（见上文所引用的收敛定理）。

设所有函数 $g = g(q_1, \cdots, q_k)$ 的函数类为 G。其中，当 $g \neq 0$ 时，所有点的集合具有有限测度，并且对任意固定常数 C，在整个空间中不等式 $|g| \leqslant C$ 成立。上述 f_N 都属于 G。因此，G（在 F_Ω 中）处处稠密。

设 g 属于 G，$\varepsilon > 0$。设 $g \neq 0$ 集合的测度为 M，且 $|g|$ 的上限为 C。我们选择一系列有理数 $-C < \rho_1 < \rho_2 < \cdots < \rho_t < C$ 使得

$$\rho_1 < -C + \varepsilon, \quad \rho_2 < \rho_1 + \varepsilon, \quad \cdots, \quad \rho_t < \rho_{t-1} + \varepsilon, \quad C < \rho_1 + \varepsilon$$

成立，这很容易做到。现在我们把每个 $\mathrm{Re}\, g(q_1, \cdots, q_k)$ 的值更改为最

接近的 ρ_σ =（s=1，2，…，t）值，但是零仍为零。然后可以得到一个新函数 h_1（q_1，…，q_k，），该函数与 Reg 的差异处处小于 ε。同理，我们为 Im g 构造一个函数 h_2（q_1，…，q_k，）。那么对于 $h=h_1+\mathrm{i}h_2$ 有

$$\int_\Omega |g-h|^2=\int_\Omega |\mathrm{Re}\, g-h_1|^2+\int_\Omega |\mathrm{Im}\, g-h_2|^2 \leqslant M\varepsilon^2+M\varepsilon^2=2M\varepsilon^2$$

$$\|g-h\| \leqslant \sqrt{2M}\,\varepsilon$$

如果给定 $\delta>0$，然后我们设 $\varepsilon<\delta/\sqrt{2M}$，于是有 $\|g-h\|<\delta$。

设所有函数类为 $h=h$（q_1，…，q_k），h 只取有限个不同值。实际上，只有那些 $\rho+\mathrm{i}\sigma$ 的形式被称为 H。其中 ρ，σ 为有理数，并且除了零以外，它们只在有限测度的集合上取值。上述 h 属于 H，因此 H 在 G 中处处稠密，且在 F_Ω 中也是如此。

设 Π 为一个勒贝格测度有限的集合。我们现定义函数 $f_\Pi=f_\Pi$（q_1，…，q_k）如下

$$f_\Pi(q_1,\ \cdots,\ q_k)=\begin{cases}1，在\Pi中\\0，其他各处\end{cases}$$

函数类 H 显然包括所有

$$\sum_{s=1}^{t}(\rho_s+\mathrm{i}\sigma_s)f_{\Pi_s}\quad（t=1，2，\cdots；\rho_s，\sigma_s 为有理数）$$

我们现在寻找一个 $\Pi^{(1)}$，$\Pi^{(2)}$，…，该序列具有以下特性：对于每个 Π- 集合，及每个 $\varepsilon>0$，均存在一个 $\Pi^{(n)}$，使得那些属于 Π 但不属于 $\Pi^{(n)}$，或属于 $\Pi^{(n)}$ 但不属于 Π 的所有点的集合的测度小于 ε（这个集合被称为 Π 的差集 $\Pi^{(n)}$）。若我们有这样一个序列，则

$$\sum_{s=1}^{t}(\rho_s+\mathrm{i}\sigma_s)f_{\Pi^{(n_s)}}$$

（t=1，2，…；ρ_s，σ_s 为有理数，n_s=1，2，…）在 H 中处处稠密：因为如果我们根据上述讨论为每个 Π_s 选择 $\Pi^{(ns)}$，那么

$$\sqrt{\int_{\Omega}\left|\sum_{s=1}^{t}(\rho_s+\mathrm{i}\sigma_s)f_{\Pi_s}-\sum_{s=1}^{t}(\rho_s+\mathrm{i}\sigma_s)f_{\Pi^{(n_s)}}\right|^2}$$

$$\leqslant\sum_{s=1}^{t}\sqrt{\int_{\Omega}|(\rho_s+\mathrm{i}\sigma_s)f_{\Pi_s}-(\rho_s+\mathrm{i}\sigma_s)f_{\Pi^{(n_s)}}|^2}$$

$$=\sum_{s=1}^{t}\sqrt{(\rho_s^2+\sigma_s^2)\int_{\Omega}|f_{\Pi_s}-f_{\Pi^{(n_s)}}|^2}$$

$$=\sum_{s=1}^{t}\sqrt{(\rho_s^2+\sigma_s^2)\cdot\text{差集}(\Pi_s,\ \Pi^{(n_s)})\text{的测度}}$$

$$<\sum_{s=1}^{t}\sqrt{(\rho_s^2+\sigma_s^2)\cdot\varepsilon}=\left(\sum_{s=1}^{t}\sqrt{(\rho_s^2+\sigma_s^2)}\right)\sqrt{\varepsilon}$$

如果给定 $\sigma>0$，则

$$\varepsilon=\frac{\sigma^2}{\left(\sum_{s=1}^{t}\sqrt{\rho_s^2+\sigma_s^2}\right)^2}$$

导致以下结果

$$\left\|\sum_{s=1}^{t}(\rho_s+\mathrm{i}\sigma_s)f_{\Pi_s}-\sum_{s=1}^{t}(\rho_s+\mathrm{i}\sigma_s)f_{\Pi^{(n_s)}}\right\|<\delta$$

但是

$$\sum_{s=1}^{t}(\rho_s+\mathrm{i}\sigma_s)f_{\Pi^{(n_s)}}$$

若经过适当排序，可形成一个序列。这可以通过以下方式完成。设所有 ρ_1，σ_1，…，ρ_t，σ_t 的公共分母为 τ，新的分子分别为 ρ'_1，σ'_1，…，ρ'_t，σ'_t，则关系式就变成了

$$\frac{1}{\tau}\sum_{s=1}^{t}(\rho'_s+\mathrm{i}\sigma'_s)f_{\Pi^{(n_s)}}$$

其中，对 $s=1$，…，t，有 t，$\tau=1$，2，…；ρ'_s，$\sigma'_s=0$，±1，±2，…，$n_s=1$，2，…。把这些函数排成一个序列所面临的问题，与把整数 t，τ，ρ'_1，σ'_1，…，ρ'_t，σ'_t，n_1，…，n_t 进行排序所面临的问题相同。在这些数字复合体中，把那

些正整数

$$I=t+\tau+|\rho'_1|+|\sigma'_1|+\cdots+|\rho'_t|+|\sigma'_t|+n_1+\cdots+n_t$$

具有相同值的划为一组。然后把这些组根据其指数 I 升序排列。显然每个这样的组（具有固定的 I）都由有限个上文所述的复合体组成。若我们现在对每一组有限集合以任意顺序排列，实际上我们已经获得了一个包含所有复合体的简单序列。

为了确定上述集合的序列 $\Pi^{(1)}$，$\Pi^{(2)}$，…，我们利用了以下事实：对于每个具有有限勒贝格测度 M 的集合 Π，并且对每个 $\delta>0$ 存在一个开点集 Π'，它覆盖 Π 但其测度超过的部分小于 δ。对于每个开点集 Π' 与给定的 $\delta>0$，显然存在一个由有限个立方体组成的集合 Π''，它包含在 Π' 之中，并且其测度比 Π' 的测度小 δ。我们显然可以对这些立方体的边缘长度及其中心坐标进行合理选择。现在我们很容易认识到，上面所定义的 Π' 与 Π'' 的“差集”的测度小于 $\delta+\delta=2\delta$。因此，对于 $\delta=\dfrac{\varepsilon}{2}$，差集的测度小于 ε。若我们可以把上述类型的立方体集合进行序列排序，则就实现了我们的目标。

现在我们可以通过立方体的编号 $n=1$，2，…，连同它们的边长 $\kappa^{(v)}$，以及它们中心点的坐标 $\xi_1^{(v)}$，…，$\xi_k^{(v)}$（$v=1$，…，n）把这些立方体的集合特征化，其中 $\kappa^{(v)}$，$\xi_1^{(v)}$，…，$\xi_\kappa^{(v)}$ 是有理数。设它们的公共分母（对所有 $v=1$，…n）为 $\eta=1$，2，…，它们的分子为

$$\kappa'^{(v)}=1,\ 2,\ \cdots;\ \xi'^{(v)}_1,\ \cdots,\ \xi'^{(v)}_k=0,\ \pm1,\ \pm2,\ \cdots$$

因此，我们的立方体集合可以用数字复合体

$$n,\ \eta,\ \kappa'^{(1)},\ \xi'^{(1)}_1,\ \cdots,\ \xi'^{(1)}_k,\ \kappa'^{(n)},\ \xi'^{(n)}_1,\ \cdots,\ \xi'^{(n)}_k$$

来表征。如果我们按照以下正整数指标的升序排列

$$n+\eta+\kappa'^{(1)}+|\xi'^{(1)}_1|+\cdots+|\xi'^{(1)}_k|+\cdots+\kappa'^{(n)}+|\xi'^{(n)}_1|+\cdots+|\xi'^{(n)}_k|$$

则我们得到一个简单序列，与之前函数线性组合的类似情况完全一样。

在继续讨论前，让我们先解答以下问题：对于满足条件 **A**～**E**［及 $\mathbf{C}^{(\infty)}$］

的给定 $\mathfrak{R}$ 的子集 $\mathfrak{M}$ 是否仍然满足条件 **A~E** [在 af, $f \pm g$ 以及 (f, g) 定义不变的条件下]?

为了使 **A** 成立,$\mathfrak{M}$ 必须是一个线性流形,**B** 自动有效。我们暂且搁置 **C**,在任何情况下都有 $\mathbf{C}^{(n)}$ 或者 $\mathbf{C}^{(\infty)}$ 成立。**D** 表示:若 $\mathfrak{M}$ 中某一序列满足柯西收敛准则,则它在 $\mathfrak{M}$ 中有一个极限。由于这样的序列肯定会在 $\mathfrak{R}$ 中有一个极限,因此 **D** 仅表明该极限也属于 $\mathfrak{M}$,即 $\mathfrak{M}$ 必须为闭集。正如我们在定理 9 的证明中所见,条件 **E** 始终成立。因此,我们可以作如下总结:

$\mathfrak{M}$ 必须是一个闭线性流形。我们将张成空间 $\mathfrak{M}$ 的标准正交系(定理 9)记为 φ_1, φ_2, …。若其为无限集,那么显然 $\mathbf{C}^{(\infty)}$ 成立,并且 $\mathfrak{M}$ 与 $\mathfrak{R}_\infty$ 同构,因此 $\mathfrak{M}$ 与 $\mathfrak{R}$ 本身同构;若该序列终止于 φ_n,那么 $\mathbf{C}^{(n)}$ 成立[根据定理 $3^{(n)}$],即 $\mathfrak{M}$ 与 $\mathfrak{R}_n$ 同构。

但由于在任何情况下,**D**,**E** 在 $\mathfrak{M}$ 中均成立,在每个 $\mathfrak{R}_n$ 中也都成立。因此,它们也可由 $\mathbf{A}$~$\mathbf{C}^{(n)}$ 得到。

诚如所见,我们避免在 $\mathfrak{R}_n$ 或 $\mathfrak{R}_\infty$ 中对 **A~E** [以及 $\mathbf{C}^{(n)}$ 或 $\mathbf{C}^{(\infty)}$] 直接验证,而是通过间接的逻辑论证完成验证。但通过直接的分析性论证也不会产生本质上的困难。这部分或许可以留给读者去证明。

我们仍需证明 **D**,**E** 与 $\mathbf{A}$~$\mathbf{C}^{(\infty)}$ 无关。正如我们前面所见,在 $\mathfrak{R}_\infty$ 中的每个线性流形均满足 **A**,**B**,**E**,以及 $\mathbf{C}^{(n)}$ 或 $\mathbf{C}^{(\infty)}$,如果它并非闭线性流形,那么 **D** 不满足。在这种情况下,$\mathbf{C}^{(\infty)}$ 必定成立,因为 **D** 是由 $\mathbf{C}^{(n)}$ 得来的。现在要构建这样一个非闭线性流形并不难。设 φ_1, φ_2, …为标准正交系,则 $\sum_{\nu=1}^{N} x_\nu \varphi_\nu$($N=1, 2, \cdots$; $x_1, \cdots, x_N$ 任意)构成一个线性流形,但该线性流形是非封闭的,因为 $\sum_{\nu=1}^{\infty} \frac{1}{\nu}\varphi_\nu$ [$\sum_{1}^{\infty}\left(\frac{1}{\nu}\right)^2$ 有限] 是一个极限点,但不是该线性流形中的一个元素

$$\sum_{\nu=1}^{N} \frac{1}{\nu}\varphi_\nu \to \sum_{\nu=1}^{\infty} \frac{1}{\nu}\varphi_\nu \text{ , 当 } N\to\infty$$

因此，**D** 与 **A**~$\mathbf{C}^{\infty}$，**E** 无关。

接下来让我们考虑一下参数 α 为连续值的所有复函数 $x(\alpha) < -\infty < \alpha < +\infty$，此外，假定可将 $x(\alpha)\neq 0$ 写成一个序列，使覆盖这些项的和 $\sum_{\alpha}|x(\alpha)|^2$ 为有限的[1]。所有这些 $x(\alpha)$ 函数形成一个空间 $\mathfrak{R}_{\text{cont}}$。因为对于这个空间的任意两个点 $x(\alpha)$，$y(\alpha)$，仅对两个 α 序列有 $x(\alpha)$ 或 $y(\alpha)\neq 0$，并且由于我们可以将这两个序列连接成为一个序列：$x(\alpha)=y(\alpha)=0$，某个特定的 α 序列 α_1，α_2，…除外。因此，我们只需要对所有 $n=1$，2，…时的值 $x_n=x(\alpha_n)$，$y_n=y(\alpha_n)$ 进行讨论即可。若仅有两个 $\mathfrak{R}_{\text{cont}}$ 点出现，它们的行为便都与在 $\mathfrak{R}_{\infty}$ 中的行为相同。因此，**A**，**B** 在 $\mathfrak{R}_{\text{cont}}$ 中与在 $\mathfrak{R}_{\infty}$ 中一样成立[2]。对于 $k(=1, 2, \cdots)$，$\mathfrak{R}_{\text{cont}}$ 点也是如此，因此 $\mathbf{C}^{\infty}$ 也一样成立。此外，对 $\mathfrak{R}_{\text{cont}}$ 点形成的序列也是同样如此。考虑 $x_1(\alpha)$，$x_2(\alpha)$，…，满足 $x_n(\alpha)\neq 0$ 的 α 对每个 $n=1$，2，…构成一个序列：$\alpha_1^{(n)}$，$\alpha_2^{(n)}$，…。这些序列共同构成一个二重序列 $\alpha_m^{(n)}$（$n, m=1, 2, \cdots$），也可以写成一个简单序列：$\alpha_1^{(1)}$，$\alpha_2^{(1)}$，$\alpha_1^{(2)}$，$\alpha_3^{(1)}$，$\alpha_2^{(2)}$，$\alpha_1^{(3)}$，…。因此，**D** 在 $\mathfrak{R}_{\text{cont}}$ 中成立，在 $\mathfrak{R}_{\infty}$ 中也成立。对于 E 则有所不同。在那种情况下，$\mathfrak{R}$ 中所有的点都起作用（所有的点必须是一个适当序列的极限点），因此，我们不能从 $\mathfrak{R}_{\infty}$ 推理到 $\mathfrak{R}_{\text{cont}}$。此外，该条件实际上并不能得以满足，因为由其推导的一条推论是无效的，即存在一个不能被写成序列的标准正交系（与定理 $3^{(\infty)}$ 相矛盾）。

设对每个 β 有

---

〔1〕虽然 α 连续变化，但这是求和，而不是积分，因为只有 α 的一个序列出现在求和中！

〔2〕我们很自然地将 $[x(\alpha), y(\alpha)]$ 定义为 $\sum_{\alpha} x(\alpha)\overline{y(\alpha)}$。

$$x_\beta(\alpha)\begin{cases}=1 & 对\alpha=\beta\\ =0 & 对\alpha\neq\beta\end{cases}$$

对于任一β, $x_\beta(\alpha)$是$\mathfrak{R}_{\text{cont}}$的一个元素，并且$x_\beta(\alpha)$形成了一个标准正交系。但当且仅当其对所有$\beta>-\infty$, $\beta<+\infty$都可能时，它们才能被写成一个序列。而这一点，众所周知不是总能成立的[1]。因此，**E**也独立于**A**~**C**$^{(\infty)}$，**D**。

[此外还应注意，在$\int_{-\infty}^{+\infty}|f(x)|^2\mathrm{d}x$有限的$f(x)$的函数空间与$\sum_\alpha|x(\alpha)|^2$有限的$x(\alpha)$的函数空间之间的根本区别。我们也可以把前者看作

$$\int_{-\infty}^{+\infty}|x(\alpha)|^2\mathrm{d}\alpha!$$

所有$x(\alpha)$的有限空间。所有区别在于用$\sum_\alpha\cdots$代替了$\int_{-\infty}^{+\infty}\cdots\mathrm{d}\alpha$，而且所命名的第一个空间是$F_\Omega$，因此其满足**A**~**E**，且与$\mathfrak{R}_\infty$同构；而后者，$\mathfrak{R}_{\text{cont}}$违反**E**，且与$\mathfrak{R}_\infty$存在本质上的不同。尽管如此，两个空间除对大小的定义不同以外，二者是相同的！]

〔1〕这是有关“连续统的不可数性”的集合理论定理。

2.4　闭线性流形

2.2 节对我们而言至关重要，不仅因为该节对同构的证明，还因为该节对关于正交系的几个定理也进行了证明。现在我们想对希尔伯特空间的几何分析进行深入探究，并对闭线性流形进行详细研究。闭线性流形在 $\mathfrak{R}_\infty$ 中所起的作用，与直线、平面等在 $\mathfrak{R}_n$（即 $\mathfrak{R}_m$，$m \leqslant n$）中所起的作用相类似。

我们首先回顾一下在定义 2 与定义 5 中所引入的记法：若 $\mathfrak{A}$ 为 $\mathfrak{R}$ 中的任意子集，则$\{\mathfrak{A}\}$表示由 $\mathfrak{A}$ 张成的线性流形，[$\mathfrak{A}$] 表示由 $\mathfrak{A}$ 张成的闭线性流形，即包含 $\mathfrak{A}$ 在内的两种最小表示的类型。

现在我们对这种记法进行扩展，将$\{\mathfrak{A}，\mathfrak{B}，\cdots，f，g，\cdots\}$或[$\mathfrak{A}$，$\mathfrak{B}$，⋯，$f$，$g$，⋯] 分别理解成由 $\mathfrak{A}$，$\mathfrak{B}$，⋯和 f，g，⋯组合形成的集合所张成的线性流形或闭线性流形（假定 $\mathfrak{A}$，$\mathfrak{B}$，⋯为 $\mathfrak{R}$ 中任意子集，f，g，⋯为 $\mathfrak{R}$ 中元素）。

特别地，当 $\mathfrak{M}$，$\mathfrak{N}$，⋯（数量有限或无限）是闭线性流形时，那么我们将闭线性流形 [$\mathfrak{M}$，$\mathfrak{N}$，⋯] 记为 $\mathfrak{M}+\mathfrak{N}+\cdots$。而线性流形$\{\mathfrak{M}，\mathfrak{N}，\cdots\}$显然是由所有$f+g+\cdots$（$f$ 在 $\mathfrak{M}$ 中遍取值，g 在 $\mathfrak{N}$ 中遍取值）的和组成的。而 [$\mathfrak{M}$，$\mathfrak{N}$，⋯]$=\mathfrak{M}+\mathfrak{N}+\cdots$是通过添加极限点而获得的。若只存在集合 $\mathfrak{M}$ 和 $\mathfrak{N}$，其元素数量有限，且两集合中的每个元素均相互正交，则随后可知，这两种表示法是相对等的，但在一般情况下未必如此。

如果 $\mathfrak{M}$ 是 $\mathfrak{R}$ 的子集，那么我们要考虑 $\mathfrak{R}$ 中所有与 $\mathfrak{M}$ 的全部元素正交的那些元素。这显然也是一个闭线性流形，记为 $\mathfrak{R}-\mathfrak{M}$。定理 14 将解释为什么用减法表示的原因。集合 $\mathfrak{R}-\mathfrak{M}$ 包含所有f，且与整个 $\mathfrak{M}$ 正交，因此其具有特殊的重要性。可将 $\mathfrak{R}-\mathfrak{M}$ 称为“闭线性流形 $\mathfrak{M}$ 的补”。

最后，我们选择了三个特别简单的闭线性流形：第一个是 $\mathfrak{R}$ 本身；第二个是集合{0}=[0]，仅由零组成；第三个是由所有 af 组成的集合（f 是 $\mathfrak{R}$ 中的给定元素，a 是变量），该集合显然是一个闭线性流形，因此它等于{f}的同时，也等于[f]。

下面我们来介绍一下“投影算子”的概念。这一概念与欧几里得几何中使用的那个术语完全类似。

定理 10 设 $\mathfrak{M}$ 为一个闭线性流形，则对于每个 f 而言，有且仅有一种方式将 f 分解为两个分量之和 $f=g+h$：其中 g 属于 $\mathfrak{M}$，而 h 属于 $\mathfrak{R}-\mathfrak{M}$。

注：我们称 g 为“f 在 $\mathfrak{M}$ 中的投影”，h（与所有 $\mathfrak{M}$ 正交）是从 f 到 $\mathfrak{M}$ 的垂线（法线），我们为 g 引入符号 $P_{\mathfrak{M}}f$ 。

证明 设 φ_1，φ_2，…为标准正交系，因为定理 9 而存在，并张成闭线性流形 $\mathfrak{M}$。我们将其记为 $g=\sum_n (f,\ \varphi_n)\cdot\varphi_n$。根据定理 6，该序列收敛（若其为无限序列），该序列的和 g 显然属于 $\mathfrak{M}$。又根据定理 6，$h=f-g$ 与所有 φ_1，φ_2，…正交，但由于与 h 正交的向量连同 φ_1，φ_2，…一起构成一个闭线性流形，所有 $\mathfrak{M}$ 也与 h 正交，即 h 属于 $\mathfrak{R}-\mathfrak{M}$。

如果还存在另一个解 $f=g'+h'$，g' 属于 $\mathfrak{M}$，h' 属于 $\mathfrak{R}-\mathfrak{M}$，那么 $g+h=g'+h'$，$g-g'=h'-h=j$。于是 j 必须同时属于 $\mathfrak{M}$ 和 $\mathfrak{R}-\mathfrak{M}$，因此与其自身正交，即 $(j,\ j)=0$，$j=0$，所以 $g=g'$，$h=h'$。

因此，运算 $P_{\mathfrak{M}}f$ 将其在 $\mathfrak{M}$ 中的投影 $P_{\mathfrak{M}}f$ 分配给 $\mathfrak{R}$ 中的每个 f。在下一节中，我们将作出如下定义：算子 R 是在 $\mathfrak{R}$ 的子集中定义的函数，其值来自 $\mathfrak{R}$，即 $\mathfrak{R}$ 的某个 f 与 $\mathfrak{R}$ 的某个 Rf 对应。（不一定适用于所有 f。对 $\mathfrak{R}$ 的其他 f，这种运算可能是无定义的，即“无意义”的。）那么 $P_{\mathfrak{M}}$ 是 $\mathfrak{R}$ 中处处有定义的算子，称为 $\mathfrak{M}$ 的“投影算子”，或仅称为 $\mathfrak{M}$ 的“投影”。

定理 11 算子 $P_{\mathfrak{M}}$ 具有如下特性

$$P_{\mathfrak{M}}(a_1f_1+\cdots+a_nf_n)=a_1P_{\mathfrak{M}}f_1+\cdots+a_nP_{\mathfrak{M}}f_n$$

$$(P_{\mathfrak{M}}f,\ g)=(f,\ P_{\mathfrak{M}}g)$$

$$P_{\mathfrak{M}}(P_{\mathfrak{M}}f)=P_{\mathfrak{M}}\cdot f$$

$\mathfrak{M}$ 是所有 $P_{\mathfrak{M}}$ 值的集合，即所有 $P_{\mathfrak{M}}f$ 的集合，但是它也可被看作 $P_{\mathfrak{M}}f=f$ 的所有解的集合，而 $\mathfrak{R}-\mathfrak{M}$ 是 $P_{\mathfrak{M}}f=0$ 的所有解的集合。

注：在后续部分中，我们将证明，本定理的第一个特性可以确定所谓的“线性算子”；第二个特性可以确定所谓的“埃尔米特算子”。第三个特性则表明：应用两次算子 $P_{\mathfrak{M}}$ 与应用一次的效果相同。其通常记为：

$$P_{\mathfrak{M}}P_{\mathfrak{M}}=P_{\mathfrak{M}} \text{ 或 } P_{\mathfrak{M}}^2=P_{\mathfrak{M}}$$

证明 由

$$f_1=g_1+h_1,\ \cdots,\ f_n=g_n+h_n$$

（g_1，$\cdots g_n$ 取自 $\mathfrak{M}$，h_1，$\cdots$，h_n 取自 $\mathfrak{R}-\mathfrak{M}$）

得到

$$a_1f_1+\cdots+a_nf_n=(a_1g_1+\cdots+a_ng_n)+(a_1h_1+\cdots+a_nh_n)$$

（$a_1g_1+\cdots+a_ng_n$ 取自 $\mathfrak{M}$，$a_1h_1+\cdots+a_nh_n$ 取自 $\mathfrak{R}-\mathfrak{M}$）

因此

$$P_{\mathfrak{M}}(a_1f_1+\cdots+a_nf_n)=a_1g_1+\cdots+a_ng_n=a_1P_{\mathfrak{M}}f_1+\cdots+a_nP_{\mathfrak{M}}f_n$$

第一个结论得证。

对于第二个特性，设

$$f=g'+h',\ g=g''+h''$$

（g'，g'' 取自 $\mathfrak{M}$，h'，h'' 取自 $\mathfrak{R}-\mathfrak{M}$）

则有 g'，g'' 与 h'，h'' 正交，因此可得

$$(g',\ g)=(g',\ g''+h'')=(g',\ g'')=(g'+h',\ g'')=(f,\ g'')$$

即 $(P_{\mathfrak{M}}f,\ g)=(f,\ P_{\mathfrak{M}}g)$，第二个结论得证。

最后，$P_{\mathfrak{M}}f$ 属于 $\mathfrak{M}$，因此 $P_{\mathfrak{M}}f=P_{\mathfrak{M}}f+0$ 是定理 10 所保证的对 $P_{\mathfrak{M}}f$ 的分量分解，即 $P_{\mathfrak{M}}(P_{\mathfrak{M}}f)=P_{\mathfrak{M}}f$。这就是第三个特性。

关系式 $P_{\mathfrak{M}}f=f$ 或 0 表明，在分解 $f=g+h$ 中，g 取自 $\mathfrak{M}$，h 取自 $\mathfrak{R}-$

$\mathfrak{M}$（根据定理 10），要么 $f=g$，$h=0$，要么 $g=0$，$f=h$，即 f 要么属于 $\mathfrak{M}$，要么属于 $\mathfrak{R}-\mathfrak{M}$。这便是第五和第六个特性。根据定义，所有 $P_{\mathfrak{M}}f$ 都属于 $\mathfrak{M}$，并且 $\mathfrak{M}$ 中所取的每个 f' 都等于一个 $P_{\mathfrak{M}}f$：例如，据上所述，即等于 $P_{\mathfrak{M}}f$。这是第四个特性。

请注意，第二和第三个特性表明

$$(P_{\mathfrak{M}}f,\ P_{\mathfrak{M}}g)=(f,\ P_{\mathfrak{M}}P_{\mathfrak{M}}g)=(f,\ P_{\mathfrak{M}}g)=(P_{\mathfrak{M}}f,\ g)$$

下面我们将描述与 $\mathfrak{M}$ 无关的投影算子的性质。

定理 12 设 $\mathfrak{M}$ 为一个封闭线性流形，处处定义在 $\mathfrak{M}$ 上的算子 E 是一个投影，即当且仅当其具有以下属性

$$(Ef,\ g)=(f,\ Eg),\quad E^2=E$$

时（见定理 11 的注），$\mathfrak{M}$ 由 E（根据定理 11）唯一确定。

证明 根据定理 11，我们可以明显看出，该条件的必要性，以及 E 对 $\mathfrak{M}$ 的确定。那么，我们仅需证明如果 E 具备上述特性，则存在一个满足 $E=P_{\mathfrak{M}}$ 的封闭线性流形 $\mathfrak{M}$ 即可。

设 $\mathfrak{M}$ 为由所有 Ef 张成的闭线性流形，则 $g-Eg$ 与所有 Ef 正交，即

$$(Ef,\ g-Eg)=(Ef,\ g)-(Ef,\ Eg)=(Ef,\ g)-(E^2f,\ g)=0$$

与 $\mathfrak{R}$ 中的 $g-Eg$ 正交的所有元素形成了一个闭线性流形。因此它们包括 $\mathfrak{M}$ 和 Ef，那么则有 $g-Eg$ 属于 $\mathfrak{R}-\mathfrak{M}$。从定理 10 的意义上讲，$g$ 对于 $\mathfrak{M}$ 的分解是 $g=Eg+(g-Eg)$，因此 $P_{\mathfrak{M}}g=Eg$，其中 g 为任意值。至此，整个定理都已被证明了。

如果 $\mathfrak{M}=\mathfrak{R}$ 或 $\mathfrak{M}=[0]$，则分别有 $\mathfrak{R}-\mathfrak{M}=[0]$ 或 $\mathfrak{R}$，因此根据定理 11，$f=f+0$ 或 $0+f$ 分别是分解。因此，分别有 $P_{\mathfrak{M}}f=f$ 或 $=0$。我们称 1 为由 $Rf=f$ 定义的算子（处处有定义的算子），而 0 是由 $Rf=0$ 定义的算子。因此有 $P_{\mathfrak{R}}=1$，$P_{[0]}=0$。此外显而易见的是，属于 $\mathfrak{M}$ 的分解 $f=g+h$（g 取自 $\mathfrak{M}$，f 取自 $\mathfrak{R}-\mathfrak{M}$），也以 $f=h+g$ 的形式（h 取自 $\mathfrak{R}-\mathfrak{M}$，$g$ 取自 $\mathfrak{M}$）对 $\mathfrak{R}-\mathfrak{M}$ 有

用[这是因为 g 属于 $\mathfrak{M}$，它与 $\mathfrak{R}-\mathfrak{M}$ 的每个元素正交，因此它属于 $\mathfrak{R}-(\mathfrak{R}-\mathfrak{M})$]。因此，$P_{\mathfrak{M}}f=g$，$P_{\mathfrak{R}-\mathfrak{M}}f=h=f-g$，即 $P_{\mathfrak{R}-\mathfrak{M}}f=1f-P_{\mathfrak{M}}f$。关系式 $P_{\mathfrak{R}-\mathfrak{M}}f=1f-P_{\mathfrak{M}}f$ 可以用符号 $P_{\mathfrak{R}-\mathfrak{M}}=1-P_{\mathfrak{M}}$ 来表示（对于算子的加、减、乘法运算，见定理 14 中的讨论）。

需要注意：此前我们很容易就能认出 $\mathfrak{M}$ 是 $\mathfrak{R}-(\mathfrak{R}-\mathfrak{M})$ 的子集，但是很难直接证明这两个集合是等同的。这种等同性可由以下关系得到

$$P_{\mathfrak{R}-(\mathfrak{R}-\mathfrak{M})}=1-P_{\mathfrak{R}-\mathfrak{M}}=1-(1-P_{\mathfrak{M}})=P_{\mathfrak{M}}$$

而且，由上述还可知，如果 E 是一个投影算子，那么 $1-E$ 也同样是一个投影，因为 $1-(1-E)=E$，反之亦然。

定理 13　以下关系恒成立：$\|Ef\|^2=(Ef, f)$，$\|Ef\|\leqslant\|f\|$，若 f 取自 $\mathfrak{R}-\mathfrak{M}$，则有 $\|Ef\|=0$；若 f 取自 $\mathfrak{M}$，则有 $\|Ef\|=\|f\|$。

注：因此，特别有

$$\|Ef-Eg\|=\|E(f-g)\|\leqslant\|f-g\|$$

即算子 E 是连续的（见 2.1 节中定理 2 后面的讨论）。

证明　我们有（见定理 11 后面的讨论）

$$\|Ef\|^2=(Ef, Ef)=(Ef, f)$$

因为 $1-E$ 也是一个投影算子

$$\|Ef\|^2+\|f-Ef\|^2=\|Ef\|^2+\|(1-E)f\|^2$$

$$=(Ef, f)+[(1-E)f, f]=(f, f)=\|f\|^2$$

由于两个分量均 $\geqslant 0$，所以它们也 $\leqslant\|f\|^2$，特别是 $\|Ef\|^2\leqslant\|f\|^2$，$\|Ef\|\leqslant\|f\|$。根据定理 11 可知，$\|Ef\|=0$，$Ef=0$ 表示 f 属于 $\mathfrak{R}-\mathfrak{M}$ 这一事实。由上述关系可知，$\|Ef\|=\|f\|$ 就意味着 $\|f-Ef\|=0$，$Ef=f$，因此，根据定理 11，f 属于 $\mathfrak{M}$。

如果 R，S 是两个算子，那么我们可以用 $R\pm S$，aR（a 是一个复数），RS 来表示，由下式定义的算子

$$(R \pm S)f = Rf \pm Sf,\quad (aR)f = a - Rf,\quad (RS)f = R(Sf)$$

并且应用以下自然记法

$$R^0 = 1,\ R^1 = R,\ R^2 = RR,\ R^3 = RRR,\ \cdots$$

在这里可以很容易地对行之有效的计算规则进行讨论。我们可以毫不费力地验证，对数字有效的所有基本计算定律，对于 $R \pm S$, aR 均成立，但是对于 RS 并非如此。对分配律成立的验证是很容易的：$(R \pm S)T = RT \pm ST$ 和 $R(S \pm T) = RS \pm RT$（对于后者，当然 R 必须是线性的；详情见定理 11 的注，以及后一段中的讨论）。结合律也是成立的：$(RS)T = R(ST) = RST$，但是交换律 $RS = SR$ 通常是不成立的。[1] 如果该定律对两个特定的 R，S 成立，则它们被称为“可对易”。例如 0 和 1 与处处有定义的所有 R 可对易：

$$R0 = 0R = 0,\ R1 = 1R = R$$

此外，R^m，R^n 可对易，因为 $R^m R^n = R^{m+n}$，所以与 m，n 的顺序无关。

定理 14 设 E，F 为闭线性流形 $\mathfrak{M}$，$\mathfrak{N}$ 的投影算子，那么当且仅当 E 与 F 可对易，即当 $EF = FE$ 时，EF 才是投影算子。此外，EF 属于闭线性流形 $\mathfrak{P}$，该闭线性流形是由 $\mathfrak{M}$ 与 $\mathfrak{N}$ 的共有元素组成的。当且仅当 $EF = 0$（或者等价地：当 $FE=0$）时，算子 $E+F$ 才是投影算子。这意味着 $\mathfrak{M}$ 中的所有元素都与 $\mathfrak{N}$ 中的所有元素正交，那么 $E+F$ 属于 $\mathfrak{M} + \mathfrak{N} = [\mathfrak{M},\ \mathfrak{N}]$，它在这种情况下等于 $\{\mathfrak{M},\ \mathfrak{N}\}$。当且仅当 $EF=F$（或等价地：当 $FE=F$）时，算子 $E - F$ 是投影算子。这就意味着 $\mathfrak{N}$ 是 $\mathfrak{M}$ 的一个子集，并且 $E - F$ 属于 $\mathfrak{M} - \mathfrak{N}$。

证明 对于 EF，我们必须重新审视定理 12 中的两个条件

$$(EFf,\ g) = (f,\ EFg),\quad (EF)^2 = EF$$

因为 $(EFf,\ g) = (Ff,\ Eg) = (f,\ FEg)$，所以第一个条件意味着

$$(f,\ EFg) = (f,\ FEg),\quad [f,\ (EF - FE)g] = 0$$

---

[1] $(RS)f = R(Sf)$ 与 $(SR)f = S(Rf)$ 不必彼此相等！

由于对所有的 f，$(EF-FE)g=0$ 都成立，并且对所有的 g 也都成立，所以有 $EF-FE=0$，$EF=FE$。因此，可对易性对于第一个条件而言是必要和充分的，也因此我们可以得到第二个条件

$$(EF)^2=EFEF=EEFF=E^2F^2=EF$$

由于 $E+F$ 恒满足第一个条件 $[(E+F)f,\ g]=[f,\ (E+F)g]$（因为 E，F 均满足），那么我们只需要证明第二个条件 $(E+F)^2=E+F$。由于

$$(E+F)^2=E^2+F^2+EF+FE=(E+F)+(EF+FE)$$

可知 $EF+FE=0$。现在对于 $EF=0$，EF 是一个投影算子。因此，由上述证明可知，$EF=FE$，因此 $EF+FE=0$。相反，由 $EF+FE=0$ 可以得到

$$E(EF+FE)=E^2F+EFE=EF+EFE=0$$

$$E(EF+FE)E=E^2FE+EFE^2=EFE+EFE=2,\ EFE=0$$

因此可得 $EFE=0$，又因此 $EF=0$，所以 $EF=0$ 是充分必要条件，且由于 E，F 的作用相同，$FE=0$ 同样也是充分必要条件。

当且仅当 $1-(E-F)=(1-E)+F=1$ 时，$E-F$ 才为投影算子。且由于 $1-E$，F 均为投影算子，根据同样的证明可知，$(1-E)F=0$，$F=EF=0$，$EF=F$ 或等价的 $F(1-E)=0$，$F-FE=0$，$FE=F$，是 $1-E$，F 为算子的特征。

我们还要证明 $\mathfrak{M}$，$\mathfrak{N}$（$E=P_{\mathfrak{M}}$，$F=P_{\mathfrak{N}}$）的相关命题。首先，设 $EF=FE$，那么每个 $EFf=FEf$ 都属于 $\mathfrak{M}$ 和 $\mathfrak{N}$ 二者，因此也属于 $\mathfrak{P}$，并且对于 $\mathfrak{P}$ 中的每个 g，有 $Eg=Fg=g$，因此有 $EFg=Eg=g$，即它具有 EFf 的形式。因此，$\mathfrak{P}$ 是 EF 值的总和，根据定理 11 可知，$EF=P_{\mathfrak{P}}$。其次，设 $EF=0$（因此也有 $FE=0$）。每个 $(E+F)f=Ef+Ff$ 都属于 $\{\mathfrak{M},\ \mathfrak{N}\}$，而且 $\{\mathfrak{M},\ \mathfrak{N}\}$ 中的每个 g 都等于 $h+j$，h 取自 $\mathfrak{M}$，j 取自 $\mathfrak{N}$，因此 $Eh=h$，$Fh=FEh=0$，$Fj=j$，$Ej=EFj=0$。因此

$$(E+F)(h+j)=Eh+Fh+Ej+Fj=h+j,\ (E+F)g=g$$

则 g 的形式为 $(E+F)f$。因此，$\{\mathfrak{M},\ \mathfrak{N}\}$ 是 $E+F$ 值的全体，但由于 $E+F$ 是

一个投影算子，所以{$\mathfrak{M}$，$\mathfrak{N}$}是相应的闭线性流形（见定理11）。由于{$\mathfrak{M}$，$\mathfrak{N}$}是封闭的，所以有{ $\mathfrak{M}$，$\mathfrak{N}$ }=[$\mathfrak{M}$，$\mathfrak{N}$]= $\mathfrak{M}$ + $\mathfrak{N}$。再次，设 $EF=F$（因此也有 $FE=F$），那么 $E=P_{\mathfrak{M}}$，$1-F=P_{\mathfrak{R}-\mathfrak{N}}$，故 $E-F=E-EF=E(1-F)$，等于 $P_{\mathfrak{P}}$，其中 $\mathfrak{P}$ 是 $\mathfrak{M}$ 与 $\mathfrak{R}-\mathfrak{N}$ 的交，即 $\mathfrak{M}-\mathfrak{R}$。

最后，$EF=0$ 表示恒有（EFf，g）=0，即（Ff，Eg）=0，亦即整个 $\mathfrak{M}$ 与整个 $\mathfrak{N}$ 正交。并且 $EF=F$ 表示 $F(1-E)=0$，即所有 $\mathfrak{N}$ 都与 $\mathfrak{R}-\mathfrak{M}$ 正交，或者等同于：$\mathfrak{N}$ 是 $\mathfrak{R}-(\mathfrak{R}-\mathfrak{M})=\mathfrak{M}$ 的一个子集。

如果 $\mathfrak{N}$ 是 $\mathfrak{M}$ 的一个子集，那么对于 $F=P_{\mathfrak{N}}$，$E=P_{\mathfrak{M}}$，我们说 F 是 E 的一部分：记为 $E\geqslant F$ 或 $F\leqslant E$（这就表明 $EF=F$，或者 $FE=F$，并且因此得出可对易性的结论。这可以通过对 $\mathfrak{M}$，$\mathfrak{N}$ 的观察或直接计算得出。$0\leqslant E\leqslant 1$ 恒成立。由 $E\leqslant F$，$F\leqslant E$ 可知 $E=F$。由 $E\leqslant F$，$F\leqslant G$ 可知 $E\leqslant G$。这具有按量值大小进行排序的特征。通过进一步观察可知，$E\leqslant F$，$1-E\geqslant 1-F$，以及与 $1-F$ 正交的 E，三者都是等价的。此外，若 $E'\leqslant E$，$F'\leqslant F$，则 E'，F' 的正交性可由 E，F 的正交性得出）。如果 $\mathfrak{M}$ 与 $\mathfrak{N}$ 正交，则我们说 E，F 也是正交的（因此，这就表明 $EF=0$ 或者 $FE=0$）。相反，若 E，F 可对易，则我们说 $\mathfrak{M}$，$\mathfrak{N}$ 也是可对易的。

定理 15 $E\leqslant F$ 等价于 $\|Ef\|\leqslant\|Ff\|$ 的一般有效性。

证明 由 $E\leqslant F$ 可知 $E=EF$，因此 $\|Ef\|=\|EFf\|\leqslant\|Ff\|$（见定理13）。反之，该定理有以下推论：如果 $Ff=0$，那么 $\|Ef\|\leqslant\|Ff\|=0$，$Ef=0$。现因 $F(1-F)f=(F-F^2)f=0$，我们有与之相等同的 $E(1-F)f=0$，即 $E(1-F)=E-EF=0$，$E=EF$，因此，$E\leqslant F$。

定理 16 设 E_1，…，E_k 为投影算子。则 $E_1+\cdots+E_k$ 当且仅当所有 E_m，E_l（m，l=1，…，k；$m\neq l$）相互正交时才是投影算子。另一个充分必要条件是（对于所有 f）满足以下关系

$$\|E_1f\|^2+\cdots+\|E_kf\|^2\leqslant\|f\|^2$$

此外，$E_1+\cdots+E_k$（$E_1=P_{\mathfrak{M}_1}$，$\cdots E_k=P_{\mathfrak{M}_k}$）是 $\mathfrak{M}_1+\cdots+\mathfrak{M}_k=[\mathfrak{M}_1，\cdots，\mathfrak{M}_k]$

的投影算子，在这种情况下，$[\mathfrak{M}_1, \cdots, \mathfrak{M}_k] = \{\mathfrak{M}_1, \cdots, \mathfrak{R}_k\}$。

证明　通过重复应用定理 14，我们可以推导出最后一个命题。第一个条件的充分性也是通过该方法得到的。如果能够满足第二个条件，则第一个条件也能得以满足。对于 $m \neq I$，$E_m f = f$ 有

$$\| f \|^2 = \| E_l f \|^2 = \| E_m f \|^2 = \| E_l f \|^2 \leqslant \| E_1 f \|^2 + \cdots + \| E_k f \|^2 \leqslant \| f \|^2$$

$$\| E_l f \|^2 = 0 \text{，} \quad E_l f = 0$$

但是由于 $E_m(E_m f) = E_m f$ 等式成立，所以 $E_l(E_m f) = 0$，即 $E_l E_m = 0$。最后，第二个条件是必要的：若 $E_1 + \cdots + E_k$ 是一个投影算子，则（定理 13）

$$\| E_1 f \|^2 + \cdots + \| E_k f \|^2 = (E_1 f, f) + \cdots + (E_k f, f)$$

$$= [(E_1 + \cdots + E_k) f, f] = \| (E_1 + \cdots + E_k) f \|^2 \leqslant \| f \|^2$$

因此，我们有以下逻辑：

$E_1 + \cdots + E_k$ 是一个投影算子 $\Rightarrow$ 第二条标准 $\Rightarrow$ 第一条标准 $\Rightarrow$ $E_1 + \cdots + E_k$ 是一个投影算子。

所以三者是等价的。

作为总结，我们证明以下关于投影算子的收敛定理。

定理 17　设 $E_1 + \cdots + E_k$ 为一个递增或递减的投影序列：$E_1 \leqslant E_2 \leqslant \cdots$ 或者 $E_1 \geqslant E_2 \geqslant \cdots$。若对于所有 f，有 $E_n f \to E f$ 成立，则这些投影算子序列收敛到投影算子 E，并且对一切 n，有 $E_n \leqslant E$ 或者 $E_n \geqslant E$。

证明　研究第二种情况就足够了，因为第一种情况可以通过将 $1 - E_1$，$1 - E_2$，$\cdots$，$1 - E$ 替换为 E_1，E_2，E_3，$\cdots$，E 来简化。故此，设 $E_1 \geqslant E_2 \geqslant \cdots$。根据定理 15，$\| E_1 f \|^2 \geqslant \| E_2 f \|^2 \geqslant \cdots \geqslant 0$ 因此存在 $\lim\limits_{m \to \infty} \| E_m f \|^2$。那么对于每个 $\varepsilon > 0$，都存在一个 $N = N(\varepsilon)$，使得对 m，$l \geqslant N$

$$\| E_m f \|^2 - \| E_l f \|^2 < \varepsilon$$

现对于 $m \leqslant l$，$E_m \geqslant E_l$，算子 $E_m - E_l$ 是一个投影算子，因此有

$$\| E_m f \|^2 - \| E_l f \|^2 = (E_m f, f) - (E_l f, f) = [(E_m - E_l) f, f]$$

$$=\|(E_m-E_l)f\|^2=\|E_mf-E_lf\|^2$$

由此得出$\|E_mf-E_lf\|<\sqrt{\varepsilon}$。因此，序列 E_1f，E_2f，…满足柯西收敛准则，并且具有一个极限 f^*（见 2.1 节中的 **D**）。因此，$Ef=f^*$定义了一个处处有意义的算子。

由（E_nf，g）=（f，E_ng）可知，转变到极限状态后有（Ef，g）=（f，Eg），而由（E_nf，E_ng）=（E_nf，g）有（Ef，Eg）=（Ef，g）。因此（E^2f，g）=（Ef，g），$E^2=E$。因此E是一个投影算子。对于$l\geqslant m$，$\|E_mf\|\geqslant\|E_lf\|$，且当 $l\to\infty$ 时，我们得到$\|E_mf\|\geqslant\|Ef\|$，因此 $E_m\geqslant E$（定理 15）。

若E_1，E_2，… 为投影算子，其中每一对都相互正交，那么

E_1，E_1+E_2，$E_1+E_2+E_3$，…

也都是投影算子，并且构成一个递增序列。根据定理 17，它们收敛到一个大于等于它们全体的投影算子，我们可以用 $E=E_1+E_2+\cdots$ 来表示。设 $E_1=P_{\mathfrak{M}_1}$，$E_2=P_{\mathfrak{M}_2}$，…，$E_1+E_2+\cdots=P_{\mathfrak{M}}$。因为 $E_m\leqslant E$，所有 $\mathfrak{M}_m$ 是 $\mathfrak{M}$ 的一个子集，因此 $\mathfrak{M}$ 还包括 $[\mathfrak{M}_1, \mathfrak{M}_2, \cdots]=\mathfrak{M}_1+\mathfrak{M}_2+\cdots=\mathfrak{M}'$。反之，所有的 $\mathfrak{M}_m$ 都是 $\mathfrak{M}'$ 的子集。因此有 $E_m\leqslant P_{\mathfrak{M}'}=E'$。所以由于连续性（见上述证明中的处理），$E\leqslant E'$。因此 $\mathfrak{M}$ 是 $\mathfrak{M}'$ 的子集，进而 $\mathfrak{M}=\mathfrak{M}'$，$E=E'$，即 $\mathfrak{M}=\mathfrak{M}_1+\mathfrak{M}_2+\cdots$，或者换种方式记作

$$P_{\mathfrak{M}_1+\mathfrak{M}_2+\cdots}=P_{\mathfrak{M}_1}+P_{\mathfrak{M}_2}+\cdots$$

至此，我们结束了对投影算子的研究。

2.5 希尔伯特空间中的算子

我们已经对无限多维的（希尔伯特）空间 $\mathfrak{R}_\infty$ 中的几何关系进行了充分的探讨，现在我们将把注意力转向其线性算子——空间 $\mathfrak{R}_\infty$ 在其自身上的线性映射。为此，我们需要引入一些概念，实际上前几个章节已经对这些概念做了一定程度的铺垫。

对该部分所涉及的算子，我们给出如下定义（与前文定理 11 给出的陈述相一致）。

定义 6 算子 R 是定义在 $\mathfrak{R}$ 的子集上的函数，其值取自 $\mathfrak{R}$，即在 $\mathfrak{R}$ 中的某些元素 f 与 $\mathfrak{R}$ 中的另一些元素 Rf 之间建立的对应关系。

除承认 $\mathfrak{R}_\infty$ 以外，我们也承认 $\mathfrak{R}_n$。需要注意的是，如果 $\mathfrak{R}_\infty$ 是一个 F_Ω，那么算子 R 是为 F_Ω 的元素而定义的，即普通的构型空间函数，其取值也是同样定义的。于是这些算子被称为“函数的函数”或“泛函”（见 1.2 节，1.4 节中的例子）。定义了 Rf 的 f 的类，即 R 的定义域，不必包含整个 $\mathfrak{R}$，但若其定义域为 $\mathfrak{R}$，则称 R“处处有定义”。此外，所有 Rf 的集合，即 R 的值域（R 作用在定义域上的全体映射），不一定必须包含在 R 的定义域之内。也就是说，如果 Rf 有意义，那么也不一定能得出 $R(Rf)=R^2f$。[1]

---

[1] 例如，设 $\mathfrak{R}_\infty$ 是一个 F_Ω，其中 Ω 是所有实数 x，$-\infty<x<\infty$ 的空间。$\frac{d}{dx}$ 是一个泛函，即一个算子，但从我们所说的意义上讲，只对满足如下条件的 $f(x)$ 进行定义。首先，它是可以微分的；其次，

$$\int_{-\infty}^{\infty}\left|\frac{d}{dx}f(x)\right|^2 dx$$ （转下页）

在上一节中，我们已经对 $R\pm S$，aR，RS，R^m（R，S 均为算子，a 为复数，$m=0$，1，2，…）的意义作了说明。

$(R\pm S)f=Rf\pm Sf$，$(aR)f=a\cdot Rf$，$(RS)f=R(Sf)$

$R^0=1$，$R^1=R$，$R^2=RR$，$R^3=RRR$，…

在确定这些算子的定义域时，应注意，仅当右边有定义时，左边（算子 $R\pm S$，aR，RS）才有定义。因此，例如 $R\pm S$ 仅在 R 与 S 定义域的公共部分才有定义，等等。如果 Rf 对于每个 f 是单值的，则 R 具有逆 R^{-1}：若 $Rg=f$ 有一个解 g，则 R^{-1} 有定义，且其值为 g。在前面几节中，我们已经对 $R\pm S$，aR，RS 的相关计算定律的有效性进行了讨论，在这里我们只对它们的定义域问题加以探讨。那些被定义为相等的算子，其定义域相同，而算子方程在这些定义域中并不适用，诸如：$0\cdot R=0$。$0f$ 恒有意义，但根据定义，仅当 Rf 有定义时，$(0\cdot R)f$ 才有意义（但如果两者都有定义，则两者都 $=0$）。此外，$I\cdot R=R\cdot I=R$ 成立，且 $R^m\cdot R^l=R^{m+l}$ 也成立，则对于其定义域也同样成立。

若 R，S 均有逆，则 RS 也有逆，那么显而易见有 $(RS)^{-1}=S^{-1}R^{-1}$。此外，若 $a\neq 0$，则 $(aR)^{-1}=\frac{1}{a}R^{-1}$，若存在 R^{-1}，我们也可以形成 R 的其他负幂

$R^{-2}=R^{-1}R^{-1}$，$R^{-3}=R^{-1}R^{-1}R^{-1}$，…

（接上页）有限（参见2.8节中更为详细的探讨）。

一般来说

$$\frac{d^2}{dx^2}f(x)$$

自然是不存在的，并且

$$\int_{-\infty}^{\infty}\left|\frac{d^2}{dx^2}f(x)\right|^2 dx$$

也不一定是有限的。例如：

$$f(x)=|x|^{\frac{3}{2}}e^{-x^2}$$

就是以这样的方式存在。

基于前文的一般论述，我们将继续对那些特殊类别的算子进行更为详细的研究。这些特殊类别的算子在应用中极为重要。

定义 7 若算子 A 的定义域是线性流形，则称"算子 A 为线性的"，即若 A 包含 $a_1f_1+\cdots+a_kf_k$ 以及 f_1，…，f_k，并且使以下等式成立

$$A(a_1f_1+\cdots+a_kf_k)=a_1Af_1+\cdots+a_kAf_k$$

在以下讨论中，我们将只考虑线性算子，或更确切地说，只考虑那些定义域处处稠密的线性算子。

出于多种目的，在量子力学中我们必须放弃算子处处有意义的这项要求。而上述后一种仅要求定义域处处稠密的说法，为我们提供了一个充分的替代条件，可用来取代算子需处处有意义的这项要求。这种情况至关重要，我们有必要予以更为详细的探讨。例如：让我们对薛定谔波动力学中的构型空间予以探讨，为简单起见，取一维空间：$-\infty<q<\infty$。波函数为 $\varphi(q)$，且

$$\int_{-\infty}^{+\infty}|\varphi(q)|^2\,\mathrm{d}q$$

有界。这些波函数就构成了一个希尔伯特空间（见 2.3 节）。我们还考虑了算子 $q\cdots$ 和 $\frac{h}{2\pi i}\frac{\mathrm{d}}{\mathrm{d}q}\cdots$，它们显然是线性算子，但它们的定义域不是整个希尔伯特空间。算子 $q\cdots$ 有所不同，因为即便

$$\int_{-\infty}^{+\infty}|q\varphi(q)|^2\,\mathrm{d}q=\int_{-\infty}^{+\infty}q^2|\varphi(q)|^2\,\mathrm{d}q$$

是有限的，积分

$$\int_{-\infty}^{+\infty}|\varphi(q)|^2\,\mathrm{d}q$$

也很有可能变成无限的。因此 $q\varphi(q)$ 不再位于希尔伯特空间中。对于 $\frac{h}{2\pi i}\frac{\mathrm{d}}{\mathrm{d}q}$ 而言，也有所不同，因为存在不可微函数，对它们而言，即便

$$\int_{-\infty}^{+\infty}|\varphi(q)|^2\,\mathrm{d}q$$

有限，

$$\int_{-\infty}^{+\infty}\left|\frac{h}{2\pi i}\frac{\mathrm{d}}{\mathrm{d}q}\varphi(q)\right|^2\mathrm{d}q=\frac{h^2}{4\pi^2}\int_{-\infty}^{+\infty}\left|\frac{\mathrm{d}}{\mathrm{d}q}\varphi(q)\right|^2\mathrm{d}q$$

也不是有限的（例如：$|q|^{\frac{1}{2}}\mathrm{e}^{-q^2}$ 或 $\mathrm{e}^{-q^2}\sin(\mathrm{e}^{q^2})$）。但其定义域是处处稠密的。当然这两个算子都适用于每个 $\varphi(q)$，其中 $\varphi(q)\neq 0$，处于有限区间 $-c\leqslant q\leqslant c$ 中，且处处可连续微分；该函数集合是处处稠密的。[1]

我们作出进一步的定义：

定义 8 如果两个算子 A 和 A^* 具有相同的定义域，并且在该定义域内有

$$(Af,\ g)=(f,\ A^*g),\quad (A^*f,\ g)=(f,\ Ag)$$

则称这两个算子为“伴随算子”。

（通过交换 f, g，并对等式两边取复共轭，便可从一个关系式推导出另外一个。此外，A, A^* 明显是对称关系，即 A, A^* 之间也是相互伴随的，所以有 $A^{**}=A$。）

我们进一步注意到，对于每个 A 只能给出一个伴随的 A^*，即若 A 与 A_1^* 伴随，且 A 与 A_2^* 伴随，则有 $A_1^*=A_2^*$。事实上，对于所有 Ag 中有定义的 g，有

$$(A_1^*f,\ g)=(f,\ Ag)=(A_2^*f,\ g)$$

并且由于 g 为处处稠密，所以有 $A_1^*f=A_2^*f$。由于上式通常成立，所以有 $A_1^*=$

〔1〕根据2.3节中的陈述（参见条件**E**部分的讨论），若我们可以任意近似以下函数的所有线性组合：在由有限个区间组成的集合中，$f(x)=1$，在其他区间，$f(x)=0$，则其为充分条件。若我们可以分别地近似这些函数中的每一个，则其为可能。若我们可以对那些具有单个单位区间（其他函数是此类函数的总和）的函数执行相同的操作，则这又是可能的。例如：设区间为$a<x<b$。函数

$f(x)=0$　　当 $x<a-\varepsilon$ 或 $x>b+\varepsilon$ 时

$f(x)=\cos^2\frac{\pi}{2}\frac{a-x}{\varepsilon}$　　当 $a-\varepsilon\leqslant x\leqslant a$ 时

$f(x)=\cos^2\frac{\pi}{2}\frac{x-b}{\varepsilon}$　　当 $b\leqslant x\leqslant b+\varepsilon$ 时

$f(x)=1$　　当$a<x<b$时

实际上满足了我们对正则性的要求，并且当 ε 足够小时，可以任意地近似于给定函数。

A_2^*。因此，正如 A^* 唯一地确定 A 那样，A 唯一地确定了 A^*。

可以随即得出以下结论：一般来说，0，1 以及所有的投影算子 E 都是自伴的（见定理 12），即 0^*，1^*，E^* 存在，且分别等于 0，1，E。此外，$(aA)^* = \bar{a}A^*$。一般只要可以构成 $A \pm B$（即它们的定义域处处稠密），就有 $(A \pm B)^* = A^* \pm B^*$。最后，对定义域的限制易于确定，可得 $(AB)^* = B^*A^*$ [因为 $(ABf, g) = (Bf, A^*g) = (f, BA^*g)$]，以及 $(A^{-1})^* = (A^*)^{-1}$ [由 $(A^{-1}f, g) = [A^{-1}f, A^*(A^*)^{-1}g] = [AA^{-1}f, (A^*)^{-1}g] = (f, (A^*)^{-1}g)$ 而得]。

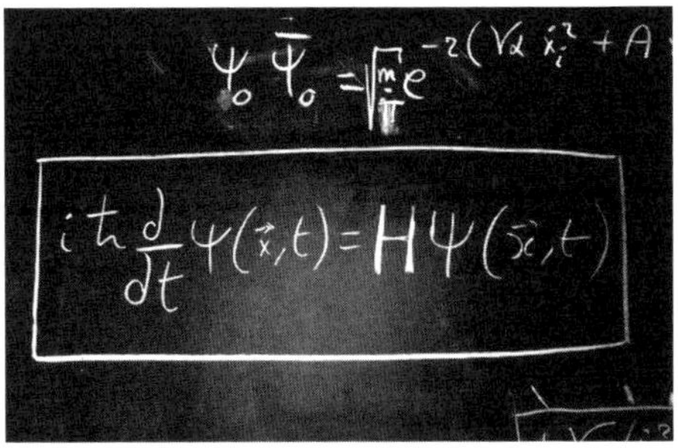

□ **薛定谔方程**

如果知道某一时刻的波函数，就能利用薛定谔方程计算在过去或将来任一时刻的波函数。由于微积分的诞生，物理学中涉及运动与变化的计算变得容易。

特别是在薛定谔提出的波动力学里（我们在前面考虑过，但在这里我们将假设一个 k 维的构型空间），希尔伯特空间是由波函数 $\varphi(q_1, \cdots, q_k)$ 组成的，且积分

$$\int_{-\infty}^{+\infty}\cdots\int_{-\infty}^{+\infty}|\varphi(q_1, \cdots, q_k)|^2 \mathrm{d}q_1\cdots\mathrm{d}q_k$$

是有限的。对算子 q_l 和 $\frac{h}{2\pi i}\frac{\partial}{\partial q_l}$ 而言，恒有以下关系式成立

$$(q_l)^* = q_l, \quad \left(\frac{h}{2\pi i}\frac{\partial}{\partial q_l}\right)^* = \frac{h}{2\pi i}\frac{\partial}{\partial q_l}$$

因为

$$\int_{-\infty}^{\infty}\cdots\int_{-\infty}^{\infty} q_l \cdot \varphi(q_1, \cdots, q_k) \cdot \overline{\psi(q_1, \cdots, q_k)} \cdot \mathrm{d}q_1\cdots\mathrm{d}q_k$$

$$= \int_{-\infty}^{\infty}\cdots\int_{-\infty}^{\infty} \varphi(q_1, \cdots, q_k) \cdot \overline{q_l \cdot \psi(q_1, \cdots, q_k)} \cdot \mathrm{d}q_1\cdots\mathrm{d}q_k$$

所以前面的关系式是明显成立的。

而后面的关系式则意味着

$$\int_{-\infty}^{\infty}\cdots\int_{-\infty}^{\infty}\frac{h}{2\pi i}\frac{\partial}{\partial q_l}\varphi(q_1, \cdots, q_k)\cdot\overline{\psi(q_1, \cdots, q_k)}\cdot dq_1\cdots dq_k$$

$$=\int_{-\infty}^{\infty}\cdots\int_{-\infty}^{\infty}\varphi(q_1, \cdots, q_k)\cdot\overline{\frac{h}{2\pi i}\frac{\partial}{\partial q_l}\psi(q_1, \cdots, q_k)}\cdot dq_1\cdots dq_k$$

即

$$\int_{-\infty}^{\infty}\cdots\int_{-\infty}^{\infty}\left\{\frac{\partial}{\partial q_l}\varphi(q_1, \cdots, q_k)\cdot\overline{\psi(q_1, \cdots, q_k)}\right.$$

$$\left.+\varphi(q_1, \cdots, q_k)\cdot\frac{\partial}{\partial q_l}\overline{\psi(q_1, \cdots, q_k)}\right\}\cdot dq_1\cdots dq_k=0$$

$$\lim_{A,B\to+\infty}\int_{-\infty}^{\infty}\cdots\int_{-\infty}^{\infty}\left[\varphi(q_1, \cdots, q_k)\overline{\psi(q_1, \cdots, q_k)}\right]_{q_l=-B}^{q_l=+A}dq_1\cdots dq_{l-1}dq_{l+1}\cdots dq_k=0$$

极限必定存在，因为所有积分

$$\int_{-\infty}^{+\infty}\cdots\int_{-\infty}^{+\infty}\cdots dq_1\cdots dq_k$$

的收敛性是确定的（因为 φ，ψ，$\frac{\partial}{\partial q_l}\varphi$，$\frac{\partial}{\partial q_l}\psi$ 属于希尔伯特空间），所以只有它为零的情况才是最重要的。若它不等于 0，则（肯定存在）极限

$$\int_{-\infty}^{+\infty}\cdots\int_{-\infty}^{+\infty}\varphi(q_1, \cdots, q_k)\overline{\psi(q_1, \cdots, q_k)}dq_1\cdots dq_{l-1}dq_{l+1}\cdots dq_k$$

在 $q_l\to+\infty$ 或 $q_l\to-\infty$ 时 $\neq 0$，该积分与下列积分

$$\int_{-\infty}^{+\infty}\cdots\int_{-\infty}^{+\infty}\varphi(q_1, \cdots, q_k)\overline{\psi(q_1, \cdots, q_k)}dq_1\cdots dq_{l-1}dq_l dq_{l+1}\cdots dq_k$$

的绝对收敛性（φ，ψ 属于希尔伯特空间！）是不相容的。

如果 A 是积分算子，则有

$$A\varphi(q_1, \cdots, q_k)$$

$$=\int_{-\infty}^{\infty}\cdots\int_{-\infty}^{\infty}K(q_1, \cdots, q_k;\ q'_1, \cdots, q'_k)\varphi(q'_1, \cdots, q'_k)dq'_1\cdots dq'_k$$

那么可以直接得到以下内容：A^* 也是一个积分算子，但 A^* 的核不是

$$K(q_1, \cdots, q_k;\ q'_1, \cdots, q'_k)$$

而是

$$\overline{K(q'_1, \cdots, q'_k; q_1, \cdots, q_k)}$$

现在让我们对矩阵理论中的情况加以考虑，其中的希尔伯特空间是由使得$\sum_{i=1}^{\infty}|x_i|^2$有限的所有序列 x_1，x_2，…组成的，且线性算子 A 将 $\{x_1, x_2, \cdots\}$转换为$\{y_1, y_2, \cdots\}$，即

$$A\{x_1, x_2, \cdots\}=\{y_1, y_2, \cdots\}$$

由于A是线性的，y_1，y_2，…必定与x_1，x_2，…线性相关

$$y_\mu=\sum_{\nu=1}^{\infty}a_{\mu\nu}x_\nu$$

因此，A 由矩阵 $a_{\mu\nu}$ 表征。我们即刻可见矩阵 $\overline{a}_{\nu\mu}$（复共轭转置矩阵！）属于A^*。[1]

---

[1] 这种考虑并不严谨，因为它在无限和的情况下应用了线性性质等。但该情形可完善如下：设 φ_1，φ_2，… 为一个完全正交集，A，A^* 为伴随算子。令

$$f=\sum_{\nu=1}^{\infty}x_\nu\varphi_\nu, \quad Af=\sum_{\nu=1}^{\infty}y_\nu\varphi_\nu$$

则有

$$y_\mu=(Af, \varphi_\mu)=(f, A^*\varphi_\mu)$$

$$=\sum_{\nu=1}^{\infty}(f, \varphi_\nu)\overline{(A^*\varphi_\mu, \varphi_\nu)}$$

根据定理7c

$$y_\mu=\sum_{\nu=1}^{\infty}x_\nu\overline{(\varphi_\mu, A\varphi_\nu)}=\sum_{\nu=1}^{\infty}(A\varphi_\nu, \varphi_\mu)x_\nu$$

如果再设 $a_{\mu\nu}=(A\varphi_\nu, \varphi_\mu)$，则我们将得到正文中的公式 $y_\mu=\sum_{\nu=1}^{\infty}a_{\mu\nu}x_\nu$，并且其绝对收敛性是有保证的。

在序列 x_1，x_2，…的希尔伯特空间中，序列$\varphi_1=1$，0，0，…；$\varphi_2=0$，1，0，…；…形成了一个完整的标准正交系（这很容易看出）。对$f=\{x_1, x_2, \cdots\}$，是 $f=\sum_{\nu=1}^{\infty}x_\nu\varphi_\nu$；对 $Af=\{y_1, y_2, \cdots\}$，是 $Af=\sum_{\nu=1}^{\infty}y_\nu\varphi_\nu$。这样就与正文部分完全一致。

若对A^*构成$a^*_{\mu\nu}$，则我们可以看到

$$a^*_{\mu\nu}=(A^*\varphi_\nu, \varphi_\mu)=(\varphi_\nu, A\varphi_\mu)=\overline{(A\varphi_\mu, \varphi_\nu)}=\overline{a}_{\nu\mu}$$

与刚刚发展起来的矩阵理论中的情况相类似，我们用下文方式引入埃尔米特算子的概念。同时，我们还将介绍另外两个概念，这两个概念对我们以后的研究至关重要。

定义 9 若 $A^*=A$，则称算子 A 为“埃尔米特算子”。若 $(Af, f)\geqslant 0$ 恒成立[1]，则 A 也可称为“定号算子”。若 $UU^*=U^*U=I$ 则称算子 U 为“幺正算子”。

对于幺正算子，我们有 $U^*=U^{-1}$。根据定义

$$(Uf, Ug)=(U^*Uf, g)=(f, g)$$

因此，特别（对 $f=g$）有 $\|Uf\|=\|f\|$ 成立。相反，若 U 处处有定义，并且遍历取值，则从后一个属性中可以推导出幺正属性。兹证明如下：

首先，假设 $\|Uf\|=\|f\|$ 成立，即 $(Uf, Uf)=(f, f)$，$(U^*Uf, f)=(f, f)$。若我们用 $\frac{f+g}{2}$ 代替 f，再用 $\frac{f-g}{2}$ 代替 f，并把得到的结果相减，则通过计算，我们可以很容易得到 $\mathrm{Re}(Uf, Ug)=\mathrm{Re}(f, g)$。若我们用 $\mathrm{i}\cdot f$ 代替 f，则代替 Re 我们得到 Im。因此一般而言，下列等式

$$(Uf, Ug)=(f, g)，即 (U^*Uf, g)=(f, g)$$

恒成立。对于固定的 f，上述公式对所有 g 成立，因此有 $U^*Uf=f$。由于该公式对所有 f 均成立，那么 $U^*U=1$。我们还需要证明 $UU^*=1$。对于每个 f 都有一个 g，且 g 满足 $Ug=f$，则有 $UU^*f=UU^*\cdot Ug=U\cdot U^*Ug=Ug=f$，因此 $UU^*=1$。

因为线性性质

$$\|Uf-Ug\|=\|U(f-g)\|=\|f-g\|$$

每个幺正算子均为连续的，而这对于埃尔米特算子来说是完全没有必要的。

---

[1] (Af, f) 在任何情况下都是实数，因为 $(A^*, f_v)=(f, Af)=\overline{(Af, f)}$。

例如，对量子力学至关重要的算子 q 和 $\frac{h}{2\pi i}\frac{d}{dq}$，都是不连续的[1]。

根据前面所述的有关 A^* 的计算规则，我们随即可知，若 U，V 是幺正算子，则 U^{-1}，UV 也是幺正算子。因此 U 的所有乘幂也是幺正算子。一方面，如果 A，B 是埃尔米特算子，则 $A\pm B$ 也是埃尔米特算子。另一方面，仅当 a 为实数时，aA 是埃尔米特算子（$A=0$ 除外），且仅当 A，B 可对易，即 $AB=BA$ 时，AB 才是埃尔米特算子。此外，我们知道的所有投影算子（特别是 0，1）均为埃尔米特算子。薛定谔理论中的算子 q_l 和 $\frac{h}{2\pi i}\frac{\partial}{\partial q_l}$ 也都是埃尔米特算子。A 的所有乘幂也是埃尔米特算子（如若 A^{-1} 存在，亦然），且所有具有实系数的多项式也是埃尔米特算子。值得注意的是，对于埃尔米特算子 A 和任意算子 X，XAX^*，也是埃尔米特算子

$$(XAX^*)^* = X^{**}A^*X^* = XAX^*$$

因此，例如，所有 XX^*（$A=1$）与 X^*X（X^* 代替 X）都是埃尔米特算子。幺正算子 U，UAU^{-1} 是埃尔米特算子，因为 $U^{-1}=U^*$。

算子的连续性，就像分析中所处理的数值函数的连续性一样，是一个具有基本重要性的属性。因此，我们想对其在线性算子的情况下存在的几个特征进行说明。

定理 18　若线性算子 R 在点 $f=0$ 处是连续的，则其为处处连续。R 在点 $f=0$ 处连续的充分必要条件是：存在一个常数 C，一般能够使 $\|Rf\| \leqslant C\cdot\|f\|$ 成立。反过来，这个条件等价于

---

[1] 对于给定的 $\int_{-\infty}^{+\infty}|\varphi(q)|^2 dq$，$\int_{-\infty}^{+\infty}q^2|\varphi(q)|^2 dq$ 以及 $\int_{-\infty}^{+\infty}\left|\frac{d}{dq}\varphi(q)\right|^2 dq$ 都可以任意大。例如，取 $\varphi(q)=ae^{-bq^2}$，这三个积分都是有限的（$b>0$！），但是分别正比于 $a^2b^{-\frac{1}{2}}$，$a^2b^{-\frac{3}{2}}$，$a^2b^{\frac{1}{2}}$，因此，可以任意指定其中的两个值。

$|(Rf, g)| \leqslant C \cdot \| f \| \cdot \| g \|$

仅当 $f=g$ 时，埃尔米特算子 R 才需要满足：$|(Rf, f)| \leqslant C \cdot \| f \|^2$，或者因（$Rf, f$）为实数：

$-C \cdot \| f \|^2 \leqslant (Rf, f) \leqslant C \cdot \| f \|^2$

注：算子的连续性概念起源于希尔伯特。他称连续性为“有界性”，并通过上述倒数第二个标准对其进行定义。若在最后一项标准中仅有一个“≤”通常有效，那么则称 R“半有界”：向上（半有界）或向下（半有界）。例如，每个定号的 R 是向下半有界的（其中 C=0）。

证明 算子 R 在 $f=0$ 的连续性表明，对于每个 $\varepsilon > 0$，都存在一个 $\delta > 0$，使得由 $\| f \| < \delta$ 可以推出 $\| Rf \| < \varepsilon$。然后，由 $\| f - f_o \| < \delta$ 可知，$\| R(f - f_o) \| = \| Rf - Rf_0 \| < \varepsilon$，即对于 $f=f_0$，R 也是连续的，因此 R 为处处连续。

如果 $\| Rf \| \leqslant C \cdot \| f \|$（当然 $C>0$），则我们可得出连续性，因为可取 $\delta = \frac{\varepsilon}{C}$。相反，如果 R 存在连续性，则我们可以确定 $\varepsilon = 1$ 时的 δ，并设 $C = \frac{2}{\delta}$。于是有

$\| Rf \| \leqslant C \cdot \| f \|$

对于 $f \neq 0$ 恒成立；对于 $f \neq 0$，我们有 $\| f \| > 0$，可以引入

$$g = \frac{\frac{1}{2}\delta}{\| f \|} \cdot f$$

在这种情况下有 $\| g \| = \frac{1}{2}\delta$，且因此

$$\| Rg \| = \frac{\frac{1}{2}\delta}{\| f \|} \cdot \| Rf \| < 1, \quad \| Rf \| < \frac{\| f \|}{\frac{1}{2}\delta} = C \cdot \| f \|$$

由 $\| Rf \| \leqslant C \cdot \| f \|$ 可以推出

$|(Rf, g)| \leqslant \| Rf \| \cdot \| g \| \leqslant C \cdot \| f \| \cdot \| g \|$

相反，若我们设$g=Rf$，因此有$\|Rf\|\leqslant C\cdot\|f\|$，则由$|(Rf,\ g)|\leqslant C\cdot\|f\|\cdot\|g\|$我们可得到$\|Rf\|^2\leqslant C\cdot\|f\|\cdot\|Rf\|$。对于埃尔米特算子$R$，仍需要证明$|(Rf,\ f)|\leqslant C\cdot\|f\|^2$导致了$|(Rf,\ g)|\leqslant C\cdot\|f\|\cdot\|g\|$。用$\frac{f+g}{2}$和$\frac{f-g}{2}$代替$f$给出[1]

$$|\mathrm{Re}(Rf,\ g)|=\left|\left(R\frac{f+g}{2},\ \frac{f+g}{2}\right)-\left(R\frac{f-g}{2},\ \frac{f-g}{2}\right)\right|$$

$$\leqslant C\left(\left\|\frac{f+g}{2}\right\|^2+\left\|\frac{f-g}{2}\right\|^2\right)=C\frac{\|f\|^2+\|g\|^2}{2}$$

我们现在用af，$\frac{1}{a}g\ (a>0)$代替f，g，正如在定理1中所证明的那样，右边项的极小化得到$|\mathrm{Re}(Rf,\ g)|\leqslant C\cdot\|f\|\cdot\|g\|$。然后，把$f$替换为$e^{i\alpha f}$（$\alpha$为实数），给出左边项的最大值

$$|(Rf,\ g)|\leqslant C\cdot\|f\|\cdot\|g\|$$

当然，该关系式仅在对Rg有定义的情况下才有效，但因为这些g是处处稠密的，并且Rg不再出现于最终结果中，这一点通常因为连续性而成立。

我们再证明另一个关于定号算子的定理。

定理 19 若R为埃尔米特算子，且为定号算子，那么则有

$$\overline{|(Rf,\ g)|}\leqslant\sqrt{(Rf,\ f)\cdot(Rg,\ g)}$$

由$(Rf,\ f)=0$，然后得出$Rf=0$。

证明 上述不等式可由$(Rf,\ f)\geqslant 0$（定号性！）的一般有效性推出，正

---

[1] R的埃尔米特特性对于简化

$$\left(R\frac{f+g}{2},\ \frac{f+g}{2}\right)-\left(R\frac{f-g}{2},\ \frac{f-g}{2}\right)=\frac{(Rf,\ g)+(Rg,\ f)}{2}$$
$$=\frac{(Rf,\ g)+\overline{(f,\ Rg)}}{2}$$

是重要的（在第三步）。

如施瓦茨不等式

$$|(f,\ g)|\leqslant\sqrt{(f,\ f)\cdot(g,\ g)}\ (\text{即}\leqslant\|f\|\cdot\|g\|)$$

曾在定理 1 中对（f, f）$\geqslant 0$ 的导出时得以证明。若现在（Rf, f）$=0$，则由此不等式也可得出若 Rg 有定义，则也有（Rf, g）$=0$。所以它适用于处处稠密的 g 集合。因此，由于连续性，其适用于所有 g，那么则有 $Rf=0$。

最后，我们要考虑一个重要概念，那就是 R 与 S 两算子的可对易性概念，即关系式 $RS=SR$。

由 $RS=SR$ 可知

$$S\cdots SSR=S\cdots SRS=S\cdots RSS=\cdots=RS\cdots SS$$

即 R，S^n 可对易（$n=1$，2，…）。由于 $R1=1R=R$ 且 $S^0=1$，因此对于 $n=0$ 也成立。若 S^{-1} 存在，则有 $S^{-1}\cdot SR\cdot S^{-1}=S^{-1}\cdot RSS^{-1}$，又因为

$$S^{-1}\cdot SR\cdot S^{-1}=S^{-1}S\cdot RS^{-1}=RS^{-1}$$

$$S^{-1}\cdot RS\cdot S^{-1}=S^{-1}R\cdot SS^{-1}=S^{-1}R$$

且因此又有 $RS^{-1}=S^{-1}R$。所以，$n=-1$ 以及因此 $n=-2$，-3，…也都是容许的。也就是说，R 与 S 的所有乘幂可对易。对其反复应用可知，R 的每个乘幂均与 S 的每个乘幂可对易。若 R 与 S，T 可对易，那么它显然与所有的 aS 可对易，并且也与所有的 $S\pm T$，ST 可对易。综上所述可知，若 R，S 可对易，那么 R 的所有多项式与 S 的所有多项式均可对易。特别是当 $R=S$ 时，R 的所有多项式彼此可对易。

2.6　本征值问题

到目前为止，我们已经积累了足够的知识，可以在抽象希尔伯特空间中对量子力学中一个重要核心问题进行探讨，也就是其与特殊情况 F_z 和 F_Ω 之间的关系：分别对 1.3 节中的方程 $\mathbf{E}_1$ 和 $\mathbf{E}_2$ 求解。我们称之为“本征值问题”，而且我们必须以统一的方式重新对其进行处理。

在 1.3 节中，问题 $\mathbf{E}_1$ 和 $\mathbf{E}_2$ 都要求找到方程

E.　$H\varphi=\lambda\varphi$

在 $\varphi\neq 0$ 时的所有解。其中，H 是对应于哈密顿函数的埃尔米特算子（见 1.3 节中的讨论），φ 是希尔伯特空间中的一个元素，λ 是一个实数（其中，H 已经给定，φ，λ 待定）。但是，与之相关的是，对所求解的数量提出了某些要求。我们需要得出这样的个数，以使

a 在矩阵理论中，矩阵 $S=\{S_{\mu\nu}\}$ 可由以下解

$\varphi_1=\{S_{11},\ S_{21},\ \cdots\}$，$\varphi_2=\{S_{12},\ S_{22},\ \cdots\}$，…

构成（我们在 F_z！中），且具有逆 S^{-1}（见 1.3 节）；

b 在波动理论中，每个波函数（不一定必须是解）都可以展开为系列解

$\varphi_1=\varphi_1(q_1,\ \cdots,\ q_f)$，$\varphi_2=\varphi_2(q_1,\ \cdots,\ q_f)$，…

（其中 φ_1，φ_2，…可能属于不同的 λ）的一个级数

$$\varphi(q_1,\ \cdots q_f)=\sum_{n=1}^{\infty}C_n\varphi_n(q_1,\ \cdots q_f)$$

（1.3 节中没有提及后一种情况，但是这一要求对于波动理论的进一步发展是必不可少的，尤其是对于薛定谔的“摄动理论”。）

现在 a 与 b 所表示的是相同的东西，因为矩阵 S 把 $\{1, 0, 0, \cdots\}$，$\{0, 1, 0, \cdots\}$，…分别转换为

$$\{S_{11}, S_{21}, S_{31}, \cdots\}, \{S_{12}, S_{22}, S_{32}, \cdots\}, \cdots$$

且因此，整个希尔伯特空间 $\mathfrak{R}_\infty$ 就变成了由 φ_1，φ_2，…所张成的闭线性流形。因此，为了使 S^{-1} 存在，后者也必须等于 $\mathfrak{R}_\infty$。但是 b 所阐明的也是同一件事：它还要求每个 φ 能通过 φ_1，φ_2，…的线性组合近似至任意精确度[1]。让我们明确该条件的重要性，并且应用我们所掌握的正式手段，再次证明方程 **E** 的属性。

首先，因为要求 $\varphi \neq 0$，并且如果 φ 为解，则 $a\varphi$ 也为解，所以只需考虑 $\|\varphi\|=1$ 的解就足够了。其次，我们不必要求 λ 为实数，因为这可以由 $H\varphi=\lambda\varphi$ 得到

$$(H\varphi, \varphi)=(\lambda\varphi, \varphi)=\lambda(\varphi, \varphi)=\lambda$$

（见 2.5 节定义 9 的注释）。最后，属于不同 λ_1，λ_2 的解 φ_1，φ_2 相互正交

$$(H\varphi_1, \varphi_2)=\lambda_1(\varphi_1, \varphi_2), (H\varphi_1, \varphi_2)=(\varphi_1, H\varphi_2)=\lambda_2(\varphi_1, \varphi_2)$$

因为 $\lambda_1(\varphi_1, \varphi_2)=\lambda_2(\varphi_1, \varphi_2)$，以及 $\lambda_1 \neq \lambda_2$，所以 $(\varphi_1, \varphi_2)=0$。

现在设 λ_1，λ_1，…是对 **E** 可解的 λ 全体，且互不相同（如果我们为每个 λ 选择一个绝对值为 1 的解 φ_λ，其中方程 $H\varphi=\lambda\varphi$ 可解，那么基于前文所述的原因，所有的 φ_λ 将构成一个标准正交系。根据 2.3 节中的定理 3（∞），该系统是一个有限或无限序列。因此，我们也可以把 λ 写成一个序列，该序列可终止也可不终止）。对于每个

---

〔1〕我们特意没有涉及更精细的收敛问题，因为这些问题在矩阵和波动理论的原始形式中没有得到准确的处理，而且在稍后的章节中我们也将予以解决（参见 2.9 节）。

$\lambda=\lambda_\rho$，$H\varphi=\lambda\varphi$ 的所有解将构成一个线性流形，实为一个闭线性流形[1]。根据定理 9，由存在这样的解的标准正交系 $\varphi_{\rho,1}$，…，$\varphi_{\rho,\nu\rho}$，张成了该闭线性流形。数量 ν_ρ 显然是 $\lambda=\lambda_\rho$ 线性无关解的最大数目，我们称之为本征值 λ_ρ 的“重数”（$\nu=1$，2，…，∞；例如，对于 $H=1$，$\lambda=1$，可能出现 $\nu=\infty$）。根据前文的讨论，两个不同 ρ 的 $\varphi_{\rho,1}$，…，$\varphi_{\rho,\nu\rho}$ 也是相互正交的。因此由

$$\varphi_{\rho,\nu}\ (\rho=1,2,\cdots;\ \nu=1,\cdots,\nu_\rho)$$

的全体也构成一个标准正交系。由 $\varphi_{\rho,\nu}$ 的起源可见，我们认识到它与 **E** 的所有解 φ 一样，张成相同的闭线性流形。

我们将 $\varphi_{\rho,\nu}$ 按任意顺序编号为 ψ_1，ψ_2，…，并且令与之对应的 λ_ρ 排列为 $\lambda^{(1)}$，$\lambda^{(2)}$，…。前文所述的公式化的条件是作为一个闭线性流形，**E** 的所有解均可以张成 $\mathfrak{R}_\infty$。这就表明 ψ_1，ψ_2，…（解的一个子集！）也必定如此。因此，根据定理 7，该标准正交系是完全的。

因此，从量子力学的意义来看，求解本征值问题的关键在于，对方程 **E** 能够找到足够数量的解

$$\varphi=\psi_1,\ \psi_2,\ \cdots \text{和}\ \lambda=\lambda_1,\ \lambda_2,\ \cdots$$

使得通过这些解可以构成一个完全的标准正交系。但这通常是不可能实现的。例如，在波动理论中，我们将看到由方程 **E** 的解组成的集合中所包含的某一特定子集（即在 1.3 节中提及的 $\mathbf{E}_2$）。我们需要借助子集中的全体元素，并通过

[1] 后者仅适用于处处有定义的连续 H，这是显而易见的，无须做进一步的探讨，即由 $f_n\to f$ 可以得到 $Hf_n\to Hf$。此外，以下更加局限的性质也是其结果之一：由 $f_n\to f$，$Hf_n\to f^*$ 可知 $Hf=f^*$，这是显而易见的（这就是所谓的 H 的闭包）。这总能被量子力学的算子所满足，即便是不连续的算子也能满足；一个不封闭的埃尔米特算子，可以通过其定义域的唯一扩张成为（埃尔米特）封闭的算子（但连续性不包括在这种情况中）。

这些解来展开每个波函数（见上文）——不存在对绝对值平方的有限积分值。因此，它不属于希尔伯特空间。进而可知，在希尔伯特空间中，并不存在一个完全的标准正交系集（且我们只在 **E** 中考虑希尔伯特空间！）。

另一方面，本征值问题的希尔伯特理论表明，这种现象根本不能代表算子（甚至连续算子）的例外行为。[1] 因此，我们必须对它发生时所导致的情况进行分析（我们将很快看到这在物理上意味着什么，见 3.3 节）。如果这一情况发生，即若由 **E** 的解中选择出的标准正交系是不完全的，那么我们则说存在 H 的"连续谱"（λ_1，λ_2，…构成 H 的"点"或"离散"谱）。

由于 **E** 失效，我们下一个要处理的问题就是，找出表达埃尔米特算子本征值问题的公式，并将其应用于量子力学之中。那么，我们首先要给出一个关于本征值问题的方程，该方程必须遵循希尔伯特所设置的模式，然后我们再对该方程加以说明。

〔1〕参见薛定谔对氢原子的处理。

2.7 知识拓展

方程

$$H\varphi = \lambda\varphi$$

以及用该方程所有的解构建完全的标准正交系的要求，都源自对有限维度 $\mathfrak{R}_n$ 情形的类比。

在空间 $\mathfrak{R}_n$ 中，H 是一个矩阵

$$H = \{h_{\mu\nu}\}, \quad \mu, \ \nu=1, \ \cdots, \ n, \quad h_{\mu\nu} = \overline{h_{\nu\mu}}$$

且 $H\varphi = \lambda\varphi$，即

$$\sum_{\nu=1}^{n} h_{\mu\nu} x_\nu = \lambda x_\mu \ (\mu = 1, \ \cdots, \ n)$$

的解 $\varphi=\{x_1, x_2, \cdots, x_n\}$ 构成了一个完全的标准正交系，这已经成为大家所熟知的一个代数事实。

诚如我们所见，$\mathfrak{R}_n$ 的这一属性是不能通过 $n\to\infty$ 传递给 $\mathfrak{R}_\infty$ 的。因此，在 $\mathfrak{R}_\infty$ 中的本征值问题，必须以另外一种方式表述。现在我们将看到，在 $\mathfrak{R}_n$ 中的本征值问题可做如下转换，通过这种新方式（该公式在 $\mathfrak{R}_n$ 中与旧公式等价），可以将其转换到 $\mathfrak{R}_\infty$ 中。也就是说，这两种方式在每个 $\mathfrak{R}_n$（n=1，2，…）中所表示的内容相同（埃尔米特矩阵能否对角化），但是其中一种方式可以将其所表示的属性带到 $\mathfrak{R}_\infty$ 中，而另外一种则不可以。

设 $\{x_{11}, \cdots, x_{1n}\}, \cdots, \{x_{n1}, \cdots, x_{nn}\}$ 是由本征值方程所有解构成的完全的标准正交系，$\lambda_1, \cdots, \lambda_n$ 与 λ 相对应，则向量 $\{x_{11}, \cdots, x_{1n}\}, \cdots, \{x_{n1}, \cdots, x_{nn}\}$ 在空间 $\mathfrak{R}_n$ 中构成了一个笛卡尔坐标系。从坐标 $x_1, \cdots, x_n$

到 ξ_1，…，ξ_n 的转换公式如下所示

$$\{\xi_1, \cdots, \xi_n\} = \mathfrak{X}_1\{x_{11}, \cdots, x_{1n}\} + \cdots + \mathfrak{X}_n\{x_{n1}, \cdots, x_{nn}\}$$

即

$$\xi_1 = \sum_{\mu=1}^{n} x_{\mu 1}\mathfrak{X}_\mu, \quad \cdots, \quad \xi_n = \sum_{\mu=1}^{n} x_{\mu n}\mathfrak{X}_\mu$$

及其反向变换

$$\mathfrak{X}_1 = \sum_{\mu=1}^{n} \overline{x}_{1\mu}\xi_\mu, \quad \cdots, \quad \mathfrak{X}_n = \sum_{\mu=1}^{n} \overline{x}_{n\mu}\xi_\mu$$

借助变量 $\mathfrak{X}_1$, …, $\mathfrak{X}_n$ 和一组新变量 η_1, …, η_n（以及基于上述公式所属变量 $\mathfrak{y}_1$，…，$\mathfrak{y}_n$），我们可以把条件

$$\sum_{\nu=1}^{n} h_{\mu\nu}x_{\rho\nu} = \lambda_\rho x_{\rho\mu}, \quad \rho = 1, \ \cdots, \ n$$

写成如下形式

$$\sum_{\rho,\mu=1}^{n}\left(\sum_{\nu=1}^{n} h_{\mu\nu}x_{\rho\nu}\right)\mathfrak{X}_\rho\overline{\eta}_\mu = \sum_{\rho,\mu=1}^{n}\lambda_\rho x_{\rho\mu}\mathfrak{X}_\rho\overline{\eta}_\mu$$

即

$$\mathbf{D} \quad \sum_{\mu,\nu=1}^{n} h_{\mu\nu}\xi_\nu\overline{\eta}_\mu = \sum_{\rho=1}^{n}\lambda_\rho\left(\sum_{\mu=1}^{n}\overline{x}_{\rho\mu}\xi_\mu\right)\left(\sum_{\mu=1}^{n}\overline{x}_{\rho\mu}\eta_\mu\right)$$

那么，该坐标系的笛卡尔特性就可用以下关系式表示

$$\mathbf{O} \quad \sum_{\mu=1}^{n}\xi_\mu\overline{\eta}_\mu = \sum_{\rho=1}^{n}\left(\sum_{\mu=1}^{n}\overline{x}_{\rho\mu}\xi_\mu\right)\overline{\left(\sum_{\mu=1}^{n}\overline{x}_{\rho\mu}\eta_\mu\right)}$$

因此，找到具有 **D**，**O** 性质的矩阵 $\{x_{\mu\nu}\}$，与在空间 $\mathfrak{R}_n$ 中求解本征值问题相等价，但是通过这种方式并不能够实现从 $\mathfrak{R}_n$ 到 $\mathfrak{R}_\infty$ 的转换。这一失败并不让人感到意外，其原因如下：**D**，**O** 这两个条件并不能够完全确定未知数 λ_ρ，$x_{\mu\nu}$。实际上，正如“对角变换理论”所述，λ_ρ 是除次序以外唯一可以确定的量；而对于 $x_{\mu\nu}$ 而言，情况要复杂得多。每一列 $x_{\rho 1}$，…，$x_{\rho n}$ 都可以乘以一个绝对值为1的因子 θ_ρ，这是显然可行的。且若恰好有许多个 λ_ρ 相互重合，

则甚至与其对应的列 $x_{\rho 1}$，…，$x_{\rho n}$ 也有可能实现任意的幺正变换！我们无法通过这些并非唯一确定的量，来实现对极限 $n\to\infty$ 的困难转换：因为如果 λ_ρ，$x_{\mu\nu}$ 经历任何大的波动，那么这一过程要如何收敛？由于对这些量的确定存在不完全性，这种波动是有可能出现的。

不过这却恰好指出了处理该问题的正确方法：首先，我们必须找到条件 **D**，**O** 和未知数 λ_ρ，$x_{\mu\nu}$ 的代替品。该代替品需具备上述条件所缺乏的唯一性。然后再说明，这种极限过程所造成的困难较小。

若 l 是由一个或多个 λ_ρ 所取的任意值，那么在上述 λ_ρ，$x_{\mu\nu}$ 的变化下（与条件 **D**，**O** 相兼容）

$$\sum_{\lambda_\rho=l}\left(\sum_{\mu=1}^{n}\overline{x}_{\rho\mu}\xi_\mu\right)\overline{\left(\sum_{\mu=1}^{n}\overline{x}_{\rho\mu}\eta_\mu\right)}$$

保持不变。若 l 与所有 λ_ρ 都不同，则上述求和式的值为零，因此其恒定不变。所以埃尔米特形式（其中，ξ 和 η 分别记作 ξ_1…，ξ_n 和 η_1，…，η_n）

$$E(l;\ \xi,\ \eta)=\sum_{\lambda_\rho\leqslant l}\left(\sum_{\mu=1}^{n}\overline{x}_{\rho\mu}\xi_\mu\right)\overline{\left(\sum_{\mu=1}^{n}\overline{x}_{\rho\mu}\eta_\mu\right)}$$

也是不变的（l 可任意取值！）如果我们知道 $E(l;\ \xi,\ \eta)$（即其系数），那么很容易由此反推得到 λ_ρ，$x_{\mu\upsilon}$。若我们以这样的方式表述本征问题（通过 **D**，**O** 条件表述），则只会出现 $E(l;\ \xi,\ \eta)$，而不会出现 λ_ρ，$x_{\mu\nu}$，这样就能得到我们想要的唯一的表达方式了。

因此，设 $E(l)$ 为埃尔米特形式的矩阵 $E(l;\ \xi,\ \eta)$[1]。那么，对于

〔1〕也就是，$E(l)=\{e_{\mu\nu}(l)\}$，$E(l;\ \xi,\ \eta)=\sum_{\mu,\nu=1}^{n}e_{\mu\nu}(l)\xi_\nu\overline{\eta}_\mu$。所以，$e_{\mu\nu}(l)=\sum_{\lambda_\rho\leqslant l}x_{\rho\mu}\overline{x}_{\rho\nu}$。

矩阵族 $E(l)$ 而言，条件 **D**，**O** 意味着什么呢？

O 表示：如果 l 足够大（大于所有 λ_ρ），则有 $E(l)=1$（单位矩阵）。由 $E(l)$ 的属性可知，若 l 足够小（小于所有 λ_ρ），则有 $E(l)=0$；若当 l 由 $-\infty$ 增加至 $+\infty$ 时，除在有限个点上（在 λ_1，…，λ_n 间的不同值，我们记为 $l_1<l_2<\cdots l_m$，$m\leqslant n$）呈现不连续的变化外，$E(l)$ 恒为常数。此外，不连续性存在于所涉及点的左边（因为 $\sum\limits_{\lambda_\rho\leqslant l}$ 作为 l 的函数，向右连续；而对 $\sum\limits_{\lambda_\rho<l}$ 而言，情况正好相反）。最后我们还要证明，当 $l'\leqslant l''$ 时，有 $E(l')E(l'')=E(l'')E(l')=E(l')$（矩阵乘积！）。

在由 $\mathfrak{x}_1$，…，$\mathfrak{x}_n$ 和 η_1，…，η_n 构建的坐标系中，对 $E(l';\xi,\eta)$，$E(l'';\xi,\eta)$ 证明上述观点则更加容易。引入这些变量后，由 $E(l';\xi,\eta)$ 和 $E(l'';\xi,\eta)$ 可得

$$\sum_{\lambda_\rho\leqslant l'}\mathfrak{x}_\rho\overline{\eta}_\rho \text{ 与 } \sum_{\lambda_\rho\leqslant l''}\mathfrak{x}_\rho\overline{\eta}_\rho$$

因此，这些矩阵如下所述：除在对角线上的元素以外，其余元素均为 0；若 $\lambda_\rho\leqslant l'$ 或 $\lambda_\rho\leqslant l''$，则在对角线上的第 ρ 位为 1，其余也为 0。对于以上矩阵，上述命题显然是成立的。

下面让我们重置一下条件 **D**，很明显条件 **D** 意味着

$$\sum_{\mu,\upsilon=1}^{n}h_{\mu\upsilon}\xi_\nu\overline{\eta}_\mu=\sum_{\tau=1}^{m}l_\tau\left[E(l_\tau;\ \xi,\ \eta)-E(l_{\tau-1};\ \xi,\ \eta)\right]$$

其中 l_0 是小于 l_1 的任意数。但由于 $E(l';\xi,\eta)$ 在以下每个区间中

$$-\infty<l<l_1;\ l_1\leqslant l\leqslant l_2;\ \cdots;\ l_{m-1}\leqslant l\leqslant l_m;\ l_m\leqslant l<+\infty$$

均为常数，则对每组数集有

$$\Lambda_0<\Lambda_1<\Lambda_2<\cdots<\Lambda_k$$

如果 l_1，…，l_m 在 Λ_1，…，Λ_k 之间出现，则有

$$\sum_{\mu,\upsilon=1}^{n}h_{\mu\nu}\xi_\nu\overline{\eta}_\mu=\sum_{T=1}^{k}\Lambda_\tau\left\{E(\Lambda_\tau;\ \xi,\ \eta)-E(\Lambda_{\tau-1};\ \xi,\ \eta)\right\}$$

通过应用斯蒂尔切斯积分（Stieltjes Integral）概念[1]，这也可以写成

$$\sum_{\mu,\nu=1}^{n} h_{\mu\nu}\xi_\nu\overline{\eta}_\mu = \int_{-\infty}^{+\infty} \lambda \mathrm{d}E(\lambda;\ \xi,\ \eta)$$

（显然，$\int_{-\infty}^{+\infty}$ 可以用每个 $\int_a^b$，$a < l_1$，$b > l_m$ 予以替换）。或者，如果我们考虑系数，并为矩阵本身写下对所有系数都有效的方程

$$H = \int_{-\infty}^{+\infty} \lambda \mathrm{d}E(\lambda)$$

其中，$H = \{h_{\mu\nu}\}$。

至此，我们要讨论的问题如下：针对已给定的埃尔米特矩阵 $H = \{h_{\mu\nu}\}$，找出具有以下属性的埃尔米特矩阵族 $E(\lambda)$（$-\infty < \lambda < +\infty$）：

S$_1$ 对足够$\begin{Bmatrix}\text{小}\\\text{大}\end{Bmatrix}$的 λ，有 $E(\lambda) = \begin{Bmatrix}0\\1\end{Bmatrix}$。

$E(\lambda)$（可视为 λ 的函数）除在有限个点上不连续外，其余处处为常数。此外，不连续性总是出现在给定点的左边。

S$_2$ 等式 $E(\lambda')\ E(\lambda'') = E[\min(\lambda',\ \lambda'')]$[2]恒成立。

---

[1] 关于斯蒂尔切斯积分概念，请参见 Perron，*Die Lehre von den Kettenbrüchen*，Leipzig，1913，此外，出于对算子理论所提要求的特别考虑，可参见 Carleman，*Équations integrals singulières*，Upsala，1923。对上述内容不太感兴趣的读者，参照以下定义即可：把区间 a，b 细分为 Λ_0，Λ_1，…，Λ_k，则有 $a \leqslant \Lambda_0 < \Lambda_1 < \cdots < \Lambda_k \leqslant b$。

我们对其求和，则有 $\sum_{T=1}^{k} f(\Lambda_\tau)\{g(\Lambda_\tau) - g(\Lambda_{\tau-1})\}$。若其总在 Λ_0，Λ_1，Λ_2，…，Λ_k 不断细分，变得越来越小时收敛，那么积分 $\int_a^b f(x)\,\mathrm{d}g(x)$ 存在，且被定义与该极限相等 [当 $g(x) = x$ 时，这便成为了著名的黎曼积分（Riemann integral）]。

因此，在我们的例子中，已经推导出的方程表明 $\int_{-\infty}^{\infty} x\mathrm{d}E(x;\ \xi,\ \eta)$ 存在（我们用 λ，而不是 x 表示变量），且等于 $\sum_{\mu,\nu=1}^{n} h_{\mu\nu}\xi_\nu\overline{\eta}_\mu$。

[2] 在有限实数集合 a，b，…，e 中，min（a，b，…，e）是最小的，max（a，b，…，e）是最大的。

$\mathbf{S}_3$ 我们（通过运用斯蒂尔切斯积分）得到以下关系

$$H=\int_{-\infty}^{+\infty}\lambda\,\mathrm{d}E(\lambda)$$

在此我们不会进行反向推导，即由 $\mathbf{S}_1$—$\mathbf{S}_3$ 反向推导条件 **D**，**O**（虽然这很简单），因为本征值问题的当前形式，才是量子力学所需要的。我们要继续把 $\mathbf{S}_1$—$\mathbf{S}_3$ 从有限个变量推广到无限个变量，即从 $\mathfrak{R}_n$ 到 $\mathfrak{R}_\infty$。

在空间 $\mathfrak{R}_\infty$ 中，我们必须通过 H 和 $E(\lambda)$ 来理解埃尔米特算子，即要以 $\mathbf{S}_1$—$\mathbf{S}_3$ 为模型，为已给定的 H 确定一个族 $E(\lambda)$，$E(\lambda)$ 与 H 以某种方式相关联。因此，只要找到 $\mathbf{S}_1$—$\mathbf{S}_3$ 条件下 $\mathfrak{R}_\infty$ 的类似物就可以了。

由于 $\mathfrak{R}_n$ 的维数在 $\mathbf{S}_2$ 中不起作用，所以属性 $\mathbf{S}_2$ 在转换中保持不变。但我们想运用在投影算子（2.4 节）中所得结论，因此对其进行转换。首先，该属性表示，当 $\lambda'=\lambda''=\lambda$ 时，$E(\lambda)^2=E(\lambda)$，即 $E(\lambda)$ 必须是投影算子。但随后 $\mathbf{S}_2$ 表示（我们仅考虑 $\lambda'\leqslant\lambda''$ 即可，因为当 $\lambda'\geqslant\lambda''$ 时，可得到相应的结果）：$\lambda'\leqslant\lambda''$ 就意味着 $E(\lambda')\leqslant E(\lambda'')$（见 2.4 节定理 14 及其后续内容）。但是在 $\mathbf{S}_3$ 的情况下要注意：表达式

$$H=\int_{-\infty}^{+\infty}\lambda\,\mathrm{d}E(\lambda)$$

是无意义的，因为斯蒂尔切斯积分是对数字定义的，而不是对算子定义的。但是用数字代替 H，$E(\lambda)$ 是很容易的，并且这也能给出所需的算子之间的关系。只要 Hf 有定义，我们就要求 $\mathfrak{R}_\infty$ 中的所有 f，g 满足

$$(Hf,\ g)=\int_{-\infty}^{+\infty}\lambda\,\mathrm{d}\left[E(\lambda)f,\ g\right]$$

其中，关系式 $H=\int_{-\infty}^{+\infty}\lambda\,\mathrm{d}E(\lambda)$ 可以象征性地理解为上述等式的缩写。

最后，在向无限维数过渡的过程中，性质 $\mathbf{S}_1$ 受到了本质上的影响。当 $E(\lambda)$ 取其端点值 0 或 1 以外的点时，或者当 $E(\lambda)$ 取其不连续跳跃的点时，所得的值是 H 的本征值（在空间 $\mathfrak{R}_n$ 中），而在恒定区间内是没有本征值的。如果 $n\to\infty$，可能会发生很多情况。最小本征值或最大本征值可以分别接近于

$-\infty$ 或 $+\infty$；其他本征值由于数量可以任意增加，则可能会越来越密集，因此恒定区间可能会逐渐收缩为点（这最后一种情况在希尔伯特理论中是一种征兆，在这种情况下，就表明出现了所谓的“连续谱”[1]）。因此，在由 $\mathfrak{R}_n$ 到 $\mathfrak{R}_\infty$ 的转变过程中，我们必须对 $\mathbf{S}_1$ 作出重大改变。必须考虑到 $E(\lambda)$ 的变化可能不再呈现离散、不连续的特征。

从这一观点出发，在最终的假设中忽略对 $E(\lambda)$ 取端点值 0，1 的要求，仅要求其收敛到 0 或 1（分别当 $\lambda\to-\infty$ 或 $\lambda\to+\infty$ 时）是非常合理的。而且代替恒定区间和不连续点，也存在连续增加的可能性。另一方面，我们可以尝试不那么严格地执行这一要求，即在可能不连续的点处，不连续性应仅出现在该点的左边。因此，我们对 $\mathbf{S}_1$ 的重置如下所示：当 $\lambda\to-\infty$ 时，$E(\lambda)\to 0$，当 $\lambda\to+\infty$ 时，$E(\lambda)\to 1$，并且当 $\lambda\to\lambda_0$，$\lambda\geqslant\lambda_0$，$E(\lambda)\to E(\lambda_0)$[2]。

关于属性 $\mathbf{S}_3$ 我们还必须作如下说明：在有限维的空间中，$H=\sum_{\tau=1}^{m} l_\tau F_\tau$，对于 $F_{\hat{\sigma}}$，我们可以将其理解为矩阵 $E(l_\tau)-E(l_{\tau-1})$。当 $\sigma\geqslant\tau$ 时，由 $\mathbf{S}_1$ 可知

$$F_\tau E(l_\sigma)=E(l_\tau)E(l_\sigma)-E(l_{\tau-1})E(l_\sigma)=E(l_\tau)-E(l_{\tau-1})=F_\tau$$

而当 $\sigma\leqslant\tau-1$ 时

$$F_\tau E(l_\sigma)=E(l_\tau)E(l_\sigma)-E(l_{\tau-1})E(l_\sigma)=E(l_\sigma)-E(l_\sigma)=0$$

从而，由 $F_\sigma=E(l_\sigma)-E(l_{\sigma-1})$ 可知

$$F_\tau\cdot F_\sigma=\begin{cases}F_\tau & \text{当}\tau=\sigma\text{时}\\ 0 & \text{当}\tau\neq\sigma\text{时}\end{cases}$$

[1] 我们将大量涉及“连续谱”这一定义，见 2.8 节。

[2] 我们用 $A(\lambda)\to B$［$A(\lambda)$ 和 B 是空间 $\mathfrak{R}_\infty$ 中的算子，λ 是参数］表示 $\mathfrak{R}_\infty$ 中所有满足 $A(\lambda)f\to Bf$ 的 f。这是希尔伯特空间中对收敛性描述的一种简写方式。

由此可知，

$$H^2=\left(\sum_{\tau=1}^{m}l_\tau F_\tau\right)^2=\sum_{\tau,\sigma=1}^{m}l_\tau l_\sigma F_\tau F_\sigma=\sum_{\tau=1}^{m}l_\tau^2 F_\tau$$

（同理可得，$H^p=\sum_{\tau=1}^{m}l_\tau^p F_\tau$）。因此，由该转换可导出

$$H^2=\int_{-\infty}^{+\infty}\lambda^2\,\mathrm{d}E(\lambda)$$

该方程与适用于 H 本身的方程相类似。因此，我们可以在 $\mathfrak{R}_\infty$ 中，假定以类似的方式构建符号方程。因此，其数值呈现为

$$(H^2 f,\ g)=\int_{-\infty}^{+\infty}\lambda^2\mathrm{d}\left[E(\lambda)f,\ g\right]$$

（其实，在后续的考证中，我们将会证实这一点。）当 $f=g$ 时，有

$$(H^2 f,\ f)=(Hf,\ Hf)=\|Hf\|^2,\quad \left[E(\lambda)f,\ f\right]=\|E(\lambda)f\|^2$$

因此

$$\|Hf\|^2=\int_{-\infty}^{+\infty}\lambda^2\mathrm{d}\left(\|E(\lambda)f\|^2\right)$$

我们对该公式所给予的期望，不仅在于 $E(\lambda)$（当其有定义时）能够确定 Hf 的值，而且还能确定该定义是否是针对某个特定 f 而作出的。因为积分

$$\int_{-\infty}^{+\infty}\lambda^2\mathrm{d}\left(\|E(\lambda)f\|^2\right)$$

有非负被积式（$\lambda^2\geqslant 0$），以及微分符号下的单调递增表达式（$\|E(\lambda)f\|^2$，见 $\mathbf{S}_2$ 和 2.4 节定理 15）。因此，根据该微分的收敛本质，即收敛至零、有限正数或适当发散至 $+\infty$。[1]这与 H 无关，即不考虑 Hf 是否有定义。那么可以预期，当且仅当 $\|Hf\|$ 的假定值是有限的，即表达式 $\|Hf\|^2$ 是有限的，也就是当表达式

〔1〕这是根据斯蒂尔切斯积分定义所得出的。

$$\int_{-\infty}^{+\infty}\lambda^2 \mathrm{d}\left(\| E(\lambda) f \|^2\right)$$

对所有 f 有定义时，Hf 才有定义（即存在于空间 $\mathfrak{R}_\infty$ 之中）。

因此，我们对 $\mathrm{S}_1 \sim \mathrm{S}_3$ 重新表述：对于给定的埃尔米特算子 H，我们要找到具有以下属性的投影算子族 $E(\lambda)$（$-\infty < \lambda < +\infty$）：

$\overline{\mathrm{S}_1}$ 当 $\lambda \to -\infty$ 时，或当 $\lambda \to \infty$ 时，分别有 $E(\lambda) f \to 0$ 或 $E(\lambda) f \to f$。对 $\lambda \to \lambda_0$，$\lambda \geqslant \lambda_0$，有 $E(\lambda) f \to E(\lambda_0) f$（对每个 f 都成立！）

$\overline{\mathrm{S}_2}$ 由 $\lambda' \leqslant \lambda''$ 可知 $E(\lambda') < E(\lambda'')$。

$\overline{\mathrm{S}_3}$ 根据积分性质

$$\int_{-\infty}^{+\infty}\lambda^2 \mathrm{d}\left(\| E(\lambda) f \|^2\right)$$

是收敛的（收敛至零或有限正数）或者适当发散（至 $+\infty$）的，这确定了 H 的定义域：当且仅当在前一种（收敛至零或有限正数）情况下，Hf 才有定义。那么，在这种情况下有

$$(Hf, g)=\int_{-\infty}^{+\infty}\lambda\left[E(\lambda) f, g\right]$$

（只要表达式左边是有限的，那么后者的积分就绝对收敛）。

算子 H 不在属性 $\overline{\mathrm{S}_1}$，$\overline{\mathrm{S}_2}$ 的描述之列。具有这两种属性的投影算子族 $E(\lambda)$ 被称为“单位分解”。与 $\overline{\mathrm{S}_3}$ 有关系的 H 的单位分解被称为“属于 H 的”。

于是，有关空间 $\mathfrak{R}_\infty$ 中的本征值问题的提法如下：对于给定的埃尔米特算子 H 而言，是否存在属于 H 的单位分解？如果存在，那么有多少？（期望的答案是：恒有一个。）此外，我们还必须证明：对本征值问题的定义，与量子力学中（尤其是在波动理论中）用来确定埃尔米特算子本征值的一般方法是如何联系在一起的。

2.8 本征值问题初探

由本征值问题的定义所衍生出来的第一个问题是：$\overline{\mathbf{S}_1}\sim\overline{\mathbf{S}_3}$ 看起来与我们在上一节开始时所提出的问题完全不同，它们与本问题的相关性已经无法辨别。我们的确在空间 $\mathfrak{R}_n$ 中，根据那些条件推导出了 $\mathbf{S}_1\sim\mathbf{S}_3$，但这些关系在空间 $\mathfrak{R}_\infty$ 中基本上已经实质性地改变了。这两个公式在这已经不再等价（虽然当时所说的是在空间 $\mathfrak{R}_n$ 中二者等价）。因此，我们要重新考虑这一问题，确定新提法与旧提法之间的吻合程度，即我们何时及如何通过 $E(\lambda)$ 来确定 λ_1，λ_2，…和 φ_1，φ_2，…。

如果单位分解 $E(\lambda)$ 属于埃尔米特算子 A，那么方程

$$A\varphi=\lambda_0\varphi$$

在什么条件下是可解的呢？方程 $A\varphi=\lambda_0\varphi$ 表示对所有 g 有 $(A\varphi, g)-\lambda_0(\varphi, g)=0$，即

$$0=\int_{-\infty}^{+\infty}\lambda\mathrm{d}\left[E(\lambda)f,\ g\right]-\lambda_0(\varphi,\ g)=\int_{-\infty}^{+\infty}\lambda\mathrm{d}\left[E(\lambda)f,\ g\right]-\lambda_0\int_{-\infty}^{+\infty}\mathrm{d}\left[E(\lambda)f,\ g\right]$$

$$=\int_{-\infty}^{+\infty}(\lambda-\lambda_0)\,\mathrm{d}\left[E(\lambda)f,\ g\right]$$

我们首先设 $g=E(\lambda_o)f$，则有

$$0=\int_{-\infty}^{+\infty}(\lambda-\lambda_0)\,\mathrm{d}\left[E(\lambda)f,\ E(\lambda_0)f\right]$$

$$=\int_{-\infty}^{+\infty}(\lambda-\lambda_0)\left[E(\lambda_0)E(\lambda)f,\ f\right]$$

$$=\int_{-\infty}^{+\infty}(\lambda-\lambda_0)\,\mathrm{d}\left\{E\left[\min(\lambda,\ \lambda_0)\right]f,\ f\right\}$$

$$=\int_{-\infty}^{+\infty}(\lambda-\lambda_0)\,\mathrm{d}\left\{\| E\left[\min(\lambda,\ \lambda_0)\right]f\|^2\right\}$$

我们现在记$\int_{-\infty}^{+\infty}=\int_{-\infty}^{\lambda_0}+\int_{\lambda_0}^{\infty}$。在$\int_{-\infty}^{\lambda_0}$中我们可以将 min（$\lambda$，$\lambda_0$）用$\lambda$代替，以及在$\int_{\lambda_0}^{+\infty}$中用$\lambda_0$代替。那么在后一个积分中，微分符号后面会出现一个常数。因此该积分为零。第一个积分可记为

$$\int_{-\infty}^{\lambda_0}(\lambda-\lambda_0)\,\mathrm{d}\left(\| E(\lambda)f\|^2\right)=0$$

回到前述论据的开始，并设$g=f$，则有

$$0=\int_{-\infty}^{\infty}(\lambda-\lambda_0)\,\mathrm{d}\left[E(\lambda)f,\ f\right]=\int_{-\infty}^{\infty}(\lambda-\lambda_0)\,\mathrm{d}\left(\| E(\lambda)f\|^2\right)$$

通过减去第一个方程的结果（反转被积函数的符号后），可以得到

$$\int_{\lambda_0}^{\infty}(\lambda_0-\lambda)\,\mathrm{d}\left(\| E(\lambda)f\|^2\right)=0$$

现在让我们对

$$\int_{-\infty}^{\lambda_0}(\lambda-\lambda_0)\,\mathrm{d}\left(\| E(\lambda)f\|^2\right)\text{与}\int_{\lambda_0}^{\infty}(\lambda-\lambda_0)\,\mathrm{d}\left(\| E(\lambda)f\|^2\right)$$

进行更为仔细的研究。在这两种情况下，被积式都$\geqslant 0$，并且在微分符号后是一个λ的单调递增函数。因此，当$\varepsilon>0$时，我们可以得到

$$\begin{aligned}\int_{-\infty}^{\lambda_0}(\lambda-\lambda_0)\,\mathrm{d}\left(\| E(\lambda)f\|^2\right)&\geqslant\int_{-\infty}^{\lambda_0-\varepsilon}(\lambda_0-\lambda)\,\mathrm{d}\left(\| E(\lambda)f\|^2\right)\\&\geqslant\int_{-\infty}^{\lambda_0-\varepsilon}\varepsilon\mathrm{d}\left(\| E(\lambda)f\|^2\right)=\varepsilon\| E(\lambda_0-\varepsilon)f\|^2\end{aligned}$$

$$\begin{aligned}\int_{\lambda_0}^{\infty}(\lambda-\lambda_0)\,\mathrm{d}\left(\| E(\lambda)f\|^2\right)&\geqslant\int_{\lambda_0+\varepsilon}^{\infty}(\lambda-\lambda_0)\,\mathrm{d}\left(\| E(\lambda)f\|^2\right)\\&\geqslant\int_{\lambda_0+\varepsilon}^{\infty}\varepsilon\mathrm{d}\left(\| E(\lambda)f\|^2\right)\\&=\varepsilon\left[\| f\|^2-\| E(\lambda_0+\varepsilon)f\|^2\right]\\&=\varepsilon\| f-E(\lambda_0+\varepsilon)f\|^2\end{aligned}$$

上述两个被积式的右边均$\leqslant 0$，但由于它们也$\geqslant 0$，故它们均必须为0。因此

$$E(\lambda_0-\varepsilon)f=0,\quad E(\lambda_0+\varepsilon)f=f$$

由于$E(\lambda)$右边的项具有连续性，所以在第二个方程的右边，我们可以取

$\varepsilon\to 0$：$E(\lambda_0)f=f$。那么当 $\lambda\geqslant\lambda_0$ 时，由第二个方程（$\varepsilon=\lambda-\lambda_0\geqslant 0$），可得 $E(\lambda)f=f$；而当 $\lambda<\lambda_0$ 时，由第一个方程（$\varepsilon=\lambda_0-\lambda>0$），可得 $E(\lambda)f=0$。因此

$$E(\lambda)f=\begin{cases}f, & \text{当 } \lambda\geqslant\lambda_0 \text{ 时}\\ 0, & \text{当 } \lambda<\lambda_0 \text{ 时}\end{cases}$$

但是该必要条件同样是充分条件，因为由此可以得到

$$(Af,\ g)=\int_{-\infty}^{+\infty}\lambda\mathrm{d}\left[E(\lambda)f,\ g\right]=\lambda_0(f,\ g)$$

（请回顾一下 2.7 节中所给出的有关斯蒂尔切斯积分的定义）。因此，对于所有 g，均有 $(Af-\lambda_0 f,\ g)=0$，即 $Af=\lambda_0 f$。

那么条件 $Af=\lambda_0 f$ 意味着什么呢？首先，该条件与 $E(\lambda)$ 在点 $\lambda=\lambda_0$ 处的不连续性有关。根据 2.4 节定理 17，当 $\lambda\to\lambda_0$，$\lambda<\lambda_0$ 时，以及当 $\lambda\to\lambda_0$，$\lambda<\lambda_0$ 时，$E(\lambda)$ 分别收敛至投影算子 $E^{(1)}(\lambda_0)$ 或者 $E^{(2)}(\lambda_0)$ [1]。由 $\mathbf{S}_1$，可得 $E^{(2)}(\lambda_0)=E(\lambda_0)$，但在不连续的情况下，$E^{(1)}(\lambda_0)\neq E(\lambda_0)$。此外，当 $\lambda<\lambda_0$ 时，可得 $E(\lambda)\leqslant E(\lambda_0)$，由 $\mathbf{S}_2$ 恒有 $E^{(1)}(\lambda_0)\leqslant E(\lambda_0)$。因此，$E(\lambda_0)-E^{(1)}(\lambda_0)$ 是一个投影算子，且通过其不连续性的特征可知，其不为零。

当 $\lambda<\lambda_0$ 时，由方程 $E(\lambda)f=0$，可得到 $E^{(1)}(\lambda_0)f=0$。但是［因为 $E(\lambda)\leqslant E^{(1)}(\lambda_0)$］，我们也可以由后者倒推出前者。当 $\lambda\geqslant\lambda_0$ 时，由 $E(\lambda_0)f=f$ 可以得到 $E(\lambda)f=f$，因为 $E(\lambda_0)\leqslant E(\lambda)$，且 $E(\lambda)E(\lambda_0)=E(\lambda_0)$，从而可知 $E(\lambda)f=E(\lambda)E(\lambda_0)f=E(\lambda_0)f=f$。因此，$E^{(1)}(\lambda_0)f=0$ 和 $E(\lambda_0)f=f$ 关于 $Af=\lambda_0 f$ 是特征性的，或（根据 2.4 节定理 14）［$E(\lambda_0)$

〔1〕这仅对 λ 序列给出了证明。然而，所有 λ 这样的序列（$\lambda\to\lambda_0$ 及 $\lambda<\lambda_0$ 或 $\lambda>\lambda_0$），其极限必定相同。因为两个这样的序列可以合并成一个序列，且由于所合成的序列有一个极限，因此，合成序列的两个组成部分必须具有相同的极限。由此可见，在 λ 连续变化的情况下，收敛（至所有序列的共同极限）也会发生。

$-E^{(1)}(\lambda_0)]f=f$。也就是说，若我们将其记作 $E(\lambda_0)-E^{(1)}(\lambda_0)=P_{\mathfrak{M}_{\lambda_0}}$，上述表达式则表示 f 属于 $\mathfrak{M}_{\lambda_0}$。

因此，$Af=\lambda f$ 仅在 $E(\lambda)$ 的不连续处有一个非零解 $f\neq 0$，且将由所有解 f 形成前文所定义的闭线性流形 $\mathfrak{M}_{\lambda_0}$。

当且仅当 $\mathfrak{M}_{\lambda_0}(-\infty<\lambda_0<\infty)$ 张成闭线性流形 $\mathfrak{R}_{\infty}$ 时，由这些方程解（与任意 λ 相结合）构成的完全的标准正交系才会存在。[我们曾在 2.6 节中对如何构建该系进行过讨论。$\mathfrak{M}_{\lambda_0}$ 的相互正交性可以从另一个角度来看：
由 $\lambda_0<\mu_0$ 可知

$$P_{\mathfrak{M}_{\lambda_0}}P_{\mathfrak{M}_{\mu_0}}=\left[E(\lambda_0)-E^{(1)}(\lambda_0)\right]\left[E(\mu_0)-E^{(1)}(\mu_0)\right]=0$$

因为

$$E(\lambda_0)=E^{(1)}(\lambda_0)\leqslant E(\lambda_0)\leqslant E^{(1)}(\mu_0)$$

$$E(\mu_0)-E^{(1)}(\mu_0)\leqslant 1-E^{(1)}(\mu_0)]$$

虽然使上式成立的精确条件尚未确定，但我们注意到以下几点：如果存在 $E(\lambda)$ 的单调递增区间 μ_1，μ_2［即当 $\mu_1<\mu_2$ 时，$E(\lambda)$ 在 $\mu_1\leqslant\lambda\leqslant\mu_2$ 连续，$E(\mu_1)\neq E(\mu_2)$］，那么上式肯定不成立。因为当 $\lambda\leqslant\mu_1$ 时，$E(\lambda)-E^{(1)}(\lambda)<E(\lambda)\leqslant E(\mu_1)$；而当 $\mu_1<\lambda\leqslant\mu_2$ 时，因为连续性所以有 $E(\lambda)-E^{(1)}(\lambda)=0$；并且当 $\mu_2<\lambda$ 时，$E(\lambda)-E^{(1)}(\lambda)\leqslant 1-E^{(1)}(\lambda)\leqslant 1-E(\mu_2)$。因此，$E(\lambda)-E^{(1)}(\lambda)$ 恒正交于 $E(\mu_2)-E(\mu_1)$。设 $E(\mu_2)-E(\mu_1)=P_{\mathfrak{N}}$，那么所有 $\mathfrak{M}_{\lambda}$ 均与 $\mathfrak{N}$ 正交。若要从中选择一个完全的标准正交系，那么 $\mathfrak{N}$ 将只包含零，即 $E(\mu_2)-E(\mu_1)=0$，这与假设相矛盾。

$E(\lambda)$ 的不连续性也被称为 A 的“离散谱”。正是它们中相同的 λ，使 $Af=\lambda f$ 中有非零解 $f\neq 0$。如果我们从每个 $\mathfrak{M}_{\lambda}$ 中选择，就会得到一个正交系。根据 2.2 节定理 3，它是有限的，或者是一个序列。因此，离散谱 λ 至多是一个序列。

A 的离散谱是由在邻域内，$E(\lambda)$ 不是常数的所有点构成的。正如我们所知，若存在被 A 谱渗入，但却没有被谱点渗入的区间［即 $E(\lambda)$ 不是常数的连续区间］，那么其特征值问题一定是不可解的。从这种意义上讲，这与在 2.6 节开始处所述的表达方式相同。我们不对这种不可解的确切条件做进一步的探究，因为在某些其他情况下，即当离散谱确实渗透到谱点所在的所有区间时，也有可能会出现不可解的情况。把离散谱从其他谱中分离出来将更加费力，而且这也超出了本项研究的范畴。（读者将会发现这些研究已在希尔伯特的记述中出现过，并在前文已被引用过。）

此外，我们想说明，在由 $A\varphi=\lambda\varphi$ 的解所形成的完全正交系 φ_1，φ_2，…存在（本征值 $\lambda=\lambda_1$，λ_2，…与 $\varphi=\varphi_1$，φ_2，…相对应），即在纯离散谱的情况下，如何构建 $E(\lambda)$。我们有[1]

$$E(\lambda)=\sum_{\lambda_\rho\leqslant\lambda}P_{[\varphi_\rho]}$$

（求和式 $\sum$ 可能只有 0 项，则 $E(\lambda)=0$；或者求和式包含有限个正数项，那么其含义便十分清楚；又或者求和式包含无穷多的项，在这种情况下，它将按照 2.4 节最后一部分所分析的那样收敛）。

实际上，$\overline{\mathbf{S}_2}$ 是显而易见的，因为对 $\lambda'\leqslant\lambda''$ 而言

$$E(\lambda'')-E(\lambda')=\sum_{\lambda'<\lambda_\rho<\lambda''}P_{[\varphi_\rho]}$$

是一个投影算子，因此 $E(\lambda')\leqslant E(\lambda'')$（定理 14）。我们对 $\overline{\mathbf{S}_1}$ 的证明如下：对于每个 f，（根据定理 7）有[2]

$$\sum_\rho\left\|P_{[\varphi_\rho]}f\right\|^2=\sum_\rho\left|(f,\ \varphi_\rho)\right|^2=\|f\|^2$$

［1］这是对 2.7 节中 $E(\lambda;\ \xi,\ \eta)$ 的定义的精确重述。

［2］正如定理 10 的证明中所作构形空间所示，$P_{[\varphi]}f=(f,\ \varphi)\cdot\varphi$（若 $\|\varphi\|=1$），则 $\|P_{[\varphi]}f\|=|(f,\ \varphi)|=|(\varphi,\ f)|$。

即$\sum_{\rho}\left\| P_{[\varphi_\rho]}f \right\|^2$是收敛的。因此，对于每个$\varepsilon>0$，我们可以给出一个有限数$\rho$，使得这些单独取的和$\sum_{\rho}>\|f\|^2-\varepsilon$，且由此失去的每个$\sum_{\rho}'$都小于$\varepsilon$。于是也可以得到

$$\left\| \sum_{\rho}' P_{[\varphi_\rho]}f \right\|^2 = \sum_{\rho}' \left\| P_{[\varphi_\rho]}f \right\|^2 < \varepsilon$$

由此特别得出

$$\left\| \sum_{\lambda_\rho \leqslant \lambda} P_{[\varphi_\rho]}f \right\|^2 < \varepsilon\text{，当 }\lambda\text{ 足够小时}$$

$$\left\| \sum_{\lambda_\rho > \lambda} P_{[\varphi_\rho]}f \right\|^2 < \varepsilon\text{，当 }\lambda\text{ 足够大时}$$

$$\left\| \sum_{\lambda_0<\lambda_\rho \leqslant \lambda} P_{[\varphi_\rho]}f \right\|^2 < \varepsilon\text{，当 }\lambda \geqslant \lambda_0\text{，且足够接近 }\lambda_0\text{ 时}$$

从而可得[1]

$$E(\lambda)f = \sum_{\lambda_\rho \leqslant \lambda} P_{[\varphi_\rho]}f \to 0\text{，对 }\lambda \to -\infty$$

$$f - E(\lambda)f = \sum_{\lambda_\rho > \lambda} P_{[\varphi_\rho]}f \to 0\text{，对 }\lambda \to +\infty$$

$$E(\lambda)f - E(\lambda_0)f = \sum_{\lambda_0<\lambda_\rho \leqslant \lambda} P_{[\varphi_\rho]}f \to 0\text{，对 }\lambda \to \lambda_0\text{，}\lambda \geqslant \lambda_0$$

即$\overline{\mathbf{S}_1}$成立。

为了便于验证$\overline{\mathbf{S}_3}$的有效性，我们设$f=x_1\varphi_1+x_2\varphi_2+\cdots$，则有$Af=\lambda_1 x_1\varphi_1+$

〔1〕（根据定理 7）我们有

$$f=\sum_{\rho}(f,\ \varphi_\rho)\cdot\varphi_\rho=\sum_{\rho}P_{[\varphi_\rho]}f$$

这也是通过 2.4 节中最后部分的探究而得出的。

$\lambda_2 x_2 \varphi_2 + \cdots$。为了使 Af 有意义

$$\sum_{\rho=1}^{\infty} \lambda_\rho^{\ 2} | x_\rho |^2$$

必须是有限的。但[1]

$$\int_{-\infty}^{\infty} \lambda^2 \mathrm{d} \| E(\lambda) f \|^2 = \int_{-\infty}^{\infty} \lambda^2 \mathrm{d} \left(\sum_{\lambda_\rho \leqslant \lambda} | x_\rho |^2 \right) = \sum_{\rho=1}^{\infty} \lambda_\rho^2 | x_\rho |^2$$

$$\int_{-\infty}^{\infty} \lambda \mathrm{d} (E(\lambda) f, g) = \int_{-\infty}^{\infty} \lambda \mathrm{d} \left(\sum_{\lambda_\rho \leqslant \lambda} x_\rho \bar{y}_\rho \right) = \sum_{\rho=1}^{\infty} \lambda_\rho x_\rho \bar{y}_\rho = (Af, g)$$

因此，$\overline{\mathrm{S}_3}$ 也满足。

让我们再探讨两种纯连续谱的情况，即不存在离散谱的情况。作为第一个例子，设 $\mathfrak{R}_\infty$ 为

$$\int_{-\infty}^{\infty} \cdots \int_{-\infty}^{\infty} \left| f(q_1, \cdots, q_l) \right|^2 \mathrm{d}q_1 \cdots \mathrm{d}q_l$$

有限的所有函数 $f(q_1, \cdots, q_l)$ 的空间，并且 A 是具有明显埃尔米特特征的算子 q_j。

我们可知：$Af = \lambda f$ 就意味着

---

〔1〕 根据斯蒂尔切斯积分的概念

$$\int_{-\infty}^{\infty} \lambda^2 \mathrm{d} \left(\sum_{\lambda_\rho \leqslant \lambda} | x_\rho |^2 \right) = \lim \sum_{\tau=1}^{k} \Lambda_\tau^2 \cdot \sum_{\Lambda_{\tau-1} < \lambda_\rho \leqslant \Lambda_\tau} | x_\rho |^2$$

若所有 $\Lambda_\tau^2 - \Lambda_{\tau-1}^2 < \varepsilon$（即若 Λ_0，…，Λ_k 网格足够精细），那么表达式右侧的变化小于

$$\varepsilon \sum_{\rho=1}^{\infty} | x_\rho |^2 = \varepsilon \| f \|^2$$

若我们将其替换为

$$\sum_{\tau=1}^{k} \sum_{\Lambda_{\tau-1} < \lambda_\rho \leqslant \Lambda_\tau} \lambda_\rho^2 | x_\rho |^2 = \sum_{\Lambda_0 < \lambda_\rho \leqslant \Lambda_k} \lambda_\rho^2 | x_\rho |^2$$

且若 Λ_0 足够小，而 Λ_k 足够大，则它可与

$$\sum_{\tau=1}^{\infty} \lambda_\rho^2 | x_\rho |^2$$

任意接近。这个和就是待求的极限，即积分的值。下一个积分公式将以同样的方式予以证明。

$$(q_j-\lambda)f(q_1,\cdots,q_l)=0$$

即除了在 $l-1$ 维平面上 $q_j=\lambda$，其他处处均有 $f(q_1,\cdots,q_l)=0$。但是这一平面（根据2.3节中对条件**B**的相关讨论）并不重要，因为其勒贝格测度（即体积）为0，那么 $f\equiv 0$[1]。因此，$Af=\lambda f$ 不存在非零解。但我们也能（大概）预知，哪里可能会出现非零解。由 $(q_j-\lambda)f(q_1,\cdots,q_l)=0$ 可知，仅当 $q_j=\lambda$ 时，才可能得到 $f\neq 0$。若有多个 λ，比如 $\lambda=\lambda',\lambda'',\cdots,\lambda^{(s)}$，那么当且仅当

$$q_j=\lambda',\ \lambda'',\ \cdots,\ \lambda^{(s)}$$

时，这些解所构成的线性组合 f 才是非零的。如果它仅在 $\lambda\leqslant\lambda_0$ 时是非零的，那么我们可以把非零解 f 看作满足 $\lambda\leqslant\lambda_0$ 的所有解的线性组合。但在纯离散谱的情况下，我们已知

$$E(\lambda_0)=\sum_{\lambda_\rho\leqslant\lambda_0}P_{[\varphi_\rho]}=P_{\mathfrak{N}_{\lambda_0}},\quad \mathfrak{N}_{\lambda_0}=\left[\varphi_{\rho(\lambda_\rho\leqslant\lambda_0)}\right]$$

即 $\mathfrak{N}_\lambda$ 是由所有满足 $\lambda\leqslant\lambda_0$ 条件的 $Af=\lambda f$ 的所有解 φ_ρ 的线性组合构成的，

---

〔1〕在这一点上，我们所遵循的正确数学方法与狄拉克的符号方法相悖。后一种方法实质上是把 f 看作 $(q-\lambda)f(q)\equiv 0$ 的解（为简单起见，我们设 $l=j=1$，$q_j=q$）。但是由于每个 $(f,g)=\int f(q)\overline{g(q)}\,\mathrm{d}q=0$，以及 $f\neq 0$，$f(q)$ 在点 $q=\lambda$ 处（它仅有的与0不同的点！）是无限的，且其无限性确实很强烈，甚至使 $(f,g)\neq 0$。由于当 $q\neq\lambda$ 时，$f(q)=0$，$\int f(q)\overline{g(q)}\,\mathrm{d}q$ 只能依赖于 $\overline{g(\lambda)}$，而且事实很明显，由于该积分的可加性，必定与 $\overline{g(\lambda)}$ 成正比。因此，它必须等于 $c\overline{g(\lambda)}$，且 c 必须不为0。如果我们用 $\frac{f(q)}{c}$ 替换 $f(q)$，我们将得到 $c=1$。于是我们有了一个虚拟函数 $f(q)$，使 $\int f(q)\overline{g(q)}\,\mathrm{d}q=\overline{g(\lambda)}$ 成立。

当然，仅考虑 $\lambda=0$ 的情况就足够了。记 $f(q)=\delta(q)$，该函数是通过

$$\Delta\ q\delta(q)\equiv 0,\quad \int\delta(q)f(q)\,\mathrm{d}q=f(0)$$

定义的。对任意 λ 而言，$\delta(q-\lambda)$ 就是解。虽然不存在具有属性 Δ 的函数 δ，但存在向这种性态收敛的函数序列（当然不存在极限函数）。例如

$$f_a(q)=\begin{cases}\frac{1}{2\varepsilon}, & 对|x|<\varepsilon\\ 0, & 对|x|\geqslant\varepsilon\end{cases}，当 \varepsilon\to+0 时，或 f_a(q)=\sqrt{\frac{a}{\pi}}\mathrm{e}^{-ax^2}，当 a\to+\infty 时。$$

由此，现在我们可以粗略地、探索性地期望 $E(\lambda_0)=P_{\mathfrak{N}_{\lambda_0}}$，其中的 $\mathfrak{N}_{\lambda_0}$ 是由那些仅当 $q_j\leqslant\lambda_0$ 时不等于零的 f 构成的。那么 $\mathfrak{N}_\infty-\mathfrak{N}_\infty$ 显然是由那些当 $q_j>0$ 时，恒为零的 f 所构成的。因此可得

$$E(\lambda_0)f(q_1,\ \ldots,\ q_l)=\begin{cases}f(q_1,\ \ldots,\ q_l), & \text{当}\ q_j\leqslant\lambda_0\ \text{时}\\ 0, & \text{当}\ q_j>\lambda_0\ \text{时}\end{cases}$$

于是，我们以一种不精确的方式找到了投影算子族 $E(\lambda)$。对于 A，假设其满足 $\overline{\mathbf{S}_1}$—$\overline{\mathbf{S}_3}$。实际上，$\overline{\mathbf{S}_1}$，$\overline{\mathbf{S}_2}$ 以一种微不足道的方式得以满足；而且对于 $\overline{\mathbf{S}_1}$ 在 $\lambda\to\lambda_0$ 的情况下也的确成立，甚至无须 $\lambda\leqslant\lambda_0$ 这一限制条件，即 $E(\lambda)$ 关于 λ 是处处连续的。为了证明同样满足 $\overline{\mathbf{S}_3}$，我们只要证明以下方程的有效性即可

$$\begin{aligned}&\int_{-\infty}^{\infty}\lambda^2\mathrm{d}\|E(\lambda)f\|^2\\&=\int_{-\infty}^{\infty}\lambda^2\mathrm{d}\left(\int_{-\infty}^{\infty}\cdots\int_{-\infty}^{\lambda}\cdots\int_{-\infty}^{\infty}|f(q_1,\ \cdots,\ q_j,\ \cdots,\ q_l)|^2\mathrm{d}q_1\cdots\mathrm{d}q_j\cdots\mathrm{d}q_l\right)\\&=\int_{-\infty}^{\infty}\lambda^2\left(\int_{-\infty}^{\infty}\cdots\int_{-\infty}^{\infty}|f(q_1,\ \cdots,\ q_{j-1},\ \lambda,\ q_{j+1},\ \cdots,\ q_l)|^2\mathrm{d}q_1\cdots\mathrm{d}q_{j-1}\mathrm{d}q_{j+1}\right.\\&\qquad\left.\cdots\mathrm{d}q_l\right)\mathrm{d}\lambda\\&=\int_{-\infty}^{\infty}\cdots\int_{-\infty}^{\infty}q_j^2\left|f(q_1,\ \cdots,\ q_{j-1},\ q_j,\ q_{j+1},\ \cdots,\ q_l)\right|^2\mathrm{d}q_1\cdots\mathrm{d}q_{j-1}\mathrm{d}q_j\mathrm{d}q_{j+1}\cdots\\&\qquad\mathrm{d}q_l=\|Af\|^2\end{aligned}$$

$$\begin{aligned}&\int_{-\infty}^{\infty}\lambda\mathrm{d}\left(E(\lambda)f,\ g\right)\\&=\int_{-\infty}^{\infty}\lambda\mathrm{d}\left(\int_{-\infty}^{\infty}\cdots\int_{-\infty}^{\lambda}\cdots\int_{-\infty}^{\infty}f(q_1,\ \cdots,\ q_j,\ \cdots,\ q_l)\times\right.\\&\qquad\left.\overline{g(q_1,\ \cdots,\ q_j,\ \cdots,\ q_l)}\mathrm{d}q_1\cdots\mathrm{d}q_j\cdots\mathrm{d}q_l\right)\\&=\int_{-\infty}^{\infty}\lambda\left(\int_{-\infty}^{\infty}\cdots\int_{-\infty}^{\infty}f(q_1,\ \cdots,\ q_{j-1},\ \lambda,\ q_{j+1},\ \cdots,\ q_l)\times\right.\end{aligned}$$

$$\overline{g(q_1, \cdots, q_{j-1}, \lambda, q_{j+1}, \cdots, q_l)}\,\mathrm{d}q_1\cdots\mathrm{d}q_{j-1}\mathrm{d}q_{j+1}\cdots\mathrm{d}q_l\Big)\mathrm{d}\lambda$$

$$=\int_{-\infty}^{\infty}\cdots\int_{-\infty}^{\infty}q_j f(q_1, \cdots, q_{j-1}, q_j, q_{j+1}, \cdots, q_l)\times$$

$$\overline{g(q_1, \cdots, q_{j-1}, q_j, q_{j+1}, \cdots, q_l)}\times\mathrm{d}q_1\cdots\mathrm{d}q_{j-1}\mathrm{d}q_j\mathrm{d}q_{j+1}\cdots\mathrm{d}q_l=(Af, g)$$

由于 $E(\lambda)$ 处处连续递增，我们再次意识到对离散谱或特征值问题的旧定义是必然失效的。

该示例也更一般化地展示了如何在连续谱中找到 $E(\lambda)$ 的一种可行方法：人们可能（错误地！）确定 $Af=\lambda f$ 的解（因为 λ 位于连续谱中，所以这些 f 并不属于 $\mathfrak{R}_\infty$！），从而将 $\lambda\leqslant\lambda_0$ 条件下所有的解都用来构成线性组合。这些解又部分地属于 $\mathfrak{R}_\infty$，并且最终可能构成一个闭线性流形 $\mathfrak{R}_{\lambda_0}$。那么我们就可以设 $E(\lambda_0)=P_{\mathfrak{R}_{\lambda_0}}$。若我们处理得当，那么就有可能借此［对 A 和这些 $E(\lambda)$］来验证 $\overline{\mathbf{S}_1}$—$\overline{\mathbf{S}_3}$，从而将那些粗略的探索性参数转变成精确的参数[1]。

我们想探究的第二个例子是波动力学中的另一个重要算子：$\dfrac{h}{2\pi\mathrm{i}}\dfrac{\partial}{\partial q_j}$。为了避免不必要的复杂计算，我们设 $l=j=1$（其他值的处理方式与之相同）。我们必须对以下算子进行研究

$$A'f(g)=\frac{h}{2\pi\mathrm{i}}\frac{\partial}{\partial q}f(q)$$

如果 q 的定义域为 $-\infty<\theta<+\infty$，那么该算子正如我们在 2.5 节中所述的那样，属于埃尔米特算子。另外，如果其定义域为有限的 $a\leqslant q\leqslant b$，那么情况并非如此

$$(A'f, g)-(f, A'g)$$

［1］本想法的确切表述（在此仅作为一种探索性陈述）可参见赫林格以及外尔所发表的论文。

$$=\int_a^b \frac{h}{2\pi i} f'(q)\overline{g(q)}\,\mathrm{d}q - \int_a^b f(q)\frac{h}{2\pi i}\overline{g'(q)}\,\mathrm{d}q$$

$$=\frac{h}{2\pi i}\int_a^b\left[f'(q)\overline{g(q)}+f(q)\overline{g(q)}'\right]\mathrm{d}q$$

$$=\frac{h}{2\pi i}\left[f(q)\overline{g(q)}\right]_a^b$$

$$=\frac{h}{2\pi i}\left[f(b)\overline{g(b)}-f(a)\overline{g(a)}\right]$$

为使其为 0，必须对 $\frac{h}{2\pi i}\frac{\partial}{\partial q}$ 的定义域通过以下方式进行限制：从中任意选取的两个 f，g，都满足 $f(a)\overline{g(a)}=f(b)\overline{g(b)}$。即

$$f(a):f(b)=\overline{g(b)}:\overline{g(a)}$$

若固定某个 g，改变 f，那么我们将看到 $f(a):f(b)$ 在整个定义域上必须是相同的数值 θ（θ 甚至可以是 0 或 ∞）；把 f 与 g 进行交换可以得到 $\theta=\frac{1}{\bar{\theta}}$，即 $|\theta|=1$。也就是说，为了使 $\frac{h}{2\pi i}\frac{\partial}{\partial q}$ 成为埃尔米特算子，我们必须假定其满足以下形式的“边界条件”

$$f(a):f(b)=\theta$$

（θ 为绝对值等于 1 的任意固定数值）。

首先，我们取区间 $-\infty<q<+\infty$，$A\varphi=\lambda\varphi$ 的解，即 $\frac{h}{2\pi i}\varphi'(q)=\lambda\varphi(g)$ 的解为函数

$$\varphi(q)=c\mathrm{e}^{\frac{2\pi i}{h}\lambda q}$$

但由于

$$\int_{-\infty}^{\infty}|\varphi(q)|^2\,\mathrm{d}q=\int_{-\infty}^{\infty}|c|^2\,\mathrm{d}q=+\infty$$

（$c=0$，$\varphi\equiv 0$ 的情况除外），而我们并没有对这些解进行过深入探讨，所以这些解尚不能直接使用。我们可以观察到，在上述第一个例子中，我

们找到了 $\delta(q-\lambda)$ 这个解，即一个虚拟的、不存在的函数。现在我们找到了一个新函数

$$e^{\frac{2\pi i}{h}\lambda q}$$

这是一个完全正常的函数，但是由于其绝对值平方的积分具有无界性，因此该函数不属于 $\mathfrak{R}_\infty$。但在我们看来，这两个事实所具有的意义是相同的，因为对于我们而言，不属于 $\mathfrak{R}_\infty$ 的函数是不存在的[1]。

与第一种情况相同，我们现在形成了一个由方程的解构成的线性组合，这些解均满足 $\lambda \leqslant \lambda_0$ 的条件，即函数

$$f(q)=\int_{-\infty}^{\lambda_0} c(\lambda)\,e^{\frac{2\pi i}{h}\lambda q}\,d\lambda$$

我们希望能够从其中找出一些属于 $\mathfrak{R}_\infty$ 的函数，进而由这些函数构成闭线性流形 $\mathfrak{R}'_{\lambda_0}$，并且最终由投影算子

$$E(\lambda_0)=P_{\mathfrak{R}'_{\lambda_0}}$$

形成属于 A' 的单位分解。如果我们设

$$c(\lambda)=\begin{cases}1, & \text{当}\ \lambda \geqslant \lambda_1\ \text{时} \\ 0, & \text{当}\ \lambda < \lambda_1\ \text{时}\end{cases},\quad \lambda_1 < \lambda_0$$

则

$$f(q)=\int_{\lambda_1}^{\lambda_0} e^{\frac{2\pi i}{h}\lambda q}\,d\lambda=\frac{e^{\frac{2\pi i}{h}\lambda_0 q}-e^{\frac{2\pi i}{h}\lambda_1 q}}{\frac{2\pi i}{h}q}$$

那么我们就会得到可以确认第一个推测的一个例子：因为 $f(q)$ 对有限值是处处正则的，而当 $q\to\pm\infty$ 时，其表现与 $1/q$ 相类似，使得

$$\int_{-\infty}^{\infty}|f(q)|^2\,dq$$

〔1〕当然，只有在物理应用中成功运用，才能判断该观点的有效性，或证实该观点在量子力学中的应用是有效的。

$$X(\upsilon)=F_{-n}\mathrm{e}^{-\mathrm{i}n\nu}+\cdots+F_{-2}\mathrm{e}^{-\mathrm{i}2\nu}+F_{-1}\mathrm{e}^{-\mathrm{i}\nu}+F_0+F_1\mathrm{e}^{\mathrm{i}\nu}+F_2\mathrm{e}^{\mathrm{i}2\nu}+\cdots F_n\mathrm{e}^{\mathrm{i}n\nu}$$

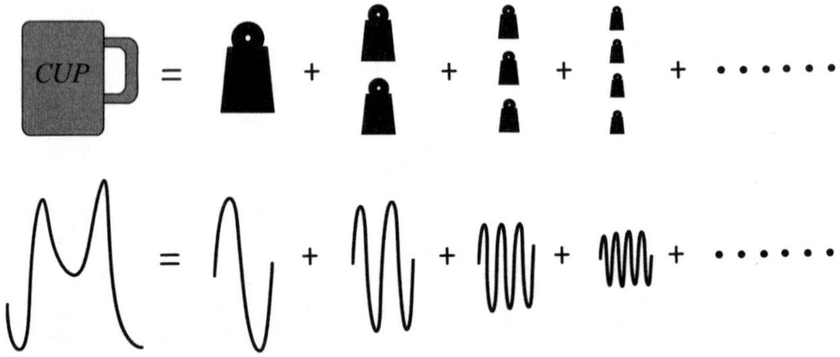

□ **傅里叶级数展开**

在经典力学中，一个周期性的振动可以用数学方法分解成为一系列简谐振动的叠加，这个方法叫作“傅里叶级数展开”，它在工程上有着极为重要的应用。无论函数是何种形式，只要它的频率为 ν，我们便可以把它写成系列的频率为 $n\nu$ 的正弦波的叠加。傅里叶展开式是指一个函数的傅里叶级数在它收敛于此函数本身时的形式。若函数 $f(x)$ 的傅里叶级数处处收敛于 $f(x)$，则此级数称为 $f(x)$ 的傅里叶展开式。

有限。实际上，通过傅里叶积分理论也可以证明其余推论均是正确的。根据该理论，我们可以推导出以下结论：

设 $f(x)$ 为任意函数，且

$$\int_{-\infty}^{\infty}|f(x)|^2\,\mathrm{d}x$$

有限，则可以形成一个函数

$$Lf(x)=F(y)=\frac{1}{\sqrt{2\pi}}\int_{-\infty}^{\infty}\mathrm{e}^{\mathrm{i}xy}f(x)\,\mathrm{d}x$$

使得

$$\int_{-\infty}^{\infty}|F(y)|^2\,\mathrm{d}y$$

也有限，并且实际上等于

$$\int_{-\infty}^{\infty}|f(x)|^2\,\mathrm{d}x$$

此外，$LLf(x)=f(-x)$（这就是所谓的“傅里叶变换”，该变换在微分方程理论以外的其他理论中也起着重要作用）。

如果我们用

$$\sqrt{\frac{2\pi}{h}}q，\sqrt{\frac{2\pi}{h}}p$$

代替 x，y，则我们将得到一个具有相同性质的变换

$$Mf(q)=F(p)=\frac{1}{\sqrt{h}}\int_{-\infty}^{\infty}e^{\frac{2\pi i}{h}pq}f(q)\,dq$$

所以，上述关系式将 $\mathfrak{R}_\infty$ 映射为其自身[1]，保持 $\|f\|$ 不变，并且是线性的。根据 2.5 节所述，则 M 为幺正算子。因此，$M^2f(q)=f(-q)$: $M^{-1}f(q)=M^*f(q)=Mf(-q)$，所以 M 与 M^2 可对易，即有运算 $f(q)\to f(-q)$。

我们对 $\mathfrak{N}'_{\lambda_0}$ 的想法如下：若 $F(p)=M^{-1}(q)$ 对所有 $p<\lambda_0$ 等于 0，则 $f(q)$ 属于 $\mathfrak{N}'_{\lambda_0}$ [这里 $F(p)=\sqrt{h}c(p)$，其中 $c(\lambda)$ 的定义如前所示]。但正如我们所知，这些 $F(p)$ 构成了一个闭线性流形 $\mathfrak{N}'_{\lambda_0}$。因此，通过 M 得到的这个 $\mathfrak{N}_{\lambda_0}$ 的像 $\mathfrak{N}'_{\lambda_0}$ 也是一个闭线性流形。$E'(\lambda_0)$ 是由 $E(\lambda_0)$ 形成的，就像 $\mathfrak{N}'_{\lambda_0}$ 是由 $\mathfrak{N}_{\lambda_0}$ 形成的一样；通过 M 可以完成对整个 $\mathfrak{R}_\infty$ 的转换。因此，$E'(\lambda_0)=ME(\lambda_0)M^{-1}$。那么，$E'(\lambda_0)$ 也和 $E(\lambda)$ 一样具有 $\overline{\mathbf{S}_1}$，$\overline{\mathbf{S}_2}$ 属性。对于 $\overline{\mathbf{S}_3}$ 属性是否通用，尚有待证明，即 $E(\lambda_0)$ 的单位分解属于 A'。

对于这一方面，我们将仅作以下阐述：若 $f(q)$ 在没有特殊收敛困难的情况下是可微的，又若

$$\int_{-\infty}^{\infty}\left|\frac{h}{2\pi i}f'(q)\right|^2 dq$$

有限，则

$$\int_{-\infty}^{\infty}\lambda^2 d\|E'(\lambda)f\|^2$$

有限，且

[1] $Mf(q)=g(p)$ 对 $\mathfrak{R}_\infty$ 中的每个 $g(p)$ 可解：$f(q)=Mg(-p)$。

$$(A'f,\ g)=\int_{-\infty}^{\infty}\lambda \mathrm{d}\left(E'(\lambda)f,\ g\right)$$ [1]

实际上［回想 $M^{-1}f(q)=F(p)$］，

$$A'f(q)=\frac{h}{2\pi i}f'(q)=\frac{h}{2\pi i}\frac{\partial}{\partial q}[MF(p)]=\frac{h}{2\pi i}\frac{\partial}{\partial q}\left[\frac{1}{\sqrt{h}}\int F(p)\mathrm{e}^{\frac{2\pi i}{h}pq}\mathrm{d}p\right]$$

$$=\frac{\sqrt{h}}{2\pi i}\int F(p)\frac{\partial}{\partial q}\left(\mathrm{e}^{\frac{2\pi i}{h}pq}\right)\mathrm{d}p=\frac{1}{\sqrt{h}}\int F(p)\cdot p\cdot \mathrm{e}^{\frac{2\pi i}{h}pq}\mathrm{d}p$$

$$=M[pF(p)]$$

因此，对于所提及的 f，$A'=MAM^{-1}$（这里 A 是指算子 q，或者因为我们这里使用了变量 P，所以是算子 p）。由于上述命题对 A，$E(\lambda)$ 成立，所以它们在 $\mathfrak{R}_\infty$ 通过 M 进行转换后依然有效。因此，它们也对 $A'=MAM^{-1}$ 和 $E'(\lambda)=ME(\lambda)^{-1}$ 成立。

$\frac{h}{2\pi i}\frac{\partial}{\partial q}$ 在区间 $a\leqslant q\leqslant b$（$a<b$，a，b 有限）中的情况，存在着本质上的不同。如我们所知，在这种情况下，边界条件

$$f(a):f(b)=\theta\quad(|\theta|=1)$$

是建立埃尔米特属性所必需的。另外，$\frac{h}{2\pi i}\frac{\partial}{\partial q}f(q)=\lambda f(g)$ 可以通过

$$f(q)=c\mathrm{e}^{\frac{2\pi i}{h}\lambda q}$$

解出，但现在

$$\int_a^b|f(q)|^2\,\mathrm{d}q=\int_a^b|c|^2\,\mathrm{d}q=(b-a)|c|^2$$

有限，使得 $f(q)$ 恒属于 $\mathfrak{R}_\infty$。此外，还需满足以下边界条件

〔1〕也就是说，$E'(\lambda)$ 不属于 $A'=\frac{h}{2\pi i}\frac{\partial}{\partial q}$ 本身，而是属于一个算子，其定义域包括 A' 的定义域，且在该域中与 A' 相重合。请参见 2.9 节中关于这一论述的扩展。

$$f(a):f(b)=e^{\frac{2\pi i}{h}\lambda(a-b)}=\theta$$

或者，若我们设 $\theta=e^{-i\alpha}$（$0\leqslant\alpha<2\pi$），则有

$$\frac{2\pi i}{h}\lambda(a-b)=-i\alpha-2k\pi i\ ,\quad (k=0,\ \pm 1,\ \pm 2,\ \cdots)$$

$$\lambda=\frac{h}{b-a}\left(\frac{\alpha}{2\pi}+k\right)$$

因此，我们可以得到一个离散谱，然后标准化解可由 $(b-a)|c|^2=1$ 来确定，取 $c=\dfrac{1}{\sqrt{b-a}}$，那么

$$\varphi_k(q)=\frac{1}{\sqrt{b-a}}e^{\frac{2\pi i}{h}\lambda q}=\frac{1}{\sqrt{b-a}}e^{\frac{2\pi i}{a-b}\left(\frac{\alpha}{2\pi}+k\right)q}\ ,\quad (k=0,\ \pm 1,\ \pm 2,\ \cdots)$$

所以这是一个标准正交系，但它也是完全的。因为若 $f(q)$ 与所有 $\varphi_k(q)$ 正交，那么

$$e^{\frac{\alpha i}{b-a}q}f(q)$$

正交于所有

$$e^{\frac{2\pi i}{b-a}kq}$$

因此

$$e^{\frac{\alpha i}{2\pi}x}f\left(\frac{b-a}{2\pi}x\right)$$

正交于所有 e^{ikx}，即正交于 1，$\cos x$，$\sin x$，$\cos 2x$，$\sin 2x$，…。此外，它定义于区间

$$a\leqslant\frac{b-a}{2\pi}x\leqslant b$$

其长度为 2π，那么根据大家所熟知的定理[1]，它必定为 0，因此 $f(q)\equiv 0$。

---

〔1〕所有傅里叶系数均为 0，因此函数本身也为 0。

因此，我们得到一个纯离散谱，这是在本节开始部分我们做一般处理时的一个案例。大家应当观察“边界条件”，即 θ 或 α 是如何影响本征值和本征函数的。

最后，我们还可以考虑单向无限区间（定义域）的情况，比如：$0 \leqslant q < +\infty$。首先，我们必须再次证明算子的埃尔米特属性。我们有

$$(A'f,\ g)-(f,\ A'g)=\frac{h}{2\pi i}\int_0^\infty\left(f'(q)\overline{g(q)}+f(q)\overline{g'(q)}\right)dq$$

$$=\frac{h}{2\pi i}\left[f(q)\overline{g(q)}\right]_0^\infty$$

我们将证明当 $q\to+\infty$ 时，$f(q)\overline{g(q)}$ 趋近于零，正如我们在 2.5 节中，即在（双向）无限区间（定义域）中所证明的那样。因此，必须要求 $f(0)\overline{g(0)}=0$。若我们设 $f=g$，那么可以看出“边界条件”为 $f(0)=0$。

在这种情况下，就会出现重大困难。$A'\varphi=\lambda\varphi$ 的解与在区间 $-\infty < q < +\infty$ 的解相同，即

$$ce^{\frac{2\pi i}{h}\lambda q}$$

但是它们不属于 $\mathfrak{R}_\infty$，而且它们也不满足边界条件。后面一个条件是可疑的。然而，令人惊讶的是，通过前面描述的方法，我们必定会得到与在区间 $-\infty < q < +\infty$ 中相同的 $E(\lambda)$，因为（非正常，即不属于 $\mathfrak{R}_\infty$ 的）解是相同的，但实际上算子是截然不同的。要如何解释这一矛盾呢？而且它们也不是我们所需要的。因为若我们在希尔伯特空间 F_Ω

$$f(q)\left(0\leqslant q<+\infty,\ \int_0^\infty|f(q)|^2\,dq\text{有限}\right)$$

中再次定义 M，M^{-1}

$$Mf(q)=F(p)=\frac{1}{\sqrt{h}}\int_0^{+\infty}e^{\frac{2\pi i}{h}pq}f(q)\,dq$$

$$M^{-1}F(p)=f(q)=\frac{1}{\sqrt{h}}\int_{-\infty}^{\infty}e^{\frac{-2\pi i}{h}pq}F(p)\,dp\left[=MF(-p)\right]$$

那么 M 把满足条件

$$0 \leqslant q < \infty, \quad \int_0^\infty |f(q)|^2 \mathrm{d}q$$

的所有函数 $f(q)$ 的希尔伯特空间 $F_{\Omega'}$ 映射到满足条件

$$-\infty < p < \infty, \quad \int_{-\infty}^\infty |F(p)|^2 \mathrm{d}p$$

的另一个函数 $F(p)$ 的希尔伯特空间 $F_{\Omega''}$ 上。$\|Mf(q)\| = \|f(q)\|$ 恒成立（若当 $-\infty < q < 0$ 时，设 $f(q) = 0$，可由前面提到的定理得出上述结论），$\|M^{-1}F(p)\| = \|F(p)\|$ 一般不成立，因为根据前面我们所讨论的定理，当 $q < 0$ 时，如果我们仍通过

$$f(q) = \frac{1}{\sqrt{h}} \int_{-\infty}^\infty \mathrm{e}^{\frac{-2\pi \mathrm{i}}{h} pq} F(p) \mathrm{d}p$$

来定义 $f(q)$，那么

$$\|F\|^2 = \int_{-\infty}^\infty |F(p)|^2 \mathrm{d}p = \int_{-\infty}^\infty |f(q)|^2 \mathrm{d}q$$

$$\|M^{-1}F\|^2 = \|f\|^2 = \int_0^\infty |f(q)|^2 \mathrm{d}q$$

因此，$\|M^{-1}F\| < \|F\|$，除非恰巧 $f(q)$（定义如上）对所有 $q < 0$ 都为 0。所以 $E'(\lambda) = ME(\lambda)M^{-1}$ 并不是一个单位分解[1]——该方法失效。

我们将很快发现，由于没有一个单位分解属于该算子，所以该方法失效是理所当然的。

在结束这些入门的讨论之前，我们将给出以符号

---

〔1〕$M^{-1}Mf(q) = f(q)$ 的确成立（当 $q < 0$ 时，定义 $f(q) = 0$，并且通过对前述定理的应用就足够了），但是 $MM^{-1}F(p) = F(p)$ 不一定恒成立。因为一般来说，$\|M^{-1}F\| < \|F\|$，因此 $\|MM^{-1}F\| < \|F\|$。所以 $M^{-1}M = 1$，$MM^{-1} \neq 1$，即 M^{-1} 不是 M 真正的逆（而且也不可能存在另外一个逆，因为如果存在的话，那么由于 $M^{-1}M = 1$，则其必然仍将与 M^{-1} 相等）。因此，例如：对于 $E'(\lambda) = ME(\lambda)M^{-1}$，结论 $E'^2(\lambda) = E'(\lambda)$ 依然成立（因为只涉及 $M^{-1}M$），但当 $\lambda \to \infty$ 时，$E'(\lambda) \to MM^{-1} \neq 1$。

$$A=\int_{-\infty}^{\infty}\lambda \mathrm{d}E(\lambda)$$

表示的几条正式的算子运算规则。

首先，设 F 为与所有 $E(\lambda)$ 可对易的投影算子，则对所有的 $\lambda'<\lambda''$，有

$$\|E(\lambda'')Ff-E(\lambda')Ff\|^2=\|E(\lambda'')-E(\lambda')Ff\|^2$$
$$=\|F\big(E(\lambda'')-E(\lambda')\big)f\|^2$$
$$\leqslant\|\big(E(\lambda'')-E(\lambda')\big)f\|^2$$

因此，由于 $E(\lambda'')$，$E(\lambda')$，$E(\lambda'')-E(\lambda')$ 以及 $E(\lambda'')F$，$E(\lambda')F$，$E(\lambda'')F-E(\lambda')F=[E(\lambda'')-E(\lambda')]F$ 均为投影算子，所以有

$$\|E(\lambda'')Ff\|^2-\|E(\lambda')Ff\|^2\leqslant\|E(\lambda'')f\|^2-\|E(\lambda')f\|^2$$

因此

$$\int_{-\infty}^{\infty}\lambda^2\mathrm{d}\|E(\lambda)f\|^2\geqslant\int_{-\infty}^{\infty}\lambda^2\mathrm{d}\|E(\lambda)Ff\|^2$$

于是，由 $\overline{\mathbf{S}_3}$ 可知，如果 Af 有意义，那么 AFf 也有意义。进而[1]

$$AF=\int_{-\infty}^{\infty}\lambda\mathrm{d}\big[E(\lambda)F\big]=\int_{-\infty}^{\infty}\lambda\mathrm{d}\big[FE(\lambda)\big]=FA$$

即 A 和 F 之间也是可对易的。尤其是，（根据 $\overline{\mathbf{S}_3}$）我们可以为 F 取任意投影算子 $E(\lambda)$。于是有

$$AE(\lambda)=\int_{-\infty}^{\infty}\lambda'\mathrm{d}\big[E(\lambda')E(\lambda)\big]=\int_{-\infty}^{\infty}\lambda'\mathrm{d}\left\{E\big[\min(\lambda,\ \lambda')\big]\right\}$$
$$=\int_{-\infty}^{\lambda}+\int_{x}^{\infty}=\int_{-\infty}^{\lambda}\lambda'\mathrm{d}(\lambda')+\int_{\lambda}^{\infty}\lambda'\mathrm{d}E(\lambda)$$

---

〔1〕实际上，这必须借助严格的方程 $(Af,\ g)=\int\lambda\mathrm{d}\big[E(\lambda)f,\ g\big]$ 来予以证明，而不是通过符号来进行证明。具体推导计算如下

$$(AFf,\ g)=\int\lambda\mathrm{d}\big[E(\lambda)Ff,\ g\big]=\int\lambda\mathrm{d}\big[FE(\lambda)f,\ g\big]$$
$$=\int\lambda\mathrm{d}\big[E(\lambda)f,\ Fg\big]=(Af,\ Fg)=(FAf,\ g)$$

由此可得出 $AF\equiv FA$。

及 $\int_{\lambda}^{\infty}=0$，（由于第二个积分微分号后的函数是常数），我们有

$$AE(\lambda)=E(\lambda)A=\int_{-\infty}^{\lambda}\lambda'\mathrm{d}E(\lambda')$$

此外，由上述关系可得出〔1〕

$$A^2=\int_{-\infty}^{\infty}\lambda\mathrm{d}\left[E(\lambda)A\right]=\int_{-\infty}^{\infty}\lambda\mathrm{d}\left[\int_{-\infty}^{\lambda}\lambda'\mathrm{d}E(\lambda')\right]$$

$$=\int_{-\infty}^{\infty}\lambda^2\mathrm{d}E(\lambda)$$

一般来说，以下关系成立

$$A^n=\int_{-\infty}^{\infty}\lambda^n\mathrm{d}E(\lambda)$$

这可以用从 $n-1$ 到 n 的归纳法证明

$$A^n=A^{n-1}A=\int_{-\infty}^{\infty}\lambda^{n-1}\mathrm{d}\left[E(\lambda)A\right]=\int_{-\infty}^{\infty}\lambda^{n-1}\mathrm{d}\left[\int_{-\infty}^{\lambda}\lambda'\mathrm{d}E(\lambda')\right]$$

$$=\int_{-\infty}^{+\infty}\lambda^{n-1}\cdot\lambda\mathrm{d}E(\lambda)=\int_{-\infty}^{+\infty}\lambda^n\mathrm{d}E(\lambda)$$

然后，若 $p(x)=a_0+a_1x+\cdots+a_nx^n$ 是任意多项式，则我们有

$$p(A)=\int_{-\infty}^{+\infty}p(\lambda)\mathrm{d}E(r)$$

［当然，我们所说的 $p(A)$ 是指 $p(A)=a_0 1+a_1A+\cdots+a_nA^n$，并且由 $\overline{\mathbf{S}_1}$ 可知

$\int_{-\infty}^{+\infty}\mathrm{d}E(\lambda)=1$］。

此外，还有以下结论成立：若 $r(\lambda)$，$s(\lambda)$ 为两个任意函数，并且倘若我们通过定义 B 和 C 这两个算子〔2〕

---

〔1〕第三个等号由下列方程得出

$$\int f(\lambda)\mathrm{d}\left(\int^{\lambda}g(\lambda')\mathrm{d}h(\lambda')\right)=\int f(\lambda)g(\lambda)\mathrm{d}h(\lambda)$$

本方程通常适用于斯蒂尔切斯积分。由于 d 和 λ 之间的关系互逆，该方程已经表示得十分清晰，无须对其进行进一步的探讨。

〔2〕即 $(Bf,g)=\int_{-\infty}^{\infty}r(\lambda)\mathrm{d}\left[E(\lambda)f,g\right]$，$(Cf,g)=\int_{-\infty}^{\infty}s(\lambda)\mathrm{d}\left[E(\lambda)f,g\right]$。

$$B=\int_{-\infty}^{+\infty} r(\lambda)\,\mathrm{d}E(\lambda),\quad C=\int_{-\infty}^{+\infty} s(\lambda)\,\mathrm{d}E(\lambda)$$

则可以得到

$$BC=\int_{-\infty}^{+\infty} r(\lambda)s(\lambda)\,\mathrm{d}E(\lambda)$$

这一结论的证明参照特殊情况 $B=C=A$ 来进行

$$BE(\lambda)=\int_{-\infty}^{+\infty} r(\lambda')\,\mathrm{d}\left[E(\lambda')E(\lambda)\right]=\int_{-\infty}^{+\infty} r(\lambda')\,\mathrm{d}\left\{E\left[\min(\lambda,\ \lambda')\right]\right\}$$

$$=\int_{-\infty}^{\lambda} r(\lambda')\,\mathrm{d}E(\lambda')+\int_{\lambda}^{+\infty} r(\lambda')\,\mathrm{d}E(\lambda)$$

$$=\int_{-\infty}^{\lambda} r(\lambda')\,\mathrm{d}E(\lambda')$$

$$CB=\int_{-\infty}^{+\infty} s(\lambda)\,\mathrm{d}\left[BE(\lambda)\right]=\int_{-\infty}^{+\infty} s(\lambda)\,\mathrm{d}\left[\int_{-\infty}^{\lambda} r(\lambda')\,\mathrm{d}E(\lambda')\right]$$

$$=\int_{-\infty}^{+\infty} s(\lambda)\cdot r(\lambda)\,\mathrm{d}E(\lambda)$$

$$=\int_{-\infty}^{+\infty} s(\lambda)\,r(\lambda)\,\mathrm{d}E(\lambda)$$

以下关系式的成立很容易验证

$$B^{*}=\int_{-\infty}^{+\infty} \overline{r(\lambda)}\,\mathrm{d}E(\lambda)$$

$$aB=\int_{-\infty}^{+\infty} ar(\lambda)\,\mathrm{d}E(\lambda)$$

$$B\pm C=\int_{-\infty}^{+\infty}\left[r(\lambda)\pm s(\lambda)\right]\mathrm{d}E(\lambda)$$

于是，对于函数 $r(\lambda)$ 而言，写出 $B=r(A)$ 就不再有任何形式上的困难[1]。特别值得注意的是（不连续！）函数

$$e_{\lambda}(\lambda')=\begin{cases}1, & 当\ \lambda'\leqslant\lambda\\ 0, & 当\ \lambda'>\lambda\end{cases}$$

〔1〕该函数概念的精确基础由作者在 *Annals of Math* 一书中给出。里斯是第一个通过多项式的极限过程来定义一般算子函数的人。

对于上述这些函数的成立（由$\overline{S_1}$）我们可得

$$e_\lambda(A)=\int_{-\infty}^{+\infty}e_\lambda(\lambda')\,dE(\lambda)=\int_{-\infty}^{\lambda}dE(\lambda')=E(\lambda)$$

[在本节之初，我们探讨了算子 $A=q_j$，其 $E(\lambda)$ 在 $q\leqslant\lambda$ 时或 $q>\lambda$ 时，会分别乘以 1 或 0，即与 $e_\lambda(q)$ 相乘。因此，$e_\lambda(q_j)=e_\lambda(q_j)$。这个例子非常适合直观地显示上述概念。]

2.9 求解方案的存在性与唯一性的补充

在上一节中，我们只对单位分解 $E(\lambda)$ 属于给定埃尔米特算子 A 的本征值问题进行了一些定性的描述，并着重讨论了一些特殊情况。针对上述问题的系统研究仍有待进一步深入。对其进行完整的数学处理已经超出了本书研究的范围。我们仅限于对少数几个结论进行证明，剩下的其他内容则不予以考虑，特别是那些对理解量子力学并非绝对必要的情况[1]。

根据定理 18 所述，线性算子的连续性可表示为

Co $\|Af\| \leqslant C \cdot \|f\|$ （C 任意，但固定）

根据定理 18，条件 **Co** 有几种等价形式

Co$_1$ $|(Af, g)| \leqslant C \cdot \|f\| \|g\|$

Co$_2$ $|(Af, f)| \leqslant C \cdot \|f\|^2\|$

（但后面两式仅适用于埃尔米特算子 A。）

与连续性相等价的条件 **Co**$_1$ 是希尔伯特的有界性概念。希尔伯特制定并解决了有界（即连续）埃尔米特算子的本征值问题。在讨论该问题之前，我们必须先引入一个新的概念。

若埃尔米特算子 A 具备以下属性，则可称之为“闭算子”：假定 f_1，f_2，…为一组点序列，所有 Af_n 均有定义，且 $f_n \to f_1$，$Af_n \to f^*$，那么 Af 也有定义，

[1] 作者提出了无界埃尔米特算子理论，（除了针对有界算子的希尔伯特理论之外）下文将予以参考马歇尔·斯通（Marshall Stone）—— 独立得出了与之相类似的结果。

并且等于 f^*。需要注意的是，我们还可以通过与上述定义密切相关的方式来定义连续性：若所有 Af_n，Af 均有定义，当 $f_n \to f$ 时，则 $Af_n \to Af$。两个定义之间的区别在于：封闭性要求 Af_n 存在极限 f^*，且仅在满足 $Af_n \to Af$ 的条件下 $f^* = Af$；而连续性仅要求 $Af_n \to f^*$（即存在 f^*）。

我们来举几个例子：同样，我们把 $\mathfrak{R}_\infty$ 记为包含所有 $f(q)$ 的空间，具有有限积分

$$\int_{-\infty}^{+\infty} |f(q)|^2 \mathrm{d}q \ (-\infty < q < \infty)$$

A 为算子 $q\cdots$，对所有有限积分

$$\int_{-\infty}^{+\infty} |f(q)|^2 \mathrm{d}q \text{ 与 } \int_{-\infty}^{+\infty} q^2 |f(q)|^2 \mathrm{d}q$$

的 $f(q)$ 均有定义。A' 为算子 $\frac{h}{2\pi i}\frac{\partial}{\partial q}$，其对所有处处可微且对

$$\int_{-\infty}^{+\infty} |f(q)|^2 \mathrm{d}q \text{ 与 } \int_{-\infty}^{+\infty} \left| \frac{h}{2\pi i} f'(q) \right|^2$$

都有限的函数均有定义。正如我们所知，二者均为埃尔米特算子。A 是封闭的，证明过程如下：设 $f_n \to f$，$Af_n \to f^*$，即

$$\int_{-\infty}^{+\infty} |f_n(q) - f(q)|^2 \mathrm{d}q \to 0, \quad \int_{-\infty}^{+\infty} |qf_n(q) - f^*(q)|^2 \mathrm{d}q \to 0$$

根据我们在 2.3 节中的讨论，在证明 **D** 时曾提及序列 f_1，f_2，…有子序列 f_{n_1}，f_{n_2}，…，除了在测度为零的 q 集以外，该序列处处收敛：$f_{n_\nu}(q) \to g(q)$。因此

$$\int_{-\infty}^{+\infty} |g(q) - f(q)|^2 \mathrm{d}q = 0, \quad \int_{-\infty}^{+\infty} |qg(q) - f^*(q)|^2 \mathrm{d}q = 0$$

即除了在测度为 0 的集合以外，恒有 $g(q) = f(q)$，并且也有 $qg(q) = f^*(q)$，因此 $qf(q) = f^*(q)$，即 $f^*(q)$ 与 $qf(q)$ 在本质上没有区别。但是由于假设 $f^*(q)$ 属于 $\mathfrak{R}_\infty$，所以 $qf(q)$ 也属于 $\mathfrak{R}_\infty$。因此，$Af(q)$ 有定义，并且 $Af(q) = qf(q) = f^*(q)$。

另一方面，A' 不是封闭的：令

$$f_n(q)=\mathrm{e}^{-\sqrt{q^2+\frac{1}{n}}},\quad f(q)=\mathrm{e}^{-|q|}$$

显然，所有 Af_n 都有定义，但 Af 却没有定义（f 在 $q=0$ 处没有导数）。尽管如此，若我们设

$$f^*(q)=-\mathrm{sgn}(q)\,\mathrm{e}^{-|q|},\quad \mathrm{sgn}(q)=\begin{cases}-1, & 对\ q<0\\ 0, & 对\ q=0\\ +1, & 对\ q>0\end{cases}$$

则可以很容易地计算出 $f_n\to f$，$Af_n\to f^*$。

现在我们来证明一下：与连续性相比，埃尔米特算子的封闭性是一种较为容易实现的属性。封闭性是通过扩张过程完成的，即我们令在 $\mathfrak{R}_\infty$ 中有定义的所有点的算子都保持不变外，还需对以前没进行定义的点补充定义。

实际上，设 A 为任意一个埃尔米特算子。我们对算子 $\tilde{A}$ 的定义如下：对于序列 f_1，f_2，…，若 Af_n 有定义，f 是 f_n 的极限，并且 Af_n 也有极限 f^*，那么我们可以定义 $\tilde{A}f=f^*$。该定义只在极限唯一的情况下适用，即当 $f_n\to f$，$g_n\to f$，$Af_n\to f^*$，$Ag_n\to g^*$ 时，可推出 $f^*=g^*$。事实上，如果对 Ag 进行定义，则有

$$(f^*,\ g)=\lim(Af_n,\ g)=\lim(f_n,\ Ag)=(f,\ Ag)$$

$$(g^*,\ g)=\lim(Ag_n,\ g)=\lim(g_n,\ Ag)=(f,\ Ag)$$

因此可得 $(f^*,\ g)=(g^*,\ g)$。但这些 g 是处处稠密的，所以 $f^*=g^*$。因此，我们正确地定义了 $\tilde{A}$。$\tilde{A}$ 是 A 的一个扩张，即只要 Af 有定义，那么 $\tilde{A}f$ 也有定义，并且有 $\tilde{A}f=Af$。设所有 $f_n=f$，且 $f^*=Af$ 便足够了。由于 A 是线性的埃尔米特算子的证明如下，所以（根据连续性可知）$\tilde{A}$ 同样是线性埃尔米特算子。最后，$\tilde{A}$ 是闭算子的证明如下：设所有 $\tilde{A}f_n$ 均有定义，$f_n\to f$，$\tilde{A}f_n\to f^*$。于是存在序列 $f_{n,1}$，$f_{n,2}$，…及有定义的 $Af_{n,m}$，使得 $f_{n,m}\to f_n$，$Af_{n,m}\to f_n^*$，并且 $\tilde{A}f_n=f_n^*$。对于每个这样的 n 都存在一个 N_n，使得对于所有 $m\geqslant N_n$，有

$$\|f_{n,m}-f_n\|\leqslant\frac{1}{n},\quad \|Af_{n,m}-f_n^*\|\leqslant\frac{1}{n}$$

成立。因此可得 $f_{n,N_n}-f_n\to 0$，$Af_{n,N_n}-\tilde{A}f_n\to 0$，从而可得 $Af_{n,N_n}-f\to 0$，

$Af_{n,N_n}-f^*\to 0$。由此，根据定义可知$\tilde{A}f=f^*$。

（注意：一个不连续的算子，永远不能通过扩张变成连续算子。）

若算子 B 扩张为算子 A，即如果定义了 Af，那么也同时已定义了 Bf，并且 $Bf=Af$，那么我们可将其记作 $B\succ A$ 或 $A\prec B$。我们刚刚证明了 $A\prec\tilde{A}$，且 $\tilde{A}$ 为闭埃尔米特算子。所以我们显然无须进一步讨论便可知：对于每个具有闭包性的 B 而言，若 $A\prec B$ 成立，则 $\tilde{A}\prec B$ 也必定成立。因此，$\tilde{A}$ 是 A 的最小闭扩张（因此 $\tilde{\tilde{A}}=\tilde{A}$）。

A 与 $\tilde{A}$ 之间的密切关系就表明，在以后的研究中，我们可以用 $\tilde{A}$ 来替换 A，因为 $\tilde{A}$ 以符合逻辑的方式扩张了 A 的定义域，或者从相反的视角来看，A 以一种不必要的方式限制了 $\tilde{A}$ 的定义域。如果用 $\tilde{A}$ 替换掉 A，那么将可以假设我们必须处理的所有埃尔米特算子都是闭算子。

下面让我们再考虑一下连续的埃尔米特算子 A。在这种情况下，A 的闭包等价于其定义域的闭包。现在连续性特征的条件$\|Af\|\leqslant C\cdot\|f\|$显然也适用于 $\tilde{A}$。因此，$\tilde{A}$ 也是连续的——因为 $\tilde{A}$ 的定义域是封闭的，而且还是处处稠密的，所以其定义域等于 $\mathfrak{R}_\infty$。也就是说，$\tilde{A}$ 处处有定义，借此可知每个封闭的连续算子也是如此。反之亦然：若一个闭算子处处有定义，那么它必然是连续的（这就是特普利茨定理，我们不在这里进行相关证明）。

希尔伯特的结果如下：对于每个连续算子，有且仅有一个对应的单位分解。由于连续算子总是有定义的，而且

$$\int\lambda^2\mathrm{d}\|E(\lambda)f\|^2$$

必须始终是有限的；又因为其与$\|Af\|^2$相等，因此，根据 **Co** 可知，该积分$\leqslant C^2\|f\|^2$，从而我们可得

$$0\geqslant\|Af\|^2-C^2\|f\|^2=\int_{-\infty}^{\infty}\lambda^2\mathrm{d}\|E(\lambda)f\|^2-C^2\int_{-\infty}^{\infty}\mathrm{d}\|E(\lambda)f\|^2$$

$$=\int_{-\infty}^{\infty}(\lambda^2-C^2)\,\mathrm{d}\|E(\lambda)f\|^2$$

我们现设$f=E(-C-\varepsilon)g$，那么则有$E(\lambda)f=E\left[\min(\lambda, -C-\varepsilon)\right]g$，因此，当$\lambda \geqslant -C-\varepsilon$时，其为常数，所以我们只需考虑$\int_{-\infty}^{-C-\varepsilon}$即可。在这种情况下，$E(\lambda)f=E(\lambda)g$，并且

$$\lambda^2-C^2 \geqslant (C+\varepsilon)^2-C^2>2C\varepsilon$$

从而可知

$$0 \geqslant 2C\varepsilon\int_{-\infty}^{-C-\varepsilon}\mathrm{d}\|E(\lambda)g\|^2=2C\varepsilon\|E(-C-\varepsilon)g\|^2$$

$$\|E(-C-\varepsilon)g\|^2 \leqslant 0, \quad E(-C-\varepsilon)g=0$$

同理，对$f=g-E(C+\varepsilon)g$，我们可以证得

$$g-E(C+\varepsilon)g=0$$

因此，对于所有$\varepsilon>0$，有$E(-C-\varepsilon)g=0$，$E(C+\varepsilon)=1$，即当$\lambda>-C$时，$E(\lambda)=0$，且当$\lambda>C$时，$E(\lambda)=1$（根据$\overline{\mathbf{S}_2}$，后者也适用于$\lambda=C$）。也就是说，$E(\lambda)$仅在$-C \leqslant \lambda \leqslant C$的范围内是可变的。

反之，我们可以得到A的连续性，因为

$$\|Af\|^2=\int_{-\infty}^{\infty}\lambda^2\mathrm{d}\|E(\lambda)f\|^2=\int_{-C}^{C}\lambda^2\mathrm{d}\|E(\lambda)f\|^2 \leqslant C^2\int_{-C}^{C}\mathrm{d}\|Ef\|^2$$

$$=C^2\int_{-\infty}^{\infty}\mathrm{d}\|E(\lambda)f\|^2=C^2\|f\|^2$$

由此得知

$$\|Af\| \leqslant C\|f\|$$

由此可见，只有在λ的有限区间内，连续算子A才可完全被可变单位分解所穷尽。那么其他不连续的埃尔米特算子的情况又如何呢？现在仍存在可在任意大的λ区间内自由变化的单位分解，它们是否穷尽了上述的埃尔米特算子呢？

首先我们必须考虑到这些算子不能处处有定义的情况，并对这些情况进行正确的评估。

埃尔米特算子很可能并未定义在希尔伯特空间中的某些点上，而这些点

实际上是可以被定义的。例如，我们的算子 $A'=\frac{h}{2\pi i}\frac{\partial}{\partial q}$ 对于 $f(q)=e^{-|q|}$ 是无定义的，我们还可以将 $\frac{h}{2\pi i}\frac{\partial}{\partial q}$（在 $-\infty<q<+\infty$，q 为实数）[1] 限制为解析函数，等等。

由于我们要求其定义域为处处稠密，因此会保护其定义域，避免其任意缩小。此外，我们的研究范围仅限于闭算子。尽管如此，我们的研究仍不够有效。以在区间 $0\leqslant q\leqslant 1$ 中的算子 $A'=\frac{h}{2\pi i}\frac{\partial}{\partial q}$ 为例，设 $f(q)$ 为处处可微，且 $\int_0^1|f(q)|^2\,dq$，$\int_0^1|f'(q)|^2\,dq$ 有限。为了使 A' 成为埃尔米特算子，必须对其施加边界条件 $f(0):f(1)=e^{-i\alpha}(0\leqslant\alpha<2\pi)$；令这些 $f(q)$ 的集合为 $\mathfrak{A}_\alpha$，那么 A' 本身将因此受限，成为 A'_α。此外，让我们考虑一下边界条件 $f(1)=f(0)=0$。我们将 $f(q)$ 的集合记为 $\mathfrak{A}^0$，将相应受限的 A' 记为 A'^0。那么所有的 $\tilde{A}'_\alpha$ 均此，同样也是埃尔米特算子，其定义域为处处稠密[2]。也因此，

---

[1] 甚至在区间 $-\infty<q<+\infty$ 中的解析函数 $f(q)$（$\int_{-\infty}^{\infty}|f(q)|^2\,dq$，$\int_{-\infty}^{\infty}|f'(q)|^2\,dq$，… 有限）在 $\mathfrak{R}_\infty$ 中处处稠密。实际上，根据 2.3 节中所述 **D** 的内容可知

$$f_{a,b}(q)=\begin{cases}1, & \text{当 } a<q<b \text{ 时}\\ 0, & \text{其他}\end{cases}$$

的线性组合为处处稠密。因此，通过 $f(q)$ 上述任意地近似地表达就足够了。实际这样的例子，比如

$$f_{a,b}^{(\varepsilon)}(q)=\frac{1}{2}-\frac{1}{2}\tanh\left[\frac{(x-a)(x-b)}{\varepsilon}\right]=\frac{1}{e^{2\frac{(x-a)(x-b)}{\varepsilon}}+1}$$

就是所需的类型，并且对于 $\varepsilon\to+0$ 收敛至 $f_{a,b}(q)$。

[2] 用 $\mathfrak{A}^0$ 中的函数再次取 $f_{a,b}(q)$，$0\leqslant a<b\leqslant 1$ 的近似就足够了。例如，函数

$$f_{a,b}^{(\varepsilon)}(q)=\frac{1}{2}-\frac{1}{2}\tanh\left[\frac{1}{\varepsilon}\frac{(x-a-\varepsilon)(x-b+\varepsilon)}{x(1-x)}\right]$$

当 $\varepsilon\to+0$ 时，可以用于此目的。

闭的 $\tilde{A}'_{\alpha}$ 也是 $\tilde{A}'_{\alpha}$ 的扩张。所有 $\tilde{A}'_{\alpha}$ 彼此都不相同，并且形成了 $\tilde{A}'^{0}$ 。幺正运算 $f(q)\to e^{i\beta q}f(q)$ 显然已明确地把 A' 变换为 $A'+\frac{h\beta}{2\pi}1$，并且把 $\mathfrak{A}_{\alpha}$ 变换为 $\mathfrak{A}_{\alpha+\beta}$，而 $\mathfrak{A}^{0}$ 仍为 $\mathfrak{A}^{0}$。因此，A'_{α} 变换为 $A'_{\alpha-\beta}+\frac{h\beta}{2\pi}1$，$A'^{0}$ 变换为 $A'^{0}+\frac{h\beta}{2\pi}1$。所以 $\tilde{A}'_{\alpha}$ 变换为 $\tilde{A}'_{\alpha+\beta}+\frac{h\beta}{2\pi}1$，$\tilde{A}'^{0}$ 变换为 $\tilde{A}'^{0}+\frac{h\beta}{2\pi}1$。因此，由 $\tilde{A}'_{\alpha}=\tilde{A}'^{0}$ 可知 $\tilde{A}'_{\alpha-\beta}=\tilde{A}'^{0}$，即所有的 $\tilde{A}'_{\gamma}$ 均彼此相等。因此，只要证明当 $\alpha\neq\gamma$ 时，$\tilde{A}'_{\alpha}\neq\tilde{A}'_{\gamma}$ 便足够了。而且若 A'_{α} 与 A'_{γ} 不具有共同的埃尔米特算子扩张，那么肯定就是这种情况，即 A' 不是 $\mathfrak{A}_{\alpha}$ 与 $\mathfrak{A}_{\gamma}$ 的并集中的埃尔米特算子。由于 $e^{i\alpha q}$ 属于 $\mathfrak{A}_{\alpha}$，$e^{i\gamma q}$ 属于 $\mathfrak{A}_{\gamma}$，并且

$$(A'e^{i\alpha q},\ e^{i\gamma q})-(e^{i\alpha q},\ A'e^{i\gamma q})=i\alpha\int_0^1 e^{i(\alpha-\gamma)q}dq-i\gamma\int_0^1 e^{i(\alpha-\gamma)q}dq$$

$$=\int_0^1 e^{i(\alpha-\gamma)q_i}(\alpha-\gamma)\,dq=e^{i(\alpha-\gamma)}-1\neq 0$$

而情况确实如此。因此，闭埃尔米特算子 $\tilde{A}'^{0}$ 被定义在一个极其受限的值域之中，因为它存在适当的闭埃尔米特扩张（即与 $\tilde{A}'^{0}$ 不同）；并且因为有这个扩张过程，$\tilde{A}'_{\alpha}$ 可以是无限多值的，因为每一个 $\tilde{A}'_{\alpha}$ 都可以使用，且每个 $\tilde{A}'_{\alpha}$ 都会产生本征值问题的另一个解［其恒为一个纯离散谱，但这取决于 $\alpha:h\left(\frac{\alpha}{2\pi}+k\right)$，$k=0,\ \pm1,\ \pm2,\ \cdots$］。另一方面，对于算子 $\tilde{A}'^{0}$ 本身，我们通常不期望本征值问题有合适的解。在本节的阐释过程中，我们将对属于一个单位分解的埃尔米特算子（即有可解的本征值问题）不具有真扩张的情况进行说明。不具有真扩张的算子，已经通过合理方式（即不违背埃尔米特性质的方式）在所有可以定义的点上定义过了。我们称之为“极大算子”。综上所述，则单位分解只能属于极大算子。

此外，以下定理成立：每个埃尔米特算子都可以扩张为极大埃尔米特算子（实际上，非极大闭算子总可以通过无限多种不同的方式进行扩张。也就是说，扩

张的唯一步骤是闭包 $A \to \tilde{A}$）。针对我们所预期的问题，其最一般有效的解是：有且仅有一个单位分解属于每个极大埃尔米特算子（每个连续的闭算子在 $\mathfrak{R}_\infty$ 处处有定义，因此是极大算子）。

因此，我们有必要对上述问题作出回答：一个单位分解属于一个极大埃尔米特算子吗？有可能出现几个单位分解同属于一个算子的情况吗？

让我们先来宣布答案：对于一个给定的极大埃尔米特算子而言，属于它的单位分解，要么没有，要么恰好有一个。前一种情况确有发生，即存在唯一的本征值问题，但在一定条件下本征值问题不可解。而后一种情况，从某种意义上来讲，应该被视为一个例外。下面将对导致该结果的方法作粗略的描述。

若我们考虑矩阵 $\boldsymbol{A}$ 的有理函数 $f(\lambda)$（具有无限维，并且能够通过幺正变换转换为对角形式），那么本征向量将被保留，并且本征值 λ_1，…，λ_n 将变为 $f(\lambda_1)$，…，$f(\lambda_n)$[1]。如果现在 $f(\lambda)$ 将实轴（在复平面上）映射到单位圆的圆周上，那么具有实离散本征值的矩阵将变成绝对值为 1 的本征值矩阵[2]，即埃尔米特矩阵变成酉矩阵。例如 $f(\lambda)=\dfrac{\lambda-\mathrm{i}}{\lambda+\mathrm{i}}$ 具有这一属性，其对应的变换如下

---

〔1〕由于函数 $f(\lambda)$ 可以用多项式来近似，所以我们只需要考虑多项式的分量，即简单的乘幂 $f(\lambda)=\lambda^s$（$s=0, 1, 2, \cdots$）就足够了。由于幺正变换在这里无关紧要，我们可以假定 A 为对角矩阵；因为对角元素就是本征值，所以它们分别为 λ_1，λ_2，…，λ_n。然后，我们只需证明 A^s 也是对角矩阵，且其对角元素为 λ_1^s，λ_2^s，…，λ_n^s 即可。而这是显然可证的。

〔2〕这些属性分别是埃尔米特特征或幺正矩阵特征，我们只需验证其为对角矩阵即可。对于具有元素 λ_1，…，λ_n 的对角矩阵 A 而言，其转置共轭矩阵为具有元素 $\overline{\lambda_1}$，…，$\overline{\lambda_n}$ 的对角矩阵 A^*。因此，$A=A^*$ 就意味着 $\lambda_1=\overline{\lambda_1}$，…，$\lambda_n=\overline{\lambda_n}$，即 λ_1，…，λ_n 为实数；并且 $A\,A^*=A^*A=1$ 就意味着 $\lambda_1\overline{\lambda_1}=1$，…，$\lambda_n\overline{\lambda_n}=1$，即 $|\lambda_1|=\cdots=|\lambda_n|=1$。

$$U=\frac{A-\mathrm{i}1}{A+\mathrm{i}1},\quad A=-\mathrm{i}\frac{U+1}{U-1}$$

这一变换被称为“凯利变换”（Cayley transformation）。我们现在将讨论该变换对 $\mathfrak{R}_\infty$ 中埃尔米特算子的影响，即我们将定义一个算子 U：当且仅当 $f=(A+\mathrm{i}1)\varphi=A\varphi+\mathrm{i}\varphi$ 时，Uf 有定义，且 $Uf=(A-\mathrm{i}1)\varphi=A\varphi-\mathrm{i}\varphi$。我们希望该定义将为所有 f 产生一个单值 Uf，并且 U 为幺正算子。现在在 $\mathfrak{R}_n$ 中证明上述结论自然已经是无关紧要了，由于假定了由矩形到对角形式的可变换性，即本征值问题的可解性，实际上是一个纯离散谱的可解性。但如果有关 U 的结论被证实是正确的，那么我们可以通过以下方式解决 A 的本征值问题。

关于 U 的本征值问题可以通过以下形式求解：存在满足以下条件的唯一投影算子族 $E(\sigma)$（$0\leqslant\sigma\leqslant1$）

$\overline{\overline{\mathbf{S}}}_1$ $E(0)=0$，$E(1)=1$，并且当 $\sigma\to\sigma_0$，$\sigma\geqslant\sigma_0$ 时，$E(\sigma)f\to E(\sigma_0)f$

$\overline{\overline{\mathbf{S}}}_2$ 由 $\sigma'\leqslant\sigma''$ 可以得出 $E(\sigma')\leqslant E(\sigma'')$

$\overline{\overline{\mathbf{S}}}_3$ 以下关系恒成立

$$(Uf,\ g)=\int_0^1 \mathrm{e}^{2\pi\mathrm{i}\sigma}\mathrm{d}\left[E(\sigma)f,\ g\right]$$

（Uf 为处处有定义，右边积分恒为绝对收敛。）[1]

上述结论可以通过希尔伯特理论的方法在其框架中得以证明。幺正算子

---

[1] 有界函数 $f(\sigma)$ 的所有积分

$$\int_0^1 f(\sigma)\mathrm{d}\left[E(\sigma)f,\ g\right]$$

的绝对收敛性证明如下所示。因为用 $\mathrm{i}f$，g 替换了其中的 f，g，会将其变为 $\mathrm{Im}\left[E(\sigma)f,\ g\right]$ 所以只观察 $\mathrm{Im}\left[E(\sigma)f,\ g\right]$ 便足够了。因为

$$\mathrm{Re}\left[E(\sigma)f,\ g\right]=\left[E(\sigma)\frac{f+g}{2},\ \frac{f+g}{2}\right]-\left[E(\sigma)\frac{f-g}{2},\ \frac{f-g}{2}\right]$$

所以仅需要研究 $\left[E(\sigma)f,\ g\right]$ 即可。在

$$\int_0^1 f(\sigma)\mathrm{d}\left[E(\sigma)f,\ g\right]$$

中被积函数是有界的，微分符号后的 σ 函数是单调的，因此该命题得以证实。

U恒为连续的这一事实使得证明成为了可能。对于埃尔米特算子，我们会想到与之相类似的$\overline{\mathbf{S}_1} \sim \overline{\mathbf{S}_3}$。它们之间的唯一区别在于：这里的复被积函数 $e^{2\pi i\sigma}$ 是围绕单位圆的圆周（即便在 $\mathfrak{R}_n$ 中，埃尔米特 - 幺正关系与实轴 - 单位圆关系之间也存在着深刻的可比性）来取的，而不是实数被积函数 $\lambda(-\infty<\lambda<+\infty)$。而且在 $\overline{\mathbf{S}_3}$ 中对算子域的描述在这里是多余的，因为幺正算子是处处有定义的。

由于$\overline{\overline{\mathbf{S}_1}}$，当 $\sigma \geqslant 0$ 时，$E(\sigma)f \to E(0)f=0$（因为根据其本性有 $\sigma \geqslant 0$）；而当 $\sigma \to 1$（因为 $\sigma \leqslant 1$）时，无须要求 $E(\sigma)f \to E(1)f=f$。如果实际情况并非如此，则 $E(\sigma)$ 在 $\sigma=1$ 处是不连续的。但是由于存在投影 E'，所以当 $\sigma \to 1$，$\sigma<1$ 时，$E(\sigma)f \to E'f$（见 2.4 节中的定理 17），这就意味着 $E' \neq E(1)=1$，即 $E'f=0$ 也有 $f \neq 0$ 的解。因为求 $E(\sigma) \leqslant E'$，所以从 $E'f=0$ 可以得出，对于所有 $\sigma<1$，均有 $E(\sigma)f=0$。相反，根据 E' 的定义，前者也是后者的结果。如果所有 $E(\sigma)f=0$（$\sigma<1$），那么正如我们在 2.8 节开始处所见，对于所有 g 有 $(Uf, g)=(f, g)$，因此 $Uf=f$。反之，若 $Uf=f$，则

$$\int_0^1 e^{2\pi i\sigma} d[E(\sigma)f, f]=(Uf, f)=(f, f)$$

$$\int_0^1 e^{2\pi i\sigma} d[E(\sigma)f, f]=(f, f), \quad \int_0^1 [1-\cos(2\pi\sigma)] d[E(\sigma)f, f]=0$$

$$\int_0^1 [1-\cos(2\pi\sigma)] d\left(\|E(\sigma)f\|^2\right)=0$$

由此，我们得到与 2.8 节开头完全相同的结果：对于所有 $\sigma<1$（及 $\sigma>0$，但这对于 $\sigma=0$ 也同样成立），均有 $E(\sigma)f=0$。因此，对于 $\sigma=1$，$E(\sigma)$ 的不连续性意味着 $Uf=f$ 在 $f \neq 0$ 的情况下可解。

通过使用凯利变换 U，我们现有 $\varphi=Af+if$，$U\varphi=Af-if$，并且由 $U\varphi=\varphi$，可以得出 $f=0$，$\varphi=0$。这里 $E(\sigma)f \to f$ 也必须对 $\sigma \to 1$ 成立。因此，通过映射有

$$\lambda=-i\frac{e^{2\pi i\sigma}+1}{e^{2\pi i\sigma}-1}=-\cot\pi\sigma, \quad \sigma=-\frac{1}{\pi}\cot^{-1}\lambda$$

（它们把区间 $0<\sigma<1$ 和区间 $-\infty<\lambda<+\infty$ 作一一单调相互映射），在$\overline{\mathbf{S}_1} \sim \overline{\mathbf{S}_2}$ 的

意义上，我们可由 $E(\sigma)$ 生成 $E(\lambda)$ 的一个单位分解

$$\mathbf{C}\quad F(\lambda)=E\left(-\frac{1}{\pi}\cot^{-1}\lambda\right),\quad E=F(-\cot\pi\sigma)$$

下面我们将证明，当且仅当 $E(\sigma)$ 对 U 满足 $\overline{\overline{\mathbf{S}_3}}$ 时，$F(\lambda)$ 对 A 满足 $\overline{\overline{\mathbf{S}_3}}$。这样，对于（可能不连续的）埃尔米特算子 A 的本征值求解的唯一性与存在性问题便可以简化为幺正算子 U 的相应问题。然而，正如上文所述，这些问题已经以最有利的方式得以解决。

因此，设 A 为埃尔米特算子，且 U 为其凯利变换。我们先从 U 为幺正算子的情况开始讨论。那么其 $E(\sigma)$ 必须满足 $\overline{\overline{\mathbf{S}_1}}$，$\overline{\overline{\mathbf{S}_2}}$ 以及 $\overline{\overline{\mathbf{S}_3}}$。我们根据 **C** 形成 $F(\lambda)$，则需满足 $\overline{\mathbf{S}_1}$，$\overline{\mathbf{S}_2}$。若 Af 有定义，则

$$Af+\mathrm{i}f=o,\quad Af-\mathrm{i}f=U\varphi$$

并且得到

$$f=\frac{\varphi-U\varphi}{2\mathrm{i}},\quad Af=\frac{\varphi+U\varphi}{2}$$

通过部分使用符号进行计算我们可得[1]

$$f=\frac{1}{2\mathrm{i}}(\varphi-U\varphi)=\frac{1}{2\mathrm{i}}\left[\varphi-\int_0^1 \mathrm{e}^{2\pi\mathrm{i}\sigma}\mathrm{d}E(\sigma)\varphi\right]=\int_0^1\frac{1-\mathrm{e}^{2\pi\mathrm{i}\sigma}}{2\mathrm{i}}\mathrm{d}E(\sigma)\varphi$$

$$E(\sigma)f=\int_0^1\frac{1-\mathrm{e}^{-2\pi\mathrm{i}\sigma'}}{2\mathrm{i}}\mathrm{d}\left[E(\sigma)E(\sigma')\varphi\right]$$

$$=\int_0^1\frac{1-\mathrm{e}^{2\pi\mathrm{i}\sigma'}}{2\mathrm{i}}\mathrm{d}\left\{E\left[\min(\sigma,\ \sigma')\right]\varphi\right\}=\int_0^{\sigma}\frac{1-\mathrm{e}^{2\pi\mathrm{i}\sigma'}}{2\mathrm{i}}\mathrm{d}E(\sigma')\varphi$$

---

〔1〕我们将斯蒂尔切斯积分应用于 $\mathfrak{R}_\infty$ 中的元素上，而非数字上。如果我们从 $\mathfrak{R}_\infty$ 中选择一个固定的 g，并将 $\mathfrak{R}_\infty$ 中存在于其内积中的每个元素都用 g 替换，则所有关系式都应被认为是成立的，并对所有 g 都适用。与 2.7 节中的算子——斯蒂尔切斯积分相比，本节的应用是一个半符号化的过程；从 $\mathfrak{R}_\infty$ 中任选两个元素 f，g 用来代替 $\mathfrak{R}_\infty$ 中的一个元素 g，于是便形成了（…，g）（…f，g）（其中的点表示算子）。

$$\|E(\sigma)f\|^2=\left[E(\sigma)f,\ f\right]=\int_0^{\sigma}\frac{1-\mathrm{e}^{2\pi\mathrm{i}\sigma'}}{2\mathrm{i}}\mathrm{d}\left[E(\sigma')\varphi,\ f\right]$$

$$=\int_0^{\sigma}\frac{1-\mathrm{e}^{2\pi\mathrm{i}\sigma'}}{2\mathrm{i}}\mathrm{d}\overline{\left[E(\sigma')f,\ \varphi\right]}$$

$$=\int_0^{\sigma}\frac{1-\mathrm{e}^{2\pi\mathrm{i}\sigma'}}{2\mathrm{i}}\mathrm{d}\left\{\int_0^{\sigma'}\frac{1-\mathrm{e}^{-2\pi\mathrm{i}\sigma''}}{-2\mathrm{i}}\cdot\mathrm{d}\overline{\left[E(\sigma'')\varphi,\ \varphi\right]}\right\}$$

$$=\int_0^{\sigma}\frac{1-\mathrm{e}^{2\pi\mathrm{i}\sigma'}}{2\mathrm{i}}\cdot\frac{1-\mathrm{e}^{-2\pi\mathrm{i}\sigma'}}{-2\mathrm{i}}\cdot\mathrm{d}\overline{\left[E(\sigma')\varphi,\ \varphi\right]}$$

$$=\int_0^{\sigma}\frac{(1-\mathrm{e}^{2\pi\mathrm{i}\sigma'})(1-\mathrm{e}^{-2\pi\mathrm{i}\sigma'})}{4}\cdot\mathrm{d}\left(\|E(\sigma')\varphi\|^2\right)$$

$$=\int_0^{\sigma}\sin^2(\pi\sigma')\,\mathrm{d}\left(\|E(\sigma')\varphi\|^2\right)$$

因此，$\overline{\mathrm{S}_3}$ 中给出的积分为

$$\int_{-\infty}^{\infty}\lambda^2\mathrm{d}\|F(\lambda)f\|^2=\int_0^1\cot^2(\pi\sigma)\,\mathrm{d}\|E(\sigma)f\|^2$$

$$=\int_0^1\cot^2(\pi\sigma)\,\mathrm{d}\left[\int_0^{\sigma}\sin^2(\pi\sigma')\,\mathrm{d}\|E(\sigma)\varphi\|^2\right]$$

$$=\int_0^1\cot^2(\pi\sigma)\sin^2(\pi\sigma')\,\mathrm{d}\|E(\sigma')\varphi\|^2$$

$$=\int_0^1\cos^2(\pi\sigma)\,\mathrm{d}\|E(\sigma)\varphi\|^2$$

但是由于该积分是由

$$\int_0^1\mathrm{d}\|E(\sigma)\varphi\|^2=\|\varphi\|^2$$

绝对控制的，所以其结果是有限的。此外

$$Af=\frac{1}{2}(\varphi+U\varphi)=\frac{1}{2}\left(\varphi+\int_0^1\mathrm{e}^{2\pi\mathrm{i}\sigma}\mathrm{d}E(\sigma)\varphi\right)=\int_0^1\frac{1+\mathrm{e}^{2\pi\mathrm{i}\sigma}}{2}\mathrm{d}E(\sigma)$$

$$=\int_0^1-\mathrm{i}\frac{\mathrm{e}^{2\pi\mathrm{i}\sigma}+1}{\mathrm{e}^{2\pi\mathrm{i}\sigma}-1}\cdot\frac{1-\mathrm{e}^{2\pi\mathrm{i}\sigma}}{2\mathrm{i}}\mathrm{d}E(\sigma)\varphi$$

$$=\int_0^1-\cot(\pi\sigma)\,\mathrm{d}\left[\int_0^{\sigma}\frac{1-\mathrm{e}^{2\pi\mathrm{i}\sigma'}}{2\mathrm{i}}\mathrm{d}E(\sigma')\varphi\right]$$

$$= \int_0^1 -\cot(\pi\sigma)\,\mathrm{d}E(\sigma)f = \int_{-\infty}^{\infty} \lambda \mathrm{d}F(\lambda)f$$

即$\overline{\mathbf{S}_3}$的最后一个关系也成立。因此，A 在任何情况下都是该算子的一个扩张。根据 $\overline{\mathbf{S}_3}$，该算子属于 $F(\lambda)$，但是由于其为极大算子（接下来我们将对其进行说明），所以 A 必须与之相等[1]。

我们现在对相反的情形进行讨论。根据$\overline{\mathbf{S}_1} \sim \overline{\mathbf{S}_3}$，设 $F(\lambda)$ 属于 A。那么 U 是什么？我们先通过 **C** 对 $E(\sigma)$ 进行定义。因此，$E(\sigma)$ 满足$\overline{\overline{\mathbf{S}_1}}$，$\overline{\overline{\mathbf{S}_2}}$。设 φ 为任意值。我们可将其记为（这里仍然使用符号的形式）

$$f = \int_{-\infty}^{\infty} \frac{1}{\lambda+1}\mathrm{d}F(\lambda)\varphi = \int_0^1 \frac{1}{-\cot(\pi\sigma)+1}\mathrm{d}E(\sigma)\varphi$$

$$= \int_0^1 \frac{1-\mathrm{e}^{2\pi\mathrm{i}\sigma}}{2\mathrm{i}}\mathrm{d}E(\sigma)\varphi$$

（由于$\frac{1}{\lambda+1}$或$\frac{1-\mathrm{e}^{2\pi\mathrm{i}\sigma}}{2\mathrm{i}}$是有界的，则所有积分均收敛）。那么有

$$F(\lambda)f = E(\sigma)f = \int_0^1 \frac{1-\mathrm{e}^{2\pi\mathrm{i}\sigma'}}{2\mathrm{i}}\mathrm{d}\left[E(\sigma)E(\sigma')\varphi\right]$$

$$= \int_0^1 \frac{1-\mathrm{e}^{2\pi\mathrm{i}\sigma'}}{2\mathrm{i}}\mathrm{d}\left\{E\left[\min(\sigma,\ \sigma')\right]\varphi\right\} = \int_0^\sigma \frac{1-\mathrm{e}^{2\pi\mathrm{i}\sigma'}}{2\mathrm{i}}\mathrm{d}E(\sigma')\varphi$$

$$Af = \int_{-\infty}^{\infty} \lambda \mathrm{d}F(\lambda)f = \int_0^1 -\cot(\pi\sigma)\,\mathrm{d}E(\sigma)f$$

---

[1] 这里有一个隐含的假设：对于每个给定的单位分解 $F(\lambda)$ 确实存在这样一个算子。即假设对于有限的

$$\int_{-\infty}^{\infty} \lambda^2 \mathrm{d}\|F(\lambda)f\|^2$$

可以找到一个 f^*，使得对于所有 g 满足

$$(f^*,\ g) = \int_{-\infty}^{\infty} \lambda \mathrm{d}\big(F(\lambda)f,\ g\big)$$

并且具有该属性的 f 也是处处稠密的。（根据$\overline{\mathbf{S}_3}$对算子的埃尔米特属性的定义：我们在最终的方程中互换 f，g，并取复共轭。）

$$=\int_0^1 -\mathrm{i}\frac{\mathrm{e}^{2\pi\mathrm{i}\sigma}+1}{\mathrm{e}^{2\pi\mathrm{i}\sigma}-1}\mathrm{d}\left[\int_0^\sigma \frac{1-\mathrm{e}^{2\pi\mathrm{i}\sigma'}}{2\mathrm{i}}\mathrm{d}E(\sigma')\varphi\right]$$

$$=\int_0^1 -\mathrm{i}\frac{\mathrm{e}^{2\pi\mathrm{i}\sigma}+1}{\mathrm{e}^{2\pi\mathrm{i}\sigma}-1}\frac{1-\mathrm{e}^{2\pi\mathrm{i}\sigma}}{2\mathrm{i}}\mathrm{d}E(\sigma)\varphi=\int_0^1\frac{1+\mathrm{e}^{2\pi\mathrm{i}\sigma}}{2}\mathrm{d}E(\sigma)\varphi$$

因此

$$Af+\mathrm{i}f=\int_0^1\mathrm{d}E(\sigma)\varphi=\varphi,\quad Af-\mathrm{i}f=\int_0^1\mathrm{e}^{2\pi\mathrm{i}\sigma}\mathrm{d}E(\sigma)\varphi$$

因此，$U\varphi$ 有意义且等于

$$\int_0^1\mathrm{e}^{2\pi\mathrm{i}\sigma}\mathrm{d}E(\sigma)\varphi$$

由于 φ 为任意的，所以 U 处处有意义。当把它与任意 ψ 形成内积并取复共轭时，我们会看到 $U^*\psi=\int_0^1\mathrm{e}^{-2\pi\mathrm{i}\sigma}\mathrm{d}E(\sigma)\psi$ 。2.8 节最后部分的计算表明 $UU^*=U^*U=1$，即 U 是属于 $E(\sigma)$ 的幺正算子。

在经过凯利变换后，A 的本征值问题的可解性等价于 U 的幺正性，且其唯一性成立。有待解决的唯一问题是：我们总能构成 U 吗？若能，那么它是幺正算子吗？为了解决这些问题，我们仍从闭埃尔米特算子 A 开始探讨。

我们对 U 的定义如下：当且仅当 $\varphi=Af+\mathrm{i}f$ 时，$U\varphi$ 有定义，且等于 $Af-\mathrm{i}f$。但首先必须证明该定义是一般的，即对于一个 φ，不能存在多个 f 与之相对应。也就是说，从 $Af+\mathrm{i}f=Ag+\mathrm{i}g$ 可以得出 $f=g$，或者根据 A 的线性性质，可从 $Af+\mathrm{i}f=0$ 得出 $f=0$。我们有

$$\begin{aligned}\|Af\pm\mathrm{i}f\|^2&=(Af\pm\mathrm{i}f,\ Af\pm\mathrm{i}f)\\&=(Af,\ Af)\pm(\mathrm{i}f,\ Af)\pm(Af,\ \mathrm{i}f)+(\mathrm{i}f,\ \mathrm{i}f)\\&=\|Af\|^2\pm\mathrm{i}(Af,\ f)\mp\mathrm{i}(Af,\ f)+\|f\|^2\\&=\|Af\|^2+\|f\|^2\end{aligned}$$

因此，由 $Af+\mathrm{i}f=0$ 可得 $\|f\|^2\leqslant\|Af+\mathrm{i}f\|^2=0$，因此 $f=0$，所以我们所定义的模式是合理的。其次，$\|Af-\mathrm{i}f\|=\|Af+\mathrm{i}f\|$，即 $\|U\varphi\|=\|\varphi\|$。因此，U 只

要有定义就是连续的。此外，设 U 的定义域为 $\mathfrak{E}$（是所有 $Af+\mathrm{i}f$ 的集合），设 $\mathfrak{F}$ 为 U 的值域（所有 $U\varphi$ 的集合，因此也是所有 $Af-\mathrm{i}f$ 的集合）。由于 A 和 U 是线性的，所以 $\mathfrak{E}$ 与 $\mathfrak{F}$ 是线性流形，但它们同时也都是封闭的。事实上，设 φ 分别为 $\mathfrak{E}$ 或 $\mathfrak{F}$ 的极限点，则在 $\mathfrak{E}$ 或 $\mathfrak{F}$ 中分别存在一个序列 φ_1，φ_2，…，使得 $\varphi_m \to \varphi$。因此，$\varphi_n = Af_n \pm \mathrm{i}f_n$。由于 φ_n 收敛，所以它们满足柯西收敛准则（见 2.1 节中对 **D** 的阐述），又因为

$$\| f_m - f_n \|^2 \leqslant \| A(f_m - f_n) \pm \mathrm{i}(f_m - f_n) \|^2 = \| \varphi_m - \varphi_n \|^2$$

f_n 必定满足这一条件，并且由于

$$\begin{aligned}\| Af_m - Af_n \|^2 &= \| A(f_m - f_n) \|^2 \leqslant \| A(f_m - f_n) \pm \mathrm{i}(f_m - f_n) \|^2 \\ &= \| \varphi_m - \varphi_n \|^2\end{aligned}$$

所以 Af_n 也如此。因此，f_1，f_2，…和 Af_1，Af_2，…（根据 2.1 节 **D**）也都收敛：$f_m \to f$，$Af_m \to$ 于 f^*。由于 A 是封闭的，所以 Af 有定义，且等于 f^*。因此我们可得

$$\varphi_n = Af_n \pm \mathrm{i}f_n \to f^* \pm \mathrm{i}f = Af \pm \mathrm{i}f,\quad \varphi_n \to \varphi$$

所以 $\varphi = Af \pm \mathrm{i}f$，即 φ 也分别属于 $\mathfrak{E}$ 或 $\mathfrak{F}$。

因此，U 定义在闭线性流形 $\mathfrak{E}$ 中，并且将 $\mathfrak{E}$ 映射到闭线性流形 $\mathfrak{F}$ 上。U 是线性的，并且因为

$$\| Uf - Ug \| = \| U(f - g) \| = \| f - g \|$$

U 保持所有距离不变，我们称其为“等距的”。因此，由 $f \neq g$ 这一事实可知 $Uf \neq Ug$，即映射是一一对应的。$(f, g) = (Uf, Ug)$ 也是成立的。其证明恰好与我们在 2.5 节中对幺正算子的证明相类似。因此，U 也使所有内积保持不变。但当且仅当 $\mathfrak{E} = \mathfrak{F} = \mathfrak{R}_\infty$ 时，U 显然是一个幺正算子。

若 A，B 为两个闭埃尔米特算子，U，V 是它们的凯利变换，$\mathfrak{E}$，$\mathfrak{F}$ 与 $\mathfrak{G}$，$\mathfrak{H}$ 分别为它们的定义域和值域。那么我们即刻可知，若 B 是 A 的真扩张，则 V 也是 U 的真扩张。因此，$\mathfrak{E}$ 是 $\mathfrak{G}$ 的真子集，而 $\mathfrak{F}$ 是 $\mathfrak{H}$ 的真子集。因此，

$\mathfrak{E}\neq\mathfrak{R}_{\infty}$，$\mathfrak{F}\neq\mathfrak{R}_{\infty}$。那么 U 不是幺正算子，A 的本征值问题不可解。由此我们证明了前文反复引用的定理：若 A 的本征值问题是可解的，则不存在 A 的真扩张，即 A 为极大算子。

现在让我们再次回到闭埃尔米特算子 A 及其 $\mathfrak{E}$，$\mathfrak{F}$，U。有 Af 定义，那么对于 $Af+\mathrm{i}f=\varphi$，$U\varphi$ 有定义，并且有 $Af-\mathrm{i}f=U\varphi$，因此，$f=\frac{1}{2\mathrm{i}}(\varphi-U\varphi)$，$Af=\frac{1}{2}(\varphi+U\varphi)$。如果我们设 $\psi=\frac{1}{2\mathrm{i}}\varphi$，则 $f=\psi-U\psi$，$Af=\mathrm{i}(\psi+U\psi)$。反之，对于 $f=\psi-U\psi$，Af 必然是有定义的，因为 $U\psi$ 有定义，由 $\psi=Af'+\mathrm{i}f'$（Af' 有定义！）和 $U\psi=Af'-\mathrm{i}f'$ 可以推出 $f=\psi-U\psi=2\mathrm{i}f'$。因此，$A$ 的定义域是所有 $\psi-U\psi$ 的集合，且满足 $f=\psi-U\psi$，$Af=\mathrm{i}(\psi+U\psi)$。因此，$A$ 也由 U（$\mathfrak{E}$，$\mathfrak{F}$ 也同样被确定）唯一确定。同时我们可以看到（作为 A 的定义域），$\psi-U\psi$ 必须处处稠密。

相反地，我们现在从 E，F 两个闭线性流形，以及 E 在 F 上的线性等距映射 U 开始考虑：是否存在一个埃尔米特算子 A，并且其凯利变换就是这个 U？由于 $\psi-U\psi$ 必须处处稠密，所以这里也将采用该假设。那么，我们所讨论的 A 由前述内容唯一确定，除了上述问题以外，还提出了以下三个问题：这个定义是否可行？A 是不是埃尔米特算子？以及 U 是否真的是 A 的凯利变换？若 f 在 $f=\varphi-U\varphi$ 中唯一地确定 φ（只要它是一般存在的），即如果能由 $\varphi-U\varphi=\psi-U\psi$ 得出 $\varphi=\psi$，或由 $\varphi-U\varphi=0$ 得出 $\varphi=0$，则第一个问题的答案是肯定的。事实上，我们设 $\varphi-U\varphi=0$，则由 $g=\psi-U\psi$ 可以得出 $(\varphi, g)=(\varphi, \psi)-(\varphi, U\psi)=(U\varphi, U\psi)-(\varphi, U\psi)=(U\varphi-\varphi, U\psi)=0$。且因为这些 g 为处处稠密，所以 $\varphi=0$。

其次，我们必须证明 $(Af, g)=(f, Ag)$，即 (Af, g) 通过 f，g 交换得到其复共轭。设 $f=\varphi-U\varphi$，$g=\psi-U\psi$，则有 $Af=\mathrm{i}(\varphi+U\varphi)$，且

$$(Af, g)=\left[\mathrm{i}(\varphi+U\varphi), \psi-U\psi\right]$$

$$=\mathrm{i}(\varphi,\ \psi)+\mathrm{i}(U\varphi,\ \psi)-\mathrm{i}(\varphi,\ U\psi)-\mathrm{i}(U\varphi,\ U\psi)$$

$$=\mathrm{i}\left[(U\varphi,\ \psi)-(U\psi,\ \varphi)\right]$$

$$=\mathrm{i}(U\varphi,\ \psi)+\overline{\mathrm{i}(U\psi,\ \varphi)}$$

这就实现了交换 f, g（即想交换 φ，ψ）的目的。第三个问题的答案可由以下方式得出：我们设 A 的凯利变换为 V，其定义域为所有

$$Af+\mathrm{i}f=\mathrm{i}(\varphi+U\varphi)+\mathrm{i}(\varphi+U\varphi)=2\mathrm{i}\varphi$$

的集合，即 U 的定义域，在这一域中

$$V(2\mathrm{i}\varphi)=V(Af+\mathrm{i}f)=Af-\mathrm{i}f=\mathrm{i}(\varphi+U\varphi)-\mathrm{i}(\varphi+U\varphi)=2\mathrm{i}U\varphi$$

即 $V\varphi=U\varphi$，因此有 $V=U$。

因此，若我们令每个埃尔米特算子 A 都有一个凯利变换 U[1]，那么（封闭的）埃尔米特算子与 $\varphi-U\varphi$ 处处稠密的线性等距算子 U 为一一对应关系。我们把 A 的所有埃尔米特扩张记为 B，现在我们可以对 B 的特征进行描述。因为找出 U 的所有等距扩张 V 并非难事（因为 $\varphi-U\varphi$ 为处处稠密，而且 $\varphi-U\varphi$ 是 $\varphi-V\varphi$ 的子集，所以 $\varphi-V\varphi$ 也为处处稠密）。为了使 A 为极大算子，U 也必须是极大算子，反之亦然。如果 U 不是极大算子，则有 $\mathfrak{E}\neq\mathfrak{R}_\infty$，$\mathfrak{F}\neq\mathfrak{R}_\infty$。相反，这些不等式也意味着 U 并不是极大算子；实际上，$\mathfrak{R}_\infty-\mathfrak{E}\neq 0$，$\mathfrak{R}_\infty-\mathfrak{F}\neq 0$。因此，我们可以从 $\mathfrak{R}_\infty-\mathfrak{E}$ 中选择一个 φ_0，且 $\varphi_0\neq 0$，从 $\mathfrak{R}_\infty-\mathfrak{F}$ 中选择一个 ψ_0，且 $\psi_0\neq 0$，我们将它们替换为

---

〔1〕为了使 A 的本征值问题总是可解，必须由此得出 U 的幺正特性，即 $\mathfrak{E}=\mathfrak{F}=\mathfrak{R}_n$ 或 $\mathfrak{E}=\mathfrak{F}=\mathfrak{R}_\infty$。正如我们从非极大算子 A 的存在性所推断出的那样，一方面在 $\mathfrak{R}_\infty$ 中，情况并非如此；另一方面，在 $\mathfrak{R}_n$ 中，情况必定如此。这点也可以直接得出：因为 $\mathfrak{R}_n$ 中的每个线性流形都是闭合的，所以 $\varphi-U\varphi$ 也是闭线性流形；又因为它是处处稠密的，所以它就是 $\mathfrak{R}_n$ 本身。$\mathfrak{E}$ 是 φ 的集合，$\mathfrak{E}$ 的维数不少于其线性映像 $\varphi-U\varphi$ 的维数，即极大维数 n。$\mathfrak{F}$ 作为与 $\mathfrak{E}$ 一一对应的线性映像，后者对于 $\mathfrak{F}$ 也必须成立。但是对于有限的 n，可由此得出 $\mathfrak{E}=\mathfrak{F}=\mathfrak{R}_n$。

$$\frac{\varphi_0}{\|\varphi_0\|}, \frac{\psi_0}{\|\psi_0\|}$$

我们甚至可得 $\|\varphi_0\|=\|\psi_0\|=1$。现在我们在 $[\mathfrak{E}, \varphi_0]$ 中定义一个算子 V，使得对于 $f=\varphi+a\varphi_0$（φ 取自 $\mathfrak{E}$，a 是一个复数），有 $Vf=U\varphi+a\psi_0$，那么 V 显然是线性的；由于 φ 与 φ_0 正交，且 $U\varphi$ 与 ψ_0 正交，则有 $\|f\|^2=\|\varphi\|^2+\|a\|^2$，$\|Vf\|^2=\|U\varphi\|^2+\|a\|^2$，因此，$\|Vf\|=\|f\|$，并且 V 是等距的。最后可得，V 是 U 的真扩张。因此，$\mathfrak{E}=\mathfrak{R}_\infty$ 或 $\mathfrak{F}=\mathfrak{R}_\infty$ 是 A 作为极大算子的本质特征。

另一种情况是，若 A 不是极大算子，那么闭线性流形 $\mathfrak{R}_\infty-\mathfrak{E}$ 和 $\mathfrak{R}_\infty-\mathfrak{F}$ 都非空。我们设张成上述两个闭线性流形的标准正交系分别为 φ_1，…，φ_p 和 ψ_1，…，ψ_q（见 2.2 节定理 9，$p=1, 2, \cdots, \infty$；$q=1, 2, \cdots, \infty$；对于 $p=\infty$，φ 的级数不终止；对于 $q=\infty$，ψ 的级数不终止）。设 $r=\min(p, q)$，那么我们可以在 $[\mathfrak{E}, \varphi_1, \cdots, \varphi_r]$ 中定义一个 V 如下：

当 $f=\varphi+\sum_{\nu=1}^{\gamma}a_\nu\varphi_\nu$ 时（其中 φ 取自 $\mathfrak{E}$，a_1，…，a_ν 为数字），$Vf=U\varphi+\sum_{\nu=1}^{r}a_\nu\psi_\nu$。

我们很容易可以看出 V 是线性等距的，同时也是 U 的真扩张。V 的定义域为 $[\mathfrak{E}, \varphi_1, \cdots, \varphi_r]$，因此，当 $r=p$ 时，它等于 $[\mathfrak{E}, \mathfrak{R}_\infty-\mathfrak{E}]=\mathfrak{R}_\infty$；其值域为 $[\mathfrak{F}, \psi_1, \cdots, \psi_r]$，当 $r=p$ 时，它等于 $[\mathfrak{F}, \mathfrak{R}_\infty-\mathfrak{F}]=\mathfrak{R}_\infty$。因此，二者之中肯定有一个等于 $\mathfrak{R}_\infty$。设 V 为埃尔米特算子 B 的凯利变换。根据讨论，B 为 A 的极大扩张。我们可以看到，选取 φ 和 ψ 的方式有无数种（例如，我们可以用任意 $\theta\psi_1$，$|\theta|=1$ 替换 ψ_1）。因此，V 和 B 也可以这样选择。

我们关于本征值问题的探讨到此告一段落，结果如下所示：若本征值问题是可解的，那么它只有一个解。但是对于非极大算子而言，本征值问题不可解。非极大算子总可以通过无限多种方式扩张为极大算子（我们自始至终只讨论了埃尔米特算子）。但是极大性条件与本征值问题的可解性条件并不完全相同。前者等价于 $\mathfrak{E}=\mathfrak{R}_\infty$ 或 $\mathfrak{F}=\mathfrak{R}_\infty$，后者等价于 $\mathfrak{E}=\mathfrak{R}_\infty$ 和 $\mathfrak{F}=\mathfrak{R}_\infty$。

对于那些仅适用于前者，却不适用于后者的算子，我们将不再深究。这些算子的本征值问题是不可解的，并且由于它们不存在真扩张（因为极大性），其最终状态是无法改变的。这些算子的特征是 $\mathfrak{E}=\mathfrak{R}_\infty$，$\mathfrak{F}\neq\mathfrak{R}_\infty$ 或 $\mathfrak{E}\neq\mathfrak{R}_\infty$，$\mathfrak{F}=\mathfrak{R}_\infty$。这样的算子是真实存在的，而且它们可以通过两种简单的标准形式生成。因此，与本征值问题可解的极大算子相比，它们可以被视为例外情况。无论如何，现在必须从量子力学的探究中消除此类算子。其原因如下：属于埃尔米特算子的单位分解（稍后我们将会看到）从本质上深入量子力学的所有概念之中，致使我们不能无视其存在，即我们不能无视本征值问题的可解性[1]。据此，我们只承认那些本征值问题为可解的一般埃尔米特算子。由于该属性是极大性的加强版，所以我们将这些算子称为“超级大算子”[2]，它们与单位分解一一对应。

在结束本节时，我们应该提到两类（闭）埃尔米特算子，它们当然也是超级大算子。第一类是连续算子：它们处处有定义，因此是极大算子，并且根据希尔伯特的研究，它们的本征值问题是可解的，因此它们是超级大算子。第二类是在 $\mathfrak{R}_\infty$ 中以任意方式实现的实算子，若它们是极大的，则这类算子为超级大算子。$\mathfrak{E}$ 和 $\mathfrak{F}$ 在定义上的唯一区别就在于符号 i，但若其他一切元

---

〔1〕然而，以下算子是极大算子，但并不是超级大算子：设 $\mathfrak{R}_\infty$ 为定义在 $0\leqslant q<+\infty$ 中的所有 $f(q)$ 空间，且满足

$$\int_0^\infty |f(q)|^2\,\mathrm{d}q$$

有限。另设 R 为算子 $\mathrm{i}\dfrac{\mathrm{d}}{\mathrm{d}q}$，它是为所有连续可微的 $f(q)$ 而定义的，满足

$$\int_{-\infty}^\infty |f'(q)|^2\,\mathrm{d}q$$

有限，$f(0)=0$，且是封闭的。如果我们在区间 $\{0,\infty\}$ 上取 2.8 节中所述的 A'，则它等于 $-\dfrac{2\pi}{h}A'$。现在这个 R 是极大算子，但不是超级大算子。这一点可以通过 $\mathfrak{E}$，$\mathfrak{F}$ 的有效计算验证。值得注意的一点是，$A'=\dfrac{h}{2\pi}R$ 在物理上可以解释为以平面 $q=0$ 为界的半空间中的动量算子。

〔2〕这个概念起源于埃哈德·施密特（Erhard Schmidt）。

素均为实数，该符号也不会造成任何差别。因此，由 $\mathfrak{E}=\mathfrak{R}_\infty$ 可以得到 $\mathfrak{F}=\mathfrak{R}_\infty$，反之亦然，即超级大属性源自极大性。在不假设极大性的情况下，我们在任何情况下都可以说 $\mathfrak{R}_\infty-\mathfrak{E}$ 与 $\mathfrak{R}_\infty-\mathfrak{F}$ 具有相同的维数。因此，$p=q$（在前面研究扩张关系时所使用的术语），所以 $r=p=q$，并且

$$[\mathfrak{E},\ \varphi_1,\ \cdots,\ \varphi_r]=[\mathfrak{E},\ \mathfrak{R}_\infty-\mathfrak{E}]=\mathfrak{R}_\infty$$

$$[\mathfrak{F},\ \varphi_1,\ \cdots,\ \varphi_r]=[\mathfrak{F},\ \mathfrak{R}_\infty-\mathfrak{F}]=\mathfrak{R}_\infty$$

即这时所取得的扩张是超级大的。在任何情况下，实算子均具有超级大扩张。这对于所有的定号算子同样成立。

2.10 可对易算子

根据2.4节中给出的定义，若 $RS=SR$，则 R, S 这两个算子是可对易算子；且若两算子并非处处有意义，则等式两侧的定义域必须重合。首先，我们将研究对象限定于埃尔米特算子，而且为了避免在定义域方面的困难，我们进一步把研究对象限定为处处有定义的连续算子。除算子 R，S 以外，我们还考虑了属于它们的单位分解：$E(\lambda)$，$F(\lambda)$。

R, S 的可对易性意味着对于所有的 f, g 而言，恒有 $(RSf, g)=(SRf, g)$。此外，由 R，S 的可对易性，可以推导出 R^n，S（$n=0$，1，2，…）的可对易性。因此，随之可得 $p(R)$，S 也具备可对易性，其中，$p(x)=a_0+a_1x+\cdots+a_nx^n$。

现用符号表示如下

$$R=\int_{-C}^{C}\lambda \mathrm{d}E(\lambda),\quad s(R)=\int_{-C}^{C}s(\lambda)\,\mathrm{d}E(\lambda)$$

[C 是在2.9节中为连续算子 R 而引入的常数，在2.9节中记为 A；$s(x)$ 为任意函数，见2.8节]。等式 $[s(R)f,\ Sg]=[Sf,\ s(R)g]$ 对于多项式 $s(x)$ 成立，因此

$$* \quad \int_{-C}^{C}s(\lambda)\,\mathrm{d}[E(\lambda)f,\ Sg]=\int_{-C}^{C}s(\lambda)\,\mathrm{d}[Sf,\ E(\lambda)g]$$

由于我们可以通过多项式任意地近似每一个连续函数 $s(x)$（一致地在 $-C\leqslant x\leqslant C$ 中），*式也适用于连续函数 $s(x)$。现设

$$s(x)=\begin{cases}\lambda_0-x, & 对于\ x\leqslant\lambda_0\\ 0, & 对于\ x\geqslant\lambda_0\end{cases}$$

则通过*式可得

$$\int_{-C}^{\lambda_0}(\lambda_0-\lambda)\,\mathrm{d}[E(\lambda)f,\ Sg]=\int_{-C}^{\lambda_0}(\lambda_0-\lambda)\,\mathrm{d}[Sf,\ E(\lambda)g]$$

如果我们在这里用 $\lambda_0+\varepsilon(\varepsilon>0)$ 替换 λ_0，那么在相减并除以 ε 之后会得到

$$\int_{-C}^{\lambda_0}\mathrm{d}[E(\lambda)f,\ Sg]+\int_{\lambda_0}^{\lambda_0+\varepsilon}\left(\frac{\lambda-\lambda_0}{\varepsilon}\right)\mathrm{d}[E(\lambda)f,\ Sg]$$

$$=\int_{-C}^{\lambda_0}\mathrm{d}[Sf,\ E(\lambda)g]+\int_{\lambda_0}^{\lambda_0+\varepsilon}\left(\frac{\lambda-\lambda_0}{\varepsilon}\right)\mathrm{d}[Sf,\ E(\lambda)g]$$

并且当 $\varepsilon\to 0$ 时，（回想 $\overline{\mathrm{S}_1}$！）则有

$$\int_{-C}^{\lambda_0}\mathrm{d}\left[E(\lambda)f,\ Sg\right]=+\int_{-C}^{\lambda_0}\mathrm{d}\left[Sf,\ E(\lambda)g\right]$$

$$\left[E(\lambda_0)f,\ Sg\right]=\left[Sf,\ E(\lambda_0)g\right]$$

因此，所有 $E(\lambda_0)$，$-C\leqslant\lambda_0\leqslant C$ 都与 S 对易，但这对其余的 $E(\lambda_0)$ 也都同样成立，因为对 $\lambda_0<-C$ 与 $\lambda_0>C$，分别可得 $E(\lambda_0)=0$ 和 $E(\lambda_0)=1$。

因此，如果 R 与 S 可对易，那么所有 $E(\lambda_0)$ 也均可对易。相反，如果所有 $E(\lambda)$ 均与 S 对易，那么 * 式对于每个函数 $s(x)$ 都成立。因此，所有 $s(R)$ 均与 S 对易。由此，我们可以得出以下结论：首先，当且仅当所有 $E(\lambda)$ 均与 S 可对易时，R 与 S 可对易；其次，在这种情况下，R 的所有函数［即 $s(R)$］也均与 S 可对易。

但是，当且仅当对 $E(\lambda)$ 与所有 $F(\mu)$ 均可对易时，$E(\lambda)$ 与 S 对易［将我们的定理应用于 S，$E(\lambda)$，而非 R，S］。因此，这也是 R 与 S 的可对易特征：所有 $E(\lambda)$ 均应与所有 $F(\mu)$ 可对易。此外，综上所述，R 与 S 的可对易性，可以导致 $r(R)$ 与 S 的可对易性。

如果我们将 R，S 替换为 S，$r(R)$，那么我们将得到 $r(R)$ 与 $s(S)$ 的可对易性。

如果埃尔米特算子 R，S 不受连续性条件的限制，那么情况将会变得更加复杂。因为目前过多地涉及了 RS 与 SR 的定义域。例如：$R\cdot 0$ 恒有意义［$0f=0$，$R\cdot 0f=R(0f)=R(0)=0$］，而另一方面，$0\cdot R$ 仅当 R 有意义时才有意义（见 2.5 节中对此的评论）。因此，对于并非处处有意义的 R 而言，由于其定义域的不同，可知 $R\cdot 0\neq 0\cdot R$。确切来讲，也就是 R，0 不可对易。R，

0 不可对易这一状态并不满足我们随后想要达成的目的[1]。因此，我们想以另外一种方式来定义不连续函数 R，S 的可对易性。我们将研究对象限定为超级大算子 R，S，根据 2.9 节中的描述可知，只有它们才是我们唯一感兴趣的算子。如果所有 $E(\lambda)$ 与所有 $F(\mu)$ 在旧意义上为可对易算子（这里它们仍指的是各自的单位分解），那么我们可以将 R，S 在新意义上定义为可对易。正如我们所见，对于连续的 R，S 而言，在新定义下与在旧定义下的内容是相等同的。然而在 R 或 S（或者两者都）不连续的情况下，这两个定义的内容或将有所不同。后一种情况的例子是 R, 0：从旧定义来看，二者是不可对易的，但是在新定义下，二者是可对易的。对于 0，每个 $F(\mu)$ 都等于 0 或者 1[2]，因此每个 $F(\mu)$ 均与每个 $E(\lambda)$ 可对易。

前面我们已经证明了：若 R，S 是两个可对易的（连续的）埃尔米特算子，那么 R 的每个函数 $r(R)$ 与 S 的每个函数 $s(S)$ 均可对易。由于该假设恒满足 $R=S$ 的前提条件，同一算子的两个函数总是可对易的［这也源自 2.8 节末尾的乘法公式：$r(R)s(R)=t(R)$ 以及 $r(x)s(x)=t(x)$］。这里也顺便提一下，如果 $r(x)$，$s(x)$ 是实数，那么 $r(R)$，$s(R)$ 也是埃尔米特算子［根据 2.8 节中所述：如果 $r(x)$ 为实数，那么 $\left[r(R)\right]^{*}=\bar{r}(R)=r(R)$］。

其逆命题也同样成立。如果 A，B 为两个可对易埃尔米特算子，那么则存在一个埃尔米特算子 R，使前两者均为其函数，即 $A=r(R)$，$B=s(R)$。

---

〔1〕因为当且仅当 R 有定义时，$R\cdot 1$，$1\cdot R$ 才有定义（见 2.5 节），这同样适用于 $R\cdot a1$，$a1\cdot R$（$a\neq 0$）。那么这两个乘积是相等的，即 R 与 $a1$ 是可对易的。因此，R 与 $a1$ 的可对易性成立，但有一个例外：$a=0$ 时，R 并非处处有定义。这一例外的不幸存在，也解释了可对易性定义的变化。

〔2〕该单位分解属于

$$\alpha\cdot 1: F(\mu)=\begin{cases}1, & \text{当}\ \mu\geqslant\alpha\\ 0, & \text{当}\ \mu<\alpha\end{cases}$$

这一点很容易验证。

其实，这一命题还可以进一步推广：若给定任意（有限或无限）可对易的埃尔米特算子集合 A，B，C，…，则存在一个埃尔米特算子 R，使得所有 A，B，C，…均为其函数。在这里，我们没给出对该定理的证明，只能参考与之相关的文献。[1]就我们的研究目的而言，该定理仅对有限数量的具有纯离散谱的 A，B，C，…意义重大。下面就这种情形予以证明，对于一般情况，我们只能给出一些指导性的意见。

因此，设 A，B，C，…为有限数量的具有纯离散谱的埃尔米特算子。如果 λ 为任意数值，则称由 $Af=\lambda f$ 所有解张成的闭线性流形为 $\mathfrak{L}_\lambda$，其投影算子为 E_λ。当且仅当非零解 $f\neq 0$ 存在时，λ 是 A 的一个离散本征值。因此，$\mathfrak{L}_\lambda\neq(0)$，即 $E_\lambda\neq 0$。相应地，我们对 B 有 $\mathfrak{M}_\lambda$，F_λ，对 C 有 $\mathfrak{N}_\lambda$，G_λ，由 $Af=\lambda f$ 可知 $ABf=BAf=B(\lambda f)=(\lambda Bf)$，即与 f 一样，Bf 也属于 $\mathfrak{L}_\lambda$。由于 $E_\lambda f$ 恒属于 $\mathfrak{L}_\lambda$，$BE_\lambda f$ 也属于 $\mathfrak{L}_\lambda$，因此有 $E_\lambda BE_\lambda f=BE_\lambda f$。同样成立的还有：$E_\lambda BE_\lambda=BE_\lambda$。对 * 式的应用导致 $E_\lambda BE_\lambda=E_\lambda B$，因此有 $E_\lambda B=BE_\lambda$。正如我们刚刚由 A，B 的可对易性导出 B，E_λ 的可对易性那样，由 B，E_λ 的可对易性也可以推导出 E_λ，F_μ 的可对易性。由于 A，B 与其他 A，B，C，…，并无任何区别，因此我们可以说所有 E_λ，F_μ，G_ν，…彼此之间可对易。因此，$K(\lambda\mu\nu\cdots)=E_\lambda F_\mu G_\nu\cdots$ 也是一个投影算子。我们称其闭线性流形为 $\mathfrak{K}(\lambda\mu\nu\cdots)$。根据定理 14（见 2.4 节），$\mathfrak{K}(\lambda\mu\nu\cdots)$ 是 $\mathfrak{L}_\lambda$，$\mathfrak{M}_\lambda$，$\mathfrak{N}_\lambda$，…的交集，即

$$Af=\lambda f,\ Bf=\mu F,\ Cf=\nu f,\ \cdots$$

的公共解的总和。

〔1〕A，B 这两个埃尔米特算子属于特殊类别（所谓的“完全连续类”）。特普利茨证明了一则定理，由其可推导得出上述结果（即在 A，B 的公共本征函数中，存在一个完全的标准正交系）。作者已经证明了对任意 A，B 或 A，B，C…均成立的一般定理。

设 λ，μ，ν，… 与 λ'，μ'，ν'，…为两组不同的数集，即 $\lambda\neq\lambda'$ 或 $\mu\neq\mu'$ 或 $\nu\neq\nu'$，…。若 f 属于 $\mathfrak{K}$（$\lambda\mu\nu\cdots$），f' 属于 $\mathfrak{K}$（$\lambda'\mu'\nu'\cdots$），那么 f 与 f' 正交。对于 $\lambda\neq\lambda'$，这是由于 $Af=\lambda f$，$Af'=\lambda' f'$；对于 $\mu\neq\mu'$，这是由于 $Bf=\mu f$，$Bf'=\mu' f'$，…。从而，整个 $\mathfrak{K}$（$\lambda\mu\nu\cdots$）正交于整个 $\mathfrak{K}$（$\lambda'\mu'\nu'\cdots$）。

由于 A 具有纯离散谱，因此 $\mathfrak{L}_\lambda$ 张成了整个 $\mathfrak{R}_\infty$（作为一个闭线性流形）。因此，$f\neq 0$ 不能与所有 $\mathfrak{L}_\lambda$ 正交，即对于至少一个 $\mathfrak{L}_\lambda$，其在 $\mathfrak{L}_\lambda$ 中的投影必须非零，即 $E_\lambda f\neq 0$。同理，必定存在一个 μ 使得 $F_\mu f\neq 0$，并且，还应存在一个 ν 使得 $G_\nu f\neq 0$，…。因此，对于每个 $f\neq 0$，我们都可以找到一个 λ 满足 $E_\lambda f\neq 0$，以及一个 μ 满足 $F_\mu(E_\lambda f)\neq 0$，以及一个 ν 满足 $G_\nu\left[F_\mu(E_\lambda f)\right]\neq 0$，…。最终有 $\cdots G_\nu F_\mu E_\lambda f\neq 0$，$E_\lambda F_\mu G_\nu\cdots f\neq 0$，$K(\lambda\mu\nu\cdots)f\neq 0$，即 f 不正交于 $\mathfrak{K}$（$\lambda\mu\nu\cdots$）。因此，正交于所有 $\mathfrak{K}$（$\lambda\mu\nu\cdots$）的 $f=0$。因此，$\mathfrak{K}$（$\lambda\mu\nu\cdots$）张成整个 $\mathfrak{R}_\infty$，作为一个闭线性流形。

现设 $\varphi^{(1)}_{(\lambda\mu\nu\cdots)}$，$\varphi^{(2)}_{(\lambda\mu\nu\cdots)}$ 为一个标准正交系，它张成了线性流形 $\mathfrak{K}$（$\lambda\mu\nu\cdots$）[该序列可能会终止，也可能不会终止，这取决于 $\mathfrak{K}$（$\lambda\mu\nu\cdots$）的维数是有限的还是无限的。此外，若 $\mathfrak{K}(\lambda\mu\nu\cdots)=0$，则表明其由 0 个项目组成]。每个 $\varphi^{(n)}_{(\lambda\mu\nu\cdots)}$ 属于一个 $\mathfrak{K}$（$\lambda\mu\nu\cdots$），因此是所有 A，B，C，…的一个本征值函数。两个不同的 $\varphi^{(n)}_{(\lambda\mu\nu\cdots)}$ 总是相互正交。若它们具有相同的 λ，μ，ν，…指标系，究其原因，在于其定义。若它们具有不同的 λ，μ，ν，…指标系，则由于它们属于不同的 $\mathfrak{K}$（$\lambda\mu\nu\cdots$）。所有的 $\varphi^{(n)}_{(\lambda\mu\nu\cdots)}$ 所张成的线性流形与所有 $\mathfrak{K}$（$\lambda\mu\nu\cdots$）张成的线性流形一样同为 $\mathfrak{R}_\infty$。因此，$\varphi^{(n)}_{(\lambda\mu\nu\cdots)}$ 构成了一个完全标准正交系。

于是我们由 A，B，C，…共同本征函数生成了一个完全正交的标准正交系。我们现将其称之为 ψ_1，ψ_2，…，并写出相应的本征值方程

$$A\psi_m=\lambda_m\psi_m,\quad B\psi_m=\mu_m\psi_m,\quad C\psi_m=\nu_m\psi_m,\quad \cdots$$

现在取成对不同数字 k_1，k_2，k_3，…的任意集合，构成一个有纯离散谱

k_1，k_2，…及对应本征函数ψ_1，ψ_2，…的埃尔米特算子R[1]。即

$$R\left(\sum_{m=1}^{\infty} x_m \psi_m\right) = \sum_{m=1}^{\infty} x_m k_m \psi_m$$

现在设$F(k)$为一个定义域为$-\infty < k < +\infty$的函数，满足$F(k_m)=\lambda m$（$m=1$，2，…）［在所有其他点，k，$F(k)$可任意取值］。此外，设$G(k)$为满足$G(k_m)=\mu_m$的函数，$H(k)$为满足$H(k_m)=v_m$的函数，等等。我们希望证明

$A=F(R)$，$B=G(R)$，$C=H(R)$，…

为此，我们必须证明，若R具有一个本征函数为ψ_1，ψ_2，…的纯离散谱k_1, k_2，…，则$F(R)$具有一个本征函数同为ψ_1，ψ_2，…的纯离散谱$F(k_1)$，$F(k_2)$，…。但由于它们也形成了一个完全的标准正交系，因此只需证明$F(R)\psi_m=F(k_m)\psi_m$即可。

设$E(\lambda)=\sum_{k_m\leqslant\lambda} P_{[\psi_m]}$（根据2.8节所述）为属于$R$的单位分解。用符号表示为

$$R=\int \lambda \mathrm{d}E(\lambda)$$

并且根据定义有

$$F(R)=\int F(\lambda)\,\mathrm{d}E(\lambda)$$

此外

［1］选择有界的k_1，k_2，k_3，…（例如：$k_m=1/m$）以使得R保持连续。实际上，通过R的连续性，即由$\| Rf \| \leqslant C\cdot\| f \|$即刻可得出

$$\| R\psi_m \| = \| \kappa_m \psi_m \| = \| \kappa_m \| \leqslant C\cdot\| \psi_m \| = C\,,\quad |\kappa_m| < C$$

相反，由$|\kappa_m|\leqslant C$（$m=1$，2，…）可以得出

$$\| Rf \|^2 = \left\| R\left(\sum_{m=1}^{\infty} x_m\psi_m\right)\right\|^2 = \left\|\sum_{m=1}^{\infty} x_m k_m \psi_m\right\|^2 = \sum_{m=1}^{\infty} |x_m|^2 |k_m|^2$$

$$\| f \|^2 = \left\|\sum_{m=1}^{\infty} x_m\psi_m\right\|^2 = \sum_{m=1}^{\infty} |x_m|^2$$

因此，$\| Rf \|^2 \leqslant C^2\cdot\| f \|^2$，$\| Rf \| \leqslant C\cdot\| f \|$，即$R$是连续的。

$$E(\lambda)\psi_m = \begin{cases} \psi_m, & \text{当} k_m \leqslant \lambda \text{时} \\ 0, & \text{当} k_m > \lambda \text{时} \end{cases}$$

由此可知，对于所有的 g，均有

$$\left[F(R)\psi_m,\ g\right] = \int F(\lambda)\,\mathrm{d}\left[E(\lambda)\psi_m,\ g\right] = F(k_m)\cdot(\psi_m,\ g)$$

因此，$F(R)\psi_m = F(k_m)\cdot\psi_m$ 确实成立。

这样一来，正如我们前面所断言的，这一问题属于纯离散谱情形。在纯离散谱的情况下，我们仅需强调一种特殊情况。

设 $\mathfrak{R}_\infty$ 是使得 $\int\int |f(q_1,\ q_2)|^2 \mathrm{d}q_1 \mathrm{d}q_2$ 有限的所有 $f(q_1,\ q_2)$ 的空间，并设单位正方形 $0 \leqslant q_1,\ q_2 \leqslant 1$ 是其变量的定义域。我们构成了算子 $A=q_1\cdots$，$B_1=q_2\cdots$。在 q_1，q_2 域之中，它们是埃尔米特算子，同时也是连续（但对于 $-\infty < q_1,\ q_2 < +\infty$ 不是！）且可对易的。因此，二者必定是 R 的函数。因此，这个 R 与 A，B 可对易，由此可以得出（尽管我们不在这里进行证明）R 有 $s(q_1,\ q_2)\cdots$的形式［$s(q_1,\ q_2)$ 是一个有界函数］。因此，R^n（$n=0,\ 1,\ 2,\ \cdots$）等于［$s(q_1,\ q_2)$］$^n\cdots$，且若 $F(k)$ 是一个多项式，则有 $F(R)$ 等于 F［$s_1(q_1,\ q_2)$］$\cdots$。但这一公式可以推广至所有的 $F(k)$，这里我们将不再详细讨论。由 $F(R)=A$，$G(R)=B$ 也可得出

$$F\left[s(q_1,\ q_2)\right] = q_1,\quad G=\left[s(q_1,\ q_2)\right] = q_2$$ [1]

即互为倒数的映射 $s(q_1,\ q_2)=k$ 与 $F(k)=q_1$，$G(k)=q_2$ 必将单位正方形 $0 \leqslant q_1,\ q_2 \leqslant 1$ 唯一地映射为 k 的线性数字集合——这与我们一般的几何直觉相冲突。

但是基于前面给出的证明，我们知道这仍是可能的——而且实际上，所期望的映射类型是通过所谓的“皮亚诺曲线”来完成的。实际上，在该情形下，确实可以导致皮亚诺曲线的形成，或形成与其密切相关的构造。

---

〔1〕在勒贝格测度为 0 的一个 q_1，q_2 集合中可能会出现例外。

2.11　迹（迹线、迹数）

这里将定义算子的几个重要的不变量。

在 $\mathcal{R}_\infty$ 中，矩阵 $\{a_{\mu\nu}\}$ 的迹 $\sum_{\mu=1}^{n} a_{\mu\mu}$ 就是一个这样的不变量。它是幺正不变的，即当我们将 $\{a_{\mu\nu}\}$ 变换到另一个（笛卡尔）坐标系中时，该矩阵的迹保持不变〔1〕。但是如果我们把矩阵 $\{a_{\mu\nu}\}$ 用对应的算子

$$A\{x_1, \cdots, x_n\}=\{y_1, \cdots, y_n\}, \quad y_\mu=\sum_{\nu=1}^{n} a_{\mu\nu}x_\nu$$

代替，那么在 A 的辅助下，$a_{\mu\nu}$ 可表示如下

$$\varphi_1=\{1, 0, \cdots, 0\}, \ \varphi_2=\{0, 1, \cdots, 0\}, \cdots, \ \varphi_n=\{0, 0, \cdots, 1\}$$

它形成了一个完全的标准正交系，并且显然 $a_{\mu\nu}=(A\varphi_\nu, \varphi_\mu)$（尤可见 2.5 节）。

---

〔1〕用 $\{a_{\mu\nu}\}$ 代替转换（即实施变换的运算子）

$$\eta_\mu=\sum_{\nu=1}^{n}\alpha_{\mu\nu}\xi_\nu$$

（μ=1，…，n，见 2.7 节中所述的推导）。如果我们将其转换为

$$\xi_\mu=\sum_{\nu=1}^{n}x_{\nu\mu}\mathfrak{X}_\nu, \quad \eta_\mu=\sum_{\nu=1}^{n}x_{\nu\mu}\eta_\nu \ (\mu=1, \cdots, n)$$

那么会得到

$$\mathfrak{y}_\mu=\sum_{\nu=1}^{n}\mathfrak{a}_{\mu\nu}\mathfrak{X}_\nu \ (\mu=1, \cdots, n)$$

以及

$$\mathfrak{a}_{\mu\nu}=\sum_{\rho, \sigma=1}^{n}\alpha_{\rho\sigma}\bar{x}_{\mu\rho}x_{\nu\sigma} \ (\mu, \upsilon=1, \cdots, n)$$

$\{a_{\mu\nu}\}$ 是变换后的矩阵。显然

$$\sum_{\mu=1}^{n}\alpha_{\mu\mu}=\sum_{\mu,\rho,\sigma=1}^{n}\alpha_{\rho\sigma}\bar{x}_{\mu\rho}x_{\mu\sigma}=\sum_{\rho,\sigma=1}^{n}\alpha_{\rho\sigma}\left(\sum_{\mu=1}^{n}\bar{x}_{\mu\rho}x_{\mu\sigma}\right)=\sum_{\rho=1}^{n}\alpha_{\rho\rho}$$

即迹是不变的。

因此，其迹为$\sum_{u=1}^{n}(A\varphi_\mu,\ \varphi_\mu)$，并且其幺正不变性意味着，它的值对于每个完全的标准正交系都是相同的。

我们可以立即考虑这一概念在 $\mathfrak{R}_\infty$ 中的同类案例。设 A 为一个线性算子。然后我们取使所有 $A\varphi_\mu$ 有定义的任意完全标准正交系 φ_1，φ_2，…（这当然是可能的，若 A 的定义域为处处稠密——根据 2.2 节中所述的定理 8，只需把稠密序列 f_1，f_2，…正交化即可），并记 A 的迹为

$$\mathrm{Tr}\ A=\sum_{\mu=1}^{\infty}(A\varphi_\mu,\ \varphi_\mu)$$

我们必须证明，迹仅取决于 A（并不取决于 φ_μ）。

为此，我们首先要引入两个完全标准正交系 φ_1，φ_2，…以及 ψ_1，ψ_2，…，并设

$$\mathrm{Tr}(A;\ \varphi,\ \psi)=\sum_{\mu,\nu=1}^{\infty}(A\varphi_\mu,\ \psi_\nu)(\psi_\nu,\ \varphi_\mu)$$

根据 2.2 节所述的定理 7c 可知，它等于$\sum_{\mu=1}^{\infty}(A\varphi_\mu,\ \psi_\mu)$，因此，左边只是看似取决于 ψ_ν。此外

$$\sum_{\mu,\nu=1}^{\infty}(A\varphi_\mu,\ \psi_\nu)\cdot(\psi_\nu,\ \varphi_\mu)=\sum_{\mu,\nu=1}^{\infty}(\varphi_\mu,\ A^*\psi_\nu)(\psi_\nu,\ \varphi_\mu)$$
$$=\overline{\sum_{\mu,\nu=1}^{\infty}(A^*\psi_\nu,\ \varphi_\mu)(\varphi_\mu,\ \psi_\nu)}$$

即 $\mathrm{Tr}(A;\ \varphi,\ \psi)=\overline{\mathrm{Tr}(A^*;\ \psi,\ \varphi)}$。综上所述，右边看似仅取决于 φ_μ，左边也同样适用：所以它们对 φ_μ 和 ψ_ν 的依赖是表面性的。故而，从实际上来讲，该迹仅取决于 A。因此，我们可以将 $\mathrm{Tr}(A;\ \varphi,\ \psi)$ 指定为 $\mathrm{Tr}\ A$。因为它等于$\sum_{\mu=1}^{\infty}(A\varphi_\mu,\ \varphi_\mu)$，由此想要证明的不变性就得以证实了。但是通过最后一个方程，也可以得出 $\mathrm{Tr}\ A=\overline{\mathrm{Tr}\ A^*}$。

关系式

$$\operatorname{Tr}(aA)=a\operatorname{Tr}A,\ \operatorname{Tr}(A\pm B)=\operatorname{Tr}A\pm\operatorname{Tr}B$$

显然成立。此外

$$\operatorname{Tr}(AB)=\operatorname{Tr}(BA)$$

即便是对不可对易的 A，B 也都成立。其证明如下

$$\operatorname{Tr}(AB)=\sum_{\mu=1}^{\infty}(AB\varphi_\mu,\ \varphi_\mu)=\sum_{\mu=1}^{\infty}(B\varphi_\mu,\ A^*\varphi_\mu)$$

$$=\sum_{\mu,\ \nu=1}^{\infty}(B\varphi_\mu,\ \psi_\nu)(\psi_\nu,\ A^*\varphi_\mu)=\sum_{\mu,\ \nu=1}^{\infty}(B\varphi_\mu,\ \psi_\nu)(A\psi_\nu,\ \varphi_\mu)$$

其中 φ_1，φ_2，…与 ψ_1，ψ_2，…可以是任意两个完全标准正交系，且该表达式的对称性（在同时交换 A，B 与 φ，ψ 的情况下）是很明显的。因此，对于埃尔米特算子 A，B 有

$$\operatorname{Tr}(AB)=\overline{\operatorname{Tr}[(AB)^*]}=\overline{\operatorname{Tr}(B^*A^*)}$$

$$=\overline{\operatorname{Tr}(BA)}=\overline{\operatorname{Tr}(AB)}$$

因此，$\operatorname{Tr}(AB)$ 是实数。（$\operatorname{Tr}A$ 当然也是实数。）

如果 $\mathfrak{M}$ 是一个闭线性流形，E 是它的投影，则 $\operatorname{Tr}E$ 可确定如下：设 ψ_1，…，ψ_k 为一个标准正交系，由其张成了闭线性流形 $\mathfrak{M}$，并且由 x_1，…，x_l 张成 $\mathfrak{R}_\infty-\mathfrak{M}$（当然 k 与 l 中必须有一个，或者 k 与 l 两者都是无限的）——于是由 ψ_1，…，ψ_k 和 x_1，…，x_l 共同张成 $\mathfrak{R}_\infty$，即它们一起形成一个完全标准正交系（见 2.2 节中定理 7a）所述内容）。因此

$$\operatorname{Tr}E=\sum_{\mu=1}^{k}(E\psi_\mu,\ \psi_\mu)+\sum_{\mu=1}^{l}(Ex_\mu,\ x_\mu)=\sum_{\mu=1}^{k}(\psi_\mu,\ \psi_\mu)+\sum_{\mu=1}^{l}(0,\ x_\mu)$$

$$=\sum_{\mu=1}^{k}1=k$$

即 $\operatorname{Tr}E$ 是 $\mathfrak{M}$ 的维数。

如果 A 为定号的，那么所有 $(A\varphi_\mu,\ \varphi_\mu)\geqslant 0$，因此 $\operatorname{Tr}A\geqslant 0$。如果在这

种情况下，Tr $A=0$，那么所有（$A\varphi_\mu$，φ_μ）必须为 0。因此，$A\varphi_\mu=0$（见 2.5 节定理 19）。若 $\|\varphi\|=1$，那么我们可以找到一个完全标准正交系 φ_1，φ_2，…，其中 $\varphi_1=\varphi$。（其实，设 f_1，f_2，…为处处稠密，则我们可正交化 φ，f_1，f_2，…——见 2.2 节定理 7——这就意味着我们得到一个以 φ 开始的完全标准正交系。）因此，$A\varphi=0$。如果现在 f 任意值，那么 $f=0$ 时，$Af=0$ 成立；而当 $f\neq 0$ 时，记

$$\varphi=\frac{1}{\|f\|}f$$

根据上面讨论得到 $Af=0$。于是，Tr $A=0$ 导致 $A=0$。因此结论是：若 A 为定号，则 Tr $A>0$。

前面对迹线进行的简单扼要描述，在数学处理上是不严谨的。比如：我们考虑到了级数

$$\sum_{\mu,\nu=1}^{\infty}(A\varphi_\mu,\ \psi_\nu)(\psi_\nu,\ \varphi_\mu)$$

和

$$\sum_{\mu=1}^{\infty}(A\varphi_\mu,\ \varphi_\mu)$$

但却没有对它们的收敛性进行检验，而且我们还将其中的一个转换成了另一个。简言之，按照正确的数学换算方法来看，那些本不应该做的换算，在这里都做了。但实际上，这种疏忽在理论物理学中比比皆是，目前的处理不会对量子力学的实际应用产生灾难性的后果。即便如此，我们仍需知道，我们在这方面的处理到此为止还是比较不严谨的。

正因如此，指出以下结论显得尤为重要。在量子力学的基本统计结论中，迹仅用于 AB 形式的算子，其中 A，B 均为定号算子——且这一概念可以严格界定。因此，在本节的剩余部分中，我们将对迹的相关事实进行汇总，这些事实均可通过绝对严谨的数学方式予以证明。

我们首先要考虑的是 A^*A 的迹［A 任意，根据 2.4 节所述可知为埃尔米特算子，并且由于 $(A^*Af,\ f)=(Af,\ Af)\geqslant 0$，故其为定号算子］。于是

$$\mathrm{Tr}(A^*A)=\sum_{\mu=1}^{\infty}(A^*A\varphi_\mu,\ \varphi_\mu)=\sum_{\mu=1}^{\infty}(A\varphi_\mu,\ A\varphi_\mu)=\sum_{\mu=1}^{\infty}\|A\varphi_k\|^2$$

由于这个级数中的所有项均≥0，因此该级数可以收敛或发散至$+\infty$，因此在任何情况下均有定义。与前面的讨论无关，我们现在想要证明的是：它的总和不取决于对 φ_1，φ_2，…的选择。在这种情况下，只会出现序列中≥0的项，因此所有项均有定义，且允许所有的项重新求和。设 φ_1，φ_2，…和 ψ_1，ψ_2，…为两个完全标准正交系。我们可以定义

$$\sum(A;\ \varphi_\mu,\ \psi_\nu)=\sum_{\mu,\nu=1}^{\infty}|A\varphi_\mu,\ \psi_\nu|^2$$

根据2.2节定理7，这等于

$$\sum_{\mu=1}^{\infty}\|A\varphi_\mu\|^2$$

即从表面来看，$\sum(A;\ \varphi_\mu,\ \psi_\nu)$只取决于$\psi_\nu$。此外（必须对$A\varphi_\mu$和$A^*\psi_\mu$进行定义）

$$\sum(A;\ \varphi_\mu,\ \psi_\nu)=\sum_{\mu,\nu=1}^{\infty}|A\varphi_\mu,\ \psi_\nu|^2=\sum_{\mu,\nu=1}^{\infty}|(\varphi_\mu,\ A^*\psi_\nu)|^2$$

$$=\sum_{\mu,\nu=1}^{\infty}|(A^*\psi_\nu,\ \varphi_\mu)|^2=\sum(A^*;\ \psi_\nu,\ \varphi_\mu)$$

对φ_μ的依赖性仅是表面的，因为这是公式右边的情况。因此，一般来说，$\sum(A;\ \varphi_\mu,\ \psi_\nu)$只取决于$A$。我们记其为$\sum(A)$。根据以上证明，

$$\sum(A)=\sum_{\mu=1}^{\infty}\|A\varphi_\mu\|^2=\sum_{\mu,\nu=1}^{\infty}|(A\varphi_\mu,\ \psi_\nu)|^2$$

且$\sum(A)=\sum(A^*)$。因此，可以将$\mathrm{Tr}(A^*A)$重新恰当地定义为$\sum(A)$。

下面，我们将独立地证明$\sum(A)$的一些性质，这些性质也可以由前面所述的$\mathrm{Tr}\,A$的一般性质推导而出。

根据定义，一般来说$\sum(A)\geq 0$，而且当$\sum(A)=0$时，所有$A\varphi_\mu$必须为0。由此可以得出$A=0$。也就是说，当$A\neq 0$时，$\sum(A)>0$。

显然，$\sum(aA)=|a|^2\sum(A)$。若 $A^*B=0$，则有

$$\|(A+B)\varphi_\mu\|^2-\|A\varphi_\mu\|^2-\|B\varphi_\mu\|^2=(A\varphi_\mu, B\varphi_\mu)+(B\varphi_\mu, A\varphi_\mu)$$
$$=2\mathrm{Re}(A\varphi_\mu, B\varphi_\mu)$$
$$=2\mathrm{Re}(\varphi_\mu, A^*B\varphi_\mu)=0$$

因此，求和 $\sum_{i=1}^{\infty}$ 后可得

$$\sum(A+B)=\sum(A)+\sum(B)$$

该关系在交换 A，B 后仍保持不变。因此，其同样适用于 $B^*A=0$。此外，我们可以将其中的 A，B 替换为 A^*，B^*，则 $AB^*=0$ 或者 $BA^*=0$ 也同样是充分的。因此对于埃尔米特算子 A（或 B），我们可以写成 $AB=0$ 或 $BA=0$。

若 E 是闭线性流形 $\mathfrak{M}$ 的投影，那么为了确定 $\mathrm{Tr}\,E$ 中考虑的 ψ_1，…，ψ_κ，x_1，…，x_l，我们有

$$\sum(E)=\sum_{\mu=1}^{k}\|E\psi_\mu\|^2+\sum_{\mu=1}^{l}\|Ex_\mu\|^2$$
$$=\sum_{\mu=1}^{k}\|\psi_\mu\|^2+\sum_{\mu=1}^{l}\|0\|^2$$
$$=\sum_{\mu=1}^{k}1=k$$

也就是说，$\sum(E)$ 是 $\mathfrak{M}$ 的维数（因为 $E^*E=EE=E$，这正是我们所预期的结果）。

对于两个定号（埃尔米特）算子 A，B 而言，$\mathrm{Tr}(AB)$ 可约化为 $\sum$。也就是说，存在两个同一类别的算子 A'，B'，满足 $A'^2=A$，$B'^2=B$[1]——我们

[1] 准确的命题如下所述：如果 A 是超极大定号算子，则存在且仅存在一个与之同类型的算子满足 $A'^2=A$。我们对其存在性予以证明。设 $A=\int_{-\infty}^{\infty}\lambda\mathrm{d}E(\lambda)$ 为 A 的本征值表示。由于 A 为定号算子，所以当 $\lambda<0$ 时，$E(\lambda)$ 为常数（且由于它等于 0）。否则，对于适当的 $\lambda_1<\lambda_2<0$，$E(\lambda_2)-E(\lambda_1)\neq 0$。因此，可根据满足 $[E(\lambda_2)-E(\lambda_1)]f=f$，而选择一个 $f\neq 0$。（转下页）

将其记作$\sqrt{A}$，$\sqrt{B}$。我们可以得到以下形式上的关系式

$$\mathrm{Tr}(AB)=\mathrm{Tr}(\sqrt{A}\sqrt{A}\sqrt{B}\cdot\sqrt{B})=\mathrm{Tr}(\sqrt{B}\cdot\sqrt{A}\sqrt{A}\sqrt{B})$$

$$=\mathrm{Tr}\Big((\sqrt{A}\sqrt{B})^*(\sqrt{A}\sqrt{B})\Big)=\sum(\sqrt{A}\sqrt{B})$$

这个$\sum(\sqrt{A}\sqrt{B})$因自身的定义，无须考虑其与迹 $\mathrm{Tr}(AB)$ 之间的关系，具有人们对 $\mathrm{Tr}(AB)$ 所期望的一切性质，即

$$\sum(\sqrt{A}\sqrt{B})=\sum(\sqrt{B}\sqrt{A})$$

$$\sum(\sqrt{A}\sqrt{B+C})=\sum(\sqrt{A}\sqrt{B})+\sum(\sqrt{A}\sqrt{C})$$

$$\sum(\sqrt{A+B}\sqrt{C})=\sum(\sqrt{A}\sqrt{C})+\sum(\sqrt{B}\sqrt{C})$$

第一条性质是根据$\sum(XY)$关于 X，Y 的对称性

$$\sum(XY)=\sum_{\mu,\,\nu=1}^{\infty}|XY\varphi_u,\ \psi_\nu|^2=\sum_{\mu,\,\nu=1}^{\infty}|(Y\varphi_u,\ X\psi_\nu)|^2$$

推导出的。因为第一条性质成立，第二条性质也可通过第三条性质推导得出。因此，我们仅需证明第三条性质，即$\sum(\sqrt{A}\sqrt{B})$在 A 中是可加的。但是如

（接上页）但正如我们前面多次推导的那样，由此可得出的结论是

$$E(\lambda)f=\begin{cases}f, & \text{当}\lambda\geqslant\lambda_2\text{时}\\ 0, & \text{当}\lambda\leqslant\lambda_1\text{时}\end{cases}$$

因此

$$(Af,\ f)=\int_{-\infty}^{\infty}\lambda\mathrm{d}\big[E(\lambda)f,\ f\big]$$

$$=\int_{\lambda_1}^{\lambda_2}\lambda\mathrm{d}\big[E(\lambda)f,\ f\big]\leqslant\int_{\lambda_1}^{\lambda_2}\lambda_2\mathrm{d}\big[E(\lambda)f,\ f\big]$$

$$=\lambda_2\Big\{\big[E(\lambda_2)-E(\lambda_1)\big]f,\ f\Big\}=\lambda_2(f,\ f)<0$$

所以

$$A=\int_{-\infty}^{\infty}\lambda\mathrm{d}E(\lambda)=\int_0^{\infty}\lambda\mathrm{d}E(\lambda)=\int_0^{\infty}\mu^2\mathrm{d}E(\mu^2)$$

且 $A'=\int_l^{\infty}\mu\mathrm{d}E(\mu^2)$ 导出了所需的结果。注意到我们已经根据定号性推导出：当 $\lambda<0$，有 $E(\lambda)=0$。而且由于定号性显然是由此推导得出的，所以整个谱$\geqslant 0$是定号性的特征。

果我们将 $\sum(\sqrt{A}\sqrt{B})$ 改写作

$$\sum(\sqrt{A}\sqrt{B})=\sum_{\mu=1}^{\infty}\|\sqrt{A}\sqrt{B}\varphi_{\mu}\|^2=\sum_{\mu=1}^{\infty}(\sqrt{A}\sqrt{B}\varphi_{\mu},\ \sqrt{A}\sqrt{B}\varphi_{\mu})$$

$$=\sum_{\mu=1}^{\infty}(\sqrt{A}\cdot\sqrt{A}\sqrt{B}\varphi_{\mu},\ \sqrt{B}\varphi_{\mu})=\sum_{\mu=1}^{\infty}(A\sqrt{B}\varphi_{\mu},\ \sqrt{B}\varphi_{\mu})$$

这一点即刻可见。用上述方式，我们已经在期望可及的程度上，为迹的概念建立了严谨的数字基础。

此外，根据最后一个公式还可以得出以下结论：如果 A，B 为定号算子，那么由 $\mathrm{Tr}(AB)=0$ 可得 $AB=0$。因为 $\mathrm{Tr}(AB)=0$ 就意味着 $\sum(\sqrt{A}\sqrt{B})=0$，由此可知 $\sqrt{A}\sqrt{B}=0$（见前文所记述的讨论，以及对 $\sum$ 的讨论。）因此，

$$AB=\sqrt{A}\cdot\sqrt{A}\sqrt{B}\cdot\sqrt{B}=0$$

对于定号埃尔米特算子 A，对迹进行的计算即便是在其原始形式上，也是正确的。事实上，设 φ_1，φ_2，…为一个完全标准正交系。则 $\sum_{\mu=1}^{\infty}(A\varphi_{\mu},\ \varphi_{\mu})$（这个和应该定义了迹）是所有非负项的和，因此它可以收敛或者发散至 $+\infty$。那么就可能存在两种情况：要么当 φ_1，φ_2，…选择任一选项时，该和都是无限的，因此迹的定义实际上是不取决于 φ_1，φ_2，…的，而且这个和等于 $+\infty$；要么这个和至少对 φ_1，φ_2，…的一个选择，比如 $\overline{\varphi}_1$，$\overline{\varphi}_2$，…，是有限的。于是，由于

$$\left(\sum_{\mu=1}^{\infty}(A\overline{\varphi}_{\mu},\ \overline{\varphi}_{\mu})\right)^2=\sum_{\mu,\nu=1}^{\infty}(A\overline{\varphi}_{\mu},\ \overline{\varphi}_{\mu})\ (A\overline{\varphi}_{\nu},\ \overline{\varphi}_{\nu})$$

$$\geqslant\sum_{\mu,\nu=1}^{\infty}|A\overline{\varphi}_{\mu},\ \overline{\varphi}_{\nu}|^2=\sum(A)$$

$\sum(A)$ 也是有限的，例如等于某个 C^2。如果 φ_1，φ_2，…是任意完全正标准交系，那么

$$\sum(A)=\sum_{\mu=1}^{\infty}\|A\psi_{\mu}\|^2=C^2，\ \|A\psi_1\|^2\leqslant C^2，\ \|A\psi_1\|\leqslant C$$

因为每个满足$\| \psi \|=1$的ψ都可以被选来构成这样一个系统的ψ_1，由$\| \psi \|=1$可知$\| A\psi \| \leqslant C$。那么一般来说，有$\| Af \| \leqslant C\cdot\| f \|$：对于$f=0$，这是显而易见的；而对于$f\neq 0$，设$\psi=\frac{1}{\| f \|}\cdot f$就足够了。因此，$A$满足2.9节中所述的条件**Co**，因此它是一个连续算子。实际上还有更多结论成立。

因为$\sum(A)$的有限性，A属于那类所谓的“全连续类算子”。希尔伯特证明了此类算子的本征值问题在其原始形式下是可解的，即存在一个满足$A\psi_\mu=\lambda_\mu\psi_\mu$的完全标准正交系$\psi_1$，$\psi_2$，…（并且当$\mu\to\infty$时，$\lambda_\mu\to 0$）[1]。因为该算子的定号特性，$\lambda_\mu=(A\psi_\mu,\ \psi_\mu)\geqslant 0$，而且

---

〔1〕直接证明如下：

设

$$\lambda_0<\lambda_1<\cdots<\lambda_n:\begin{cases}\text{全部}\geqslant+\varepsilon\text{或}\leqslant-\varepsilon\\ E(\lambda_0)\neq E(\lambda_1)\neq\cdots\neq E(\lambda_n)\end{cases}$$

则$E(\lambda_\nu)-E(\lambda_{\nu-1})\neq 0$，因此可以选择$\varphi_\nu\neq 0$及$\left[E(\lambda_\nu)-E(\lambda_{\nu-1})\right]\varphi_\nu=\varphi_\nu$。由此得到

$$E(\lambda)\varphi=\begin{cases}\varphi_\nu,\ \text{当}\lambda\geqslant\lambda_\nu\text{时}\\ 0,\quad\text{当}\lambda\leqslant\lambda_{\nu-1}\text{时}\end{cases}$$

且我们甚至可以使$\| \varphi_\nu \|=1$。由以上可知，当$\mu\neq\nu$时，$(\varphi_\mu,\ \varphi_\nu)=0$。因此，$\varphi_1$，…，$\varphi_n$构成一个正交系，而且我们可以将其扩展成为一个完全正交系：φ_1，…，φ_n，φ_{n+1}，…。我们有

$$\begin{aligned}\| A\varphi_\nu \|^2&=\int_{-\infty}^{\infty}\lambda^2\mathrm{d}\| E(\lambda)\varphi_\nu \|^2=\int_{\lambda_{\nu-1}}^{\lambda_\nu}\lambda^2\mathrm{d}\| E(\lambda)\varphi_\nu \|^2\\ &\geqslant\int_{\lambda_{\nu-1}}^{\lambda_\nu}\varepsilon^2 d\| E(\lambda)\varphi_\nu \|^2=\varepsilon^2\left(\| E(\lambda_\nu)\varphi_\nu \|^2-\| E(\lambda_{\nu-1})\varphi_\nu \|^2\right)\\ &=\varepsilon^2\| \varphi_\nu \|^2=\varepsilon^2\end{aligned}$$

且因此

$$\sum_{\mu=1}^{\infty}\| A\varphi_\mu \|^2\begin{cases}\geqslant\sum_{\mu=1}^{n}\| A\varphi_\mu \|^2\geqslant n\varepsilon^2\\ =\sum(A)=C^2\end{cases}$$

即$n\leqslant\frac{c^2}{\varepsilon^2}$。那么当$|\lambda|\geqslant\epsilon$时，通常$E(\lambda)$只能取$\leqslant 2\cdot\frac{c^2}{\varepsilon^2}$个不同的值。因此它只能在有限个位置之间变化，剩余的空间由恒定区间组成。也就是说，当$|\lambda|\geqslant\varepsilon$时，仅存在一个离散谱。由于这对所有$\varepsilon>0$成立，因此通常只存在纯离散谱。

$$\sum_{\mu=1}^{\infty}\lambda_{\mu}^{2}=\sum_{\mu=1}^{\infty}\|A\psi_{\mu}\|^{2}=\sum(A)=C^{2}$$

如果φ_1，φ_2，…是任意完全标准正交系，则

$$\sum_{\mu=1}^{\infty}(A\varphi_{\mu},\ \varphi_{\mu})=\sum_{\mu=1}^{\infty}\left[\sum_{\nu=1}^{\infty}(A\varphi_{\mu},\ \psi_{\nu})(\psi_{\nu},\ \varphi_{\mu})\right]$$

$$=\sum_{\mu=1}^{\infty}\left(\sum_{\nu=1}^{\infty}(\varphi_{\mu},\ A\psi_{\nu})(\psi_{\nu},\ \varphi_{\mu})\right)$$

$$=\sum_{\mu=1}^{\infty}\left[\sum_{\nu=1}^{\infty}\lambda_{\nu}(\varphi_{\mu},\ \psi_{\nu})(\psi_{\nu},\ \varphi_{\mu})\right]=\sum_{\mu=1}^{\infty}\left[\sum_{\nu=1}^{\infty}\lambda_{\mu}|(\varphi_{\mu},\ \psi_{\nu})|^{2}\right]$$

由于所有的项均$\geqslant 0$，我们可以重排求和的次序：

$$\sum_{\mu=1}^{\infty}(A\varphi_{\mu},\ \varphi_{\mu})=\sum_{\mu,\nu=1}^{\infty}\lambda_{\nu}|(\varphi_{\mu},\ \psi_{\nu})|^{2}=\sum_{\nu=1}^{\infty}\lambda_{\nu}\left[\sum_{\mu=1}^{\infty}|(\varphi_{\mu},\ \psi_{\nu})|^{2}\right]$$

$$=\sum_{\nu=1}^{\infty}\lambda_{\nu}\|\psi_{\nu}\|^{2}=\sum_{\nu=1}^{\infty}\lambda_{\nu}$$

因此，在这种情况下，$\sum_{\mu=1}^{\infty}(A\varphi_{\mu},\ \varphi_{\mu})$再次与$\varphi_1$，$\varphi_2$，…无关，而且实际上与本征值之和相等。由于这个和对于$\overline{\varphi}_1$，$\overline{\varphi}_2$，…是有限的，因此其恒为有限的。也就是说，Tr A 又是唯一的，但这次也是有限的。因此，对迹的计算在这两种情况下都是合理的。

下面我们探讨几个有关 Tr A 与$\sum(A)$的一些估算。对于所有使$\sum(A)$有限的 A，满足$\|Af\|\leqslant\sqrt{\sum(A)}\cdot\|f\|$；对于所有具有有限 Tr A，且为定号的（埃尔米特算子）A，满足$\|Af\|\leqslant\mathrm{Tr}(A)\cdot\|f\|$。下面进一步设$A$为定号，且 Tr$A$=1，则对于满足$\|\varphi\|=1$的合适的$\varphi$，$\|A\varphi\|^{2}\geqslant 1-\varepsilon$或$(A\varphi,\ \varphi)\geqslant 1-\varepsilon$。由于$(A\varphi,\ \varphi)\leqslant\|A\varphi\|\cdot\|\varphi\|=\|A\varphi\|$［用$(1-\varepsilon)^{2}\geqslant 1-2\varepsilon$代替 $1-\varepsilon$，因此用2ε代替ε］，所以只考虑第二种情况就足够了，因为第一种情况是由第二种情况得出的。

设ψ正交于φ，$\|\psi\|=1$，然后我们可以找到一个完全标准正交系 x_1，

x_2，…，其中 $x_1=\varphi$，$x_2=\psi$。因此

$$\sum_{\mu=1}^{\infty}\| Ax_\mu \|^2 \begin{cases} =\sum(A)\leqslant[\mathrm{Tr}\,A]^2=1 \\ \geqslant\| A\varphi \|^2+\| A\psi \|^2\geqslant 1-2\varepsilon+\| A\psi \|^2 \end{cases}$$

$$\| A\psi \|^2\leqslant 2\varepsilon，\| A\psi \|\leqslant\sqrt{2\varepsilon}$$

对于正交于 φ 的任意 f，有 $\| Af \|\leqslant\sqrt{2\varepsilon}\| f \|$（这对 $f=0$ 是显而易见的，否则 $\psi=\frac{1}{\| f \|}\cdot f$）。如果我们现在还记得 $(Af, g)=(f, Ag)$，又若 f 或 g 正交于 φ，则有 $|(Af, g)|\leqslant\sqrt{2\varepsilon}\| f \|\cdot\| g \|$。

下面设 f，g 为任意值。并记

$$f=\alpha\varphi+f'，\quad g=\beta\varphi+g'$$

其中 f'，g' 正交于 φ，且 $\alpha=(f, \varphi)$，$\beta=(g, \varphi)$。那么

$$(Af, g)=\alpha\overline{\beta}(A\varphi, \varphi)+\alpha(A\varphi, g')+\overline{\beta}(Af', \varphi)+(Af', g')$$

因此，若记 $(A\varphi, \varphi)=C$，则

$$|(Af, g)-c\alpha\overline{\beta}|\leqslant|\alpha|\cdot|(A\varphi, g')|+|\beta|\cdot|(Af', \varphi)|+|(Af', g')|$$

并且根据上述估算

$$\begin{aligned} |(Af, g)-c\alpha\overline{\beta}| &\leqslant\sqrt{2\varepsilon}\cdot(|\alpha|\cdot\| g' \|+|\beta|\cdot\| f' \|+\| f' \|\cdot\| g' \|)| \\ &\leqslant\sqrt{2\varepsilon}\cdot(|\alpha|+\| f' \|)(|\beta|+\| g \|)| \\ &\leqslant 2\sqrt{2\varepsilon}\cdot\sqrt{|\alpha|^2+\| f' \|^2}\sqrt{|\beta|^2+\| g' \|^2} \\ &\leqslant 2\sqrt{2\varepsilon}\cdot\| f \|\cdot\| g \| \end{aligned}$$

另一方面

$$(Af, g)-c\alpha\overline{\beta}=(Af, g)-c(f, \varphi)(\varphi, g)=\left[(A-cP_{[\varphi]})f, g\right]$$

那么在一般情况下，$|\left[(A-cP_{[\varphi]})f, g\right]|\leqslant 2\sqrt{2\varepsilon}\cdot\| f \|\cdot\| g \|$。因此，正如我们从 2.9 节中所知，也有

$$\|(A-cP_{[\varphi]})f \|\leqslant 2\sqrt{2\varepsilon}\cdot\| f \|$$

对于 $f=\varphi$ 这意味着

$$\| A\varphi - c\varphi \| \leqslant 2\sqrt{2\varepsilon} \|$$

$$c = \| c\varphi \| \begin{cases} \leqslant \| A\varphi - c\varphi \| + \| A\varphi \| \leqslant 2\sqrt{2\varepsilon} + 1 \\ \geqslant - \| A\varphi - c\varphi \| + \| A\varphi \| \geqslant -2\sqrt{2\varepsilon} + (1-\varepsilon) \end{cases}$$

$$1-(\varepsilon+2\sqrt{2\varepsilon}) \leqslant c \leqslant 1+2\sqrt{2\varepsilon} \left[c=(A\varphi,\ \varphi)\text{ 为大于等于 0 的实数}\right]$$

所以

$$\begin{aligned} \| (A-P_{[\varphi]}) f \| &\leqslant \| (A-cP_{[\varphi]}) f \| + \| (c-1) P_{[\varphi]} f \| \\ &\leqslant 2\sqrt{2\varepsilon} \| f \| + (\varepsilon+2\sqrt{2\varepsilon}) \| P_{[\varphi]} f \| \\ &\leqslant (\varepsilon+4\sqrt{2\varepsilon}) \cdot \| f \| \end{aligned}$$

因此，当 $\varepsilon \to 0$ 时，A 一致地收敛至 $P_{[\varphi]}$。

最后，让我们在 $\mathfrak{R}_\infty$ 的 F_z 和 F_Ω 环境下考虑 Tr A 和 Tr B（1.4 节和 2.3 节），因为在这些情况下会出现物理上的应用。

在 F_z（满足 $\sum_{\mu=1}^{\infty} |x_\mu|^2$ 有限的所有 $\{x_1, x_2, \cdots\}$ 的集合）中，A 可以通过矩阵 $\{a_{\mu\nu}\}$ 来描述

$$A\{x_1,\ x_2,\ \cdots\} = \{y_1,\ y_2,\ \cdots\},\ y_\mu = \sum_{\nu=1}^{\infty} \alpha_{\mu\nu} x_\nu$$

根据完全标准正交系

$$\varphi_1\{1,\ 0,\ 0,\ \cdots\},\ \varphi_2\{0,\ 1,\ 0,\ \cdots\},\ \cdots$$

我们有

$$A\varphi_\mu = \{a_{1\mu},\ a_{2\mu},\ \cdots\} = \sum_{\rho=1}^{\infty} a_{\rho\mu} \varphi_\rho$$

因此

$$(A\varphi_\mu,\ \varphi_\mu) = a_{\mu\mu}$$

$$\| A\varphi_\mu \|^2 = \sum_{\rho=1}^{\infty} | \alpha_{\rho\mu} |^2$$

由此可以立即得出结论

$$\operatorname{Tr} A=\sum_{\mu=1}^{\infty}\alpha_{\mu\mu}\ ,\quad \sum(A)=\sum_{\mu,\nu=1}^{\infty}|\alpha_{\mu\nu}|^2$$

在 F_Ω [满足 $\int_\Omega |f(P)|^2 \mathrm{d}v$ 有限的所有定义在 Ω 中的所有 $f(P)$ 集合] 中，让我们只考虑微分算子

$$Af(P)=\int_\Omega a(P,P')f(P')\mathrm{d}v'$$

其中，$[a(P,P')]$ 是一个定义在 Ω 中的双变量函数，是 A 的“核”（见1.4节）。设 $\varphi_1(P)$，$\varphi_2(P)$，…为任意完全正交系，则

$$\operatorname{Tr} A=\sum_{\mu=1}^{\infty}[A\varphi_\mu(P),\ \varphi_\mu(P)]=\sum_{\mu=1}^{\infty}\int_\Omega\int_\Omega[a(P,P')\varphi_\mu(P')\mathrm{d}v']\overline{\varphi_\mu(P)}\mathrm{d}v$$

且因为通常（将2.2节定理7b应用于 $\overline{g(P)}$）有

$$\sum_{\mu=1}^{\infty}\left(\int_\Omega \overline{g(P')}\,\overline{\varphi_\mu(P')}\mathrm{d}v'\right)\varphi_\mu(P)=\overline{g(P)}$$

$$\sum_{\mu=1}^{\infty}\left(\int_\Omega g(P')\varphi_\mu(P')\mathrm{d}v'\right)\overline{\varphi_\mu(P)}=g(P)$$

成立，则有

$$\operatorname{Tr} A=\int_\Omega a(P,P)\mathrm{d}v$$

此外，

$$\sum(A)=\sum_{\mu=1}^{\infty}\int_\Omega\left|\int_\Omega a(P,P')\varphi_\mu(P')\mathrm{d}v'\right|^2\mathrm{d}v$$

且因此，鉴于2.2节中所述的定理7c，

$$\sum_{\mu=1}^{\infty}\left|\int_\Omega g(P')\varphi_\mu(P')\mathrm{d}v'\right|^2=\sum_{\mu=1}^{\infty}\left|\int_\Omega \overline{g(P')}\,\overline{\varphi_\mu(P')}\mathrm{d}v'\right|^2$$

$$=\int_\Omega\left|\overline{g(P')}\right|^2\mathrm{d}v'=\int_\Omega\left|\overline{g(P')}\right|^2\mathrm{d}v'$$

进而有

$$\sum(A)=\int_{\Omega}\int_{\Omega}\left|a(P,\ P')\right|^{2}\mathrm{d}v\mathrm{d}v'$$

我们看到，通过 Tr A，$\sum(A)$可以达成我们曾经在 1.4 节中尝试借助数学上存疑的方法追求的目标：在由 F_z 向 F_{Ω} 转变的过程中，用 $\int_{\Omega}\cdots\mathrm{d}v$ 代替 $\sum_{\mu=1}^{\infty}\cdots$。

我们以此结束对埃尔米特算子的数学处理。对于数学感兴趣的读者，可在与这些主题相关的文献中找到更多相关信息[1]。

[1] 除了在上述讨论过程中所提及的原创论文以外，最重要的参考文献是赫林格与特普利茨所著的百科全书文章。

第三章　量子统计学

3.1 量子力学的统计观

现在我们将回到被第二章中的数学讨论打断的量子力学的理论分析上来。前面我们仅讨论了量子力学如何使得一个特殊的物理量——能量的各种可能值的确定成为可能。这些可能值是能量算子的本征值（即其能谱数）。此外，我们目前尚未提及其他物理量的值、多个量值之间的因果关系或统计关系。现在我们要阐释该问题相关的理论表述。由于我们已经确定波动力学和量子力学两种理论之间的等价性，因此将以波动力学的描述方法作为基础。

在薛定谔的框架中，有关系统状态的一切参量无疑都必须从其波函数 $\varphi(q_1, \cdots, q_k)$ 推导而来（假设该系统有 k 个自由度，并采用 $q_1, \cdots, q_k$ 作为其构形坐标）。实际上，该方法并不会将我们限制于系统定态（其中，φ 是量子轨道 $H: H\varphi=\lambda\varphi$ 的特征函数，见 1.3 节），也能容许系统的所有其他状态的存在，即根据薛定谔时间相关微分方程 $H\varphi=-\dfrac{h}{2\pi i}\dfrac{\partial}{\partial t}\varphi$（见 1.2 节）的变化而变化的波函数 φ。那么现在对于处于状态 φ 的系统可以得出哪些结论呢？

首先，我们注意到 φ 通过

$$\int_{-\infty}^{\infty}\cdots\int_{-\infty}^{\infty}|\varphi(q_1, \cdots, q_k)|^2 \mathrm{d}q_1\cdots\mathrm{d}q_k=1$$

而标准化（见 1.3 节），即（用我们现在的术语）φ 是由所有函数 $f(q_1, \cdots, q_k)$ 组成的希尔伯特空间 $\mathfrak{R}_\infty$ 中的一个点，（在 F_Ω 中）具有有限积分

$$\int_{-\infty}^{\infty}\cdots\int_{-\infty}^{\infty}|f(q_1, \cdots, q_k)|^2 \mathrm{d}q_1\cdots\mathrm{d}q_k$$

被 $\|\varphi\|=1$ 标准化。换言之，φ 必须位于希尔伯特空间中单位球的表面上[1]。我们已经知道，φ 中的常数因子（与 $q_1, \cdots, q_k$ 无关）在物理上是没有意义的（这意味着可以用 $a\varphi$ 替代 φ，其中 a 是一个复数。由于标准化条件是 $\|\varphi\|=1$，那么必须有 $|a|=1$）。此外，还需要指出的是，φ 不仅取决于时间 t，还取决于系统构形空间的坐标 $q_1, \cdots, q_k$，但是希尔伯特空间仅与 $q_1, \cdots, q_k$ 相关（因为标准化条件只与 $q_1, \cdots, q_k$ 相关）。因此在形成希尔伯特空间时，无须考虑对时间 t 的依赖关系。相反，t 更适合被视为一个参数。因此 φ 作为 $\mathfrak{R}_\infty$ 中的一点取决于 t，但却与 $q_1, \cdots, q_k$ 无关：事实上，作为 $\mathfrak{R}_\infty$ 中的一个点，它代表了整个泛函的依赖性。正因如此，我们偶尔会通过 φ_t 来表示 φ 中的参数 t（当 φ 被视为 $\mathfrak{R}_\infty$ 中的一个点时）。

现在让我们考虑状态 $\varphi=\varphi(q_1, \cdots, q_k)$。可以做出如下统计结论：系统在构形空间中的点 $q_1, \cdots, q_k$ 的概率密度为 $|\varphi(q_1, \cdots, q_k)|^2$，即其在构形空间体积 V 中的概率为

$$\int_V \cdots \int |\varphi(q_1, \cdots, q_k)|^2 \mathrm{d}v$$

[由此可以看出量子力学统计特性的第一个也是最简单的例子[2]。此外，该陈述与薛定谔的电荷分布假设之间（见 1.2 节）有明显的关系。] 进而，如果该系统的能量有算子 H，并且若该算子的本征值为 $\lambda_1, \lambda_2, \cdots$，且本征函数为 $\varphi_1, \varphi_2, \cdots$，则能量本征值 λ_n 在状态 φ 中的概率为

$$\left|\int \cdots \int \varphi(q_1, \cdots, q_k)\overline{\varphi_n(q_1, \cdots, q_k)}\,\mathrm{d}q_1 \cdots \mathrm{d}q_k\right|^2$$

---

〔1〕用几何进行类比，（在 $\mathfrak{R}_\infty$ 中）满足 $\|f-\varphi_0\| \leqslant r$ 这一条件的点 f 的集合，是以 φ_0 为圆心，r 为半径的球体。其中，球体内部为满足 $\|f-\varphi_0\|<r$ 的点的集合，球体表面为满足 $\|f-\varphi_0\|=r$ 的点的集合。单位球满足 $\varphi_0=0$，$r=1$。

〔2〕有关系统在状态 φ 中行为的统计陈述最早源于玻尔，后由狄拉克和若尔当对其做了更为详细的处理。

现在，我们要把上述两个陈述合在一起，并置于一个统一的形式之中。

设 V 为 k 维立方体

$$q_1' < q_1 \leqslant q_1'', \cdots, \ q_k' < q_k \leqslant q_k''$$

我们将区间 $\{q_{1'}, q_{1''}\}$，⋯，$\{q_{k'}, q_{k''}\}$ 分别表示为 I_1，⋯，I_k。q_1，⋯，q_k 分别有算子 $q_1\cdots$，⋯，$q_k\cdots$。属于那些算子的单位分解定义如下（见 2.8 节）：我们将属于 q_j（j=1，⋯，k）的单位分解记作 E_j（λ），并定义

$$E_j(\lambda)f(q_1, \cdots, q_k) = \begin{cases} f(q_1, \cdots, q_k), & \text{当} q_j \leqslant \lambda \text{时} \\ 0, & \text{当} q_j > \lambda \text{时} \end{cases}$$

引入以下一般记法：若 F（λ）是一个单位分解，I 为区间 $\{\lambda_{'}, \lambda_{''}\}$，则 F（I）$=F$（λ''）$-$ F（λ'）［它对 $\lambda' \leqslant \lambda''$，$F$（$\lambda'$）$\leqslant F$（$\lambda''$）是一个投影算子］。因此，该系统位于上述 V 的概率，即 q_1 位于 I_1，⋯，q_k 位于 I_k 的概率是

$$\int_{q_1'}^{q_1''} \cdots \int_{q_k'}^{q_k''} |\varphi(q_1, \cdots, q_k)|^2 \,\mathrm{d}q_1 \cdots \mathrm{d}q_k$$

$$= \int \cdots \int |E_1(I_1) \cdots E_k(I_k)\varphi(q_1, \cdots, q_k)|^2 \,\mathrm{d}q_1 \cdots \mathrm{d}q_k$$

$$= \| E_1(I_1) \cdots E_k(I_k)\varphi \|^2$$

［因为被积分式只对取自 I_1 的 q_1，⋯，和取自 I_k 的 q_k 有 $E_1(I_1)\cdots E_k(I_k)\varphi(q_1, \cdots, q_k) = \varphi$（$q_1$，⋯，$q_k$），否则为 0］。

在第二种情况下，我们考虑到这是能量位于 $\{\lambda', \lambda''\}$ 区间 I 中的概率。属于 H 的 E（λ）的单位分解定义为（见 2.8 节）

$$E(\lambda) = \sum_{\lambda_n \leqslant \lambda} P_{[\varphi_n]}$$

因此

$$E(I) = E(\lambda'') - E(\lambda') = \sum_{\lambda' < \lambda_n \leqslant \lambda''} P_{[\varphi_n]}$$

但由于只有 λ_1，λ_2，⋯作为能量值出现，这后一种概率是所有 λ_n 的概率之和，且满足 $\lambda' < \lambda_n \leqslant \lambda''$，因此

$$\sum_{\lambda'<\lambda_n\leqslant\lambda''}\left|\int\cdots\int\varphi(q_1,\ \cdots,\ q_k)\overline{\varphi_n(q_1,\ \cdots,\ q_k)}\mathrm{d}q_1\cdots\mathrm{d}q_k\right|^2$$

$$=\sum_{\lambda'<\lambda_n\leqslant\lambda''}|(\varphi,\ \varphi_n)|^2=\sum_{\lambda'<\lambda_n\leqslant\lambda''}(P_{[\varphi_n]}\varphi,\ \varphi)$$

$$=\left[\left(\sum_{\lambda'<\lambda_n\leqslant\lambda''}P_{[\varphi_n]}\right)\varphi,\ \varphi\right]=[E(I)\varphi,\ \varphi]=\|E(I)\varphi\|^2$$

在这两种情况下，我们都得出了以下形式的结果：

P 在 φ 状态下，算子 R_1，…，R_l[1] 在区间 I_1，…，I_l 之中取值的概率为

$\|E_1(I_1)\cdots E_l(I_l)\varphi\|^2$

其中，$E_1(\lambda)$，…，$E_l(\lambda)$ 分别是 R_1，…，R_l 的单位分解。

第一种情况对应于 $l=k$，$R_1=q_1$，…，$R_k=q_k$，…，而第二种情况对应于 $l=1$，$R_1=H$。我们现在假设陈述 **P** 是一般有效的。实际上，该陈述包含了迄今为止量子力学中所有的已知统计结论。

但是我们有必要限制其有效性。由于 R_1，…，R_l 的次序在问题中是完全任意的，所以其结果也必定是任意的。也就是说，所有的 $E_1(I_1)$，…，$E_l(I_l)$，或与之相等同的所有 $E_1(\lambda_1)$，…，$E_l(\lambda_l)$ 必须是可对易的。根据 2.9 节所述内容，这就意味着 R_1，…，R_l 彼此之间是可对易的。该条件对于 $q_1\cdots$，…，$q_k\cdots$，是满足的，而对于 $l=1$，$R_1=H$ 的空泛满足是没有意义的。

因此，我们假定 P 对于所有可对易的 R_1，…，R_l 有效，那么则 $E_1(I_1)$，…，$E_l(I_l)$ 是可对易的，也因此 $E_1(I_1)\cdots E_l(I_l)$ 成为投影算子（见 2.4 节定理 14），并且问题中所涉及的概率为：

$$P=\|E_1(I_1)\cdots E_l(I_l)\varphi\|^2=\left[E_1(I_1)\cdots E_l(I_l)\varphi,\ \varphi\right]$$

---

〔1〕我们将在 4.1 节中更加明确地阐述这种对应性，这种对应性使得每个物理量均与一个埃尔米特算子相对应。目前我们只知道（见 1.2 节）算子 q_1，…，q_k，对应于坐标，算子 $\frac{h}{2\pi i}\frac{\partial}{\partial q_1}$，…，$\frac{h}{2\pi i}\frac{\partial}{\partial q_k}$ 对应于动量，而“能量算子”H 对应于能量。

（见 2.4 节定理 12）。

在继续深入探讨之前，我们必须对 **P** 的一些性质进行验证，并且这些特性在任何合理的统计理论中都必须成立：

（1）命题的顺序无关紧要。

（2）空泛的命题可任意插入而不会改变 **P**。

实际上，所插入的都是区间 I_j 与 $\{-\infty, +\infty\}$ 相等的那些，它们只产生一个因子

$$E_j(I_j)=E_j(+\infty)-E_j(-\infty)=1-0=1$$

（3）概率的加法定理成立。

也就是说，如果我们把区间 I_j 分解为两个区间 I_j' 和 I_j''，那么旧概率是两个新概率之和。设 I_j，I_j' 和 I_j'' 分别为 $\{\lambda', \lambda''\}$，$\{\lambda', \lambda\}$ 和 $\{\lambda, \lambda''\}$，则有

$$E(\lambda'')-E(\lambda')=\big(E(\lambda)-E(\lambda')\big)+\big(E(\lambda'')-E(\lambda)\big)$$

即 $E(I_j)=E(I_j')+E(I_j'')$，由上述 **P** 的第二条性质［在 $E_1(I_1)\cdots E_j(I_j)\cdots E_l(I_l)$ 中成线性］得到了概率的可加性。

（4）对于无理性命题（某个 I_j 为空集），$P=0$ ——因为与之相对应的 $E_j(I_j)=0$；对于真平凡命题（所有 I_j 等于 $\{-\infty, +\infty\}$），$P=1$——因为由此可得所有 $E_j(I_j)=1$，$P=\|\varphi\|^2=1$。根据 2.4 节定理 13，$0\leqslant P\leqslant 1$ 恒成立。

最后，我们注意到 **P** 包含这样一个结论：一个量 R_j 只能取其本征值，即取其谱中的数。因为如果区间 $I_j=\{\lambda', \lambda''\}$ 位于谱以外，则 $E_j(\lambda)$ 在其中是常数，因此

$$E_j(I_j)=E_j(\lambda'')-E_j(\lambda')=0$$

由此可得 $P=0$。

我们现设 $l=1$，并且把 R_1 记作 R，设与 R 对应的物理量为 $\mathfrak{R}$。设 $F(\lambda)$ 为任意函数。然后计算 $F(\mathfrak{R})$ 的期望值。

为此，我们将区间 $\{-\infty, +\infty\}$ 划分为一系列的子区间 $\{\lambda_n, \lambda_{n+1}\}$，$n=0, \pm1, \pm2, \cdots$。$\mathfrak{R}$ 位于 $\{\lambda_n, \lambda_{n+1}\}$ 中的概率为

$$\{[E(\lambda_{n+1})-E(\lambda_n)]\varphi,\ \varphi\}[E(\lambda_{n+1})\varphi,\ \varphi]-[E(\lambda_n)\varphi,\ \varphi]$$

如果λ_n'是位于区间$\{\lambda_n,\ \lambda_{n+1}\}$中的适当中间值，那么$F(\mathfrak{R})$的期望值为

$$\sum_{-\infty}^{+\infty}F(\lambda_n')\{[E(\lambda_{n+1})\varphi,\ \varphi]-[E(\lambda_n)\varphi,\ \varphi]\}$$

但如果我们选择细分…，λ_{-2}，λ_{-1}，λ_0，λ_1，λ_2，…使其越来越精细化，那么该和将收敛至斯蒂尔切斯积分

$$\int_{-\infty}^{+\infty}F(\lambda)\,\mathrm{d}(E(\lambda)\varphi,\ \varphi)$$

因此，所求期望值也等于该数值。但根据2.8节中所述的算子函数的一般定义，该积分等于$[F(R)\varphi,\ \varphi]$。因此，我们可得出以下结论：

$\mathbf{E}_1$ 设$\mathfrak{R}$为任意物理量，R是其算子，$F(\lambda)$为任意函数，则$F(\mathfrak{R})$在状态φ下的期望值为

$$\mathrm{Exp}(F(\mathfrak{R});\ \varphi)=(F(R)\varphi,\ \varphi)$$

特别是，如果我们设$F(\lambda)=\lambda$，那么：

$\mathbf{E}_2$ 设$\mathfrak{R}$，R如上所述。那么，$\mathfrak{R}$在状态φ下的期望值为：

$$\mathrm{Exp}(\mathfrak{R};\ \varphi)=(R\varphi,\ \varphi)$$

下文将探讨$\mathbf{P}$，$\mathbf{E}_1$，$\mathbf{E}_2$之间的关系。

我们现在将由$\mathbf{P}$导出$\mathbf{E}_1$，再由$\mathbf{E}_1$导出$\mathbf{E}_2$。

如果我们用S来表示$F(\mathfrak{R})$的算子，对所有状态φ（即对所有满足$\|\varphi\|=1$的状态φ），通过比较$\mathbf{E}_1$，$\mathbf{E}_2$可得

$$(S\varphi,\ \varphi)=[F(R)\varphi,\ \varphi]$$

因此，一般来说

$$(Sf,\ f)=[F(R)f,\ f]$$

对$f=0$是显然的，否则$\varphi=\frac{1}{\|f\|}\cdot f$，因此有

$$(Sf,\ g)=[F(R)f,\ g]$$

若我们用$\frac{f+g}{2}$和$\frac{f-g}{2}$代替f，并把所得结果相减，将得到实部的等式；若用if，g代替f，g，则可以得到虚部的等式，因此有$S=F(R)$。我们将这一重要结果表述如下：

F 若量 $\mathfrak{R}$ 有算子R，则量$F(\mathfrak{R})$必定有算子$F(R)$。

根据**F**，现在显然可知$\mathbf{E}_1$是由$\mathbf{E}_2$推导而来的。

因此，（在 **F** 假设条件下）$\mathbf{E}_1$和$\mathbf{E}_2$两结论是等价的，我们现在需要证明它们也等价于**P**。由于$\mathbf{E}_1$和$\mathbf{E}_2$是由**P**推导得出的，我们只需要证明通过$\mathbf{E}_1$或$\mathbf{E}_2$可以推导出**P**即可。

设R_1，…，R_l分别为量$\mathfrak{R}_1$，…，$\mathfrak{R}_n$的可对易算子。根据2.10节所述内容可知，它们是埃尔米特算子R的函数

$$R_1=F_1(R), \cdots, R_l=F_l(R)$$

我们假定R也属于量$\mathfrak{R}$。（因此我们可以假设，每个量$\mathfrak{R}$包含一个超极大埃尔米特算子R，反之亦然。见4.2节所述内容。）由**F**可得

$$\mathfrak{R}_1=F_1(\mathfrak{R}), \cdots, \mathfrak{R}_1=F_l(\mathfrak{R})$$

现设I_1，…，I_l是**P**中所包含的区间，且

$$G_j(\lambda)=\begin{cases}1, & \text{当}\lambda\text{位于区间}I_j\text{内}\\ 0, & \text{其他}\end{cases} \quad (j=1, \cdots, l)$$

我们设

$$H(\lambda)=G_1\left[F_1(\lambda)\right]\cdots G_l\left[F_l(\lambda)\right]$$

并构成量

$$\mathfrak{G}=H(\mathfrak{R}_1)$$

若$\mathfrak{R}_j$位于I_j中，即若$F_j(\mathfrak{R})$位于I_j中，则$G_j[F_j(\mathfrak{R})]$等于1，否则等于0。因此，若所有R_j位于其区间I_j中（$j=1$，…，l），则$\mathfrak{G}=H(\mathfrak{R})$等于1，否则等于0。由此可知，$\mathfrak{G}$的期望值等于$\mathfrak{R}_1$在区间$I_1$中，…，$\mathfrak{R}_l$在区间$I_l$中的概率$P$。因此

$$P = \mathrm{Exp}(\mathfrak{G},\ \varphi) = \left[H(R)\varphi,\ \varphi\right]$$
$$= \left\{G_1\left[F_1(R)\right]\cdots G_l\left[F_l(R)\right]\varphi,\ \varphi\right\}$$
$$= \left[G_1(R_1)\cdots G_l(R_l)\varphi,\ \varphi\right]$$

又称属于 $\mathfrak{R}_j$ 的单位分解为 $E_j(\lambda)$，设 I_j 为区间 $\{\lambda_j',\ \lambda_j''\}$ 。根据 2.8 节末尾讨论的内容，以及那里所使用的记法可知

$$G_j(\lambda) = e_{\lambda_j''}(\lambda) - e_{\lambda_j'}(\lambda)$$
$$G_j(R_j) = e_{\lambda_j''}(R_j) - e_{\lambda_j'}(R_j) = E_j(\lambda_j'') - E_j(\lambda_j') = E_j(I_j)$$

因此，我们有

$$P = \left[E_1(I_1)\cdots E_l(I_l)\varphi,\ \varphi\right]$$

该结果恰好就是 **P**。

由于形式简单，$\mathbf{E}_2$，**F** 特别适合用作构建整个理论的基础。我们看到，可以通过二者推导出最为一般的概率结论。但是陈述 **P** 具有两个显著特点：

（1）**P** 是统计性的结论，而非因果性的结论。即它并没有告诉我们，在状态 φ 下，R_1，…，R_l 可取什么值，只是告诉我们，它们取各种可能值的概率有多大。

（2）**P** 中的问题不能对任意量 $\mathfrak{R}_1$，…，$\mathfrak{R}_l$ 给出答案，只能回答那些算子 R_1，…，R_l 彼此可对易的量。

我们接下来要探讨的问题就是这两个事实的意义。

3.2 统计意义

经典力学是一门因果律的学科，也就是说，如果我们可以确切了解其中某个系统的状态，那么我们就可以确定每个物理量（能量、力矩等），给出唯一值，并确保该数值的精确度。想要确定这一状态，需要确定 k 个自由度，$2k$ 个参数：k 个空间坐标 q_1，…，q_k，以及它们的 k 个时间导数 $\frac{\partial q_1}{\partial t}$，…，$\frac{\partial q_k}{\partial t}$，或者代替导数的 k 个动量 p_1，…，p_k。尽管如此，在处理经典力学问题上，仍存在一种统计方法。但是对于该方法的应用，由古至今都只能算作锦上添花而已。也就是说，如果在所有 $2k$ 个变量（q_1，…，q_k，p_1，…，p_k）当中，只有一些变量是已知的（而且在已知的变量中，可能有一些变量是近似值），那么通过以某种方式，对未知变量求取平均值，我们至少可以对所有物理量作出统计推断。这一方法同样适用于系统先前或随后的状态：如果我们知道 $t = t_0$ 时的参数 q_1，…，q_k，p_1，…，p_k，那么我们就可以通过经典运动方程（因果性地）算出每一段时间的状态；但如果只知道其中的某些变量，那么我们必须对其余变量取平均，并且只能对其他时间值作出统计推断[1]。

---

[1] 气体动力学理论很好地说明了这些关系。1 mol（32g）氧气包含 6×10^{23} 个氧分子，且若我们注意到每个氧分子是由两个氧原子组成的（我们将忽略其内部结构，把它们看作有 3 个自由度的质点），那么，1 mol 氧气便是一个有 $2 \times 3 \times 6 \times 10^{23}=36 \times 10^{23}=k$ 个自由度的力学系统。因此，其性态可以通过 $2k$ 个变量的知识因果性地确定，但气体理论只使用了 2 个变量：压力和温度，它们是关于这 $2k$ 个独立变量的某种复杂函数。因此，只能对其进行统计（概率）观察。在许多情况下，这种统计观察是接近因果性的（即概率接近 0 或 1），但并不会改变情况的基本性质。

我们在量子力学中发现的统计陈述具有不同的特征。在量子力学中，对 k 个自由度，状态由波函数 $\varphi(q_1, \cdots, q_k)$ 描述，即通过 $\mathcal{R}_\infty$ 中的一点 φ 恰当描述（因为 $\|\varphi\|=1$，所以绝对值为 1 的数字因子是无关紧要的）。虽然我们认为在指定（φ）后，就能够完全知悉状态，但也只能对所涉及的物理量的值作出统计推断。

另一方面，这种统计特征仅限于对物理量值的陈述，而之前和随后的状态 φ_t，可以通过 $\varphi_{t_0}=\varphi$ 进行因果性的计算。与时间相关的薛定谔方程（见 1.2 节）使这种计算成为可能，因为

$$\varphi_{t_0}=\varphi, \quad \frac{h}{2\pi \mathrm{i}}\frac{\partial}{\partial t}\varphi_t=-H\varphi_t$$

确定了 φ_t 的整条轨迹，该微分方程的解也可以写成显式

$$\varphi_t=\mathrm{e}^{\frac{-2\pi \mathrm{i}}{h}(t-t_0)H}\varphi$$

（$\varphi_t=\mathrm{e}^{\frac{-2\pi \mathrm{i}}{h}(t-t_0)H}$ 是一个幺正算子）[1]。（在上述公式中，假设 H 与时间无关，因为微分方程是一阶的，甚至对时间依赖的 H，φ_t 的演化也是唯一确定的——只是在这种情况下，不再有简单的公式解。）

---

[1] 如果 $F_t(\lambda)$ 是时间相关函数，$\frac{\partial}{\partial t}F_t(\lambda)=G_t(\lambda)$，且 H 为埃尔米特算子，则 $\frac{\partial}{\partial t}F_t(H)=G(H)$，因为 $\frac{\partial}{\partial t}$ 是通过减法、除法和趋向极限而得到的。对

$$F_t(\lambda)=\mathrm{e}^{\frac{-2\pi \mathrm{i}}{h}(t-t_0)\cdot\lambda}$$

则有

$$\frac{\partial}{\partial t}\left[\mathrm{e}^{\frac{-2\pi \mathrm{i}}{h}(t-t_0)\cdot H}\right]=\frac{-2\pi \mathrm{i}}{h}H\cdot\mathrm{e}^{\frac{-2\pi \mathrm{i}}{h}(t-t_0)\cdot H}$$

当其应用于 φ 时，就可以产生我们想要的微分方程。

因为 $|F_t(\lambda)|=1$，$F_t(\lambda)\cdot\overline{F_t(\lambda)}=1$，所以我们有 $F_t(H)\cdot\{F_t(H)\}^*=1$，即我们的

$$F_t(H)=\mathrm{e}^{\frac{-2\pi \mathrm{i}}{h}(t-t_0)\cdot H}$$

是幺正算子。因为它对 $t=t_0$ 显然等于 1，所以也同时满足 $\varphi_{t_0}=\varphi$。

如果我们想要按照经典力学的模式来解释φ与物理量值之间关系的非因果性特征，那么这种解释显然是正确的：实际上，φ并不能准确地确定状态。为了完全了解这种状态，需要额外的数据支持，即系统除了φ以外，还要有其他的特征或坐标。如果所有这些数据我们都知道，那么我们就可以准确且确定地给出所有物理量的值。另一方面，只使用φ，就像在经典力学中，只知道q_1，…，q_k，p_1，…，p_k中的一部分，那么就只能给出统计推断。当然，这个概念只是假设的。这是一种尝试，其价值取决于其能否找到对φ有用的附加坐标，并凭借这些坐标构建一个与实验相符的因果性理论。该理论可在仅当φ（并对其他坐标作平均）已知的情况下，给出量子力学的统计推断。

我们通常将这些假设的附加坐标称为“隐参数”或“隐坐标”。因为迄今为止，除了通过调查发现的φ以外，其他的“隐参数”也必定起到了某种隐藏的作用。对“隐参数”的解释，已经（在经典力学中）把许多看似统计性的关系简化为力学的因果性基础。气体动力学理论就是这方面的一个典型例子。

对于量子力学来说，能否通过“隐参数”来解释这种类型仍是一个备受关注的问题。当前的主流观点认为，这一问题终有一天会得到肯定的答案。如果真是如此，便意味着量子力学当前的理论形式是临时性的，自此量子力学对状态的描述在本质上也将是不完全的。

我们将在后文（4.2 节）阐释，如果不对现有理论作出根本性的改变，是不可能引入“隐参数”的。当下我们只着重强调两点：①与经典力学中的q_1，…，q_k，p_1，…，p_k复合体相比，φ具有完全不同的表现并起着完全不同的作用；②而且φ的时间相关性是因果性的，而不是统计性的：正如我们前面所述，φ_{t_0}唯一地确定了所有φ_t。

想要客观地证明引入“隐参数”的可能性（该问题在上文引入处已有讨论），需要对量子力学的陈述作出更为精确的分析。在完成对这种可能性的印证之前，我们将放弃这种可能的解释。因此，我们将采取相反的观点。也就是说，我们承认支配基本过程的那些自然定律（即量子力学规律）具有统计特性这一事实。（在任何情况下，宏观世界的因果关系都可以通过整平效应，即“大数定律”来模拟。整平效应在许多基本过程同时进行的时候就会显现出来。）因此，我们认为 **P**（或者 $\mathbf{E}_2$）是关于基本过程最深刻的揭示。

这种接受统计推断作为自然规律的真实形式，放弃因果性原理的量子力学概念，就是所谓的“统计解释”。这一概念出自玻恩，是当今仅有的持续可实施的量子力学解释——我们关于基本过程经验的总和。我们将在下文中沿用这种解释（直到我们能够对这种情况进行详细的、根本性的讨论）。

3.3 同时可测量性和一般可测量性

在 3.1 节末，我们注意到第二种“令人惊讶的情况”，它与以下事实有关：**P** 所提供的信息不仅是量 $\mathfrak{R}$ 取给定数值时所对应的概率，还提供多个量 $\mathfrak{R}_1$，…，$\mathfrak{R}_l$ 之间相互关系的概率。**P** 确定了某些量的概率，这些量同时取了某些给定值（更准确地说，这些量位于某些特定区间 I_1，…，I_l 内，并且这些量都处于给定状态 φ 中）。但是这些量 $\mathfrak{R}_1$，…，$\mathfrak{R}_l$ 都受到一个特征的限制：其算子 R_1，…，R_l 必须成对可对易。另一方面，在非成对可对易的情况下，**P** 不提供 $\mathfrak{R}_1$，…，$\mathfrak{R}_l$ 之间概率的相互关系信息。在这种情况下，**P** 只能用于确定这些量中每个量的概率分布，而不能考虑其他量的概率分布情况。

最明显的补救方法，就是将其假设为 **P** 不完备性的一种反映，并且必定存在一个更加通用的公式，将其作为特例包含在内。因为即使量子力学只提供有关自然的统计信息，我们至少可以期望它不仅能够描述单个量的统计特征，还能够描述多个量之间的关系。

上述概念虽初看合理，但事实却与之相反，我们很快就会发现 **P** 的这种概括是不可能的，而且除正式原因（理论数学工具结构的内在原因）以外，重要的物理基础背景也表明这种想法存在局限性。这种局限的必要性及其物理意义，将使我们对基本过程的本质产生更为深入的认知。

为了弄清楚这一点，我们必须更精确地研究量 $\mathfrak{R}$ 的测量过程。**P** 对该测量过程给出了（概率）陈述，这是量子力学描述方法的一种手段。

首先，让我们参考一下康普顿（Arthur H. Compton）和西蒙斯（Aifred W. Simons）在量子力学构建之前进行的一个重要实验。在这个实验中，光被电

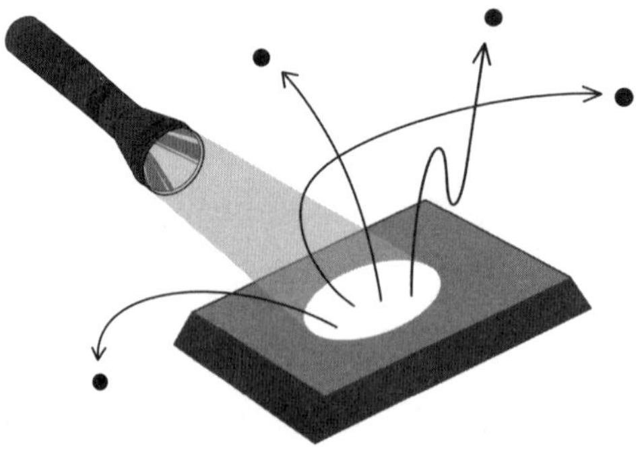

□ 光电效应

当光照射到金属上时，原本束缚在金属表面原子里的电子暴露在一定光线之下，便纷纷向外弹射。这种光与电之间的现象叫作“光电效应”。

子散射，实验中对散射过程施加控制，随后散射光和散射电子被拦截，并分别对它们的能量和动量进行测量。也就是说，光量子和电子之间发生了碰撞，观察者通过测量其碰撞后的路径，就可以证明其是否满足弹性碰撞定律。（我们只需考虑弹性碰撞即可，因为我们相信能量不会以动能以外的任何其他形式被电子和光量子所吸收。所有实验表明，两者都具有唯一确定的结构。碰撞自然必须根据相对论进行计算。）这样的数学计算实际上是可能的，因为碰撞前的路径是已知的，碰撞后的路径是可以观测到的。因此碰撞问题是完全确定的。为了从力学上确定这个相同的过程，研究四条路径中的两条，以及碰撞的“中心线”（动量传递的方向）就足够了。因此，在任何情况下，了解三条路径就足够了，而第四条路径可以起到核验的作用。该实验完全印证了碰撞的力学定律。

这个结果也可以表述如下：只要我们承认碰撞定律的有效性，并且认为碰撞之前的路径是已知的，那么对光量子或电子碰撞后路径的测量，都足以确定碰撞的位置和中心线。康普顿－西蒙斯实验表明，这两种观测的结果是相同的。

更一般而言，该实验表明，通过两种不同的方式（捕获光量子和捕获电子）对相同的物理量（碰撞点的任意坐标或中心线的方向）进行测量，结果总是相同的。

但这两次测量并不是完全同时进行的。光量子和电子不会立即到达，并且通过对测量仪器的适当布置，可以优先观测任一过程。时间差通常为 10^{-10} ～

10^{-9}s。我们记第一次测量为 M_1，第二次测量为 M_2，$\mathfrak{R}$ 是被测量的量。那么我们就可以得到以下情况。虽然整体安排是这样的，在测量之前，我们只能对 R 进行统计推断，即对 M_1，M_2 进行统计陈述，M_1 与 M_2 之间的统计相关性非常明显（因果关系）：M_1 的 $\mathfrak{R}$ 值一定等于 M_2 的 $\mathfrak{R}$ 值。因此，在测量 M_1，M_2 之前，这两个结果都是完全不确定的；在测完 M_1（而非 M_2）以后，M_2 的结果已经被因果关系唯一地确定了。

我们可以将所涉及的原理表述如下：就其本质而言，可以分为三个层次的因果关系或非因果关系。第一，$\mathfrak{R}$ 值是可以完全通过统计的方法获取的，即测量结果只能通过统计的方法来预测。而且如果在第一次测量之后立即进行第二次测量，所测值都会存在一个偏差，与第一次所测值的大小无关。例如，第二次所测差值可能与第一次所测的差值相等[1]。第二，这种情况是可以想象的，$\mathfrak{R}$ 的值在第一次测量中可能存在一些偏差，但在随后紧接着进行的第二次测量中，被强制地要求给出一个与第一次测量相同的结果。第三，$\mathfrak{R}$ 的值可以在一开始就通过因果关系确定。

康普顿－西蒙斯实验表明，在统计理论中只有第二种情况是可能的。因此，如果系统最初处于无法准确预测 $\mathfrak{R}$ 值的状态，则通过对 $\mathfrak{R}$ 量的测量 M（即上述示例中所提及的 M_1）将该状态转换为另一种状态：将其转换为 $\mathfrak{R}$ 量的值是唯一确定的状态。此外，M 所处系统的新状态，不仅取决于 M 的排列，还取决于对 M 进行测量的结果（在原始状态下无法根据因果律进行预测）——因为 $\mathfrak{R}$ 量在新状态下的值，实际上必须等于这个 M 的结果。

现在设 $\mathfrak{R}$ 是这样一个量，其算子 R 具有纯离散谱 λ_1，λ_2，…，且与各自的本征函数 φ_1，φ_2，…构成一个完全标准正交系。此外，设每个本征值是

---

〔1〕玻尔、克拉莫（Hendrik A. Kramers）和斯莱特（John C. Slater）在这些基本概念的基础上建立了基本过程的统计理论。康普顿－西蒙斯实验可以被视为对这种观点的驳斥。

简单的（其重数为 1，见 2.6 节），即当 $\mu \neq \nu$ 时，$\lambda_\mu \neq \lambda_\nu$。假定我们已经完成对 $\mathcal{R}$ 的测量，并得到值 λ^*。那么测量后系统的状态是什么样的呢?

根据前面的讨论，这个状态必须使得对 $\mathcal{R}$ 的新的测量能够确切地得出结果 λ^*（当然，这次测量必须立即进行，因为 τ 秒以后，φ 将变为

$$e^{\frac{-2\pi i}{h}\tau H}\varphi$$

见 3.2 节，H 为能量算子）。

在不对算子 R 作限制性假设的条件下，我们将笼统地回答这一问题，即在 φ 状态下对 $\mathcal{R}$ 进行测量，什么时候才能够确定地得到 λ^* 这一结果。

设 $E(\lambda)$ 是对应 R 的单位分解，I 为区间 $\{\lambda', \lambda''\}$。我们的假设也可以这样表述：如果 I 不包含 λ^*，那么 $\mathcal{R}$ 在 I 中的概率为 0；或如果 λ^* 属于 I，即 $\lambda' < \lambda^* \leqslant \lambda''$ 则 $\mathcal{R}$ 的概率为 1。

根据 **P** 可知，$\| E(I)\varphi \|^2 = 1$ 或 $\| E(I)\varphi \| = \| \varphi \|$（因为 $\| \varphi \| = 1$）。因为 $E(I)$ 是一个投影算子，$1 - E(I)$ 也是一个投影算子（见 2.4 节定理 13），则

$$\| \varphi - E(I)\varphi \| = \| \varphi \|^2 - \| E(I)\varphi \|^2 = 0$$

$$\varphi - E(I)\varphi = 0$$

$$E(\lambda'')\varphi - E(\lambda')\varphi = E(I)\varphi = \varphi$$

当 $\lambda' \to -\infty$ 时，$E(\lambda'')\varphi = \varphi$；当 $\lambda'' \to +\infty$ 时，$E(\lambda')\varphi = 0$（参见 2.7 节 $\mathbf{S}_1$），因此

$$E(\lambda)\varphi = \begin{cases} \varphi, & \text{当 } \lambda \geqslant \lambda^* \text{ 时} \\ 0, & \text{当 } \lambda < \lambda^* \text{ 时} \end{cases}$$

但根据 2.8 节所述内容可知，这是当 $R\varphi = \lambda^*\varphi$ 时的特征。

另一种证明 $R\varphi = \lambda^*\varphi$ 的方法取决于 $\mathbf{E}_1$（即 $\mathbf{E}_2$）：$\mathcal{R}$ 量确定取值 λ^* 表明 $(\mathcal{R} - \lambda^*)^2$ 的期望值为 0。也就是说，满足 $F(\lambda) = (\lambda - \lambda^*)^2$ 的算子 $F(R)$ 具有这样的期望值。于是我们必定有

$$\left[(R - \lambda^* 1)^2\varphi, \ \varphi\right] = \left[(R - \lambda^* 1)\varphi, \ (R - \lambda^* 1)\varphi\right] = \| (R - \lambda^* 1)\varphi \|^2$$

$$=\| R\varphi-\lambda^*\varphi \|^2=0$$

即 $R\varphi=\lambda^*\varphi$ 。

对于我们原先考虑的特殊情况，有 $R\varphi=\lambda^*\varphi$ 。正如我们在 2.6 节中讨论过的那样，这将导致 λ^* 必须等于 λ_μ（因为 $\| \varphi \|=1$ ，$\varphi\neq 0$ ），$\varphi=a\varphi_\mu$ 的结果。由于 $\| \varphi \|=\| \varphi_\mu \|=1$ ，那么必定有 $|a|=1$ ，因此可以忽略 a，且不改变状态。由此可知：对某些 $\mu=1$，2，⋯，$\lambda^*=\lambda_\mu$，$\varphi=\varphi_\mu$（关于 λ^* 的结论也可以直接由 **P** 推出，但是关于 φ 的结论却无法通过 **P** 得出。）

在以上对 R 的假设下，对 $\mathfrak{R}$ 的测量会将每个状态 ψ 改变为状态 φ_1，φ_2，⋯之一，这些所变更的状态与各自的测量结果 λ_1，λ_2，⋯相关联。从而，这些变换的概率等于 λ_1，λ_2，⋯的测量概率。因此，可以从 **P** 中计算出来。

由 **P** 计算可得，$\mathfrak{R}$ 值在 I 中的概率 $\| E(I)\psi \|^2$ 。因此，若我们注意到，由 2.8 节有 $E(I)=\sum\limits_{\lambda_n \text{在} I \text{中}} P_{[\varphi_n]}$ ，则有

$$P=\| E(I)\psi \|^2=\left[E(I)\psi,\ \psi\right]=\sum_{\lambda_n \text{在} I \text{中}}(P_{[\varphi_n]}\psi,\ \psi)=\sum_{\lambda_n \text{在} I \text{中}}|(\psi,\ \varphi_n)|^2$$

因此，我们应当猜想关于 λ_n 的概率等于 $|(\psi,\ \varphi_n)|^2$ 。如果我们可以这样来选取 I，令 I 中包含的唯一的 λ_m 恰好为 λ_n，那么就可以直接套用上面的公式得到。（如果其他 λ_m 在 λ_n 附近是稠密的）例如，我们可以作如下论证：设当 $\lambda=\lambda_n$ 时，$F(\lambda)=1$；否则 $F(\lambda)=0$。由此，想要的 P_n 的概率是 $F(\mathfrak{R})$ 的期望值，因此，根据 $\mathbf{E}_2$（或 $\mathbf{E}_1$），该期望值是 $\left[F(R)\psi,\ \psi\right]$ 。

现在，根据定义

$$\left[F(R)\psi,\ \psi\right]=\int_{-\infty}^{+\infty}F(\lambda)\,\mathrm{d}\left(\| E(\lambda)\psi \|^2\right)$$

且如果我们回忆起斯蒂尔切斯积分的定义，那么显而易见的是：如果 $E(\lambda)\psi$ 在 $\lambda=\lambda_n$ 时关于 λ 连续，则上述积分值为 0；并且一般地，（单调递增的）λ – 函数 $\| E(\lambda)\psi \|^2$，在点 $\lambda=\lambda_n$ 处不连续。但函数在该点的值等于 $\| P_{\mathfrak{M}}\psi \|^2$，其中 $\mathfrak{M}$ 是由 $R\psi=\lambda_n\psi$ 的所有解张成的闭线性流形（见 2.8 节）。

在本例中，$\mathfrak{M}=[\varphi_n]$，由此可得

$$P_n=\| P_{[\varphi_n]}\psi \|^2=|(\psi,\ \varphi_n)|^2$$

这么一来，在上述对算子 R 的假设下，我们回答了“在量 $\mathfrak{R}$ 的测量中发生了什么”这一问题。诚然，我们目前对于“如何发生”的问题还无法解释。这种从 ψ 到 φ_1，φ_2，…中某一状态的非连续变化（这些状态的转变与 ψ 无关，因为 ψ 只出现在个别的概率 $P_n=|(\psi,\ \varphi_n)|^2$，$n=1$，2，…之中），肯定不是与时间相关的薛定谔方程所描述的类型。后者总是导致 ψ 的连续变化，其最终结果是唯一确定的，并且取决于 ψ（见 3.2 节的讨论）。在稍后的讨论中，我们将尝试填补这一缺口（见第四章）[1]。

让我们仍假设 R 具有纯离散谱，但不再要求其本征值的简单性。于是我们又可以形成 φ_1，φ_2，…和 λ_1，λ_2，…，但这次在 λ_n 之间可能会出现重复。在对 $\mathfrak{R}$ 进行一次测量后，一定会出现一种状态 φ，满足 $R\varphi=\lambda^*\varphi$（$\lambda^*$ 是此次测量的结果）。测量的结果是 λ^* 等于 λ_n 中的一个，但关于 φ，我们只能作如下说明：设那些等于 λ^* 的 λ_n 为 λ_{n_1}，λ_{n_2}，…（其个数可以是有限的，也可以是无穷的）。于是有

$$\varphi=\sum_\nu a_\nu \varphi_{n_\nu}$$

（如果有无穷多个 n_ν，那么 $\sum_\nu |a_\nu|^2$ 必须是有限的）。只有当两个这样的 φ 之间的差异不超过一个数值因子时，即若二者之间的比值 $a_1 : a_2 : \cdots$ 相同，二者才表示相同的状态。因此，只要存在一个以上的 n_ν，即如果本征值 λ^* 是多重的，那么测量后的状态 φ 并不由测量结果的知识唯一确定。

我们完全按照以前的方式精确地计算 λ^* 的概率（通过 **P** 或 $\mathbf{E}_1$ 或 $\mathbf{E}_2$），即

$$P(\lambda^*)=\sum_{\lambda_n=\lambda^*}|(\psi,\ \varphi_n)|^2=\sum_\nu |(\psi,\ \varphi_{n_\nu})|^2$$

[1] 这些跃迁与“量子跃迁”有关。“量子跃迁”是旧玻尔量子理论的一个概念。

如果 R 没有纯离散谱，那么情况是这样的：$Rf=\lambda f$ 的所有解张成一个闭线性流形 $\mathfrak{M}_\lambda$；所有的 $\mathfrak{M}_\lambda$ 又一起构成了一个额外的 $\overline{\mathfrak{M}}$。纯离散谱不存在性的特征是：$\overline{\mathfrak{M}}\neq\mathfrak{R}_\infty$，即 $\overline{\mathfrak{R}}=\mathfrak{R}_\infty-\overline{\mathfrak{M}}\neq(\mathfrak{O})$（对此，以及接下来的内容，请见2.8节）。$\mathfrak{M}_\lambda$ 最多只对一个 λ 的序列 $\neq\mathfrak{O}$。这些构成了 R 的离散谱。如果我们在状态 ψ 下测量 $\mathfrak{R}$，那么测量结果为 λ^* 的概率为

$$P(\lambda^*)=\|P_{\mathfrak{M}_{\lambda^*}}\psi\|^2=(P_{\mathfrak{M}_{\lambda^*}}\psi,\ \psi)$$

这个结果的证明最好用前面用过的思路，该论证是基于 $\mathbf{E}_2$（或 $\mathbf{E}_1$）以及函数

$$F(\lambda)=\begin{cases}1, & \text{当 } \lambda=\lambda^* \text{ 时}\\ 0, & \text{当 } \lambda\neq\lambda^* \text{ 时}\end{cases}$$

于是，$\mathfrak{R}$ 取 R 的离散谱 $\mathfrak{P}$ 中某个值 λ^* 的概率为

□ **芝诺乌龟悖论**

芝诺提出让乌龟和阿喀琉斯赛跑，但乌龟的起点位于阿喀琉斯身前1000米处，并且假定阿喀琉斯的速度是乌龟的10倍。比赛开始后，当阿喀琉斯跑了100米时，他所用的时间为$t/10$，乌龟领先他10米；当阿喀琉斯跑完下一个10米时，他所用的时间为t/100，乌龟仍然领先他1米。由此，阿喀琉斯永远无法追上乌龟。这个故事便是著名的芝诺乌龟悖论，这个命题令人困扰的地方，就在于它采用了一种无限分割空间的办法，使得我们无法忽略无限去谈问题。但是，自量子革命以来，学者们越来越认识到，空间不一定能够这样无限分割下去。量子效应使得空间和时间的连续性丧失了，芝诺的连续无限次分割的假设并不总是成立。这样一来，芝诺悖论便不攻自破了。量子论告诉我们，“无限分割”的概念是一种数学上的理想，不可能在现实中实现，一切都是不连续的。

$$P(\lambda^*)=\sum_{\lambda^* \text{在} \mathfrak{P} \text{中}}(P_{\mathfrak{M}_{\lambda^*}}\psi,\ \psi)=(P_{\overline{\mathfrak{M}}}\psi,\ \psi)=\|P_{\overline{\mathfrak{M}}}\psi\|^2$$

我们也可以借助函数

$$F(\lambda)=\begin{cases}1, & \text{当 } \lambda^* \text{ 取自 } \mathfrak{P} \text{ 时}\\ 0, & \text{当 } \lambda^* \text{ 不取自 } \mathfrak{P} \text{ 时}\end{cases}$$

直接看出这一点。

但是，如果我们对 $\mathfrak{R}$ 进行精确测量，那么必定存在满足 $R\varphi=\lambda^*\varphi$ 的状

态φ，且因此，测量结果λ^*必定属于$\mathfrak{P}$——获得一个精确测量结果的概率（至多）是$\| P_{\overline{\mathfrak{M}}}\psi \|^2$。但这个数值并不总是1，且对$\overline{\mathfrak{R}}$中的$\psi$实际上就是0，因此，精确测量并非总是可能的。

至此我们已经看到，当且仅当量 $\mathfrak{R}$ 具有纯离散谱时，才总是可以（即在每个φ状态下）对量 $\mathfrak{R}$ 进行精确地测量。如果它没有纯离散谱，那么只能以有限的精度进行测量，即连续统$-\infty < \lambda < +\infty$中的数字可以被划分区间

$$\cdots,\ I^{(-2)},\ I^{(-1)},\ I^{(0)},\ I^{(1)},\ I^{(2)},\ \cdots$$

［设分割点是

$$\cdots,\ \lambda^{(-2)},\ \lambda^{(-1)},\ \lambda^{(0)},\ \lambda^{(1)},\ \lambda^{(2)},\ \cdots I^{(n)}=\{\lambda^{(n)},\ \lambda^{(n+1)}\}$$

则最大区间长度，即分割点之间的最大间隔$\varepsilon=\max(\lambda^{(n+1)}-\lambda^{(n)})$，也是测量精度］。$\mathfrak{R}$ 所在的区间可以通过数学方法确定。设$F(\lambda)$为以下函数（λ_n'是来自$I^{(n)}$的某个中间值，其对于每个$n=0$，±1，±2，…是任意的，但被看作是固定的）：

$F(\lambda)=\lambda_n'$，若λ位于$I^{(n)}$之中，则 $\mathfrak{R}$ 的近似测量等价于$F(\mathfrak{R})$的精确测量。现在

$$F(R)=\int_{-\infty}^{\infty}F(\lambda)\,\mathrm{d}E(\lambda)=\sum_{n=-\infty}^{+\infty}\int_{\lambda^{(n)}}^{\lambda^{(n+1)}}F(\lambda)\,\mathrm{d}E(\lambda)$$

$$=\sum_{n=-\infty}^{+\infty}\lambda_n'\int_{\lambda^{(n)}}^{\lambda^{(n+1)}}\mathrm{d}E(\lambda)=\sum_{n=-\infty}^{+\infty}\lambda_n' E(I^{(n)})$$

方程$F(R)f=\lambda_n' f$ 显然对属于$E(I^{(n)})$的闭线性流形中的所有f都成立，即对包含该闭线性流形的$F(R)\mathfrak{M}_{\lambda_n'}$成立。所以

$$P_{\mathfrak{M}_{\lambda_n'}} \geqslant E(I^{(n)})$$

因此，

$$P_{\overline{\mathfrak{M}}} \geqslant \sum_{n=-\infty}^{+\infty}P_{\mathfrak{M}_{\lambda_n'}} \geqslant \sum_{n=-\infty}^{+\infty}E(I^{(n)})$$

$$=\sum_{n=-\infty}^{+\infty}\left[E(\lambda^{(n+1)})-E(\lambda^{(n)})\right]=1-0=1$$

由此可得

$$\sum_{n=-\infty}^{+\infty} P_{\mathfrak{M}_{\lambda_n'}} = P_{\overline{\mathfrak{M}}} = I\ ,\quad P_{\mathfrak{M}_{\lambda_n'}} = E(I^{(n)})$$

即 $F(R)$ 具有一个由 λ_n' 组成的纯离散谱。

因此 $F(\mathcal{R})$ 是精确可测的，而且其值等于 λ_n' 的概率，即 $\mathcal{R}$ 的值在 $I^{(n)}$ 中的概率是

$$\| P_{\mathfrak{M}_{\lambda'_n}} \psi \|^2 = \| E(I^{(n)}) \psi \|^2$$

与 **P** 对量 $\mathcal{R}$ 的陈述相一致。

该结果也可以从物理的角度解释，而且这一结果表明，该理论与普通直观的物理观点完全吻合。

在经典力学（无任何量子条件）的观察方法中，我们为每个状态中的每个量 $\mathcal{R}$ 给定了一个完全确定的值。但同时，我们也认识到，由于人类观察手段的缺陷（读取指针位置模糊或定位照相底片曝光变黑，导致测量的准确度受到限制），每个可以用到的测量设备，只能在某个（永远不会为 0 的）误差范围内来提供测量值。通过对测量方法尽可能的改进，这个误差范围可以无限地接近 0——但永远不会等于 0。可以想象，在量子理论中对量 $\mathcal{R}$ 的测量，因为根据习惯方式（尤其是在量子力学被发现之前）进行测量时，那些量是没有被量子化的，因此也存在这种不精确性，例如，对电子的笛卡尔坐标（可以取 $-\infty$ 到 $+\infty$ 之间的每一个值，并且其算子具有连续谱）。另一方面，对于那些（根据我们的直觉）可“量子化”的量，反而是可以被精确测量的，因为可

□ **笛卡尔直角坐标系**

笛卡尔直角坐标系是一种正交坐标系。它由两条相互垂直、原点重合的数轴构成。在平面内，任何一点的坐标由数轴上对应点坐标而定。

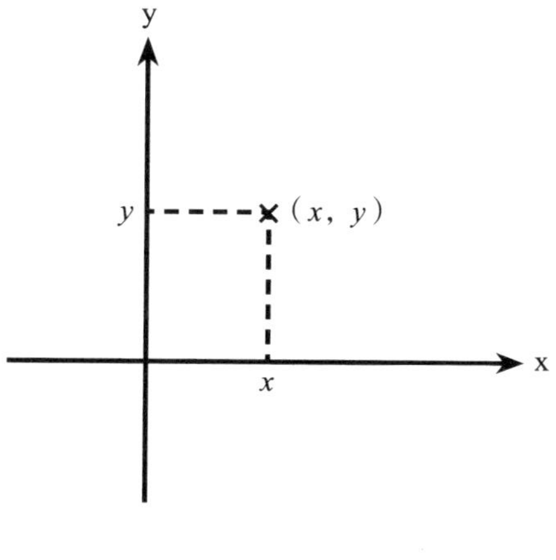

以假设这些量只取离散值，所以只需要对它们进行足够精确的观察，便足以确定在那些被“量子化”的数值中，有哪个值出现了。因而，该值就相当于具有绝对精度的“观测值”。例如，如果我们知道一个氢原子包含的能量低于倒数第二个能级水平，那么就可以绝对精确地得出结论：该氢原子处于最低能量状态。

正如矩阵理论分析已经证明的（见 1.2 节和 2.6 节），这种量子化与非量子化的区分，对应于算子 R 具有纯离散谱的量 $\mathfrak{R}$ 和算子 R 没有纯离散谱的量 $\mathfrak{R}$ 的划分。对于前者，且也仅限于前者，存在绝对精确测量的可能性；对于后者，我们只能以任意良好的精确度（而非绝对精确的程度）进行观察[1]。

此外，应该注意，引入了一个“非正常的”本征函数，即不属于希尔伯特空间的本征函数（这在序言和 1.3 节中都有提及，亦见 2.8 节），给出了一种处理实际问题的方法，但没有我们的方法好。因为该方法假设存在这样一种状态，在这种状态下，具有连续谱的量会精确地取到某些值，但这种情况从未发生过。虽然时常有人提出这种理想化的方法，但是基于上述缘由，我们认为必须予以摒弃，更何况其在数学上也是站不稳脚的。

至此，我们已经对单个量测量的过程问题给出了初步的结论。而且我们可以把这些结论进一步推广，用于解决同时测量几个量的问题。

首先，设 $\mathfrak{R}$，$\mathfrak{S}$ 为两个量，分别具有相应的算子 R，S。我们假定这两个量是同时可测的。由此会得出什么结果呢？

---

〔1〕在所有这些情况下，我们假设观测系统的结构和测量装置（所有环境作用力场等）都是精确已知的，待求的只有状态（坐标的瞬时值）。如果不能证明上述（理想化的）假设是正确的，那么自然存在其他不确定的来源。

我们对不精确测量的描述方法，也有一定程度的理想化。我们假设这些测量可以绝对肯定地确定一个值是否位于区间 $I=\{\lambda', \lambda''\}$，$\lambda' < \lambda''$。实际上，边界 λ'，λ'' 是模糊的，即必要的区分只在一定概率下才有效。尽管如此，我们所描述的方法从数学角度上来看似乎是最方便的一种，至少迄今为止是最为简便的。

我们先假定这两个量是精确可测量的，为此 R 和 S 都必须具有纯离散谱：这里分别记作 λ_1，λ_2，…和 μ_1，μ_2，…。设与之相对应的本征函数的完全标准正交系为 φ_1，φ_2，…和 ψ_1，ψ_2，…。

为了先讨论最简单的情况，我们首先设其中一个算子，比方说 R，只有简单的本征值，即当 $m \neq n$ 时，$\lambda_m \neq \lambda_n$。

如果我们同时测量 $\mathfrak{R}$，$\mathfrak{S}$，那么随后就会出现一种状态。毫无疑问，在该状态中，$\mathfrak{R}$ 和 $\mathfrak{S}$ 都具有先前测量的值。记这些值为 $\lambda_{\bar{m}}$ 和 $\mu_{\bar{n}}$。于是，当前状态必须满足 $R\psi = \lambda_{\bar{m}}\psi$，$S\psi = \mu_{\bar{n}}\psi$ 的关系。通过第一个方程可以得到 $\psi = \varphi_{\bar{m}}$（除了我们可以忽略的一个数字因子以外）；而通过第二个方程，如果 μ_{n_1}，μ_{n_2}，…都是等于 $\mu_{\bar{n}}$ 的 μ_n，那么可以得出 $\psi = \sum_{\nu} a_\nu \psi_{n_\nu}$。如果初始状态为 φ，那么 $\lambda_{\bar{m}}$，$\varphi_{\bar{m}}$ 的概率为 $|(\varphi,\ \varphi_{\bar{m}})|^2$。因此，对于 $\varphi = \varphi_m$，必定有 $\bar{m} = m$，所以我们可以说，对于每个 m，φ_m 都是等于 μ_{n_ν} 的 $\sum_{\nu} a_\nu \psi_{n_\nu}$，即 $S\varphi_m = \bar{\mu}\varphi_m$（$\bar{\mu} = \mu_{n_1} = \mu_{n_2} = \cdots$）。因此，对 $f = \varphi_m$，$RSf = SRf$ 成立（二者都等于 $\lambda_m \bar{\mu} \cdot \varphi_m$）。因此，也同样适用于它们的线性组合，并且如果 R，S 是连续的，那么其所有极限点 f 也是连续的，因此 R，S 可对易。

如果 R，S 是不连续的，那么我们的论证如下：属于 R，S 的单位分解 $E(\lambda)$，$F(\mu)$ 定义为

$$E(\lambda) = \sum_{\lambda_m \leqslant \lambda} P_{[\varphi_m]}，\quad F(\mu) = \sum_{\mu_n \leqslant \mu} P_{[\psi_n]}$$

所以

$$F(\mu)\varphi_m = \begin{cases} \varphi_m, & \text{当 } \mu \geqslant \bar{\mu} \text{ 时} \\ 0, & \text{当 } \mu < \bar{\mu} \text{ 时} \end{cases}$$

$$F(\lambda)\varphi_m = \begin{cases} \varphi_m, & \text{当 } \lambda \geqslant \lambda_m \text{ 时} \\ 0, & \text{当 } \lambda < \lambda_m \text{ 时} \end{cases}$$

因此，在任何情况下，对所有 φ_m 都有 $E(\lambda)F(\mu)\varphi_m=F(\mu)E(\lambda)\varphi_m$。如上所述，由此可得 $E(\lambda)$，$F(\mu)$ 的可对易性，因此（见 2.10 节）R，S 也可对易。

但是根据 2.10 节所述内容，存在一组关于 R，S 有公共本征函数的完全正交系，即我们可以假定 $\varphi_m=\psi_m$。由于当 $m\neq n$ 时，$\lambda_m\neq\lambda_n$，我们可以构建一个函数 $E(\lambda)$ 以满足

$$F(\lambda)\begin{cases}\mu_n, & \text{对 } \lambda=\lambda_n,\ n=1,2,\cdots \\ \text{其他任意值}\end{cases}$$

则 $S=F(R)$，即 $\mathfrak{S}=F(\mathfrak{R})$。也就是说，$\mathfrak{R}$，$\mathfrak{S}$ 不仅可以同时测量，而且对 $\mathfrak{R}$ 的每一次测量，也是对 $\mathfrak{S}$ 的测量，因为 $\mathfrak{S}$ 是 $\mathfrak{R}$ 的函数，即由 $\mathfrak{R}$ 的因果关系决定[1]。

我们现在继续讨论更加一般的情况，其中不再对 R，S 本征值的多重性进行任何假设。在这种情况下，我们将采用一种本质上不同的方法。

首先，考虑量 $\mathfrak{R}+\mathfrak{S}$。对 $\mathfrak{R}$，$\mathfrak{S}$ 的同时测量，也是对 $\mathfrak{R}+\mathfrak{S}$ 的同时测量，因为将测量结果相加就可以得到 $\mathfrak{R}+\mathfrak{S}$ 的值。因此，$\mathfrak{R}+\mathfrak{S}$ 在每个状态 ψ 中的期望值，是 $\mathfrak{R}$ 与 $\mathfrak{S}$ 的期望值之和。值得注意的是，这与 $\mathfrak{R}$，$\mathfrak{S}$ 在统计上是否独立无关，与 $\mathfrak{R}$，$\mathfrak{S}$ 之间是否存在相关性（以及存在怎样的相关性）也无关——因为众所周知，定律：

和的期望值 = 期望值之和

是一般适用的。因此，如果 T 是 $\mathfrak{R}+\mathfrak{S}$ 的算子，那么这个期望值一方面是 $(T\psi,\psi)$，另一方面则是

$$(R\psi,\ \psi)+(S\psi,\ \psi)=[(R+S)\psi,\ \psi]$$

---

[1] 后一个命题可以借助 **P** 来进行验证。属于 R 和 S 的单位分解可以根据 2.8 节所述方法构成。

即对所有ψ，有

$$(T\psi, \psi)=[(R+S)\psi, \psi]$$

因此，$T=R+S$。所以 $\mathfrak{R}+\mathfrak{S}$ 有算子 $R+S$[1]。我们可以通过同样的方法证明 $a\mathfrak{R}+b\mathfrak{S}$（$a$，$b$ 为实数）拥有算子 $aR+bS$［这也可以由第一个公式推导得出，在函数 $F(\lambda)=a\lambda$，$G(\mu)=b\mu$ 中代入 $\mathfrak{R}$，$\mathfrak{S}$ 与 R，S］。

同时测量 $\mathfrak{R}$，$\mathfrak{S}$ 也就是测量

$$\frac{\mathfrak{R}+\mathfrak{S}}{2}, \left(\frac{\mathfrak{R}+\mathfrak{S}}{2}\right)^2, \frac{\mathfrak{R}-\mathfrak{S}}{2}, \left(\frac{\mathfrak{R}-\mathfrak{S}}{2}\right)^2, \left(\frac{\mathfrak{R}+\mathfrak{S}}{2}\right)^2-\left(\frac{\mathfrak{R}-\mathfrak{S}}{2}\right)^2=\mathfrak{R}\cdot\mathfrak{S}$$

因此这些量的算子［如果我们还要应用这一事实，即若 T 是 $\mathfrak{T}$ 的算子，则 $F(\mathfrak{T})$ 拥有算子 $F(T)$ 因此，$\mathfrak{T}^2$ 有算子 T^2］是

$$\frac{R+S}{2}, \left(\frac{R+S}{2}\right)^2=\frac{R^2+S^2+RS+SR}{4}, \frac{R-S}{2},$$

$$\left(\frac{R-S}{2}\right)^2=\frac{R^2+S^2-RS-SR}{4}, \left(\frac{R+S}{2}\right)^2-\left(\frac{R-S}{2}\right)^2=\frac{RS+SR}{2}$$

也就是说，$\mathfrak{R}\cdot\mathfrak{S}$ 有算子 $\frac{RS+SR}{2}$。这也适用于所有 $F(\mathfrak{R})$，$G(\mathfrak{S})$（它们也会被测量），因此 $F(\mathfrak{R})\cdot G(\mathfrak{S})$ 具有算子

$$\frac{F(R)G(S)+G(S)F(R)}{2}$$

现在，设 $F(\lambda)$，$F(\mu)$ 是对应于 R，S 的单位分解。进而，设

$$F(\lambda)=\begin{cases}1, & \text{当}\ \lambda\leqslant\bar{\lambda}\ \text{时}\\ 0, & \text{当}\ \lambda>\bar{\lambda}\ \text{时}\end{cases} \qquad G(\mu)=\begin{cases}1, & \text{当}\ \mu\leqslant\bar{\mu}\ \text{时}\\ 0, & \text{当}\ \mu>\bar{\mu}\ \text{时}\end{cases}$$

众所周知，$F(R)=E(\bar{\lambda})$，$G(S)=F(\bar{\mu})$，因此 $F(\mathfrak{R})\cdot G(\mathfrak{S})$ 有

［1］我们已证明了这个定理，根据该定理，对于同时可测的 $\mathfrak{R}$，$\mathfrak{S}$ 而言，$\mathfrak{R}+\mathfrak{S}$ 的算子是 $\mathfrak{R}$ 与 $\mathfrak{S}$ 的算子之和。见 4.1 节的末尾，以及 4.2 节所述内容。

算子 $\frac{EF+FE}{2}$［为简洁起见，我们将 $E(\bar{\lambda})$，$F(\bar{\mu})$ 替换为 E，F］。因为 $F(\mathfrak{R})$ 恒等于 0 或 1，$F(\mathfrak{R})^2=F(\mathfrak{R})$，所以

$$F(\mathfrak{R})\cdot\left[F(\mathfrak{R})\cdot G(\mathfrak{S})\right]=F(\mathfrak{R})\cdot G(\mathfrak{S})$$

现在让我们将乘法公式应用于 $F(\mathfrak{R})$ 和 $F(\mathfrak{R})\cdot G(\mathfrak{S})$（所有这些都是可同时测量的）。然后，我们可得到这个乘积的算子

$$\frac{E\frac{EF+FE}{2}+\frac{EF+FE}{2}E}{2}=\frac{E^2F+2EFE+FE^2}{4}=\frac{EF+FE+2EFE}{4}$$

它必须等于 $\frac{EF+FE}{2}$，由此可知

$$EF+FE=2EFE$$

左边乘以 E 可得

$$E^2F+EFE=2E^2FE，EF+EFE=2EFE，EF=EFE$$

右边乘以 E 可得

$$EFE+FE^2=2EFE^2，EFE+FE=2EFE，FE=EFE$$

因此，$EF=FE$。也就是说，所有的 $E(\bar{\lambda})$，$F(\bar{\mu})$ 均可对易，所以 R，S 又是可对易的。

在 2.10 节中已经确定，要求 R，S 可对易的条件等价于要求存在一个埃尔米特算子 T，使得 R，S 是它的函数：$R=F(T)$，$S=G(T)$。若该算子属于量 $\mathfrak{T}$，那么有 $\mathfrak{R}=F(\mathfrak{T})$，$S=G(\mathfrak{T})$。然而，这个条件对于同时可测量性也是充分的，因为对 $\mathfrak{T}$ 的测量（该测量是绝对精确的测量，因为 T 具有纯离散谱，见 2.10 节）也同时测量了函数 $\mathfrak{R}$，$\mathfrak{S}$。因此，R，S 的可对易性是充分必要条件。

如果给定多个（有限个数）变量 $\mathfrak{R}$，$\mathfrak{S}$，…，设它们的算子为 R，S，…，如果要进行绝对精确的测量，那么有关同时可测性的情况如下：如果所有量 $\mathfrak{R}$，$\mathfrak{S}$，…是同时可测的，那么由它们形成的任意一对也必须是同时可测的。也就是说，所有算子 R，S，…成对可对易。反之，若所有 R，S，…相互可

对易，那么根据 2.10 节的内容可知，必定存在一个算子 T，由其可以构成所有函数 $R=F(T)$，$S=G(T)$，…。且因此，有关对应的量 $\mathfrak{T}$ 有：$\mathfrak{R}=F(\mathfrak{T})$，$\mathfrak{S}=G(\mathfrak{T})$，…。因此，对 $\mathfrak{T}$ 的精确测量（T 具有纯离散谱，见 2.10 节）就是对 $\mathfrak{R}$，$\mathfrak{S}$，…的同时测量。也就是说，R，S，…的可对易性，对于 $\mathfrak{R}$，$\mathfrak{S}$，…的同时可测性而言，是充分必要条件。

现在让我们来考虑这样的测量，这种测量不是绝对精确的，而只有事先给定的（任意好的）精度，那么 R，S，…无须具有纯离散谱。

因为对 $\mathfrak{R}$，$\mathfrak{S}$，…进行有限精度测量，与对 $F(\mathfrak{R})$，$G(\mathfrak{S})$，…进行绝对精确测量的效果相同，其中 $F=(\lambda)$，$G(\lambda)$，…是某些函数，其构建方式已在本节之初作过相关的描述［在讨论有限精确度的单个测量时，当然只有 $F(\lambda)$ 是给定的］。如果所有的 $F(\mathfrak{R})$，$G(\mathfrak{S})$，…是同时可测量的，并且具备绝对精度，那么 $\mathfrak{R}$，$\mathfrak{S}$，…肯定是同时可测量的。后者等价于 $F(R)$，$G(S)$，…的可对易性，而这又是由 R，S，…的可对易性得来的。因此，R，S 的可对易性在任何情况下都是充分的。

相反，如果 $\mathfrak{R}$，$\mathfrak{S}$，…被认为是同时可测的，那么我们将作如下讨论。对 $\mathfrak{R}$ 进行足够精确的测量可以帮我们区分它的值是 $>\bar{\lambda}$ 或者 $\leqslant\bar{\lambda}$（见前文所讨论的有关“有限精度”的定义）。如果对 $F(\lambda)$ 进行定义

$$F(\lambda)=\begin{cases}1, & \text{当 } \lambda\leqslant\bar{\lambda} \text{ 时}\\ 0, & \text{当 } \lambda>\bar{\lambda} \text{ 时}\end{cases}$$

那么，对 $F(\mathfrak{R})$ 是可以进行绝对精确测量的。相应地，如果

$$G(\mu)=\begin{cases}1, & \text{当 } \mu\leqslant\bar{\mu} \text{ 时}\\ 0, & \text{当 } \mu>\bar{\mu} \text{ 时}\end{cases}$$

那么，$G(\mathfrak{S})$ 是以绝对精确可测量的，此外，两者都是同时可测量的。因此，$F=(R)$，$G(S)$ 可对易。现在设 $E(\lambda)$，$F(\mu)$ 是属于 R，S 的单位分解，那么 $F(R)=E(\bar{\lambda})$，$G(S)=F(\bar{\mu})$，且因此 $E(\bar{\lambda})$，$F(\bar{\mu})$ 对所有 $\bar{\lambda}$，$\bar{\mu}$ 可对易。所以，R，S 可对易，并且由于对每对 R，S 都必须成立，所以所

有 R，S 必须成对可对易。因此，这个条件也是必要的。

由此可见，任意（有限）个数的量 $\mathfrak{R}$，$\mathfrak{S}$ 同时可测的特征条件是它们的算子 R，S，…的可对易性。实际上，无论是对绝对精确测量，还是任意精确测量，算子 R，S，…的可对易性均成立。但在第一种情况下，还要求算子具有纯离散谱——这是绝对精确测量的特征。

总之，我们现在已经给出了数学上的证明，证实 **P** 所做的陈述是最为广泛的，在该理论（即在任何包含 **P** 的理论）中是一般可能的。这是因为它只假设算子 R_1，…，R_l 的可对易性。如果没有这一条件，对 $\mathfrak{R}_1$，…，$\mathfrak{R}_l$ 同时测量的结果就无从谈起，因为在那种情况下，同时测量这些量通常是不可能的。

3.4 不确定性关系

在前面的几节中，有关一个量或多个同时可测量的量的测量过程，我们已经获取了重要信息。如果我们对处于同一系统（在同一状态 φ 下）中的统计量感兴趣，那么现在我们就必须为不可同时可测的量制定一个测量过程。

因此，设两个非同时可测量的量为 $\mathfrak{R}$，$\mathfrak{S}$，以及它们的（非可易）算子 R，S。尽管有这个假设，状态 φ 仍可以存在，在 φ 中两个量均有明确定义的值（偏差为 0）——二者具有共同的本征函数；但不能根据这些本征函数构成完全正交系，因为它们的 R，S 不可对易［见 2.8 节中对于构造 $E(\lambda)$，$F(\lambda)$ 相应单位分解的阐述。如果 φ_1，φ_2，…是所提及的完全正交系，那么 $E(\lambda)$ 和 $F(\lambda)$ 是 $P_{[\varphi_\rho]}$ 的和，因此是可对易的，因为 $P_{[\varphi_\rho]}$ 可对易］。这意味着什么，显而易见：由这些 φ 张成的闭线性流形 $\mathfrak{M}$ 必定小于 $\mathfrak{R}_\infty$，因为如果 $\mathfrak{M}$ 等于 $\mathfrak{R}_\infty$，那么就与 2.6 节开始部分中对于单个算子的处理方式完全相同，可以精确地构建想要的完全标准正交系。

对于 $\mathfrak{M}$ 中的各状态，我们的量 $\mathfrak{R}$，$\mathfrak{S}$ 是同时可测量的。为了说明这一点，最简单的方法就是阐释同时可测量的一个模型。由于 R，S 的共同本征函数张成闭线性流形 $\mathfrak{M}$，因此也存在标准正交系 φ_1，φ_2，…张成 $\mathfrak{M}$（即在 $\mathfrak{M}$ 中该正交系是完全的）（这也可以通过 2.6 节中所描述的构建方法来获得）。我们扩张 φ_1，φ_2，…并通过添加一个张成 $\mathfrak{R}_\infty-\mathfrak{M}$ 的标准正交系 φ_1，φ_2，…来构成一个完全标准正交系 φ_1，φ_2，…，ψ_2，ψ_2，…。现在设 λ_1，λ_2，…，μ_1，μ_2，…为不同的数字，并由下式

$$T\left(\sum_n x_n\cdot\varphi_n+\sum_n y_n\cdot\psi_n\right)=\sum_n\lambda_n x_n\cdot\varphi_n+\sum_n\mu_n y_n\cdot\psi_n$$

定义 T，其中 $\mathfrak{T}$ 是对应的量。

$\mathfrak{T}$ 的一个测量（正如我们通过 3.3 节所知）产生 φ_1，φ_2，…，ψ_1，ψ_2，…的状态之一。如果测得结果为 φ_n（通过观察测量结果为 λ_n 即可判断），那么我们也可以知道 $\mathfrak{R}$ 与 $\mathfrak{S}$ 的值。因为按照我们前面的假设，$\mathfrak{R}$，$\mathfrak{S}$ 在 φ_n 中有严格定义的值，而且我们可以十分肯定地预测到在随后对 $\mathfrak{R}$ 或 $\mathfrak{S}$ 的测量中，能够找到这些相应的值。另一方面，如果测得结果是 ψ_n，那么我们对此将一无所知（因为 ψ_n 不在 $\mathfrak{M}$ 中，因此 R，S 在 ψ_n 中没有严格定义）。但我们知道，找到 ψ_n 的概率为（$P_{[\psi_n]}\varphi$，φ），而找到任一 ψ_n（n=1，2，…）的概率为

$$\sum_n (P_{[\psi_n]}\varphi,\ \varphi) = (P_{\mathfrak{R}_\infty - \mathfrak{M}}\varphi,\ \varphi) = \| P_{\mathfrak{R}_\infty - \mathfrak{M}}\varphi \|^2 = \| \varphi - P_{\mathfrak{M}}\varphi \|^2$$

如果 φ 属于 $\mathfrak{M}$，即如果 $\varphi = P_{\mathfrak{M}}\varphi$，那么该概率为 0，即肯定可以对 $\mathfrak{R}$，$\mathfrak{S}$ 同时进行精确测量[1]。

由于我们现在对不可同时测量的量感兴趣，假定存在 $\mathfrak{M}$=0 的极端情况，即 $\mathfrak{R}$，$\mathfrak{S}$ 在任何情况下都不能同时测量，因为 R，S 之间不存在公共的本征函数。

如果 R，S 具有单位分解 $E(\lambda)$，$F(\lambda)$，并且处于状态 φ 中，那么我们由 3.1 节可知，R，S 的期望值为

$$\rho = (R\varphi,\ \varphi),\quad \sigma = (S\varphi,\ \varphi)$$

并且其偏差，即 $(\mathfrak{R}-\rho)^2$，$(\mathfrak{S}-\sigma)^2$ 的期望值为（见 3.3 节中对绝对精确测量的讨论）

$$\varepsilon^2 = \left[(R-\rho\cdot 1)^2\varphi,\ \varphi\right] = \| (R-\rho\cdot 1)\varphi \|^2 = \| R\varphi - \rho\varphi \|^2$$

$$\eta^2 = \left[(S-\sigma\cdot 1)^2\varphi,\ \varphi\right] = \| (S-\sigma\cdot 1)\varphi \|^2 = \| S\varphi - \sigma\varphi \|^2$$

---

〔1〕有关“$\mathfrak{M}$ 对 φ 的同时可测量性”，就非绝对精确可测的 $\mathfrak{R}$，$\mathfrak{S}$（具有连续谱）而言的详细探讨，留给本书的读者独立完成。该测量过程可参考 3.3 节中所使用的同一处理方式。

通过一个大家所熟悉的转换[1]变为

$$\varepsilon^2=\|R\varphi\|^2-(R\varphi,\ \varphi)^2,\quad \eta^2=\|(S\varphi)\|^2-(S\varphi,\ \varphi)^2$$

由$\|\varphi\|=1$与施瓦茨不等式（即2.1节定理1）可知，上两式左边$\geqslant 0$。这里出现了一个问题：由于ε和η不能同时为0，但ε可单独取任意小的值，η亦如此（可以分别对$\mathfrak{R}$，$\mathfrak{S}$以任意精度进行测量，甚至可以进行绝对精确测量），ε和η之间必须存在某种关系，以防止二者同时取到任意小的值，那么这样一种关系是什么形式的呢?

海森堡发现了这种关系的存在[2]。这种关系对了解由量子力学所产生的对大自然描述中的不确定性非常重要。这种关系现被称为“不确定性关系”。我们首先将从数学上推导出这种最重要的关系，然后再回到其基本含义，以及其与实验的具体联系上来。

在矩阵理论中，满足

$$PQ-QP=\frac{h}{2\pi \mathrm{i}}\cdot 1$$

的可对易算子P，Q发挥了重要作用。例如，它们被看作坐标及与之共轭的动量（见1.2节），或更一般地来讲，在经典力学中正则共轭的任意两个量。让我们研究任意两个满足

$$PQ-QP=a\cdot 1$$

的埃尔米特算子P,Q［由$(PQ-QP)^*=QP-PQ$，可得$(a-1)^*=\bar{a}\cdot 1=-a\cdot 1$，$\bar{a}=-a$，即$a$是纯虚数。这个算子方程不一定被理解为要满足等式两端的定义域相等:

---

〔1〕该算子运算如下：

$$\varepsilon^2=\left[(R-\rho\cdot 1)^2\varphi,\ \varphi\right]=(R^2\varphi,\ \varphi)-2\rho\cdot(R\varphi,\ \varphi)+\rho^2$$

$$=\|R\varphi\|^2-2(R\varphi,\ \varphi)^2+(R\varphi,\ \varphi)^2=\|R\varphi\|^2-(R\varphi,\ \varphi)^2$$

同理可知对η^2的运算。

〔2〕玻尔（1928）对这些论述进行了拓展。后续数学上的讨论首先由肯纳德（Henry W. Kennard）（1926）提出，后由罗伯逊（Robert Robertson）给出了现在的形式。

$PQ-QP$ 无须处处有意义]。于是对于每个状态 φ，有

$$2\mathrm{Im}(P\varphi,\ Q\varphi)=-\mathrm{i}\left[(P\varphi,\ Q\varphi)-(Q\varphi,\ P\varphi)\right]=-\mathrm{i}\left[(QP\varphi,\ \varphi)-(PQ\varphi,\ \varphi)\right]$$

$$=\left[\mathrm{i}(PQ-QP)\ \varphi,\ \varphi\right]=\mathrm{i}a\cdot\|\ \varphi\ \|^2$$

设 $a\neq 0$，则我们有（根据 2.1 节定理 1）

$$\|\ \varphi\ \|^2=\frac{-2\mathrm{i}}{a}\mathrm{Im}(P\varphi,\ Q\varphi)\leqslant\frac{2}{|a|}|(P\varphi,\ Q\varphi)|\leqslant\frac{2}{|a|}\|\ P\varphi\ \|\cdot\|\ Q\varphi\ \|$$

且因此，对于 $\|\ \varphi\ \|=1$，有

$$\|\ P\varphi\ \|\cdot\|\ Q\varphi\ \|\geqslant\frac{|a|}{2}$$

由于 $P-\rho\cdot I$，$Q-\sigma\cdot I$ 也同样具有上述可对易性，同理我们有

$$\|\ P\varphi-\rho\cdot\varphi\ \|\cdot\|\ Q\varphi-\sigma\cdot\varphi\ \|\geqslant\frac{|a|}{2}$$

并且如果我们引入平均值与方差，则有

$$\rho=(P\varphi,\ \varphi),\quad \varepsilon^2=\|\ P\varphi-\rho\cdot\varphi\ \|^2$$

$$\sigma=(Q\varphi,\ \varphi),\quad \eta^2=\|\ (Q\varphi-\sigma\varphi)\ \|^2$$

那么就变成：

$$\mathbf{U}\qquad \varepsilon_\eta\geqslant\frac{|a|}{2}$$

使等号成立的充分必要条件是：在上述推导过程中出现的不等号恒为等号。记

$$P'=P-\rho\cdot 1,\ Q'=Q-\sigma\cdot 1$$

我们有

$$-\frac{\mathrm{i}|a|}{a}\mathrm{Im}(P'\varphi,\ Q'\varphi)=|P'\varphi,\ Q'\varphi|=\|\ P'\varphi\ \|\cdot\|\ Q'\varphi\ \|$$

根据 2.1 节定理 1 可知，第二个等式表明 $P'\varphi$ 与 $Q'\varphi$ 之间只相差一个常数因子，并且由于 $\|\ P'\varphi\ \|\cdot\|\ Q'\varphi\ \|\geqslant\frac{|a|}{2}>0$ 意味着 $P'\varphi\neq 0$，$Q'\varphi\neq 0$，则必有 $P'\varphi=c\cdot Q'\varphi$，$c\neq 0$。但是第一个等式表明 $(P'\varphi,\ Q'\varphi)=c\|\ Q'\varphi\ \|^2$ 是纯虚

数，且事实上其 i 系数与 $-\frac{i|a|}{a}$（实数）具有相同的符号，即与 a 的符号相反。因此 $c=i\gamma$，γ 为实数，并对 $\frac{a}{i}\lessgtr 0$，分别 $\lessgtr 0$。所以

Eq $P'\varphi = i\gamma\cdot Q'\varphi$，$\gamma$ 为实数，并当 $ia\lessgtr 0$ 时，分别 $\lessgtr 0$。

ρ，σ 的定义也要求 $(P'\varphi)=0$，$(Q'\varphi,\ \varphi)=0$。但因为 $(P'\varphi,\ \varphi)=i\gamma(Q'\varphi,\ \varphi)$ 是由 **Eq** 得出的，并且在该等式中，左边为实数，右边为纯虚数，因此方程两侧都必须为 0，所需方程自动成立。我们尚未确定 ε，η。现有关系如下：

$$\varepsilon:\eta=\|P'\varphi\|:\|Q'\varphi\|=|c|=|\gamma|,\quad \varepsilon\eta=\frac{|a|}{2}$$

因此，由于 ε，η 均为正数

$$\varepsilon=\sqrt{\frac{|a||\gamma|}{2}},\quad \eta=\sqrt{\frac{|a|}{2|\gamma|}}$$

对于量子力学中 $a=\frac{h}{2\pi i}$ 的情形，可由 U 得到

$$\mathbf{U'}\quad \varepsilon\cdot\eta\geqslant\frac{h}{4\pi}$$

我们也可以在以下情况讨论方程 **Eq**：如果 P，Q 为薛定谔理论的算子，即 $P=\frac{h}{2\pi i}\frac{\partial}{\partial q}$，$Q=q$（见 1.2 节所述内容，我们考虑假设有一个单自由度系统，并且其单一坐标是 q）。那么，方程 **Eq** 就变为

$$\left(\frac{h}{2\pi i}\frac{\partial}{\partial q}-\rho\right)\varphi=i\gamma(q-\sigma)\varphi$$

又因为 $ia=\frac{h}{2\pi}>0$，故 $\gamma>0$，因此

$$\frac{\partial}{\partial q}\varphi=\left(-\frac{2\pi}{h}\gamma\cdot q+\frac{2\pi}{h}\gamma\cdot\sigma+\frac{2\pi}{h}\rho\cdot i\right)\varphi$$

给出

$$\varphi={}_{e}\int^{q\cdot}\left(-\frac{2\pi}{h}\gamma\cdot q+\frac{2\pi}{h}\gamma\cdot\sigma+\frac{2\pi}{h}\rho\cdot i\right)dq$$

$$=Ce^{\frac{-\pi\gamma}{h}q^2+\frac{2\pi\gamma\sigma}{h}q+\frac{2\pi\rho}{h}iq}=C'e^{\frac{-\pi\gamma}{h}(q-\sigma)^2+\frac{2\pi\rho}{h}iq}$$

由于 $\gamma>0$，$\|\varphi\|^2=\int_{-\infty}^{\infty}|\varphi(q)^2|\mathrm{d}q$ 确实是有限的，且 C' 由 $\|\varphi\|=1$ 可得

$$\|\varphi\|^2=\int_{-\infty}^{\infty}|\varphi(q)^2|\mathrm{d}q=|C'|^2\int_{-\infty}^{\infty}e^{\frac{-2\pi\gamma}{h}\cdot(q-\sigma)^2}\mathrm{d}q$$

$$=|C'|^2\sqrt{\frac{h}{2\pi\gamma}}\int_{-\infty}^{\infty}e^{-x^2}\mathrm{d}x$$

$$=|C'|^2\sqrt{\frac{h}{2\pi\gamma}}\sqrt{\pi}=|C'|^2\sqrt{\frac{h}{2\gamma}}=1$$

$$=|C'|=\left(\frac{2\gamma}{h}\right)^{\frac{1}{4}}$$

因此，通过忽略绝对值为 1 且在物理上不重要的因子

$$C'=\left(\frac{2\gamma}{h}\right)^{\frac{1}{4}}$$

我们得到

$$\varphi=\varphi(q)=\left(\frac{2\gamma}{h}\right)^{\frac{1}{4}}e^{\frac{-\pi\gamma}{h}\cdot(q-\sigma)^2}+\frac{2\pi\rho}{h}iq$$

ε，η 给定为

$$\varepsilon=\sqrt{\frac{h\gamma}{4\pi}},\quad \eta=\sqrt{\frac{h}{4\pi\gamma}}$$

除了需要满足条件 $\varepsilon\eta=\frac{h}{4\pi}$ 以外，由于 γ 可在 0 到 $+\infty$ 之间变化，因此它们是任意的。也就是说，每组满足 $\varepsilon\eta=\frac{h}{4\pi}$ 的四个量 ρ，σ，ε，η 都精确地通过一个 φ 来实现。海森堡最早对 φ 做了研究，并将其用于量子力学情况的解释。这些 φ 特别适用于此，因为对于经典力学关系（其中 p，q 均无偏差）而言，它们代表了（在量子力学中）最高的近似度，而且在这里 ε 与 η 可以不受任何限制地规定。

综上所述，我们只理解了不确定性关系的一个方面，即形式方面；想要

完全理解这些关系，还须从另一个角度——直接物理经验的角度进行探讨。因为与量子力学最初所依据的诸多事实相比，不确定性关系与直接经验之间的关系更容易理解，也更为简单。因此，上述完全形式化的推导，并不能做到完全公正。相比之下，直觉讨论变得更加必要，因为人们只需根据第一印象，就能即刻发觉，这里与普通观点、直觉观点之间存在矛盾。如果不进行深入的探讨，仅凭常识很难弄清楚这一问题：在有足够精密的测量仪器可用的条件下，对物体的位置与速度（即坐标和动量）的测量为什么不能以任意精确度同时进行。因此，情况并不是通过对最精细的测量过程进行精确分析就可以阐明的。其实，在对不确定性关系进行测量的场合，众所周知的波动光学定律、电动力学和基本原子过程定律，给精确测量方式带来了很大的困难。而且事实上，如果所提及的过程已经用纯经典方法（而非量子理论方法）研究过的话，那么这一点可能已经被注意到了。这是一个重要的原则。该原则表明，虽然不确定性关系从表面上看是自相矛盾的，但并不与经典经验（即量子现象不需要对先前的思维方式进行必要修正的场合）相冲突——而且经典经验是唯一的一种不依赖量子力学的正确性就有效的经验，实际上也是唯一一种我们通过普通的、直观的思维方式就可以直接获得的经验[1]。

然后我们要证明，如果 p，q 是两个正则共轭量，且系统所在状态的 p 值能以精确度 ε 给定（即 p 的测量误差范围为 ε），则可知 q 的精度不超过 $\eta=\frac{h}{2\pi}:\varepsilon$。换言之，以 ε 的精度测量 p，必定在 q 值中带来不确定性 $\eta=\frac{h}{4\pi}:\varepsilon$。

在这些非常定性的探索中，我们自然不期望以完美的准确性来复原每个细节。因此，为了尽可能精确地进行测量，我们只需证明 $\varepsilon\eta\sim h$（即 $\varepsilon\eta$ 与 h 的量级相同），而非证明 $\varepsilon\eta=\frac{h}{4\pi}$。作为一个典型的例子，我们将考虑粒子 T 的共

〔1〕玻尔曾强调了这种情况的根本意义。此外，下面的描述方法在“对光量子存在的假设”这一点上，并不能称作完全经典，即频率为 ν 的光，永远不会以小于 $h\nu$ 的能量出现。

轭对位置（坐标）——动量[1]。

首先，我们来研究一下位置的确定。在人们观测 **T** 时，即当 **T** 被光线照射，其反射光被眼睛吸收时，我们就可以看见 **T**。因此，当光源1沿 **T** 方向发射光量子 **L** 时，由于与 **T** 发生碰撞而将其直线路径 $\beta\beta_1$ 变更为 $\beta\beta_2$，且在其路径的末端被屏幕 Sch2（代表眼睛或照相底片）吸收而湮灭（图1）。我们通过确定 **L** 与屏幕撞击的位置来进行测量，发现 **L** 是在 Sch2 处（$\beta\beta_2$ 的末端），而非 Sch1 处（在未偏转路径 $\beta\beta_1$ 的终点）与屏幕发生了碰撞。但是为了能够由此提供碰撞位置（即 **T** 的位置），还必须知道 β 与 β_2 的方向（即碰撞前后 **L** 的方向）：我们通过插入狭缝系统 ss 与 s′s′ 来实现这一点。（通过这种方式，我们实际上并没有对 **T** 的坐标进行测量，只是回答了以下问题：该坐标是否具有对应于 β 方向与 β_2 方向交点的某值。然而，该值可以通过对狭缝的适当布置而随意选择。这样几次确定的叠加，即应用额外的狭缝 s′s′，就相当于完整的坐标测量。）问题是：现在这种位置测量的精确度如何？

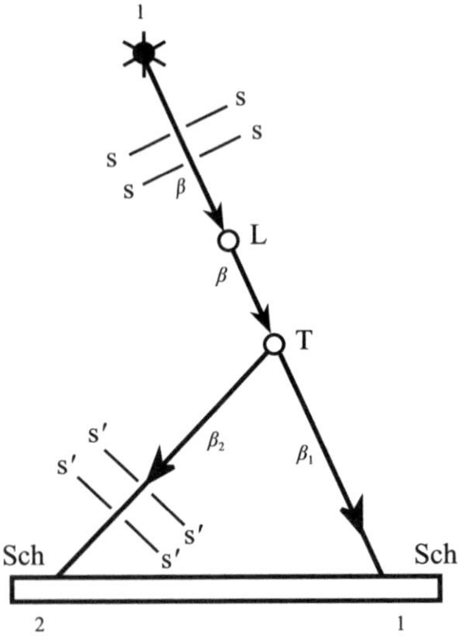

图1　应用光束1测量粒子 T 位置的示意图

[1] 以下讨论归功于海森堡和玻恩。

根据光学成像定律，这种测量存在一个原则上的局限。实际上，用波长为 λ 的光，不能使小于 λ 的物体清晰成像，甚至不可能将散射减少到可以说是（失真的）图像的程度。当然，我们并不需要一个保真的光学图像，因为仅通过 **L** 偏差的事实就足以确定 **T** 的位置。然而，狭缝 ss 和 s′s′ 不能比 λ 窄，否则在没有明显衍射的情况下，**L** 将无法通过。相反，这样做将会出现一束干涉线，以至于无法连接连续狭缝 ss 和 s′s′，并根据连接线的方向进行推导，从而得出有关光线 β 和 β_2 的任何进一步的信息。其结果就是，绝不能用这种 **L** 射线以高于 λ 的精确度瞄准并击中目标。

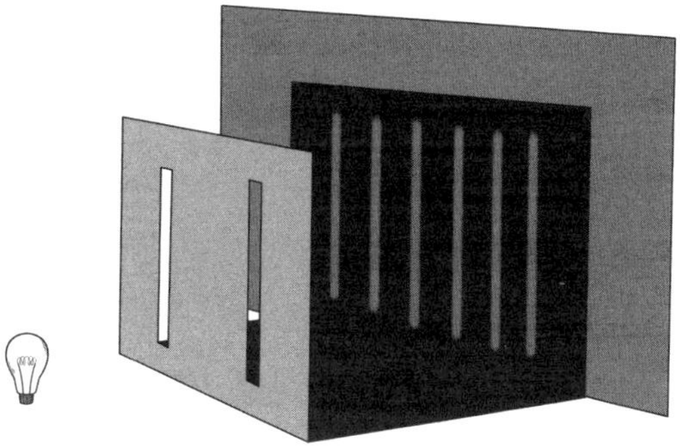

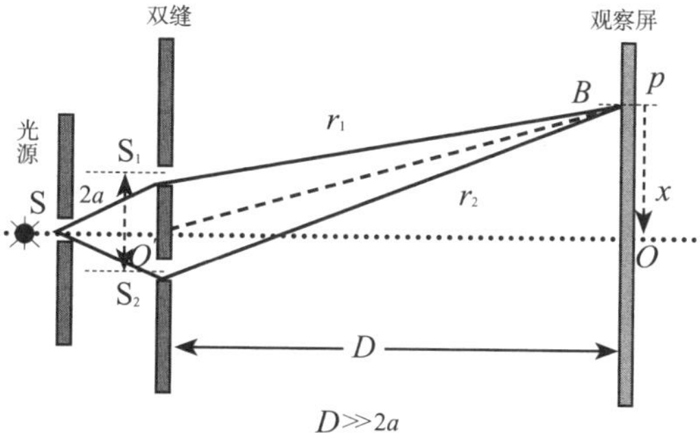

两缝间距 $2a$　两缝与屏距 D　屏上观察点与屏中心距离 x

□ **光的双缝干涉**

光的双缝干涉是物理学家托马斯·杨（Thomas Young）在牛顿环的启发下所做的实验。他将一支蜡烛作为点光源，再将平行的单色光投射到一张有两条狭缝的观察屏上，由于狭缝相距很近，平行光的光波会同时传到狭缝，就成了两个振动情况总是相同的波源（相干波源），它们发出的光在观察屏后面的空间相互叠加，形成一系列明、暗交替的条纹，这就是干涉条纹。红光入射，观察屏出现明暗相间条纹；白光入射，观察屏出现彩色条纹。

所以波长测量坐标误差的量度：$\lambda \sim \varepsilon$。**L** 的进一步特征是：频率 v，能量 $\overline{E}$，以及动量 $\overline{p}$，并且三者间存在众所周知的关系

$$v=\frac{c}{\lambda},\quad \overline{E}=hv=\frac{hc}{\lambda},\quad \overline{p}=\frac{\overline{E}}{c}=\frac{hv}{c}=\frac{h}{\lambda}$$

（c 是光速）[1]。因此 $\overline{p} \sim \frac{h}{\varepsilon}$。现在，在 **L** 与 **T** 之间（不确切知晓）的碰撞过程中，出现了动量变化，这一变化很明显与 $\overline{p}$ 同量级。也就是说，与 $\frac{h}{\varepsilon}$ 相同。因此，动量中存在 $\eta \sim \frac{h}{\varepsilon}$ 的不确定性。

如果未忽略一个细节，则这将表示为 $\varepsilon\eta \sim h$。该碰撞过程并非如此未知。我们实际上知道 **L** 在碰撞前后的运动方向（β 与 β_2），且因此可以从中得出它的动量，以及它传递给 **T** 的动量。因此，$\overline{p}$ 不是对 η 的度量，而是由于光线 β 和 β_2 在方向上可能存在不确定性，所以提供了这样的度量。现在为了能更精确地建立两者之间的关系，即对小物体 **T** 瞄准，以及与瞄准相关的方向不确定性，最好是使用比狭缝 ss 更好的聚焦装置——透镜。为此，必须考虑引入大家所熟知的显微镜理论。该理论的结论如下：为了照亮一个具有线性尺度 ε 的元素表面（即用 **L** 以精确度 ε 击中 **T**），波长 λ 与透镜孔径 φ 之间必定存在关系

$$\frac{\lambda}{2\sin\frac{\varphi}{2}} \sim \varepsilon$$

（图 2）[2]。

因此，**L** 的动量的 tt 分量的不确定性取决于它的方向位于 $-\frac{\varphi}{2}$ 与 $+\frac{\varphi}{2}$ 之间，但在其他方面是未知的。因此，误差等于

---

〔1〕参见爱因斯坦的原始论文，或参见任何现代文献。

〔2〕有关显微镜理论，可参见 *Handbuch der Physik*，Berlin，1927，vol.18，Chapter 2. G. 在非常精确的测量中，ε 非常小，因而 λ 也非常小，需应用 γ 射线或波长更短的射线。在这种情况下，普通镜头会失效。能用的唯有那种分子既不会被这些射线粉碎，也不会被其撞击移位的类型。因为这种分子或粒子的存在，违背了任何已知的自然规律，只有在理想化的实验中，才有可能使用到这种分子或粒子。

$$2\sin\frac{\varphi}{2}\cdot\overline{p}=\frac{\lambda}{\varepsilon}\cdot\frac{h}{\lambda}=\frac{h}{\varepsilon}$$

但这是对 η 的正确测量，因此，我们又得到 $\eta\sim\frac{h}{\varepsilon}$，即 $\varepsilon\eta\sim h$。

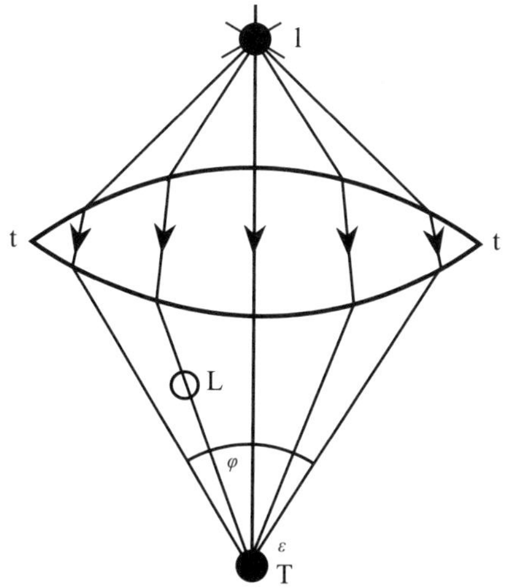

图2 图1所示坐标测量装置的细化

这个例子很清楚地表明了不确定性原理的机制：为了更精确地瞄准，我们需要一个大眼睛（大孔径 φ）和波长非常短的辐射——光量子的动量很大，不确定性很高，它与被观测物体 **T** 在较大范围内发生不可控的碰撞（康普顿效应），并因此造成了 **T** 的动量分散。

下面我们也考虑一下互补的测量过程：速度（动量）的测量。首先应该注意的是，测量 **T** 的速度的自然方法是测量它在两个不同时刻的位置，比如 0 和 t，并用坐标变化的差额除以 t。但在这种情况下，时间区间 $[0, t]$ 中的速度必须是恒定的；如果速度发生了变化，则该变化是对上述计算的平均速度与真实速度（比如在 t 处的瞬时速度）之间偏差的程度，即测量中不确定性的程度。动量的测量也是如此。现在如果坐标测量的精确度为 ε，这实际上并不会影响对平均动量的测量精度，因为 t 可以选任意大的值。然而，这确实

会产生 $\frac{h}{\varepsilon}$ 量级的动量变化，且由此产生了相对于 $\eta \sim \frac{h}{\varepsilon}$ 量级的最终动量的不确定性（与上述平均动量的关系）。所以这一过程给出了 $\varepsilon\eta \sim h$。因此，如果存在一种不同的（更有利的）结果，那么只能从与位置测量无关的这种动量测量中获得。这种测量是完全可能实现的，且常用于天文学领域。这类测量取决于多普勒效应，我们现在就对这种效应进行探讨。

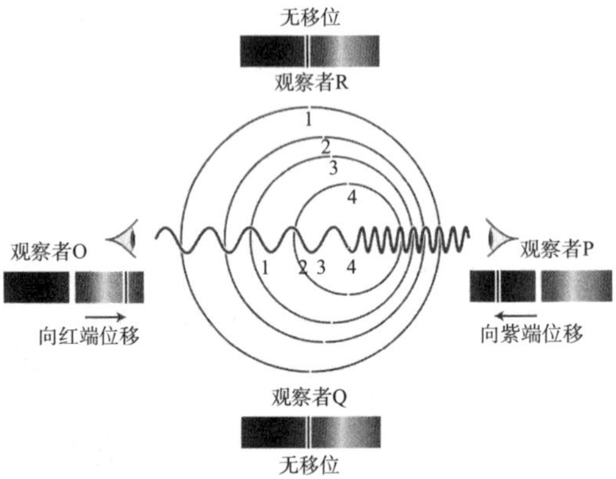

□ 多普勒效应

多普勒效应是为纪念奥地利物理学家多普勒（Christian Doppler）而命名的，他于1842年首先提出了这一理论。主要内容为：由于波源和观察者之间有相对运动而使观察者感到频率发生变化的现象，称为"多普勒效应"。如果二者相互接近，观察者接收到的频率增大；如果二者远离，观察者接收到的频率减小。

众所周知，多普勒效应如下：从物体 **T** 发射的光线以速度 v 运动，发射频率为 v_0（在运动物体上测得）。实际上，由静止观测者对该光线进行测量会得到一个不同的频率 v，可通过关系式 $(v-v_0)/v_0 = \frac{v}{c}\cos\varphi$ 进行计算（φ 是运动方向与发射方向之间的夹角。该公式是非相对论的，即它只对小的 $\frac{v}{c}$ 值有效；但纠正这一问题并非难事）。如果 v 可测，且 v_0 已知，那么就可以确定速度——可能因为它是已知因素的某条特定谱线。更准确地讲，是测量速度在观测方向（光线的发射方向）上的分量

$$v\cos\varphi = \frac{c(v-v_0)}{v}$$

或者测量与之相等效的对应动量的分量

$$p' = p\cos\varphi = \frac{mc(v-v_0)}{v_0}$$

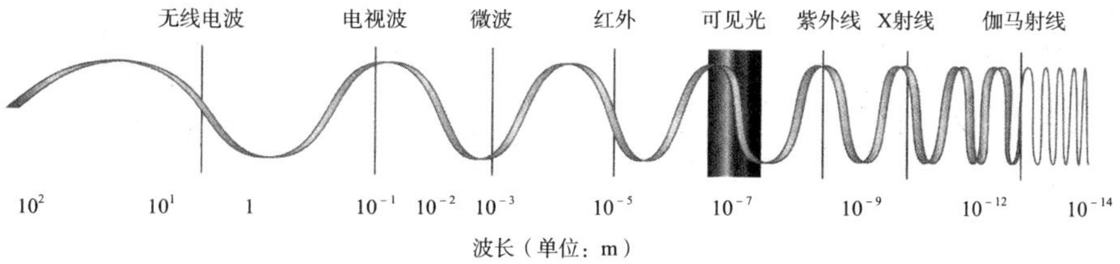

□ **电磁波谱**

麦克斯韦（James C. Maxwell）首先认识到电场的表现是和光完全一样的高速波。科学家后来确认了电磁波谱的存在，在这个电磁波谱中，可见光只不过是一小部分。

（m 是物体 **T** 的质量）。p' 的方差显然取决于 v 的方差 Δv，因此

$$\eta \sim \frac{mc\Delta v}{v_0} \sim mc\ \frac{\Delta v}{v}$$

当 **T** 发射频率为 v 的光量子（因此有动量为 $\overline{p}=\frac{hv}{c}$）时，**T** 的动量当然会发生改变，但这个量的不确定性 $\frac{h\Delta v}{c}$ 与 $mc\frac{\Delta v}{v}$ 相比通常可以忽略不计[1]。

频率 v 可以通过任何干涉方法进行测量，但是这种类型的测量只对纯单色光波列才能得出绝对准确的 v 值。这样的波列具有

$$a\sin\left[2\pi\left(\frac{q}{\lambda}-vt\right)+\alpha\right]$$

的形式（其中，q 是坐标，t 是时间，a 是振幅，α 是相位），这一表达式适用于电场或磁场强度的任意分量，因而可以在时间与空间上无限拓展。为了避免这种情况的发生，我们必须对这个表达式（由于 $\lambda=\frac{c}{v}$，所以该表达式还可以写作 $a\sin\left[2\pi v\left(\frac{q}{c}-t\right)+\alpha\right]$）进行变换；我们用 $F\left(\frac{q}{c}-t\right)$ 予以替换，它仅在自变量

〔1〕$\frac{mc\Delta v}{v}$ 与 $\frac{h\Delta v}{c}$ 相比是大量，也就意味着 v 与 $\frac{mc^2}{h}$ 相比是小量，即 $E=hv$ 与 mc^2 相比是小量。也就是说，与 **T** 的相对论静止质量相比，光量子 **L** 的能量很小——这对于非相对论计算来说是不可避免的假设。

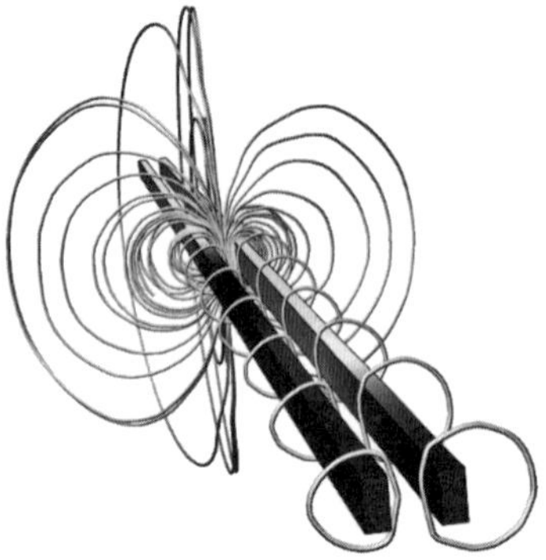

□ 磁场

磁场具有辐射特性，并且存储着能量。磁体间的相互作用是以磁场为媒介。磁场是运动电荷、磁体或变化电场周围空间存在的一种特殊形态的物质。由于磁体的磁性来源于电流，电流是电荷的运动，概括地说，磁场是由电荷运动或电场变化产生的。

有限的区间内不为 0。如果光源具有这种形式，则其傅里叶分析提供

$$F(x)=\int_0^{+\infty} a_\nu \sin(2\pi\nu x+\alpha_\nu)\,d\nu$$

且干涉图会对所有满足 $a_\nu \neq 0$ 的频率 ν 显示。事实上，频率区间 [ν, $\nu+d\nu$] 的相对强度为 $a_\nu{}^2 d\nu$。ν 的偏差，即 $\Delta\nu$，可以根据该分布进行计算。

如果我们的波列在 x 中有长度 τ，即在 t 和 q 中的相应长度分别为 τ 和 $c\tau$，则可以得出 ν 的偏差为 $\sim \frac{1}{\tau}$[1]。现在，这种测量方法导致了位置的不确定性，因为 T 经历了个别光发射的反冲 $\frac{h\nu}{c}$（在观察的方向上），

[1] 例如，设 $F(x)$ 是频率为 ν_0 的有限单色光波列，由 0 延伸至 x：

$$F(x)=\begin{cases}\alpha \sin 2\pi\nu_0 x, & \text{当 } 0\leqslant x\leqslant\tau \text{ 时}\\ 0, & \text{其他}\end{cases}$$

（由于结合处的连续性，$\sin 2\pi\nu_0\tau$ 在那里必须为 0，即 $\nu_0=\frac{n}{2\tau}$，$n=1$，2，3，…）

那么，基于已知的傅里叶积分反演公式，$a_\nu{}^2=b_\nu{}^2+c_\nu{}^2$ 以及

$$\begin{cases}b_\nu\\ c_\nu\end{cases}=2\int_{-\infty}^{\infty}F(x)\,{}^{\cos}_{\sin}\,2\pi\nu x\cdot dx=2a\int_0^{\tau}\sin 2\pi\nu_0 x\,{}^{\cos}_{\sin}\,2\pi\nu x\cdot dx$$

$$=\pm a\int_0^{\tau}\left[{}^{\sin}_{\cos}\,\pi(\nu+\nu_0)x-{}^{\sin}_{\cos}\,\pi(\nu+\nu_0)x\right]\cdot dx$$

$$=-a\left[\frac{{}^{\cos}_{\sin}\,\pi(\nu+\nu_0)x}{\pi(\nu+\nu_0)}-\frac{{}^{\cos}_{\sin}\,\pi(\nu-\nu_0)x}{\pi(\nu-\nu_0)}\right]_0^{\tau}$$

$$=\begin{cases}-a\left[\dfrac{(-1)^n\cos\pi\nu\tau-1}{\pi(\nu+\nu_0)}-\dfrac{(-1)^n\cos\pi\nu\tau-1}{\pi(\nu-\nu_0)}\right]=\dfrac{-2a\nu_0\left[1-(-1)^n\cos\pi\nu\tau\right]}{\pi(\nu^2-\nu^2{}_0)}\\ -a\left[\dfrac{(-1)^n\sin\pi\nu\tau}{\pi(\nu+\nu_0)}-\dfrac{(-1)^n\sin\pi\nu\tau}{\pi(\nu-\nu_0)}\right]=\dfrac{2a\nu_0(-1)^n\sin\pi\nu\tau}{\pi(\nu^2-\nu^2{}_0)}\end{cases}$$

（转下页）

即产生速度变化 $\frac{hv}{mc}$。由于发射过程所需时间为 τ，我们不能比 τ 更准确地定位这种速度变化的时间。所以就会导致位置的不确定性为 $\varepsilon \sim \frac{hv}{mc}\tau$。因此

$$\varepsilon \sim \frac{hv}{mc}\tau，\ \eta \sim \frac{mc\Delta v}{v} = \frac{mc}{v}\frac{1}{\tau}，\ \varepsilon\eta \sim h$$

所以我们又得到 $\varepsilon\eta \sim h$。

若 **T** 正如我们这里所假设的那样，并非自行发光，而是散射了其他光线（即如果它是被照明的），则计算可以通过类似的方式进行。

（接上页）因此

$$a_v = \frac{2av_0\sqrt{2-2(-1)^n\cos\pi v\tau}}{\pi(v^2-v_0^2)} = \frac{4av_0\left|\begin{matrix}\sin\\ \cos\end{matrix}\ \frac{1}{2}\pi v\tau\right|}{\pi(v^2-v_0^2)} = \frac{4av_0\,|\sin\pi(v-v_0)\tau|}{\pi(v^2-v_0^2)}$$

正如我们所见，$v=v_0$ 附近的频率影响最大，而波列能量的最大部分落在 $\pi(v-v_0)\tau$ 具有中等值的频率区间内。因此 $v-v_0$ 的方差（或者 v 的均方差）具有 $\frac{1}{\tau}$ 的量级。表达式

$$\frac{\int_0^\infty a_v^2(v-v_0)^2\,\mathrm{d}v}{\int_0^\infty a_v^2\,\mathrm{d}v}$$

的精确计算给出了相同的结果。

3.5 投影算子

如同在 3.1 节中那样，让我们考虑一个具有 k 个自由度的物理系统 **S**，其构形空间由 k 个坐标 q_1，…，q_k 描述（见 1.2 节）。按照经典力学的方式，在系统 **S** 中，可以形成的所有物理量 $\mathfrak{R}$ 是由 q_1，…，q_k 及其共轭动量 p_1，…，p_k 构成的函数：$\mathfrak{R}=\mathfrak{R}(q_1, \cdots, q_k, p_1, \cdots, p_k)$［例如：能量是哈密顿函数 $H=H(q_1, \cdots, q_k, p_1, \cdots, p_k)$］。另一方面，正如我们在 3.1 节中所指出的那样，在量子力学中，量 $\mathfrak{R}$ 与超极大埃尔米特算子 R 一一对应，特别是 q_1，…，q_k 对应于算子 $Q_1=q_1\cdots$，$Q_k=q_k\cdots$，p_1，…，p_k 对应于算子 $P_1=\frac{h}{2\pi i}\frac{\partial}{\partial q_1}$，…，$P_k=\frac{h}{2\pi i}\frac{\partial}{\partial q_k}\cdots$。我们在哈密顿函数（见 1.2 节）的情况下已经注意到，由于 Q_l，P_l 的不可对易性，一般不能定义

$$R=\mathfrak{R}(Q_1, \cdots, Q_k, P_1, \cdots, P_k)$$

尽管如此，虽然不能就函数

$$\mathfrak{R}(q_1, \cdots, q_k, p_1, \cdots, p_k)$$

与算子 R 之间的关系给出任何终极的完整规律，但是我们在 3.1 节和 3.3 节中声明了以下特殊规则：

L 如果算子 R，S 与同时可观测的量 $\mathfrak{R}$，$\mathfrak{S}$ 相对应，那么算子 $aR+bS$（a，b 为实数）与量 $a\mathfrak{R}+b\mathfrak{S}$ 相对应。

F 如果算子 R 与量 $\mathfrak{R}$ 相对应，则算子 $F(R)$ 与量 $F(\mathfrak{R})$ 相对应，$F(\lambda)$ 为任意实函数。

在某种程度上，我们可以对规律 **L** 和 **F** 做一定的扩展。有关 **F** 隐含的

内容，严格执行以下规则：

F* 若算子 R，S，…与同时可测的量 $\mathfrak{R}$，$\mathfrak{S}$，…相对应（由此可知，它们是可对易的；我们假设其数量有限），则算子 $F(R, S, \cdots)$ 与量 $F(\mathfrak{R}, \mathfrak{S}, \cdots)$ 相对应。

在这种情况下，我们假设 $F(\lambda, \mu, \cdots)$ 是 λ，μ，…的实多项式，这样就可以明确 $F(R, S, \cdots)$ 的含义（R，S，…是可对易的），虽然 **F*** 也可以对任意 $F(\lambda, \mu, \cdots)$ 定义［有关一般 $F(R, S, \cdots)$ 的定义，请参见 2.8 节末尾的参考文献］。现在由于每个多项式都是通过重复三种运算 $a\lambda$，$\lambda+\mu$，$\lambda\mu$ 而得到的，所以考虑这些就足够了。又因 $\lambda\mu=\frac{1}{4}\left[(\lambda+\mu)^2-(\lambda-\mu)^2\right]$，即等于

$$\frac{1}{4}\cdot(\lambda+\mu)^2+\left(-\frac{1}{4}\right)\cdot[\lambda+(-1)\cdot\mu]^2$$

我们也可以将上述三种运算替换为 $a\lambda$，$\lambda+\mu$，λ^2。只不过前两种运算属于规律 **L**，第三种运算属于规律 **F**，因此得以完成对 **F*** 的证明。

另一方面，在量子力学中，甚至可以对 **L** 作进一步的拓展，将其用于 $\mathfrak{R}$，$\mathfrak{S}$ 非同时可测的情况中。稍后我们将会对这一问题进行探讨（见 4.1 节）。目前我们仅限于以下观察：对于 $\mathfrak{R}$，$\mathfrak{S}$ 为非同时可测的，甚至连 $a\mathfrak{R}+b\mathfrak{S}$ 的含义也不清楚。

除了物理量 $\mathfrak{R}$ 以外，还有一类概念是重要的物理学研究对象——系统 **S** 的状态属性。这些性质包括：某个量 $\mathfrak{R}$ 取值 λ；或量 $\mathfrak{R}$ 的值为正数；或两个同时可观测的量 $\mathfrak{R}$，$\mathfrak{S}$ 的值分别为 λ，μ；或这些值的平方和大于 1；等等。我们用 $\mathfrak{R}$，$\mathfrak{S}$，…表示数量，用 $\mathfrak{E}$，$\mathfrak{F}$，…表示性质。如上所述，超极大埃尔米特算子 R，S，…与数量相对应。那么什么与性质相对应呢？

我们可以给每个性质 $\mathfrak{E}$ 指定一个量，其定义如下：每个用以区分 $\mathfrak{E}$ 是否存在的测量，均被认为是对该量的测量。因此若经验证，$\mathfrak{E}$ 是存在的，那么其值为 1，反之则为 0。这个与 $\mathfrak{E}$ 相对应的量也将被记作 $\mathfrak{E}$。

$\mathfrak{E}$ 这种量只能取值 0 和 1，反过来说，每个只能取值 0 和 1 的量 $\mathfrak{R}$ 对

应一个性质 $\mathfrak{G}$，显而易见的是：“$\mathfrak{R}$ 的值 $\neq 0$。”因此，与该性质相对应的量 $\mathfrak{G}$ 具有这种基本特征。

$\mathfrak{G}$ 仅可取值 0 或 1 这一属性也可以表述如下：将 $\mathfrak{G}$ 代入多项式 $F(\lambda)=\lambda-\lambda^2$，值恒为 0。若 $\mathfrak{G}$ 具有算子 E，则 $F(\mathfrak{G})$ 具有算子 $F(E)=E-E^2$ 的条件为 $E-E^2=0$ 或 $E=E^2$。换句话说，$\mathfrak{E}$ 的算子 E 是投影算子。

因此，投影算子 E 与性质 $\mathfrak{E}$ 相对应（借助上面我们刚刚定义的，与 $\mathfrak{G}$ 相对应的中间量可知）。若我们把其与投影算子 E 一起引入属于它们的闭线性流形 $\mathfrak{M}$（$E=P_{\mathfrak{M}}$），那么该闭线性流形 $\mathfrak{M}$ 同样与性质 $\mathfrak{E}$ 相对应。

有关如何使用对应量 $\mathfrak{E}$，E 和 $\mathfrak{M}$ 进行计算，将在下文详细讨论。

若要确定在状态 φ 中，性质 $\mathfrak{E}$ 是否存在，那么我们必须对量 $\mathfrak{E}$ 进行测量，并确定它的值是 1 还是 0（根据定义，这些过程是相同的）。对于前者，$\mathfrak{E}$ 存在的概率等于 $\mathfrak{E}$ 的期望值，即

$$(E\varphi,\ \varphi)=\|E\varphi\|^2=\|P_{\mathfrak{M}}\varphi\|^2$$

对于后者，即 $\mathfrak{E}$ 不存在的概率，等于 $1-\mathfrak{E}$ 的期望值

$$\left[(1-E)\varphi,\ \varphi\right]=\|(1-E)\varphi\|^2=\|\varphi-P_{\mathfrak{M}}\varphi\|^2$$

［当然，其和等于（φ，φ），也就是等于 1］。因此，$\mathfrak{E}$ 是肯定存在的，还是肯定不存在的，取决于上述第二个概率和第一个概率哪一个为 0，即取决于 $P_{\mathfrak{M}}\varphi=\varphi$，还是 $P_{\mathfrak{M}}\varphi=0$。换句话说，是取决于 φ 属于 $\mathfrak{M}$，还是 φ 正交于 $\mathfrak{M}$，或者说是 φ 属于 $\mathfrak{M}$，还是 $\mathfrak{R}_\infty-\mathfrak{M}$。

由此，$\mathfrak{M}$ 可以被定义为肯定具有性质 $\mathfrak{E}$ 的所有 φ 的集合（实际上，这样的 φ 仅位于曲面 $\|\varphi\|=1$ 上 $\mathfrak{M}$ 的子集中。$\mathfrak{M}$ 本身是通过将这些 φ 乘以正常数和附加 0 而得到的）。

若我们称与 $\mathfrak{E}$ 相反的性质（即 $\mathfrak{E}$ 的否定）为“非 $\mathfrak{E}$”，那么由上述可得：若 E，$\mathfrak{M}$ 属于 $\mathfrak{E}$，那么 $1-E$，$\mathfrak{R}_\infty-\mathfrak{M}$ 属于“非 $\mathfrak{E}$”。

与量一样，性质也存在同时可测量性（或者更加确切地说，是属性的可判

定性）的问题。显然，当且仅当相对应的量 $\mathfrak{E}$，$\mathfrak{F}$ 为同时可测量时（无论是以任意精确度，还是以绝对精确度可测都不重要，因为它们只能取值 0 或 1），即当且仅当 E，F 为可对易时，性质 $\mathfrak{E}$，$\mathfrak{F}$ 是同时可判定的。上述内容同样适用于 $\mathfrak{E}$，$\mathfrak{F}$，$\mathfrak{G}$，…多个属性。

从同时可判定的性质 $\mathfrak{E}$ 和 $\mathfrak{F}$ 中，我们可以形成附加属性“$\mathfrak{E}$ 与 $\mathfrak{F}$”以及“$\mathfrak{E}$ 或 $\mathfrak{F}$”。若对应性质 $\mathfrak{E}$ 和对应性质 $\mathfrak{F}$ 的量均为 1，那么对应性质“$\mathfrak{E}$ 与 $\mathfrak{F}$”的量也为 1。若对应性质 $\mathfrak{E}$ 和对应性质 $\mathfrak{F}$ 的量中至少有一个是 0，那么对应性质“$\mathfrak{E}$ 与 $\mathfrak{F}$”的量为 0。因此，它是这些量的乘积。通过 $\mathbf{F}^*$，其算子是 $\mathfrak{E}$ 和 $\mathfrak{F}$ 算子的乘积，即 EF。根据 2.4 节定理 14，EF 所对应的闭线性流形是 $\mathfrak{M}$ 与 $\mathfrak{N}$ 的公共集合 $\mathfrak{P}$。

另一方面，性质“$\mathfrak{E}$ 和 $\mathfrak{F}$”可以写为

“非［（非 $\mathfrak{E}$）（非 $\mathfrak{F}$）］”

且因此其算子为

$$1-(1-E)(1-F)=E+F-EF$$

（鉴于该算子的起源，这也是一个投影算子）。由于 $F-EF$ 是投影算子，则属于 $E+F-EF$ 的线性流形为 $\mathfrak{M}+(\mathfrak{N}-\mathfrak{P})$（根据 2.4 节定理 14）。该线性流形是 $\{\mathfrak{M},\ \mathfrak{N}\}$ 的子集，显然包含 $\mathfrak{M}$，且根据对称性，该线性流形也包含 $\mathfrak{N}$，因此也包含全体 $\{\mathfrak{M},\ \mathfrak{N}\}$。因此，它就等于 $\{\mathfrak{M},\ \mathfrak{N}\}$，且由于它是封闭的，所以它本身就等于 $\{\mathfrak{M},\ \mathfrak{N}\}$。

若性质 $\mathfrak{E}$ 是一个恒存在的属性（即为空），则其对应的量恒为 1，即 $E=1$，$\mathfrak{M}=\mathfrak{R}_\infty$。另一种情况，若 $\mathfrak{E}$ 恒不存在（即不可能），则其对应的量恒为 0，即 $E=0$，$\mathfrak{M}=(0)$。若 $\mathfrak{E}$，$\mathfrak{F}$ 两性质是不相容的，那么二者至少必须是同时可判定的，而且“除了 $\mathfrak{F}$ 以外，还有 $\mathfrak{E}$”必然是不可能的，即 E，F 可对易，$EF=0$。但是由于 $EF=0$ 意味着可对易性（见 2.4 节定理 14），这本身就是一个特征。若假定 E，F 可对易，那么 $EF=0$ 仅仅表示 $\mathfrak{M}$ 和 $\mathfrak{N}$ 的共同子集仅由 0 组成。然而，E，F 的可对易性并非仅由这一点推导出来的。实际上，

$EF=0$ 等价于全部 $\mathfrak{M}$ 与全部 $\mathfrak{N}$ 正交（见 2.4 节定理 14）。

若 $\mathfrak{R}$ 是一个具有算子 R 的量，单位分解 $E(\lambda)$ 属于 R，则性质“$\mathfrak{R}$ 位于区间 $I=\{\lambda', \mu'\}$（$\lambda' \leqslant \mu'$）”的算子为 $E(\mu')-E(\lambda')$。若要证明该命题，只需观察上述命题的概率是否为 $\{[E(\mu')-E(\lambda')]\varphi, \varphi\}$（见 3.1 节 **P**）就足够了。换句话说，属于所述性质的量为 $\mathfrak{E}=F(\mathfrak{R})$

$$F(\lambda)=\begin{cases}1, & \lambda'<\lambda\leqslant\mu' \\ 0, & \text{其他}\end{cases}$$

并且 $F(R)=E(\mu')-E(\lambda')$（见 2.8 节或 3.1 节）。我们在 3.1 节中将该算子记之为 $E(I)$。

综上所述，我们得到了有关性质 $\mathfrak{E}$ 及其投影算子 E，以及其闭线性流形 $\mathfrak{M}$ 之间的关系，具体如下所述：

a 在状态 φ 中，性质 $\mathfrak{E}$ 存在和不存在的概率分别为

$$(E\varphi, \varphi)=\|E\varphi\|^2=\|P_{\mathfrak{M}}\varphi\|^2$$

$$[(1-E)\varphi, \varphi]=\|(1-E)\varphi\|^2=\|\varphi-P_{\mathfrak{M}}\varphi\|^2$$

b 当且仅当状态 φ 的线性流形为 $\mathfrak{M}$ 时，$\mathfrak{E}$ 一定存在；当且仅当状态 φ 的线性流形为 $R_\infty-\mathfrak{M}$ 时，$\mathfrak{E}$ 一定不存在。

c 算子 E，F，…的可对易性是多个性质 $\mathfrak{E}$，$\mathfrak{F}$，…的特征。

d 若 E，$\mathfrak{M}$ 属于 $\mathfrak{E}$，那么 $1-E$，$R_\infty-\mathfrak{M}$ 属于“非 $\mathfrak{E}$”。

e 若 E，$\mathfrak{M}$ 属于 $\mathfrak{E}$；F，$\mathfrak{N}$ 属于 $\mathfrak{F}$；且 $\mathfrak{E}$、$\mathfrak{F}$ 可以同时判定，那么 EF 与 $\mathfrak{M}$，$\mathfrak{N}$ 的公共部分属于性质“$\mathfrak{E}$ 与 $\mathfrak{F}$”。$E+F-EF$, $\{\mathfrak{M}, \mathfrak{N}\}$（即 $[\mathfrak{M}, \mathfrak{N}]$）属于性质“$\mathfrak{E}$ 或 $\mathfrak{F}$”。

f 若 $E=1$，或者 $\mathfrak{M}=R_\infty$，那么 $\mathfrak{E}$ 恒成立；若 $E=0$，或者 $\mathfrak{M}=(0)$，那么 $\mathfrak{E}$ 永不成立。

g 若 $EF=0$，又或者所有 $\mathfrak{M}$ 正交于所有 $\mathfrak{N}$，则 $\mathfrak{E}$，$\mathfrak{F}$ 不相容。

h 设 $\mathfrak{R}$ 为一个量，算子为 R，区间为 I。又设 $E(\lambda)$ 为属于 R 的单位

分解，$I=\{\lambda', \mu'\}$（$\lambda' \leqslant \mu'$），$E(I)=E(\mu')-E(\lambda')$（见 3.1 节），则算子 $E(I)$ 属于性质“量 $\mathfrak{R}$ 位于区间 I 中”。

由 a ~ h 可推导出先前的概率结论 **P**，$\mathbf{E}_1$，$\mathbf{E}_2$，以及在 3.3 节中所述的有关同时可测量性的结论。显然，同时可测量性结论等价于 c；**P** 可由 a，e，h 得出；**P** 可得出 $\mathbf{E}_1$，$\mathbf{E}_2$ 的结果。

由此可见，物理系统的性质与投影算子之间的关系，使得对性质进行某种逻辑演算成为可能。但与普通逻辑概念相比，这一系统是在“同时可判定性”这一量子力学所特有的概念上拓展的。

此外，基于投影算子的命题的运算，优于基于（超极大）埃尔米特算子总体的量的演算，即 “同时可判定性”的概念是“同时可测量性”概念的细化。例如，为了同时判定如下问题：“$\mathfrak{R}$ 是否位于 I 中？”和“$\mathfrak{S}$ 是否位于 J 中？”［$\mathfrak{R}$ 和 $\mathfrak{S}$ 的算子分别为 R 和 S，且其单位分解分别为 $E(\lambda)$ 和 $F(\mu)$，$I=\{\lambda', \lambda''\}$，$J=\{\mu', \mu''\}$］，那么我们只需要求算子 $E(I)=E(\lambda'')-E(\lambda')$ 和 $F(J)=F(\mu'')-E(\mu')$ 可对易（根据结论 c，h）即可。然而对于 $\mathfrak{R}$，$\mathfrak{S}$ 的同时可测量性，则必须满足所有 $E(\lambda)$ 与所有 $F(\mu)$ 可对易。

3.6 辐射理论

我们再次印证了在 1.2 节中所推导出的有关量子力学的统计结论，这些结论大体上实现了广义化，并对量子力学进行了系统化的梳理，但仅有一个例外。我们还缺少一个海森堡表达式，用以表示量子化系统从一种定态到另一种定态的跃迁概率，而这个表达式在量子力学的发展过程中发挥了至关重要的作用。按照狄拉克的方法，下面我们将说明跃迁概率是如何从量子力学的普通统计推断（即从刚刚发展的理论中）推导得出的。这个问题十分关键，因为这样的推导过程能够让我们更加深入地了解定态转变机制，以及爱因斯坦 – 玻尔的能量 – 频率条件的关系。狄拉克提出的辐射理论是量子力学领域最具代表性的成就之一。

□ **爱因斯坦和玻尔**

爱因斯坦和玻尔是20世纪最具影响力的两位物理学家。在他们的引领下，量子理论在1900至1925年间取得了长足的发展。

设 S 为一个系统（比如一个量子化的原子），其能量所对应的埃尔米特算子为 H_0。我们用单个符号 ξ 来表示描述系统 S 的状态空间的坐标（例如：若 S 由 l 个粒子组成，那么则有 $3l$ 个笛卡尔坐标：$x_1=q_1$，$y_1=q_2$，$z_1=q_3$，…，$x_l=q_{3l-2}$，$y_l=q_{3l-1}$，$z_l=q_{3l}$。ξ 就代表所有这些坐标）；此外，为简单起见，设 H_o 有纯离散谱：其本征值为 W_1，W_2，…，本征函数为 $\varphi_1(\xi)$，$\varphi_2(\xi)$，…（可能会有几个 W_m 相同）。S 的任意状态，即波函数

$\varphi(\xi)$ 的变化，根据与时间相关的薛定谔方程展开（见 3.2 节）：

$$\frac{h}{2\pi i}\frac{\partial}{\partial t}\varphi_t(\xi)=-H_o\varphi_t(\xi)$$

即若 $t=t_0$，有

$$\varphi_t(\xi)=\varphi(\xi)=\sum_{k=1}^{\infty}a_k\varphi_k(\xi)$$

那么一般来说都有

$$\varphi_t(\xi)=\sum_{k=1}^{\infty}a_k e^{-\frac{2\pi i}{h}W_k(t-t_0)}\varphi_k(\xi)$$

因此，状态 $\varphi(\xi)=\varphi_k(\xi)$ 就转变为

$$e^{-\frac{2\pi i}{h}W_k(t-t_0)}\varphi_k(\xi)$$

即转变为其本身（因为因子 $e^{-\frac{2\pi i}{h}W_k(t-t_0)}$ 是无关紧要的），$\varphi_k(\xi)$ 是定态，通常我们并未发现从一种状态向另一种状态的转变。既然如此，我们要如何谈论这种转变呢？答案其实很简单。我们忽略了导致这些转变产生的因素——辐射。根据最初的玻尔理论，只有在发射辐射时，定态量子轨道才会遭到破坏。但是若忽略了这一点（如在上述给出的情境设置中），那么产生绝对且永久的稳定性也算是合理的。因此，我们必须对所研究的系统进行扩展，以便将可能由 **S** 发射的辐射都包含其中，即一般来说，我们必须考虑在任何条件下都可以与 **S** 相互作用的所有辐射。若我们用 **L** 来表示由辐射（即经典理论下的电磁场，减去由电子与核电荷构成的静电场）形成的系统，那么我们要研究的对象为 **S+L**。

为此，我们必须完成以下步骤：

1　构建对 **L** 的量子力学描述，即需给定对 **L** 的构形空间的描述。

2　构建 **S+L** 的能量算子。该步骤可以分为三部分：

a　研究 **S** 的能量，其与 **L** 无关，即 **S** 未受扰动时的能量，用算子 H_0 表示。

b　研究 **L** 的能量，其与 **S** 无关，即 **L** 未受扰动时的能量，用算子 H_l 表示。

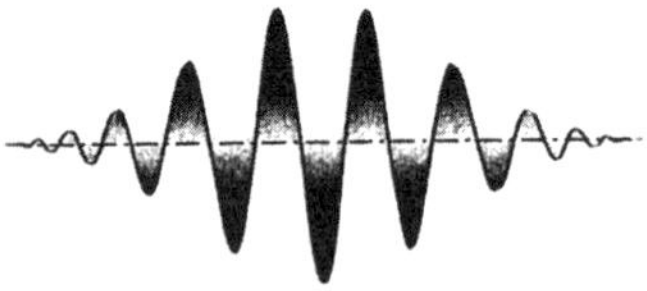

□ 普朗克假设

普朗克认为，任何物体在任何温度下，都向外发射波长不同的电磁波，在不同的温度下发出的各种电磁波的能量按波长的分布不同。这种能量按波长的分布随温度而不同的电磁辐射叫作热辐射。

c 剩余的能量，即 **S** 与 **L** 相互作用的能量，用算子 H_{i} 表示。

根据量子力学的基本原理，有一些问题显然是我们必须要先解决的。然后我们可以将由此获得的结果转换为算子形式（见 1.2 节）。因此，我们（起初）采用了一种关于辐射本质的纯粹经典观点：（在辐射的电磁理论意义上）将辐射视为电磁场的一种振荡状态[1]。

为了避免不必要的复杂性（辐射在无限空间中的损耗等情况），我们考虑将 **S** 和 **L** 封闭在体积为 $\mathcal{V}$ 的非常大的空腔 **H** 中，该空腔应具有完美的反射壁。众所周知，**H** 中的电磁场状态是由电磁场强度 $\mathfrak{E}=\{\mathfrak{E}_x, \mathfrak{E}_y, \mathfrak{E}_z\}$，$\mathfrak{H}=\{\mathfrak{H}_x, \mathfrak{H}_y, \mathfrak{H}_z\}$ 来描述的。所有的量 $\mathfrak{E}_x$，…，$\mathfrak{H}_z$ 都是 **H** 中点的笛卡尔坐标 x，y，z 与时间 t 的函数。此外还应指出的是，后面我们将经常考虑实空间向量 $a=\{a_x, a_y, a_z\}$，$b=\{b_x, b_y, b_z\}$，等等（比如 $\mathfrak{E}$，$\mathfrak{H}$）。上述实向量应用内积或纯量积的概念

$$[a, b]=a_xb_x+a_yb_y+a_zb_z$$

不会与 $\mathfrak{R}_\infty$ 中的内积（φ，ψ）混淆。我们将微分算子

〔1〕对此感兴趣的读者可在任意电动力学教科书中找到辐射的电磁理论处理，例如，亚伯拉罕－贝克（Band I. Abraham—Becker）的 *Theorie der Elektrizität*, Berlin, 1930。参考该理论也有助于了解麦克斯韦理论框架的进一步发展。

$$\frac{\partial^2}{\partial x^2}+\frac{\partial^2}{\partial y^2}+\frac{\partial^2}{\partial z^2}$$

记作Δ，并用著名的 div，grad 和 curl 进行向量运算。真空空间 **H** 中，向量 $\mathscr{E}$，$\mathscr{H}$ 满足麦克斯韦方程组

$$\operatorname{div}\mathfrak{H}=0\,,\quad \operatorname{curl}\mathfrak{E}+\frac{1}{c}\frac{\partial}{\partial t}\mathfrak{H}=0$$

$$\operatorname{div}\mathfrak{E}=0\,,\quad \operatorname{curl}\mathfrak{H}-\frac{1}{c}\frac{\partial}{\partial t}\mathfrak{E}=0$$

$\mathscr{H}=\operatorname{curl}\mathfrak{A}$ 满足第一行的第一个方程，$\mathfrak{A}=\{\mathfrak{A}_x，\mathfrak{A}_y，\mathfrak{A}_z\}$ 就是所谓的“向量势”，其分量也依赖于 x，y，z，t。第一行的第二个方程可以由 $\mathscr{E}=-\frac{1}{c}\frac{\partial}{\partial t}\mathfrak{A}$ 变换，那么第二行的方程就变为

$$\mathbf{A}\quad \operatorname{div}\mathfrak{A}=0\,,\quad \Delta\mathfrak{A}-\frac{1}{c^2}\frac{\partial^2}{\partial t^2}\mathfrak{A}=0$$

［为改善空间和时间的对称性，向量势通常以某种不同的方式引入。当前对 $\mathfrak{A}$——这里要特别注意的是，第二行的第一个方程实际上只给出了 $\frac{\partial}{\partial t}\operatorname{div}\mathfrak{A}=0$，即 $\operatorname{div}\mathfrak{A}=f(x,y,z)$ 这在麦克斯韦理论的大多数处理中均有体现。因此，这里不再进行任何拓展］。**A** 是我们以下讨论的出发点。**H** 的壁具有反射性需要满足以下条件：$\mathfrak{A}$ 必须垂直于位于 **H** 边界处的壁。找到所有这类 $\mathfrak{A}$ 的著名方法是：由于 t 在该问题中没有显现，那么最普遍的 $\mathfrak{A}$ 是所有此类解的线性组合。这些解是 $\{x，y，z\}$ 相关向量与时间 t 相关标量的乘积

$$\mathfrak{A}=\mathfrak{A}(x,y,z,t)=\overline{\mathfrak{A}}(x,y,z)\cdot\tilde{q}(t)$$

因此，由 **A** 可得

$\mathbf{A}_1$　$\operatorname{div}\overline{\mathfrak{A}}=0$，$\Delta\overline{\mathfrak{A}}=\varsigma\overline{\mathfrak{A}}$，$\overline{\mathfrak{A}}$ 垂直于 **H** 边界的壁。

$$\mathbf{A}_2\quad \frac{\partial^2}{\partial t^2}\tilde{q}(t)=c^2\eta\tilde{q}(t)$$

因为 $\mathbf{A}_1$，η 仅与 x，y，z 有关；又因为 $\mathbf{A}_2$，η 仅与 t 有关。所以，η 为常数。

因此，$\mathbf{A}_1$ 是一个本征值问题，其中 η 是本征值参数，$\overline{\mathfrak{A}}$ 是一般的本征

函数。与这个问题相关的理论是完全已知的，所以在这里我们只给出结果：[1]

A_1 有纯离散谱，且所有本征值 η_1，η_2，…（设对应的 $\overline{\mathfrak{A}}$ 为 $\overline{\mathfrak{A}}_1$，$\overline{\mathfrak{A}}_2$，…）为负数，且当 $n\to\infty$ 时，$\eta_n\to-\infty$。我们通过

$$\iiint\limits_{\mathbf{H}}\left[\overline{\mathfrak{A}}_m,\ \overline{\mathfrak{A}}_n\right]\mathrm{d}x\mathrm{d}y\mathrm{d}z=\begin{cases}4\pi c^2, & m=n\\ 0, & m\neq n\end{cases}$$

实现完全系 $\overline{\mathfrak{A}}_1$，$\overline{\mathfrak{A}}_2$ 的标准化（我们选择 $4\pi c^2$，而不是通常的 1，因为稍后我们会证明选它更实用）。若我们将 η_n（<0）记作

$$-\frac{4\pi^2\rho_n^{\ 2}}{c^2}$$

那么，**A_2** 则有

$$\tilde{q}_n(t)=\gamma\cos 2\pi\rho_n(t-\tau)\quad(\gamma,\ \tau\text{为任意值})$$

因此，普遍解 $\mathfrak{A}$ 就等于

$$\begin{aligned}\mathfrak{A}=\mathfrak{A}(x,\ y,\ z,\ t)&=\sum_{n=1}^{\infty}\overline{\mathfrak{A}}_n(x,\ y,\ z)\cdot\tilde{q}_n(t)\\&=\sum_{n=1}^{\infty}\overline{\mathfrak{A}}_n(x,\ y,\ z)\cdot\gamma_n\cos 2\pi\rho_n(t-\tau_n)\end{aligned}$$

（γ_1，γ_2，…，τ_1，τ_2，…为任意常数）。任意场

$$\mathfrak{A}=\sum_{n=1}^{\infty}\overline{\mathfrak{A}}_n(x,\ y,\ z)\cdot\tilde{q}_n(t)$$

[这里不假定 $\mathfrak{A}$ 是 **A** 的解，即 $\tilde{q}_n(t)$ 是任意的] 的能量是

$$\begin{aligned}E&=\frac{1}{8\pi}\iiint\limits_{\mathbf{H}}\left(\left[\mathfrak{E},\ \mathfrak{E}\right]+\left[\mathfrak{H},\ \mathfrak{H}\right]\right)\mathrm{d}x\mathrm{d}y\mathrm{d}z\\&=\frac{1}{8\pi}\iiint\limits_{\mathbf{H}}\left(\frac{1}{c^2}\left[\frac{\partial}{\partial t}\mathfrak{A},\ \frac{\partial}{\partial t}\mathfrak{A}\right]+\left[\operatorname{curl}\mathfrak{A},\ \operatorname{curl}\mathfrak{A}\right]\right)\mathrm{d}x\mathrm{d}y\mathrm{d}z\\&=\frac{1}{8\pi}\sum_{m,n=1}^{\infty}\iiint\limits_{\mathbf{H}}\left(\frac{1}{c^2}\frac{\partial}{\partial t}\tilde{q}_m(t)\frac{\partial}{\partial t}\tilde{q}_n(t)\left[\overline{\mathfrak{A}}_m,\ \overline{\mathfrak{A}}_n\right]\right.\end{aligned}$$

---

〔1〕参见 R. 库朗（R. Courant）和希尔伯特的 *Methoden der mathematischen PHysik I*，Berlin，1924，358—363 页。

$$+\tilde{q}_m(t)\tilde{q}_n(t)\left[\text{curl }\overline{\mathfrak{A}}_m,\ \text{curl }\overline{\mathfrak{A}}_n\right]\Big)\mathrm{d}x\mathrm{d}y\mathrm{d}z$$

分部积分后，我们可以得到[1]

$$\iiint_{\mathbf{H}}\left[\text{curl }\overline{\mathfrak{A}}_m,\ \text{curl }\overline{\mathfrak{A}}_n\right]\mathrm{d}x\mathrm{d}y\mathrm{d}z=\iiint_{\mathbf{H}}\left[\text{curl curl }\overline{\mathfrak{A}}_m,\ \overline{\mathfrak{A}}_n\right]\mathrm{d}x\mathrm{d}y\mathrm{d}z$$

$$=\iiint_{\mathbf{H}}\left[-\Delta\overline{\mathfrak{A}}_m+\text{grad div}\overline{\mathfrak{A}}_m,\ \overline{\mathfrak{A}}_n\right]\mathrm{d}x\mathrm{d}y\mathrm{d}z$$

$$=\frac{4\pi^2\rho_m^2}{c^2}\iiint_{\mathbf{H}}\left[\overline{\mathfrak{A}}_m,\ \overline{\mathfrak{A}}_n\right]\mathrm{d}x\mathrm{d}y\mathrm{d}z$$

因此

$$E=\frac{1}{8\pi}\sum_{m,n=1}^{\infty}\left(\frac{1}{c^2}\frac{\partial}{\partial t}\tilde{q}_m(t)\frac{\partial}{\partial t}\tilde{q}_n(t)+\frac{4\pi^2\rho_m^2}{c^2}\tilde{q}_m(t)\tilde{q}_n(t)\right)\iiint_{\mathbf{H}}[\overline{\mathfrak{A}}_m,\ \overline{\mathfrak{A}}_n]\mathrm{d}x\mathrm{d}y\mathrm{d}z$$

$$=\frac{1}{2}\sum_{m=1}^{\infty}\left[\left(\frac{\partial}{\partial t}\tilde{q}_m(t)\right)^2+4\pi^2\rho_m^2(\tilde{q}_m(t))^2\right]$$

但是我们可以把 $\tilde{q}_1$，$\tilde{q}_2$，…看作描述场瞬时状态的坐标，即 **L** 的状态空间的坐标。（从经典力学的意义上来看）共轭矩阵 $\tilde{p}_m$ 可由以下公式

$$E=\frac{1}{2}\sum_{n=1}^{\infty}\left(\left(\frac{\partial}{\partial t}\tilde{q}_n\right)^2+4\pi^2\rho_n^2\tilde{q}_n{}^2\right)$$

得出

$$\tilde{p}_n=\frac{\partial}{\partial\left(\frac{\partial}{\partial t}\tilde{q}_n\right)}E=\frac{\partial}{\partial t}\tilde{q}_m,\ \ E=\frac{1}{2}\sum_{n=1}^{\infty}(\ \tilde{p}_n^2+4\pi^2\rho_n^2\tilde{q}_n{}^2\ )$$

---

[1] 因为

$$[a,\ \text{curl }b]-[\text{curl }a,\ b]=\text{grad}\,[a\times b]$$

若 $a\times b$ 的法向分量在 H 的边界上为零（这里 $a\times b$ 就是所谓的 a，b 的外积或向量积），我们就可以得到

$$\iiint_{\mathbf{H}}[a,\ \text{curl }b]\,\mathrm{d}x\mathrm{d}y\mathrm{d}z=\iiint_{\mathbf{H}}[\text{curl }a,\ b]\,\mathrm{d}x\mathrm{d}y\mathrm{d}z$$

由于 $a\times b$ 垂直于 a，同时垂直于 b，因此，若 a 或 b 垂直于 **H** 的边界，那么肯定是这种情况。我们有 $a=\text{curl }\mathfrak{A}_n$，$b=\mathfrak{A}_n$ 成立，所以前者确实出现了。

□ 麦克斯韦

詹姆斯·克拉克·麦克斯韦（1831—1879年），苏格兰数学家、物理学家。其最大贡献是提出将电、磁、光统一为电磁场现象的麦克斯韦方程组。麦克斯韦方程组由四个方程组成：描述电荷如何产生电场的高斯定律、论述磁单极子不存在的高斯磁定律、描述电流和时变电场如何产生磁场的麦克斯韦-安培定律、描述时变磁场如何产生电场的法拉第感应定律。

（见1.2节）。这就产生了经典力学的运动方程

$$\frac{\partial}{\partial t}\tilde{p}_n = -\frac{\partial}{\partial \tilde{q}_n}E = -4\pi^2\rho_n^2\tilde{q}_n$$

$$\frac{\partial}{\partial t}\tilde{q}_n = \frac{\partial}{\partial \tilde{p}_n}E = \tilde{p}_n$$

这正是根据麦克斯韦方程得出的$\mathbf{A}_2$。因此，以下金斯（J. Jeans）定理成立：

可以通过坐标$\tilde{q}_1$，$\tilde{q}_1$，…纯经典地描述辐射场L。这些坐标通过

$$\mathfrak{A} = \mathfrak{A}(x,\ y,\ z) = \sum_{n=1}^{\infty}\tilde{q}_n\overline{\mathfrak{A}}_n(x,\ y,\ z)$$

并借助能量（哈密顿函数）

$$E = \frac{1}{2}\sum_{n=1}^{\infty}(\tilde{p}_n^2 + 4\pi^2\rho_n^2\tilde{q}_n^2)$$

与描述场的瞬态向量势$\mathfrak{A}$相联系。

一个（坐标为$\tilde{q}$的）单位质量的质点受到约束，在一条直线上运动，其位于势场$C\tilde{q}^2$中，$C = 2\pi^2\rho^2$，能量为$\frac{1}{2}\left[\left(\frac{\partial}{\partial t}\tilde{q}\right)^2 + 4\pi^2\rho^2\tilde{q}^2\right]$。又因为$\tilde{p} = \frac{\partial}{\partial t}\tilde{q}$，能量也可写作$\frac{1}{2}(\tilde{p}^2 + 4\pi^2\rho^2\tilde{q}^2)$。因此，该质点的运动方程是

$$\frac{\partial^2}{\partial t^2}\tilde{q} + 4\pi^2\rho^2\tilde{q} = 0$$

其解为$\tilde{q} = \gamma\cos 2\pi\rho(t-\tau)$（$\gamma$，$\tau$为任意值）。因为其运动形式，这样一个力学系统被称为“频率为ρ的线性振子”。因此，L可以被视为一系列线性振子的组合，其频率是空间**H**的固有频率：ρ_1，ρ_2，…。

这种对电磁场的“力学”描述至关重要，因为我们可以立即按照量子力

学的常用方法，重新对其进行解释。用 $\tilde{q}_1$， $\tilde{q}_2$，…描述 L 的状态空间，分别用算子 $\frac{h}{2\pi i}\frac{\partial}{\partial \tilde{q}_n}$ …和 $\tilde{q}_n$ …替代能量表达式中的 $\tilde{p}_n$ 和 $\tilde{q}_n$。我们将这些算子记为 $\tilde{P}_n$ 和 $\tilde{Q}_n$。由此，本节前面部分的问题 1 与 2.b 得解，尤其是

$$H_l = \frac{1}{2}\sum_{n=1}^{\infty}(\tilde{p}_n^{\ 2} + 4\pi^2\rho_n^2 Q_n^{\ 2})$$

是在 2.b 的意义上寻求的算子。2.a 在此之前已得解，因为我们假设 H_0 是已知的。于是，目前只剩下 2.c 未解，但这也并不会给我们增加额外的困难。

根据经典电动力学，**S** 与 **L** 的相互作用是按照以下方式计算的：设 **S** 由 l 个粒子组成（可能是质子和电子），其电荷与质量分别为 e_1，m_1，…，e_l，m_l，笛卡尔坐标分别为

$$x_1 = q_1,\ y_1 = q_2,\ z_1 = q_3,\ \cdots;\ x_l = q_{3l-2},\ y_l = q_{3l-1},\ z_l = q_{3l}$$

（这些在前文中记作符号 ξ），且设对应的动量为 p_1^x， p_1^y， p_1^z，…， p_l^x， p_l^y， p_l^z，相互作用的能量则为（充分近似）

$$\sum_{\nu=1}^{l}\frac{e_\nu}{cm_\nu}\Big(p_\nu^x\mathfrak{A}_x(x_\nu,\ y_\nu,\ z_\nu) + p_\nu^y\mathfrak{A}_y(x_\nu,\ y_\nu,\ z_\nu) + p_\nu^z\mathfrak{A}_z(x_\nu,\ y_\nu,\ z_\nu)\Big)$$

若我们用算子

$$\frac{h}{2\pi i}\frac{\partial}{\partial x_\nu}\cdots,\ \frac{h}{2\pi i}\frac{\partial}{\partial y_\nu}\cdots,\ \frac{h}{2\pi i}\frac{\partial}{\partial z_\nu}\cdots,\ x_\nu\cdots,\ y_\nu\cdots,\ z_\nu\cdots$$

替代 p_ν^x， p_ν^y， p_ν^z，x_ν，y_ν，z_ν（ν=1，…，l），并记为 P_ν^x， P_ν^y， P_ν^z， Q_ν^x， Q_ν^y， Q_ν^z，则可以得到量子力学中的对应算子。若我们现在只考虑用

$$\mathfrak{A}(x,\ y,\ z) = \sum_{n=1}^{\infty}\tilde{q}_n\overline{\mathfrak{A}}_n(x,\ y,\ z)$$

来得到想要的 H_i

$$H_i = \sum_{n=1}^{\infty}\sum_{\nu=1}^{l}\frac{e_\nu}{cm_\nu}\tilde{Q}_n\Big\{P_\nu^x\overline{\mathfrak{A}}_{n,x}(Q_\nu^x,\ Q_\nu^y,\ Q_\nu^z) + P_\nu^y\overline{\mathfrak{A}}_{n,y}(Q_\nu^x,\ Q_\nu^y,\ Q_\nu^z)$$
$$+P_\nu^z\overline{\mathfrak{A}}_{n,z}(Q_\nu^x,\ Q_\nu^y,\ Q_\nu^z)\Big\}$$

这里应该注意的是，我们用任意顺序的算子 $P_v^x\overline{\mathfrak{A}}_{n,x}(Q_v^x, Q_v^y, Q_v^z)$，…替换了乘积 $P_v^x\overline{\mathfrak{A}}_{n,x}(x, y, z)$，我们也可以取相反的次序代之，也许（为了确定所生成算子的埃尔米特性质）用实对称组合的形式，诸如

$$\frac{1}{2}\left(P_v^x\overline{\mathfrak{A}}_{n,x}(Q_v^x, Q_v^y, Q_v^z)+\overline{\mathfrak{A}}_{n,x}(Q_v^x, Q_v^y, Q_v^z)P_v^x\right)$$

所幸的是，这些排序并没有产生任何区别，因为[1]

$$\left[P_v^x\overline{\mathfrak{A}}_{n,x}(Q_v^x, Q_v^y, Q_v^z)+\cdots\right]-\left[\overline{\mathfrak{A}}_{n,x}(Q_v^x, Q_v^y, Q_v^z)P_v^x+\cdots\right]$$

$$=\left[P_v^x\overline{\mathfrak{A}}_{n,x}(Q_v^x, Q_v^y, Q_v^z)-\overline{\mathfrak{A}}_{n,x}(Q_v^x, Q_v^y, Q_v^z)P_v^x\right]+\cdots$$

$$=\frac{h}{2\pi i}\frac{\partial}{\partial x}\overline{\mathfrak{A}}_{n,x}(Q_v^x, Q_v^y, Q_v^z)+\cdots=\frac{h}{2\pi i}\operatorname{div}\overline{\mathfrak{A}}_n(Q_v^x, Q_v^y, Q_v^z)$$

如此一来，系统 **S+L** 的总能量，即其算子

$$H=H_0+H_1+H_i$$

现已完全确定了。在我们进一步变换 H 之前，让我们注意以下几点：**S+L** 的状态空间由坐标 ξ（即 q_1, …, q_{3l}, 或是 x_1, y_1, z_1, …, x_l, y_l, z_l）和 $\tilde{q}_1$，$\tilde{q}_2$，…描述。因此，波函数取决于这些量。在现实中，我们不方便承认在形式上有无限多个自由度的系统，或者有无限多个变量的波函数，而且这么做的有效性也是值得怀疑的。我们最初的讨论方向总是基于有限数量的坐标。因此，我们将首先考虑 $\tilde{q}_1$，$\tilde{q}_2$，…的前 N 个坐标：$\tilde{q}_1$，…，$\tilde{q}_N$（即我们将 $\mathfrak{A}$ 限定于 $\overline{\mathfrak{A}}_1$，…，$\overline{\mathfrak{A}}_N$ 中），只有在这些条件下得到完整的结果之后，我们才能进行从有限到无限，即 $N\to\infty$ 的转变。于是

$$\mathfrak{H}=\mathfrak{H}_o+\frac{1}{2}\sum_{n=1}^{\infty}(\tilde{P}_n^2+4\pi^2p_n^2\tilde{Q}_n^2)+\sum_{n=1}^{N}\sum_{v=1}^{1}\frac{e_v}{cm_v}\tilde{Q}_n\left\{P_v^x\overline{\mathfrak{A}}_{n,x}(Q_v^x, Q_v^y, Q_v^z)\right.$$

---

[1] 由于 P_v^x 与 Q_v^y，Q_v^z 可对易，但与 Q_v^x 不可对易，为证明随后的转换是正确的，我们必须证明以下命题（我们忽略多余的指标，并用 F 替代 A）：

若 $P=\frac{h}{2\pi i}\frac{\partial}{\partial q}\cdots$，$Q=q\cdots$，则有 $PF(Q)-F(Q)P=\frac{h}{2\pi i}F'(Q)$

这种关系在矩阵理论中特别重要，最简便的是通过直接计算验证。

$$+P_\nu^y \overline{\mathfrak{A}}_{n,y}(Q_\nu^x, Q_\nu^y, Q_\nu^z)+P_\nu^z \overline{\mathfrak{A}}_{n,z}(Q_\nu^x, Q_\nu^y, Q_\nu^z)\Big\}$$

替代 $\tilde{P}_n$，$\tilde{Q}_n$ 引入（非埃尔米特）算子 $\tilde{R}_n$ 及其共轭算子 $\tilde{R}_n^*$ 是方便的

$$\tilde{R}_n=\frac{1}{\sqrt{2h\rho_n}}(2\pi\rho_n\tilde{Q}_n+\mathrm{i}\tilde{P}_n),\quad \tilde{R}_n^*=\frac{1}{\sqrt{2h\rho_n}}(2\pi\rho_n\tilde{Q}_n-\mathrm{i}\tilde{P}_n)$$

则有

$$\tilde{Q}_n=\frac{1}{2\pi}\sqrt{\frac{h}{2\rho_n}}(\tilde{R}_n+\tilde{R}_n^*)$$

又因为

$$\tilde{P}_n\tilde{Q}_n-\tilde{Q}_n\tilde{P}_n=\frac{h}{2\pi\mathrm{i}}1$$

$$\tilde{R}_n\tilde{R}_n^*=\frac{1}{2h\rho_n}(\tilde{P}_n^2+4\pi^2\rho_n^2\tilde{Q}_n^2)+\frac{1}{2}\cdot 1$$

$$\tilde{R}_n^*R_n=\frac{1}{2h\rho_n}(\tilde{P}_n^2+4\pi^2\rho_n^2\tilde{Q}_n^2)-\frac{1}{2}\cdot 1$$

因此，特别有 $\tilde{R}_n\tilde{R}_n^*-\tilde{R}_n^*\tilde{R}_n=1$，且能量算子变为

$$\mathfrak{H}=\mathfrak{H}_0+\sum_{n=1}^{N}h\rho_n\cdot\tilde{R}_n^*\tilde{R}_n+\sum_{n=1}^{N}\sum_{\nu=1}^{l}\frac{e_\nu}{2\pi cm_\nu}\sqrt{\frac{h}{2\rho_\nu}}(\tilde{R}_n+\tilde{R}_n^*)+\Big[P_\nu^x\overline{\mathfrak{A}}_{n,x}(Q_\nu^x, Q_\nu^y, Q_\nu^z)$$

$$+P_\nu^y\overline{\mathfrak{A}}_{n,y}(Q_\nu^x, Q_\nu^y, Q_\nu^z)+P_\nu^2\overline{\mathfrak{A}}_{n,z}(Q_\nu^x, Q_\nu^y, Q_\nu^z)\Big]+C$$

其中，$C=\frac{1}{2}\sum_{n=1}^{N}h\rho_n$ 是常数。由于在能量表达式中增加一个常数项是没有意义的，我们可以忽略 C。更可取的原因在于，当 $N\to\infty$ 时，C 会变成无穷大，因此会破坏理论的完善性。

埃尔米特算子 $\tilde{R}_n^*\tilde{R}_n$ 是超极大的，并存在由数字 0，1，2，…组成的纯离散谱。该算子对应的本征函数记为 $\psi_0^n(\tilde{q}_n)$，$\psi_1^n(\tilde{q}_n)$，$\psi_2^n(\tilde{q}_n)$，…。

（若我们用 $\frac{1}{2\pi}\sqrt{\frac{h}{\rho_n}}q$ 替代 $\tilde{q}_n$，那么 $\frac{1}{\sqrt{2h\rho_n}}2\pi\rho_n\tilde{q}_n=2\pi\sqrt{\frac{\rho_n}{2h}}\tilde{q}_n$ 和 $\frac{1}{\sqrt{2h\rho_n}}\frac{h}{2\pi\mathrm{i}}\frac{\partial}{\partial\tilde{q}_n}=$

$\frac{1}{2\pi}\sqrt{\frac{h}{2\rho_n}}\frac{1}{\mathrm{i}}\frac{\partial}{\partial\tilde{q}_n}$ 分别变为 $\frac{1}{\sqrt{2}}q$ 和 $\frac{1}{\sqrt{2}}\frac{1}{\mathrm{i}}\frac{\partial}{\partial q}$，因此

$$\tilde{R}_n=\frac{1}{\sqrt{2}}\left(q+\frac{\partial}{\partial q}\right),\quad \tilde{R}_n^*=\frac{1}{\sqrt{2}}\left(q-\frac{\partial}{\partial q}\right)$$

$$\tilde{R}_n\tilde{R}_n^*=-\frac{1}{2}\frac{\partial^2}{\partial q^2}+\frac{1}{2}q^2+\frac{1}{2}$$

$$\tilde{R}_n^*\tilde{R}_n=-\frac{1}{2}\frac{\partial^2}{\partial q^2}+\frac{1}{2}q^2-\frac{1}{2}$$

我们可以在许多专著中找到关于这些算子的本征值理论。）

由于$\psi_1(\xi)$，$\psi_2(\xi)$，…在空间ξ中形成一个完全正交系，并且$\psi_0^n(\tilde{q}_n)$，$\psi_1^n(\tilde{q}_n)$，…在空间$\tilde{q}$中形成一个完全正交系，则

$$\varphi_{kM_1\cdots M_N}(\xi,\ \tilde{q}_1,\ \cdots,\ \tilde{q}_N)=\psi_k(\xi)\cdot\psi_{M_1}^1(\tilde{q}_1)\cdots\psi_{M_N}^N(\tilde{q}_N)$$

（k=1，2，…；M_1，…，M_N=0，1，2，…）在空间ζ，$\tilde{q}_1$，…，$\tilde{q}_N$（即状态空间）中，形成了一个完全正交系。于是，我们可以把每个波函数$\varphi=\varphi(\xi,\ \tilde{q}_1,\ \cdots,\ \tilde{q}_N)$展开为

$$\begin{aligned}\varphi(\xi,\ \tilde{q}_1,\ \cdots,\ \tilde{q}_N)&=\sum_{k=1}^{\infty}\sum_{M_1=0}^{\infty}\cdots\sum_{M_N=0}^{\infty}a_{kM_1\cdots M_N}\varphi_{kM_1\cdots M_N}(\xi,\ \tilde{q}_1,\ \cdots,\ \tilde{q}_N)\\&=\sum_{k=1}^{\infty}\sum_{M_1=0}^{\infty}\cdots\sum_{M_N=0}^{\infty}a_{kM_1\cdots M_N}\psi_k(\xi)\cdot\psi_{M_1}^1(\tilde{q}_1)\cdots\psi_{M_N}^N(\tilde{q}_N)\end{aligned}$$

我们是用N+1 个指标k，M_1，…，M_N，还是用 1 个指标来表示完全正交系和展开系数，其实是无关紧要的。实际上，在 2.1 节的讨论中，已经证明了该结论的合理性。波函数φ的希尔伯特空间也可以被看作（N+1 重）序列$a_{kM_1\cdots M_N}$（具有有限$\sum_{k=1}^{\infty}\sum_{M_1=0}^{\infty}\cdots\sum_{M_N=0}^{\infty}|a_{kM_1\cdots M_N}|^2$）中的一个。

按照现下这种对希尔伯特空间的阐释，如何描述算子H的作用呢？为了回答这个问题，让我们首先计算$H\varphi_{kM_1\cdots M_N}$。由于$H_0$只作用于$\xi$，而$\psi_k(\xi)$是$H_0$的本征函数，其本征值为$W_k$，又因为$R_n^*R_n$只作用于$q_n$，而$\psi_{M_n}^n(q_n)$是

$R_n^* R_n$ 的本征函数，其本征值为 M_n，于是则有：

$$H\varphi_{kM_1\cdots M_N}=\left(W_k+\sum_{n=1}^{N}h\rho_n\cdot M_n\right)\varphi_{kM_1\cdots M_N}+\sum_{n=1}^{N}\sum_{v=1}^{l}\frac{\mathrm{e}_v}{2\pi cm_v}\sqrt{\frac{h}{2\rho_n}}$$

$$\times\left[P_v^x\overline{\mathfrak{A}}_{n,x}(Q_v^x,\ Q_v^y,\ Q_v^z)+P_v^y\overline{\mathfrak{A}}_{n,y}(Q_v^x,\ Q_v^y,\ Q_v^z)\right.$$

$$\left.+P_v^z\overline{\mathfrak{A}}_{n,z}(Q_v^x,\ Q_v^y,\ Q_v^z)\right]\psi_k(\xi)$$

$$\times\psi_{M_1}^1(\tilde{q}_1)\cdots(\tilde{R}_n+\tilde{R}_n^*)\psi_{M_n}^n(\tilde{q}_n)\cdots\psi_{M_N}^N(\tilde{q}_N)$$

对于所有仅影响变量 ζ 的算子 A（如在表达式［…］中的那些），我们可以使用展开式

$$A\psi_k(\xi)=\sum_{j=1}^{\infty}(A\psi_k,\ \psi_j)\cdot\psi_j(\xi)=\sum_{j=1}^{\infty}(A)_{kj}\cdot\psi_j(\xi)$$

其中，$(A)_{kj}=(A\psi_k,\ \psi_j)$ 是定号的。而且，上述处理中说明了

$$\tilde{R}_n\psi_M^n(\tilde{q}_n)=\sqrt{M}\psi_{M-1}^n(\tilde{q}_n),\quad \tilde{R}_n^*\psi_M^n(\tilde{q}_n)=\sqrt{M+1}\psi_{M+1}^n(\tilde{q})$$

（当 $M=0$ 时，不考虑其中出现的没有意义的 ψ_{-1}^n，故第一个方程的右边等于0）。

因此有

$$H\varphi_{kM_1\cdots M_N}=\left(W_k+\sum_{n=1}^{N}h\rho_n\cdot M_n\varphi_{kM_1\cdots M_N}\right)+\sum_{j=1}^{\infty}\sum_{n=1}^{N}\sqrt{\frac{h}{2\rho_n}}$$

$$\times\left(\sum_{v=1}^{l}\frac{e_v}{2\pi cm_v}(P_v^x\overline{\mathfrak{A}}_{n,x}(Q_v^x,\ Q_v^y,\ Q_v^z)+\cdots)_{kj}\right)$$

$$\times\left(\sqrt{M_n+1}\varphi_{kM_1\cdots M_n+1\cdots M_N}+\sqrt{M_n}\varphi_{kM_1\cdots M_n-1\cdots M_N}\right)$$

我们现在可以将 H 的形式记作 $a_{kM_1\cdots M_N}$ 算子来描述。具体为

$$H\sum_{kM_1\cdots M_N}a_{kM_1\cdots M_N}\varphi_{kM_1\cdots M_N}=\sum_{kM_1\cdots M_N}a'_{kM_1\cdots M_N}\varphi_{kM_1\cdots M_N}$$

则

$$Ha_{kM_1\cdots M_N}=a'_{kM_1\cdots M_N}=\left(W_k+\sum_{n=1}^{N}h\rho_n\cdot M_n\right)a_{kM_1\cdots M_N}$$

$$+\sum_{j=1}^{\infty}\sum_{n=1}^{N}\sqrt{\frac{h}{2\rho_n}}\left(\sum_{v=1}^{l}\frac{e_v}{2\pi cm_v}(P_v^x\overline{\mathfrak{A}}_{n,x}(Q_v^x, Q_v^y, Q_v^z)+\cdots)_{kj}\right)$$
$$\times\left(\sqrt{M_n}a_{jM_1\cdots M_n-1\cdots M_N}+\sqrt{M_n+1}a_{jM_1\cdots M_n+1\cdots M_N}\right)$$

对于 H 的讨论已经足够充分，我们可以进一步探讨极限 $N\to\infty$ 的过渡。由于 $a_{kM_1\cdots M_N}$ 的指标系统在此过程中发生了变化，出现了一个全新的算子 H。我们必须引入有无限多个指数 $M_1, M_2, \cdots$的分量 $a_{kM_1M_2\cdots}$。若不考虑其他原因，为确保出现在 H 中的总和 $\sum_{n=1}^{\infty}h\rho_n\cdot M_n$ 的有限性，我们必须限制 M_1，M_2，$\cdots$这样的序列，要求其中仅包含有限数量的非零元素。因此，下文将只使用由所有序列 $a_{kM_1\cdots M_N}$（具有有限的 $\sum_{k=1}^{\infty}\sum_{M_1=0}^{\infty}\sum_{M_2=0}^{\infty}\cdots|a_{kM_1M_2\cdots}|^2$）构成的希尔伯特空间，其中的指数 k，M_1，M_2，$\cdots$取值如下：$k=1$，2，$\cdots$；M_1，M_2，$\cdots=0$，1，2，$\cdots$；只有有限数量（但任意）的 $M_n\neq 0$[1]。因此，H 的最终形式为

$$Ha_{kM_1M_2}\cdots=a'_{kM_1M_2}\cdots=\left(W_k+\sum_{n=1}^{\infty}h\rho_n\cdot M_n\right)\cdot a_{kM_1M_2}\cdots$$
$$+\sum_{j=1}^{\infty}\sum_{n=1}^{\infty}W_{kj}^n\left(\sqrt{M_n+1}\,a_{jM_1M_2\cdots M_n+1}+\sqrt{M_n}\,a_{jM_1M_2\cdots M_n-1}\right)$$

其中 w_{kj}^n 定义为

$$w_{kj}^n=\sqrt{\frac{h}{2\rho_n}}\sum_{v=1}^{l}\frac{e_v}{2\pi cm_v}\left(P_v^x\overline{\mathfrak{A}}_{n,x}(Q_v^x, Q_v^y, Q_v^z)+\cdots\right)_{kj}$$

应注意，在以此推导出我们所感兴趣的任何物理结论之前，该结果是以

[1] 所有指数系统 k，M_1，M_2，$\cdots$的整体实际上形成了一个序列，可以最简单地表示如下：设 π_1，π_2，π_3，$\cdots$为质数序列 2，3，5，$\cdots$。实际上，乘积是有限的，因为除了有限数量的例外，所有的 M_n 都不等于 0，即 $\pi_{n+1}^{M_n}=0$，当 k，M_1，M_2，$\cdots$取值于整个指数系统时，$\pi_1^{k-1}\cdot\pi_2^{M_1}\cdot\pi_3^{M_2}\cdots$ 取值于所有数字 1，2，3，$\cdots$，并假定对每个数字取值一次。因此，我们可以用 $\pi_1^{k-1}\cdot\pi_2^{M_1}\cdot\pi_3^{M_2}\cdots$ 来获得 $a_{kM_1M_2}\cdots$ 的简单运行指数值。

电动力学辐射理论为基础而得到的。我们现在需要确定的是，我们进行的标准量子力学变换是否足以解释辐射与波模型之间的偏差——因为该变换具有离散粒子的特性（注意：为了实现这一目标，必须直接从光的微粒模型开始，而非像我们在这里所做的那样去量化电磁场。这一点是可以合理地预期的）。

□ 光的微粒说和波动说

古希腊时代的人们除了粒子之外，对其他物质形式的了解不多，总是倾向于把光看作一种极细的粒子流，这种理论称为光的“微粒说”。微粒说解释了为什么光总是沿着直线前进且严格而经典地反射，但也有一些不足：如无法解释为什么两束光互相碰撞时不会弹开，也无法得知“光粒子”在点上灯火前隐藏在何处，等等。当人们对自然世界有了进一步的认识后，波动现象走进人们的视野。17世纪初，意大利数学家格里马第做了一个实验，让一束光穿过两个小孔照到暗室里的屏幕上后，发现在投影的边缘有一种明暗条纹的图像。这使格里马第联想到了水波的衍射，于是提出：光可能是一种类似水波的波动，这就是最早的光“波动说”。

从我们上述关于 H 的表达式中即刻可见，其中包含了像粒子性光量子这样的东西。假设我们忽略其中的第二项，则正如我们后面所见，该项所产生的扰动，将会引发系统 **S** 从一种“定态”向另一种“定态”的量子跳跃（实际上，后者才是我们真正感兴趣的现象，但与物质系统 **S** 本身的属性相比，它却不是那么引人注目。我们将要看到，这些属性是由 H 的第一项表示的）。在删除第二项以后，我们可以得到

$$H_1 a_{kM_1M_2}\cdots=\left(W_k+\sum_{n=1}^{\infty}h\rho_n\cdot M_n\right)\cdot a_{kM_1M_2}\cdots$$

但是对于这个能量表达式，可以作如下解释：它是系统 **S** 的能量 W_k 加上一个量 $h\rho_n\cdot M_n$（$n=1$，2，…）的总和。从而，把数字 $M_n=0$，1，2，…解释为具有相应能量 $h\rho_n$ 的粒子数是合理的。但根据爱因斯坦的理论，$h\rho_n$ 恰好是必须分配给频率为 ρ_n 的光量子的能量。从而，H_1 的结构证实了存在于 **H** 中的电磁场（减去静电部分），即 **L**，实际上由频率为 ρ_1，ρ_2，…与能量为 $h\rho_1$，$h\rho_2$，…的光量子组成。此外，这些粒子的数量由指标 M_1，M_2，…（=0，1，…）确定。通过认定 ρ_1，ρ_2，…是腔 **H** 的本征频率，这就有力地证明了除 ρ_1，

ρ_2，…之外没有其他频率出现的事实。实际上，向量势

$$\mathfrak{A}_n(x, y, z)\cdot\gamma\cos 2\pi\rho_n(t-\tau)$$

表示了 **H** 中唯一可能存在的定态电磁振荡。

然而，上述这些推测与解释都只具有启发性的价值。只有当我们从辐射 **L** 的光量子模型入手，推导得出能量表达式 H 时，我们才能得到一个完全令人满意的最终答案。我们先做辐射经典理论处理的原因在于，在量子力学之前的光量子假设并未提供光量子与物质能量相互作用的表达式（经典电动力学在这一点上的重新解释从未成功）。而现在，若我们（应用对相互作用能量的一般表达式的推导得到）的结果在形式上与 H 相一致，那么我们将能够通过比较系数的方式来确定这个相互作用项。

问题 1 在光量子假设的条件下，**L** 的状态空间是什么？单个光量子（在空间 **H** 中）可用某些坐标表征，我们用符号 u 来表示坐标的总体[1]。其定态可能有波函数 $\psi_1(u)$，$\psi_2(u)$，…（它们构成一个标准正交系），及能量 E_1，

---

〔1〕我们可能需要使用光量子的坐标（诸如，光量子的动量 p_x，p_y，p_z，以及坐标 π）来描述其偏振状态。动量 p_x，p_y，p_z 决定光量子的方向，即其方向的余弦 α_x，α_y，α_z（$\alpha_x^2+\alpha_y^2+\alpha_z^2=1$）以及其频率 ν、波长 λ 和能量；因为根据爱因斯坦的理论，动量向量的大小为 $\frac{h\nu}{c}$。所以有

$$P_x=\frac{h\nu}{c}\alpha_x,\quad P_y=\frac{h\nu}{c}\alpha_y,\quad P_z=\frac{h\nu}{c}\alpha_z$$

即

$$\nu=\frac{c}{h}\sqrt{P_x^2+P_y^2+P_z^2},\quad \lambda=\frac{c}{\nu},\ \text{能量}=h\nu$$

$$\alpha_x=\frac{cP_x}{h\nu},\quad \alpha_y=\frac{cP_y}{h\nu},\quad \alpha_z=\frac{cP_z}{h\nu}$$

令人困惑的是，这里我们观测到的本征振荡 $\overline{\mathfrak{A}}_n(x, y, z)\cdot\gamma\cos 2\pi\rho_n(t-\tau)$ 是驻波，这是因为由于反射壁的存在，在腔 **H** 中不可能有其他形式的波——所以 $\overline{\mathfrak{A}}_n$ 不会与唯一的"射线方向" α_x，α_y，α_z 相联系。我们即刻可见，除 α_x，α_y，α_z 以外，至少还存在相反的方向 $-\alpha_x$，$-\alpha_y$，$-\alpha_z$，动量同理。因此，我们必须在 **H** 中使用除 p_x，p_y，p_z，π 以外的其他坐标。

在对该问题的近期阐释中，已通过以下技术手段解除了这一不便：设 **H** 为平行六面体（转下页）

E_2，…。它们对应于频率为 ρ_1，ρ_2，…的本征电磁振荡 $\overline{\mathfrak{A}}_1$，$\overline{\mathfrak{A}}_2$，…（在爱因斯坦概念 $E_n = h\rho_n$ 的意义上，我们将在后文给出证明）。在这一点上，我们将观察到以下情况：在对电磁场的讨论中，我们已将光的能量标准化，使其最小值为 0，且对应于指标 $M_1 = M_2 =\cdots= 0$。实际上，我们已经认识到，光的一种可能状态就是不存在性，这实际上是合理的。在现实中，光量子被发射与被吸收，即光产生与消失。但是对于一般的量子力学来说，这一概念是完全陌生的：每个粒子都为系统的状态空间贡献坐标，从而十分密

□ **在电磁场中的麦克斯韦磁力线图**

麦克斯韦电磁理论认为，电磁场是由电磁矩构成的，电磁矩是由电荷构成的。电磁矩可以用来描述电荷的运动，并由此构成电磁场。电磁感应的本质是电磁矩在电磁场中的运动。当一个电荷在电磁场中运动时，电荷会产生电磁矩，而电磁矩的运动会导致其他电荷的运动，从而产生电磁感应。

（接上页）$-A< x <A$，$-B <y <B$，$-C <z <C$

不把其边界表面 $x=\pm A$，$y=\pm B$，$z=\pm C$ 看作反射壁，而是令 $x=+A$ 恒等于 $x=-A$，$y=B$ 恒等于 $y=-B$，$z=C$ 恒等于 $z=-C$。也就是说，在 A，y，z 处撞击壁面 $x=A$ 的射线，在 $-A$，y，z 处再恢复至其在同样方向上的进程（再次回到 **H** 中），就好像什么也没有发生一样，等等。我们也可以说，空间在 x，y，z 方向上周期性地被占用，其周期分别为 $2A$，$2B$，$2C$。分析处理过程保持不变，但边界条件现在是

$$\mathfrak{A}(A, y, z) = \mathfrak{A}(-A, y, z)$$

$$\mathfrak{A}(x, B, z) = \mathfrak{A}(x, -B, z)$$

$$\mathfrak{A}(x, y, C) = \mathfrak{A}(x, y, -C)$$

（取代在边界 $\frac{\partial}{\partial n}\mathfrak{A}=0$ 上的条件），展开后的“基本解”是

$$\begin{matrix}\cos\\ \sin\end{matrix}\left[2\pi v\left(t-c\left(\alpha_z x+\alpha_y y+\alpha_z z\right)\right)\right]$$

［而不是 $\overline{\mathfrak{A}}(x, y, z)\cdot\tilde{\rho}(t)$］。我们可以很容易地确定

$$v=\rho_n,\ \alpha_x=\alpha_{n,x},\ \alpha_y=\alpha_{n,y},\ \alpha_z=\alpha_{n,z}\ (n=1, 2, \cdots)$$

属于本征解，该理论的进一步发展与本书中的描述相吻合。

切地进入整个系统的形式描述中，使系统看似是不可破坏的。那么在光消失以后，我们必须赋予粒子一种潜在的存在，使其坐标仍属于构形空间。因此，能量为 $E_n=0$ 的所有状态 $\psi_n(u)$，其状态之一就是必须与光量子不存在的情况相对应。我们更倾向于用 $\psi_0(u)$（$E_0=0$）表示该状态，而用 $\psi_1(u)$，$\psi_2(u)$，…表示存在的光量子，从而 $\psi_0(u)$，$\psi_1(u)$，$\psi_2(u)$，…构成一个完全正交系。

我们现在继续讨论 **L**，即所有光量子的系统。可以用 **L** 表示的所有光量子有无穷多个，计入了不能被表示的光量子与不存在的光量子。但是，由于在 **L** 中对无穷多个组成部分进行操作很不方便，我们先考虑只存在 S 个光量子的情况（$S=1$，2，…），最后再讨论 $S\to+\infty$ 的极限情况[1]。我们用数字 1，…，S 表示这些光量子，并记其坐标为 u_1，…，u_S。因此，**L** 的构形空间则由 u_1，…，u_S 描述，而 **S+L** 的构形空间则由 ξ，u_1，…，u_S 来描述。于是，关于 **S+L** 最一般的波函数为 $f(\xi, u_1, \cdots, u_S)$，而 $\varphi_k(\xi)\cdot\psi_{n_1}(u_1)\cdots\psi_{n_S}(u_S)$，$k=1$，2，…，$u_1$，…，$u_S=0$，1，2，…构成了一个完全标准正交系。

现在光量子具有的基本性质是完全等同的，即没有一种方法可以区分具有相同坐标 u 的两个光量子。换句话来说，光量子 m 和 n 有对应的 u 坐标值满足 $u_m=u'$，$u_n=u''$ 的状态，与满足 $u_m=u''$，$u_n=u'$ 的状态是难以区分的。但这是经典力学的描述方法，而不是量子力学的描述方法，因为我们给出了 u 的值，而不是波函数 $\varphi(u)$ 的值。从量子力学上来讲，这就意味着：属于波函数 $f(\xi, u_1, \cdots, u_m, \cdots, u_n, \cdots, u_S)$ 的状态与属于波函数 $f(\xi, u_1, \cdots, u_n, \cdots, u_m, \cdots, u_S)$ 的状态是无法区分的。也就是说，每一个物理量 R 在

[1] 这种到极限 $S\to+\infty$ 的转变，不同于电磁理论中的极限转变 $N\to+\infty$。因为若我们将 M_1，M_2，…解释为光量子的数量，那么 N 是非相干光量子（即频率和方向不同的光量子，其中频率与方向共同构成了光量子的动量及其偏振性）数量的极限；而 S 是光量子总数的极限。

这些状态中都具有相同的期望值［由于这也适用于 $F(\mathfrak{R})$，因此每个物理量也具有相同的统计值——3.1 节中 $\mathbf{E}_1$ 和 $\mathbf{E}_2$ 的讨论）］。若我们将置换 u_m，u_n 的函数运算表示为 O_{mn}（O_{mn} 既是埃尔米特算子，又是幺正算子，因为即刻可以看出 $O_{mn}{}^2=1$），那么这就意味着，$\mathfrak{R}$ 对于 f 和对于 $O_{mn}f$ 的期望值相同，即

$$(Rf,\ f)=(RO_{mn}f,\ O_{mn}f)=(O_{mn}RO_{mn}f,\ f)$$

因此有

$$R=O_{mn}RO_{mn}，\text{或者等价地，}O_{mn}R=RO_{mn}$$

这表明，在当前情况下，只有与所有 O_{mn}（m，$n=1$，…，S，$m\neq n$）可对易的算子 R 才是可以接受的，即（参考 O_{mn} 的定义）所有坐标 u_1，…，u_S 对称地进入其中。

若波函数 f 关于所有变量 u_1，…，u_S 对称，即 $O_{mn}f=f$（m，$n=1$，…，S，$m\neq n$）成立，则波函数 f 已被算子 R 转换为相同类型的另一个波函数：$O_{mn}Rf=RO_{mn}f=Rf$。这些 f 构成一个闭线性流形，由所有 f 构成的希尔伯特空间 $\mathfrak{R}_\infty^{(s)}$ 中的一个希尔伯特子空间 $\overline{\mathfrak{R}}_\infty^{(s)}$，且 R 映射 $\overline{\mathfrak{R}}_\infty^{(s)}$ 的元素在同一空间，即它们可以被视为希尔伯特空间 $\overline{\mathfrak{R}}_\infty^{(s)}$ 中的算子。因此，就量子力学的目的而言，$\overline{\mathfrak{R}}_\infty^{(s)}$ 与原来考虑的 $\mathfrak{R}_\infty^{(s)}$ 一样有用，并且鉴于 L 的对称性观点来考察光量子交换，那么，问题就出现了：是否可以不局限于对称的波函数？即 $\overline{\mathfrak{R}}_\infty^{(s)}$ 是否可以替代 $\mathfrak{R}_\infty^{(s)}$？我们将这样做，若结果与通过电磁学中推导出的 H 的表达式完全相符，那么就将最终证明我们的步骤是正确的[1]。

在 $\mathfrak{R}_\infty^{(s)}$ 中，$\varphi_k(\xi)\cdot\psi_{n_1}(u_1)\cdots\psi_{n_s}(u_s)$ 构成了一个完全标准正交系，我们现在要借助它在 $\overline{\mathfrak{R}}_\infty^{(s)}$ 中也构建出一个完全标准正交系。设 M_0，M_1，…为任意数，取值 0，1，2，…，且满足 $M_0+M_1+\cdots=S$（因此，其中仅有有限个数不

---

〔1〕若我们不考虑对量子力学的后果，那么引入 $\overline{\mathfrak{R}}_\infty^{(s)}$ 来替代 $\mathfrak{R}_\infty^{(s)}$，就相当于用所谓的玻色 - 爱因斯坦统计来取代普通的统计学。

等于0）。我们用 $[M_1, M_2, \cdots]$ 表示所有指标系统 $n_1, \cdots, n_S$ 的总体，其中0出现 M_0 次，1出现 M_1 次，…。于是恰有 $M_0! \ M_1! \cdots$ 个不同的系统。我们记

$$\varphi_{M_0M_1\cdots}(u_1, \cdots, u_s)=\sum_{[M_0, M_1\cdots]\text{中的}n_1, \cdots, n_s}\psi_{n_1}(u_1)\cdots\psi_{n_s}(u_s)$$

由于 $\varphi_{M_0M_1\cdots}$ 是 $M_0! \ M_1! \cdots$ 个成对正交且值为1的被求和项之和，其平方是 $M_0! \ M_1! \cdots$ 个单位项的和，其值为

$$\sqrt{M_0!M_1!\cdots}$$

两个不同的 $\varphi_{M_0M_1\cdots}$ 具有成对的正交被求和项，因此二者是正交的。于是，函数

$$\psi_{M_0M_1\cdots}(u_1, \cdots, u_s)=\frac{1}{\sqrt{M_0!\cdot M_1!\cdots}}\varphi_{M_0M_1\cdots}(u_1, \cdots, u_s)$$

也构成一个标准正交系。一个在 $u_1, \cdots, u_S$ 中对称的函数 $f(\xi, u_1, \cdots, u_S)$ 与所有 $\varphi_k(\xi)\varphi_{M_0M_1\cdots}(u_1, \cdots, u_s)$ 函数的总和具有相同的内积，从而若该函数与那些函数分别都正交，即正交于 $\varphi_k(\xi)\psi_{M_0M_1\cdots}(u_1, \cdots, u_s)$，则其正交于每一个这样的和。也就是说，若该函数正交于所有 $\varphi_k(\xi)\psi_{M_0M_1\cdots}(u_1, \cdots, u_s)$，则它也正交于所有 $\varphi_k(\xi)\psi_{n_1}(u_1)\cdots\psi_{n_s}(u_s)$，且因此其值为0。所以，$\varphi_k(\xi)\psi_{M_0M_1\cdots}(u_1, \cdots, u_s)$（它本身属于空间 $\overline{\mathfrak{R}}_\infty^{(s)}$）在 $\overline{\mathfrak{R}}_\infty^{(s)}$ 中构成一个完全标准正交系。

现在让我们考虑一下 **S+L** 中的各组能量的三个分量。首先，其中包含 **S** 的能量（2.a，见3.6节，以下类似），它关于 **S** 的算子由 $H_0\varphi_k(\xi)=W_k\varphi_k(\xi)$ 定义，因此，关于 **S+L** 的算子，由

$$H_0\varphi_k(\xi)\psi_{M_0M_1\cdots}(u_1, \cdots, u_s)=W_k\varphi_k(\xi)\psi_{M_0M_1\cdots}(u_1, \cdots, u_s)$$

定义。其次（2.b），每个光量子 l' 具有能量 $H_{l'}\psi_n(u)=E_n\psi_n(u)$。因此，**S+L** 中的第 m 个光量子（$m=1, \cdots, S$）具有的能量为

$$H_{l_m}\varphi_k(\xi)\cdot\psi_{n_1}(u_1)\cdots\psi_{n_m}(u_m)\cdots\psi_{n_s}(u_s)$$

$$=E_{n_m}\varphi_k(\xi)\cdot\psi_{n_1}(u_1)\cdots\psi_{n_m}(u_m)\cdots\psi_{n_s}(u_s)$$

且会形成 $H_l=H_{l_1}+\cdots+H_{l_s}$。最后（2.c），设光量子 l' 与 **S** 的相互作用能量由算子 V 来描述，但目前我们对算子 V 的了解还不确切，只能通过其矩阵来识别

$$V_{l'}\varphi_k(\xi)\psi_n(u)=\sum_{j=1}^{\infty}\sum_{p=0}^{\infty}V_{kn|jp^{\varphi}j^{(\xi)\psi}p^{(u)}}$$

于是，在 **S**+**L** 中，对于第 m 个光量子，我们有

$$V_{l_m}\varphi_k(\xi)\cdot\psi_{n_1}(u_1)\cdots\psi_{n_m}(u_m)\cdots\psi_{n_s}(u_s)$$

$$=\sum_{j=1}^{\infty}\sum_{p=0}^{\infty}V_{kn_m|jp^{\varphi}j}(\xi)\cdot\psi_{n_1}(u_1)\cdots\psi_p(u_m)\cdots\psi_{n_s}(u_s)$$

$$=\sum_{j=1}^{\infty}\sum_{p_1\cdots p_m\cdots p_s=0}^{\infty}\sigma(n_1-p_1)\cdots V_{kn_m|jp_m}\cdots\sigma(n_s-p_s)$$

$$\times\varphi_j(\xi)\cdot\psi_{p_1}(u_1)\cdots\psi_{p_m}(u_m)\cdots\psi_{p_s}(u_s)$$

［当 $n=0$ 时，$\sigma(n)$ 为 1；且当 $n\neq0$ 时，$\sigma(n)$ 为 0］，且必定要形成

$$H_{\text{i}}=V_{l_1}+\cdots+V_{l_s}$$

经整合我们可得

$$H\varphi_k(\xi)\cdot\psi_{n_1}(u_1)\cdots\psi_{n_s}(u_s)$$

$$=(W_k+E_{n_1}+\cdots+E_{n_s})\varphi_k(\xi)\cdot\psi_{n_1}(u_1)\cdots\psi_{n_s}(u_s)$$

$$=\sum_{j=1}^{\infty}\sum_{p_1\cdots p_s=0}^{\infty}\sum_{m=1}^{s}\sigma(n_1-p_1)\cdots V_{kn_m|jp_m}\cdots\sigma(n_s-p_s)\cdot$$

$$\varphi_j(\xi)\cdot\psi_{p_1}(u_1)\cdots\psi_{p_s}(u_s)$$

通过一个简单的变换，我们可得

$$\varphi_k(\xi)\psi_{M_0M_1\cdots}(u_1,\ \cdots,\ u_s)=\left(W_k+\sum_{n=0}^{\infty}M_nE_n\right)\varphi_k(\xi)\varphi_{M_0M_1\cdots}(u_1,\ \cdots,\ u_s)$$

$$+\sum_{j=1}^{\infty}\sum_{n,\ p}^{\infty}M_nV_{kn|jp^{\varphi}\ j(\xi)\varphi_{M_0M_1\cdots M_n-1\cdots M_p+1\cdots}}(u_1,\ \cdots,\ u_s)$$

（当 $n=p$ 时，将下标 $\cdots M_n-1\cdots M_p+1\cdots$ 替换为 $\cdots M_n\cdots$）因此，对于正交函数，则有

$$H\varphi_k(\xi)\psi_{M_0M_1\cdots}(u_1,\ \cdots,\ u_s)=\left(W_k+\sum_{n=0}^{\infty}M_nE_n\right)\varphi_k\psi_{M_0M_1\cdots}(u_1,\ \cdots,\ u_s)$$
$$+\sum_{j=1}^{\infty}\sum_{n,\ p}^{\infty}\sqrt{M_n(M_p+1-\sigma(n-p))}$$
$$\times V_{kn|jp^{\varphi}j}(\xi)\psi_{M_0M_1\cdots M_n-1\cdots M_p+1\cdots}(u_1,\ \cdots,\ u_s)$$

我们可以根据这些正交函数，将 $\overline{\mathfrak{R}}_{\infty}^{(s)}$ 中的一般函数 $f(\zeta,\ u_1,\ \cdots,\ u_s)$ 展开为

$$f(\xi,\ u_1,\ \cdots,\ u_s)=\sum_{k=1}^{\infty}\sum_{\substack{M_0M_1\cdots=0\\(M_0+M_1+\cdots=s)}}^{\infty}a_{kM_0M_1\cdots}\varphi_k(\xi)\psi_{M_0M_1\cdots}(u_1,\ \cdots,\ u_s)$$

因此，也可以把 $\overline{\mathfrak{R}}_{\infty}^{(s)}$ 看作序列 $a_{kM_0M_1\cdots}$ 的希尔伯特空间，其中 $k=1,\ 2,\ \cdots$；$M_0M_1\cdots=0,\ 1,\ 2,\ \cdots$；$M_0+M_1+\cdots=S$，且

$$\sum_{kM_0M_1\cdots}|a_{kM_0M_1\cdots}|^2$$

有限。在这种情况下，H 由 $a_{kM_0M_1\cdots}=a'_{kM_0M_1\cdots}$ 定义，则有

$$H\sum_{k=1}^{\infty}\sum_{\substack{M_0,\ M_1\cdots=0\\(M_0+M_1+\cdots=s)}}^{\infty}a_{kM_0M_1\cdots}\varphi_k(\xi)\psi_{M_0M_1\cdots}(u_1,\ \cdots,\ u_s)$$
$$=\sum_{k=1}^{\infty}\sum_{\substack{M_1,\ M_2\cdots=0\\(M_1+M_2+\cdots=s)}}^{\infty}a'_{kM_0M_1\cdots}\varphi_k(\xi)\psi_{M_0M_1\cdots}(u_1,\ \cdots,\ u_s)$$

所以有

$$Ha_{kM_0M_1\cdots}=a'_{kM_0M_1\cdots}=\left(W_k+\sum_{n=0}^{\infty}M_nE_n\right)a_{kM_0M_1\cdots}$$
$$+\sum_{j=1}^{\infty}\sum_{n,\ p=0}^{\infty}\sqrt{M_n\left(M_p+1-\sigma(n-p)\right)}\,\overline{V}_{kn|jp^{a}jM_0M_1\cdots M_n-1\cdots M_p+1\cdots}$$

[与公式 $\varphi_k(\xi)\psi_{M_0M_1\cdots}(u_1,\ \cdots,\ u_s)$ 相比较，下标 k, j 与 n, p 所起的作用发生了互换；考虑到 V 的埃尔米特性质，我们要用 $\overline{V}_{kn|jp}$ 替换 $V_{jp|kn}$。]

现在，我们继续准备向 $S\to\infty$ 极限过渡。由于 M_0 是由 M_1，M_2，⋯决定的，根据 $M_0=S-M_1-M_2\cdots$，我们可以用 $a_{kM_1M_2\cdots}$ 代替 $a_{kM_0M_1\cdots}$。由此，指标的范围是

$$k=1,\ 2,\ \cdots;\ M_1,\ M_2,\ \cdots=0,\ 1,\ 2,\ \cdots;\ M_1+M_2+\cdots\leqslant S$$

若我们认为 $E_0=0$，并引入记号 $SV_{kO|jO}=V_{k|j}$，$\sqrt{S}V_{kO|jn}=V_{k|jn}$，$\sqrt{S}V_{kn|jO}=V_{j|kn}$（$V_{kn|jp}$ 是埃尔米特算子），那么则有

$$Ha_{kM_1M_2\cdots}=a'_{kM_1M_2\cdots}=\left(W_k+\sum_{n=1}^{\infty}M_nE_n\right)a_{kM_1M_2\cdots}+\sum_{j=1}^{\infty}V_{k|j}a_{jM_1M_2\cdots}$$

$$+\sum_{j=1}^{\infty}\sum_{n=1}^{\infty}\sqrt{M_n}\frac{\sqrt{S-M_1-M_2-\cdots+1}}{S}V_{j|kn}a_{jM_1M_2\cdots M_n-1\cdots}$$

$$+\sum_{j=1}^{\infty}\sum_{n=1}^{\infty}\sqrt{M_n+1}\frac{\sqrt{S-M_1-M_2-\cdots}}{S}\overline{V}_{k|jn}a_{jM_1M_2\cdots M_n+1\cdots}$$

$$+\sum_{j=1}^{\infty}\sum_{n,\ p=1}^{\infty}\sqrt{M_n(M_p+1)}\,\overline{V}_{kn|jp}a_{jM_1M_2\cdots M_n-1\cdots M_p+1}$$

我们现在设 $S\to+\infty$。$a_{kM_1M_2\cdots}$ 再次定义在所有序列 $kM_1M_2\cdots$ 上，其中 $k=1$，2，⋯；M_1，M_2，⋯$=0$，1，2，⋯，只有有限（但任意）数量的 $M_n\neq 0$。对于 H，我们可得到极限

$$Ha_{kM_1M_2\cdots}=a'_{kM_1M_2\cdots}=\left(W_k+\sum_{n=1}^{\infty}M_nE_n\right)a_{kM_1M_2\cdots}+\sum_{j=1}^{\infty}V_{k|j}a_{jM_1M_2\cdots}$$

$$+\sum_{j=1}^{\infty}\sum_{n=1}^{\infty}\left(V_{j|kn}\sqrt{M_n+1}\,a_{jM_1M_2\cdots M_n+1\cdots}+\overline{V}_{k|jn}\sqrt{M_n}\,a_{jM_1M_2\cdots M_n-1\cdots}\right)$$

$$+\sum_{j=1}^{\infty}\sum_{n,\ p=1}^{\infty}\overline{V}_{kn|jp}\sqrt{M_n(M_p+1)}\,a_{jM_1M_2\cdots M_n-1\cdots M_p+1\cdots}$$

这与由辐射电磁理论所推导出的方程有很明显的相似性，为了使这两个关系相同，我们只需要设

$$E_n=h_{\rho_n},\quad V_{k|j}=0,\quad V_{k|jn}=w_{jk}^{n}=\overline{w}_{kj}^{n},\quad V_{kn|jp}=0$$

于是我们可以看到，若我们遵循以下法则，就可以证明光量子概念与经典电

磁学概念是等同的：

1 经典电磁学概念按照一般量子力学的格式改写；

2 每个光量子的能量由爱因斯坦规则 h 倍频率（即 $E_n = h_{\rho_n}$ ）确定；

3 可适当定义光量子与物质之间的相互作用能（见上述有关 V 的表达式）。

这样一来，量子理论早期形式中最难解的悖论之一——光的二重性（一方面是电磁波，另一方面是离散粒子或者是光量子）——得以完美解决[1]。可以肯定的是，对于方才计算得出的相互作用能 V，目前很难给出清晰、直观的解释。此外，由于不为 0 的单个矩阵元素 $V_{kn|jp}$（$n\neq 0$，$p=0$，或 $n\neq 0$，$p=0$ 的那些）取决于所有可能的光量子 S 的数量（它们与 $1/\sqrt{S}$ 成正比），对其进行表述的难度会更大——虽然最终必须向 $S\to+\infty$ 过渡。但是我们可以接受这一解释：每个模型所描述的只是一个近似值，而理论的确切内容仅由算子 H 的表达式提供。

现在回到我们当前的任务：确定转移概率。在时间相关的薛定谔理论的意义上，$a_{kM_1M_2\cdots}=a_{kM_1M_2\cdots}(t)$ 的变化由

$$\frac{h}{2\pi i}\frac{\partial}{\partial t}a_{kM_1M_2\cdots}=-Ha_{kM_1M_2\cdots}=-\left(w_k+\sum_{n=1}^{\infty}h_{\rho_n}\cdot M_n\right)a_{kM_1M_2\cdots}$$
$$-\sum_{j=1}^{\infty}\sum_{n=1}^{\infty}w_{kj}^{n}\cdot\left(\sqrt{M_n+1}\,a_{jM_1M_2\cdots M_n+1\cdots}+\sqrt{M_n}\,a_{jM_1M_2\cdots M_n-1\cdots}\right)$$

确定。由于 $a_{kM_1M_2\cdots}$ 的主要变化是由上述表达式中的第一项引起的，因此通过代入

$$a_{kM_1M_2\cdots}(t)=e^{-\frac{2\pi i}{h}\left(w_k+\sum_{n=1}^{\infty}h_{\rho_n}\cdot M_n\right)t}\cdot b_{kM_1M_2\cdots}(t)$$

〔1〕关于这种“二重性”是如何被构想出来的，以及这种“二重性”有多么自相矛盾的论述，读者可以从当代的文献中发现更深入的探讨。

人们常说，量子力学涉及同样的二重性，因为离散粒子（电子、质子）也由波函数描述，并表现出典型的波的特性，即光栅衍射。然而值得注意的是，事实与此相反，量子力学的两种“性质”是由基本现象的单一统一理论推导得出的。早期量子理论的悖论在于，必须交替使用两种相互矛盾的理论（辐射的麦克斯韦-赫兹理论，爱因斯坦的光量子理论）得出对经验的解释。

来进行拆分是适当的。所以有

$$\frac{\partial}{\partial t}b_{kM_1M_2\cdots}=\frac{2\pi\mathrm{i}}{h}\sum_{j=1}^{\infty}\sum_{n=1}^{\infty}w_{kj}^{n}\cdot\Big(\mathrm{e}^{-\frac{2\pi\mathrm{i}}{h}(w_j-w_k+h\rho_n)t}\sqrt{M_n+1}\cdot b_{jM_1M_2\cdots M_n+1\cdots}$$

$$-\mathrm{e}^{-\frac{2\pi\mathrm{i}}{h}(w_j-w_k+h\rho_n)t}\sqrt{M_n}\cdot b_{jM_1M_2\cdots M_n-1\cdots}\Big)$$

$a_{kM_1M_2\cdots}$ 与 $b_{kM_1M_2\cdots}$ 的物理意义可以从它们的来源看出：对于有限的 $\overline{M_0}+\overline{M_1}+\overline{M_2}+\cdots=S$，$\varphi_{\bar{k}}(\xi)\psi_{\overline{M_0}\,\overline{M_1}\cdots}(u_1,\ \cdots,\ u_s)$ 是 S 在第 k 阶量子轨道上的状态，并且存在对应于各状态 ψ_0，ψ_1，$\psi_2\cdots$ 的光量子 $\overline{M_0}$，$\overline{M_1}$，$\overline{M_2}\cdots$。即 $\overline{M_0}$ 处于“不存在”的状态，而 $\overline{M_1}$，$\overline{M_2}$，…，所处的状态对应于特征振荡 $\overline{\mathfrak{A}_1}$，$\overline{\mathfrak{A}_2}$，…。属于该波函数的 $a_{kM_1M_2\cdots}$ 便是

$$a_{kM_1M_2\cdots}=\delta(k-\bar{k})\cdot\delta(M_1-\overline{M_1})\cdot\delta(M_2-\overline{M_2})\cdots$$

（因为只有有限数量的例外不满足 $M_n=\overline{M}_n=0$，所以只有有限数量的因子不等于1）。当 $S\to+\infty$ 时当然也成立。因此，对 **S+L** 中的任一状态 $a_{kM_1M_2\cdots}$，所涉及状态空间（若为测量所得，见3.3节中关于非退化纯离散谱的相关评论）具有概率

$$\left|\sum_{kM_1M_2\cdots}a_{kM_1M_2\cdots}\delta(k-\bar{k})\cdot\delta(M_1-\overline{M_1})\cdot\delta(M_2-\overline{M_2})\cdots\right|^2$$

$$=\left|a_{\bar{k}\overline{M_1}\,\overline{M_2}\cdots}\right|^2=\left|b_{\bar{k}\overline{M_1}\,\overline{M_2}\cdots}\right|^2$$

特别是，在第 k 阶量子轨道中找到 S 的总概率为

$$\theta_{\bar{k}}=\sum_{\overline{M_1}\,\overline{M_2}\cdots}\left|b_{\bar{k}\overline{M_1}\,\overline{M_2}\cdots}\right|^2$$

设原子最初（t=0）处于第 $\bar{k}$ 状态，并且用 $\overline{M_1}$，$\overline{M_2}$，…分别表示光量子，对应于一开始就存在的状态 $\overline{\mathfrak{A}_1}$，$\overline{\mathfrak{A}_2}$，…，即

$$b_{kM_1M_2\cdots}=a_{kM_1M_2\cdots}=\delta(k-\bar{k})\cdot\delta(M_1-\overline{M_1})\cdot\delta(M_2-\overline{M_2})\cdots$$

从上述微分方程的意义上来看，作为一阶近似（即对于如此短的时间 t，可以将方程右边视为常数），其中，M_1，M_2，…，M_n+1，…或 M_1，M_2，…，M_n-1，

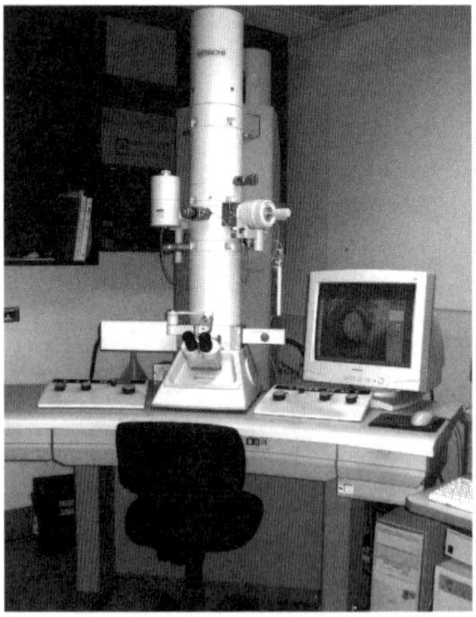

□ **原子显微镜**

原子是人类最经典的、使用最为广泛的基本假设，自公元前两千多年前，希腊人开始争论构成物质的元素开始，到1803年道尔顿提出原子论后，原子才被世人所接受。原子非常小，一粒人类用肉眼可以看见的微小灰尘就包含了10^{15}个微小的原子。图中是观测原子的显微镜。

…，与$\overline{M_1}$，$\overline{M_2}$，…吻合。即对于所有k，$\overline{M_1}$，$\overline{M_2}$，…，$\overline{M_n}\pm1$，…只有那些$\frac{\partial}{\partial t}b_{kM_1M_2}\cdots$不等于0。若我们在这种情况下作积分，则有

$$b_{\bar{k}\overline{M_1}\,\overline{M_2}\cdots\overline{M_n}+1}=w^n_{k\bar{k}}\frac{1-e^{-\frac{2\pi i}{h}(W_{\bar{k}}-W_k-h_{\rho_n})t}}{w_{\bar{k}}-w_k-h_{\rho_n}}\sqrt{\overline{M_n}+1}$$

$$b_{\bar{k}\overline{M_1}\,\overline{M_2}\cdots\overline{M_n}-1}=w^n_{k\bar{k}}\frac{1-e^{-\frac{2\pi i}{h}(W_{\bar{k}}-W_k+h_{\rho_n})t}}{w_{\bar{k}}-w_k-h_{\rho_n}}\sqrt{\overline{M_n}}$$

在这个近似值中，所有其他$b_{kM_1M_2\cdots}$都等于0；$b_{\bar{k}\overline{M_1}\,\overline{M_2}\cdots}$除外，在直到$t^2$的近似中，其近似值等于初始值1。但是在这种情况下，由于微分方程的右边包含无限数量的项$b_{\bar{k}\overline{M_1}\,\overline{M_2}\cdots\overline{M_n}\pm1}$，它们在我们的近似中均不为0，因此结论$\frac{\partial}{\partial t}b_{\bar{k}\overline{M_1}\,\overline{M_2}\cdots}=0$将存疑。因此，我们不能因为每个这样的被加项都很小（对于t值很小的项），而得到它们总和也很小的结论。事实上，下一阶近似的计算将表明，$b_{\bar{k}\overline{M_1}\,\overline{M_2}\cdots}$对1的偏差与$t$成正比，而不是与$t^2$成正比[1]。然而，由于

$$\sum_{kM_1M_2\cdots}\left|b_{kM_1M_2\cdots}\right|^2=\sum_{kM_1M_2\cdots}\left|a_{kM_1M_2\cdots}\right|^2=1$$

$$\left|b_{\bar{k}\overline{M_1}\,\overline{M_2}\cdots}\right|^2=1-\sum_{kM_1M_2\cdots\neq\bar{k}\overline{M_1}\,\overline{M_2}\cdots}\left|b_{kM_1M_2\cdots}\right|^2$$

[1] 维斯科普夫（Victor F. Weisskopf）与维格纳（Eugene P. Wigner）在文献中给出了该微分方程的精确解，从中可以证实上述陈述的有效性。

对于该 $b_{k\overline{M_1}\,\overline{M_2}\cdots}$ 的直接确定实际上是没有必要的。

这里我们可以清晰地识别出上述过程的定性本质：随着分母 $w_{\bar{k}}-w_k-h_{\rho_n}$ 变小，即光的频率 ρ_n 更接近于“玻尔频率”（$w_{\bar{k}}-w_k$）$/h$ 时，对应光量子 $\overline{\mathfrak{A}}_n$（频率为 ρ_n）的辐射 $b_{k\overline{M_1}\,\overline{M_2}\cdots M_n+1\cdots}$ 变大[1]；同理，当光的频率 ρ_n 更接近“玻尔频率”（$w_{\bar{k}}-w_k$）$/h$ 时，光量子对应于吸收的 $b_{k\overline{M_1}\,\overline{M_2}\cdots\overline{M_n}-1\cdots}$ 变小。由此可见，若时间 t 很短，并且 ρ_n 非常密集（即对于较大空腔 **H**），玻尔频率关系并不完全成立（当然，并非所有频率都在 ρ_n 中使用），只是成立的概率较大而已。此外，$w^n_{k\bar{k}}$ 会增加这一过程发生的频率。我们很快就会用转移概率识别它们。

□ **玻尔**

尼尔斯·玻尔（1885—1962年），丹麦物理学家，哥本哈根大学物理学教授，哥本哈根理论物理研究所的奠基人和首任所长。第二次世界大战期间从丹麦逃到美国，从事原子弹研究。1945年回到哥本哈根，从事核物理研究。玻尔指出，原子结构把人类观察和测量的能力延伸至极限，一些科学家（如卢瑟福等）虽已经提出了可以显示原子存在的各种方法，然而原子的本性却难以捕捉和理解，以致只能用数学方法来描述。

根据我们的 $b_{k\overline{M_1}\,\overline{M_2}\cdots\overline{M_n}\pm1\cdots}$ 公式，可以得出

$$\left|b_{k\overline{M_1}\,\overline{M_2}\cdots\overline{M_n}+1\cdots}\right|^2=\frac{2}{h^2}(\overline{M_n}+1)|w^n_{k\bar{k}}|^2\frac{1-\cos 2\pi\left(\rho_n-\dfrac{w_{\bar{k}}-w_k}{h}\right)t}{\left(\rho_n-\dfrac{w_{\bar{k}}-w_k}{h}\right)^2}$$ [2]

---

[1] 众所周知，玻尔于 1931 年陈述了基本原理：从能量为 $W^{(1)}$ 的定态向能量为 $W^{(2)}$ 的定态进行转变时，原子发出频率为（$W^{(1)}-W^{(2)}$）$/h$，（$W^{(1)}>W^{(2)}$）的辐射。在本文我们所讨论的例子中，其对应于（$w_{\bar{k}}-w_k$）$/h$。

[2] 我们有

$$|e^{ix}-1|^2=(e^{ix}-1)\overline{(e^{ix}-1)}=(e^{ix}-1)(e^{-ix}-1)$$
$$=2-e^{ix}-e^{-ix}=2-2\cos x=2(1-\cos x)$$

$$\left|b_{k\overline{M_1}\,\overline{M_2}\cdots\overline{M_n}-1\cdots}\right|^2=\frac{2}{h^2}\overline{M_n}\,|\,w_{k\bar{k}}^n\,|^2\frac{1-\cos 2\pi\left(\rho_n-\dfrac{w_k-w_{\bar{k}}}{h}\right)t}{\left(\rho_n-\dfrac{w_k-w_{\bar{k}}}{h}\right)^2}$$

且

$$\left|b_{kM_1M_2\cdots}\right|^2=0\ (\text{当 } kM_1M_2\cdots\neq \bar{k}\,\overline{M_1}\,\overline{M_2}\cdots \text{ 且} \neq k\overline{M_1}\,\overline{M_2}\cdots\overline{M_n}\pm 1\cdots)$$

由此我们可知，对于 $\theta_k(t)$（$k\neq\bar{k}$），我们有

$$\theta_k=\sum_{n=1}^{\infty}\frac{2}{h^2}(\overline{M_n}+1)\,|\,w_{k\bar{k}}^n\,|^2\frac{1-\cos 2\pi\left(\rho_n-\dfrac{w_{\bar{k}}-w_k}{h}\right)t}{\left(\rho_n-\dfrac{w_{\bar{k}}-w_k}{h}\right)^2}$$

$$+\sum_{n=1}^{\infty}\frac{2}{h^2}\overline{M_n}\,|\,w_{k\bar{k}}^n\,|^2\frac{1-\cos 2\pi\left(\rho_n-\dfrac{w_k-w_{\bar{k}}}{h}\right)t}{\left(\rho_n-\dfrac{w_k-w_{\bar{k}}}{h}\right)^2}$$

（第一项 $\sum_{n=1}^{\infty}$ 关系到光量子的发射，第二项 $\sum_{n=1}^{\infty}$ 关系到光量子的吸收。）为了以封闭形式给出这些 θ_k，我们必须简化假设：一方面，我们设 **H** 的体积非常大（即 **H** 的体积 $\gamma\to\infty$）；另一方面，我们在统计上考虑 **H** 的本征振荡 $\overline{\mathfrak{A}_n}$。为此，在上述每个求和式中，我们将所有处于 ρ 与 $\rho+\mathrm{d}\rho$ 之间且属于 ρ_n 的项合并（对 $w_{k\bar{k}}^n$ 我们代入其值，并且假设 $\mathrm{d}\rho\ll\rho$）：

$$\frac{1}{4\pi^2c^2h\rho}\left[\sum_{\rho\leqslant\rho_n<\rho+\mathrm{d}\rho}^{n}\left|\sum_{\nu=1}^{l}\frac{e_\nu}{m_\nu}\left(P_\nu^x\overline{A}_{n,x}(Q_\nu^x,\ Q_\nu^y,\ Q_\nu^z)+\cdots\right)_{k\bar{k}}\right|^2(\overline{M_n}+1)\right]$$

$$\times\frac{1-\cos 2\pi\left(\rho-\dfrac{w_{\bar{k}}-w_k}{h}\right)t}{\left(\rho-\dfrac{w_{\bar{k}}-w_k}{h}\right)^2}$$

然后我们重复这个步骤，但是用 $\overline{M_n}$ 代替 $\overline{M_n}+1$，并且用（$w_k-w_{\bar{k}}$）$/h$ 代替（$w_{\bar{k}}-w_k$）$/h$。然后计算方括号 [⋯] 中表达式的值。

描述 M_1, M_2, …的通常方法并不是详细计算其数值，而只是罗列其强度，即在 ρ 至 $\rho+\mathrm{d}\rho$ 这个频段间包含的单位体积辐射能 $I(\rho)\mathrm{d}\rho$。这就意味着

$$\sum_{\substack{n \\ \rho\leqslant\rho_n<\rho+\mathrm{d}\rho}} hp_n\cdot\overline{M_n}\approx h\rho \qquad \sum_{\substack{n \\ \rho\leqslant\rho_n<\rho+\mathrm{d}\rho}}\overline{M_n}=\mathcal{V}\cdot I(\rho)\mathrm{d}\rho$$

即

$$\sum_{\substack{n \\ \rho\leqslant\rho_n<\rho+\mathrm{d}\rho}}\overline{M_n}=\frac{\mathcal{V}I\cdot(\rho)\mathrm{d}\rho}{h\rho}$$

根据外尔的一个一般成立的渐近公式，在区间 $\rho\leqslant\rho_n<\rho+d\rho$ 中 ρ_n 的数目为

$$\frac{8\pi\mathcal{V}\rho^2}{c^2}\mathrm{d}\rho$$

因此有

$$\sum_{\substack{n \\ \rho\leqslant\rho_n<\rho+\mathrm{d}\rho}}(\overline{M_n}+1)\approx\frac{\mathcal{V}\left(I(\rho)+\dfrac{8\pi h\rho^3}{c^3}\right)}{hp}\mathrm{d}\rho$$

若

$$\left|\sum_{v=1}^{l}\frac{e_v}{m_v}\left(P_v^x\overline{\mathfrak{A}}_{n,x}(Q_v^x,\ Q_v^y,\ Q_v^z)+\cdots\right)_{k\bar{k}}\right|^2$$

在区间 $\rho\leqslant\rho_n<\rho+\mathrm{d}\rho$ 中［关于一个我们将之称为 $w_{k\bar{k}}(\rho)$ 的平均值］出现（足够快的）波动，则上述的［…］成为

$$w_{k\bar{k}}(\rho)\frac{\mathcal{V}\left(I(\rho)+\dfrac{8\pi h\rho^3}{c^3}\right)}{h\rho}\mathrm{d}\rho \text{和} w_{k\bar{k}}(\rho)\frac{\mathcal{V}I(\rho)}{h\rho}\mathrm{d}\rho$$

若我们将（$w_{\bar{k}}-w_k$）/h 记作 $v_{\bar{k}k}$，（$w_{\bar{k}}-w_k$）/h 记作 $v_{k\bar{k}}$，那么我们就可以得到和式为

$$\theta_k=\frac{\mathcal{V}}{4\pi^2c^2h^2}\int_0^\infty\left\{\left(I(\rho)+\frac{8\pi h\rho^3}{c^3}\right)\frac{1-\cos 2\pi(\rho-v_{\bar{k}k})t}{(\rho-v_{\bar{k}k})^2}\right.$$

$$+I(\rho)\frac{1-\cos 2\pi(\rho-v_{\bar{k}k})t}{(\rho-v_{\bar{k}k})^2}\Bigg\}\frac{w_{k\bar{k}}(\rho)}{\rho^2}\mathrm{d}\rho$$

对于小的 t，除了在分母 $(\rho-v_{\bar{k}k})^2$ 或者 $(\rho-v_{k\bar{k}})^2$ 为小值的积分区域的那些部分，该积分显然具有 t^2 数量级（因为 1 − cos 2π ct 就是如此）。这里可能会出现比 t^2 更大的贡献，若是这种情况，那么这些贡献就是 θ_k 的渐近估值。我们将证明实际情况确实如此，因为我们所获得的贡献是 t 量级的。

因为 $v_{\bar{k}k}=-v_{k\bar{k}}=(w_{\bar{k}}-w_k)/h$，当 $w_{\bar{k}}>w_k$ 时，只有第一项的分母为小值；而当 $w_{\bar{k}}<w_k$ 只有第二项的分母为小值——于是，我们分别得到 $w_{\bar{k}}$ 大于或者小于 w_k 的情况，分别只有第一项或第二项是主导的，其余项将被抛弃。此外，由于 ρ 离 $v_{\bar{k}k}$ 和 $v_{k\bar{k}}$ 更远，对积分的贡献仅为 t^2 量级，我们可以用 $\rho=\bar{v}_{k\bar{k}}$ 中所取的值 $Iw_{k\bar{k}}(\bar{v}_{k\bar{k}})$ 替换被积函数，因此我们可以得到

$$\theta_k=\frac{\mathcal{V}Iw_{k\bar{k}}(\bar{v}_{k\bar{k}})}{4\pi^2c^2h^2\bar{v}_{k\bar{k}}^2}\int_0^{\infty}\frac{1-\cos 2\pi(\rho-\bar{v}_{k\bar{k}})t}{(\rho-\bar{v}_{k\bar{k}})^2}\mathrm{d}\rho$$

这里我们使用简写 $\bar{v}_{k\bar{k}}=|w_{\bar{k}}-w_k|/h$，其中，

$$I=\begin{cases} I(\bar{v}_{k\bar{k}})+\dfrac{8\pi h}{c^3}\bar{v}_{k\bar{k}}^3,\text{ 对 } w_{\bar{k}k}>w_{k\bar{k}}\text{：辐射情形} \\ I(\bar{v}_{k\bar{k}}),\text{ 对 } w_{\bar{k}k}<w_{k\bar{k}}\text{：吸收情形} \end{cases}$$

因为这次又仅导致了 t^2 量级的贡献，我们可以把 $\int_{-\infty}^{+\infty}$ 替换为 $\int_0^{+\infty}$，并引入新的变量 $x=2\pi(\rho-\bar{v}_{k\bar{k}})t$，于是有[1]

$$\int_{-\infty}^{+\infty}\frac{1-\cos 2\pi(\rho-\bar{v}_{k\bar{k}})t}{(\rho-\bar{v}_{k\bar{k}})^2}\mathrm{d}\rho=2\pi t\int_{-\infty}^{+\infty}\frac{1-\cos x}{x^2}\mathrm{d}x=2\pi^2 t$$

---

〔1〕我们这里应用

$$\int_{-\infty}^{\infty}\frac{1-\cos x}{x^2}\mathrm{d}x=2\int_0^{\infty}\frac{1-\cos x}{x^2}\mathrm{d}x$$
$$=\int_0^{\infty}\frac{1-\cos(2y)}{y}\mathrm{d}x=2\int_0^{\infty}\frac{\sin^2 y}{y^2}\mathrm{d}y=\pi$$

故最终得到

$$\theta_k = \frac{\mathcal{V} I w_{k\bar{k}}(\bar{v}_{k\bar{k}})}{2h^2 \bar{v}_{k\bar{k}}^2} t$$

由此也可证明 θ_k 是 t 量级的。

为了计算 $w_{k\bar{k}}(\bar{v}_{k\bar{k}})$ 的值，我们必须对

$$\left|\sum_{v=1}^{l} \frac{\mathrm{e}_v}{m_v}\left(P_v^x \overline{\mathfrak{A}}_{n,x}(Q_v^x, Q_v^y, Q_v^z)+\cdots\right)_{k\bar{k}}\right|^2$$

找到一个不包含 $\overline{\mathfrak{A}_n}$ 的表达式。我们可以用一个不规则定向的定长向量代替 $\overline{\mathfrak{A}_n}$（考虑到 $\overline{\mathfrak{A}_n}$ 的快速波动），来得到这样一个表达式——因为它在空间中的恒定性，即其与 Q_v^x，Q_v^y，Q_v^z 无关，它相当于多个数字向量乘以单位矩阵 I——而其恒定长度 γ_n 可以通过标准化条件

$\iiint_H \left[\overline{\mathfrak{A}_n}, \overline{\mathfrak{A}_n}\right] \mathrm{d}x\mathrm{d}y\mathrm{d}z = 4\pi c^2$ 来确定。因此

$$\mathcal{V}\gamma_n^2 = 4\pi c^2, \quad \mathcal{V}_n^2 = \frac{4\pi c^2}{\mathcal{V}}$$

平均来看，$\left[\overline{\mathfrak{A}}_n, \overline{\mathfrak{A}}_n\right] = \overline{\mathfrak{A}}_{n,x}^2 + \overline{\mathfrak{A}}_{n,y}^2 + \overline{\mathfrak{A}}_{n,z}^2 = \gamma_n^2$ 的 $\frac{1}{3}$ 贡献于 x 的分量 $\overline{\mathfrak{A}}_{n,x}^2$。从而 $\frac{1}{3}\gamma_n^2 = \frac{4\pi c^2}{3\mathcal{V}}$，并且对 $\overline{\mathfrak{A}}_{n,y}^2$ 和 $\overline{\mathfrak{A}}_{n,z}^2$ 的情况也是如此。

$$w_{k\bar{k}}(\rho) = \text{平均值}\left|\sum_{\substack{v=1 \\ \rho \leqslant \rho_n < \rho+\mathrm{d}\rho}}^{l} \frac{e_v}{m_v}\left(P_v^x \overline{\mathfrak{A}}_{n,x}(Q_v^x, Q_v^y, Q_v^z)+\cdots\right)_{k\bar{k}}\right|^2$$

$$\approx \frac{4\pi c^2}{3\mathcal{V}}\left(\left|\left(\sum_{v=1}^{l} \frac{e_v}{m_v} P_v^x\right)_{k\bar{k}}\right|^2 + \cdots\right)$$

□ **光的波动**

荷兰物理学家惠更斯于1690年出版了一本关于光学的书籍，提出了另外一种光的理论。他认为，最好是把光理解成以波动的形式传播，它从光源向外辐射，就好像是水池中涟漪的波动。他正确地看出，光确实能够在某种程度上呈现弯曲，这些现象只有用光的波动理论才能解释。他提出，任何地方只要出现一个光的波阵面，其四周就会相继出现许多次级波，一圈一圈地向外传播，就好像水池中一圈圈圆形涟漪的波动。

由于系统 **S** 单独的能量 H_0 等于动能与势能之和，因此其具体形式如下

$$H_0 = \sum_{\nu=1}^{l} \frac{1}{2m_\nu}\left((P_\nu^x)^2 + (P_\nu^y)^2 + (P_\nu^z)^2\right) + V(Q_1^x, Q_1^y, Q_1^z, \cdots, Q_l^x, Q_l^y, Q_l^z)$$

由此可得[1]

$$H_0 Q_\nu^x - Q_\nu^x H_0 = \frac{h}{2\pi i}\frac{1}{m_\nu}P_\nu^x$$

且因为 H_0 是对角矩阵，其对角元素为 w_1，w_2，…［也就是说 $(H_0)_{kj} = w_k\delta_{kj}$］，由此可得该矩阵的元素为

$$(P_\nu^x)_{k\bar{k}} = \frac{2\pi i m_\nu}{h}(H_0 Q_\nu^x - Q_\nu^x H_0)_{k\bar{k}} = \frac{2\pi i m_\nu}{h}(w_k - w_{\bar{k}})\ (Q_\nu^x)_{k\bar{k}}$$

$$= \pm i \cdot 2\pi m_\nu \bar{\nu}_{k\bar{k}}(Q_\nu^x)_{k\bar{k}}$$

因此

$$w_{k\bar{k}}(\rho) = \frac{16\pi^3 c^2}{3\nu h^2}\bar{\nu}_{k\bar{k}}^2\left(\left|\left(\sum_{\nu=1}^{l} e_\nu Q_\nu^x\right)_{k\bar{k}}\right|^2 + \cdots\right)$$

代入 θ_k 可得

$$\theta_k = \frac{8\pi^3}{3h^2}\left(\left|\left(\sum_{\nu=1}^{l} e_\nu Q_\nu^x\right)_{k\bar{k}}\right|^2 + \cdots\right) It$$

若我们设

$$w_{k\bar{k}} = \left|\left(\sum_{\nu=1}^{l} e_\nu Q_\nu^x\right)_{k\bar{k}}\right|^2 + \cdots$$

那么这个结果显然可以解释如下，处于第 k 个状态的原子 **S** 经历以下转变（量子跳跃）：

---

〔1〕除了 Q_ν^x，P_ν^x 与所有 Q_μ^x，Q_μ^y，Q_μ^z，P_μ^x，P_μ^y，P_μ^z 均可对易。实际上，

$$P_\nu^x Q_\nu^x - Q_\nu^x P_\nu^x = \frac{h}{2\pi i}1$$

因此

$$H_0 Q_\nu^x - Q_\nu^x H_0 = \frac{1}{2m_\nu}(P_\nu^x)^2 Q_\nu^x - Q_\nu^x \frac{1}{2m_\nu}(P_\nu^x)^2 = \frac{h}{2\pi i_\nu}\frac{1}{m_\nu}P_\nu^x$$

1　向更高状态 $\bar{k}$（$w_{\bar{k}} > w_k$）的转变，每秒 $\frac{8\pi^3}{3h^2} w_{k\bar{k}} I\left(\frac{w_{\bar{k}} - w_k}{h}\right)$ 次，即与相应玻尔频率（$w_{\bar{k}} - w_k$）/h 的辐射场强度成正比。

2　向更低状态 $\bar{k}$（$w_{\bar{k}} < w_k$）的转变，每秒 $\frac{8\pi^3}{3h^2} w_{k\bar{k}} I\left(\frac{w_k - w_{\bar{k}}}{h}\right)$ 次，即与相应玻尔频率（$w_k - w_{\bar{k}}$）/h 的辐射场强度成正比。

3　也存在向较低状态 $\bar{k}$（$w_{\bar{k}} < w_k$）的转变，即每秒 $\frac{64\pi^4}{3hc^3} w_{k\bar{k}} \left(\frac{w_k - w_{\bar{k}}}{h}\right)^3$ 次

即与存在的辐射场完全无关。

上述的过程 1 关系到辐射场的吸收；过程 2 关系到辐射场的发射；而过程 3 关系到原子在最低定态（极小 w_k）的完全稳定前，将始终要经历的自发辐射。

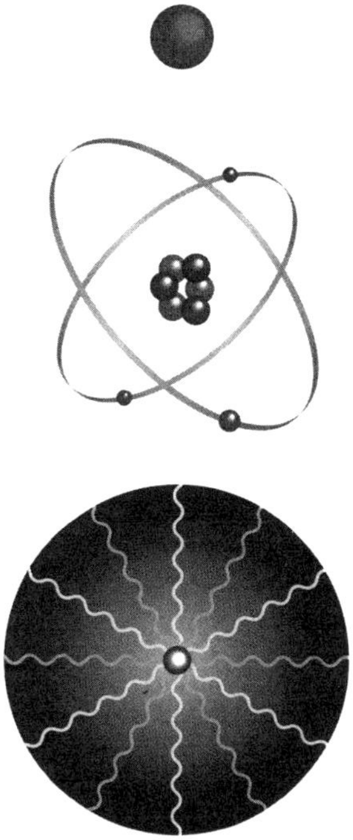

□ **原子概念的演化**

原子概念的演化，由上图至下图，经历了德谟克利特颗粒观点、卢瑟福电子绕原子核转动的观点、薛定谔的量子力学描述。

早在量子力学问世之前，爱因斯坦就已经通过热力学视角发现了这三种转变机制，只是“转移概率” $w_{k\bar{k}}$ 的值尚属未知。如我们已提到的，上面得到的值

$$w_{k\bar{k}} = \left|\left(\sum_{\nu=1}^{l} e_\nu Q_\nu^x\right)_{k\bar{k}}\right|^2 + \left|\left(\sum_{\nu=1}^{l} e_\nu Q_\nu^y\right)_{k\bar{k}}\right|^2 + \left|\left(\sum_{\nu=1}^{l} e_\nu Q_\nu^z\right)_{k\bar{k}}\right|^2$$

已包含于海森堡所提供的第一个解释之中。而现在我们又通过一般理论（狄拉克的方法）再次得到了这个值。

第四章　理论的演绎与发展

4.1 统计理论的基础

在第三章中，我们已成功地将量子力学的所有结论简化为统计公式（前文称之为 $\mathbf{E}_2$）。

$\overline{\mathbf{E}}$ $Exp(\mathfrak{R}, \varphi) = (R\varphi, \varphi)$

［其中，$Exp(\mathfrak{R}, \varphi)$ 是量 $\mathfrak{R}$ 在状态 φ 下的期望值，R 是量 $\mathfrak{R}$ 的算子］。下面，我们将展示上述公式是如何从一些一般的定性假设推导得出的，同时，我们将检验在第三章中所构建的整个量子力学框架。但在此之前，我们有必要做一些进一步的说明。

在状态 φ 下，量 R 的期望值为 $\rho=(R\varphi, \varphi)$，其方差 ε^2 为量 $(\mathfrak{R}-\rho)^2$ 的期望值，即 $\varepsilon^2 = \left((R-\rho\cdot 1)^2\varphi, \varphi\right) = \|R\varphi\|^2 - (R\varphi, \varphi)^2$（所有这些都是借助 $\overline{\mathbf{E}}$ 进行的计算），在一般情况下，$\varepsilon^2 > 0$（且仅当 $R\varphi=\rho\cdot\varphi$ 时，ε^2 才等于 0，见 3.3 节）。因此，正如我们反复指出的那样，甚至当 φ 是一种单一状态时，$\mathfrak{R}$ 也存在一个统计分布。即使我们不知道实际出现的状态是什么，这种统计考虑也可能会给出一个新的视角，例如，当多种状态 φ_1，φ_2，…分别以概率 w_1，w_2，…（$w_1 \geqslant 0$，$w_2 \geqslant 0$，…，$w_1+w_2+\cdots=1$）存在时。那么，在概率计算的普遍有效规则的意义上，量 $\mathfrak{R}$ 的期望值为 $\rho' = \sum_n w_n \cdot (R\varphi_n, \varphi_n)$。

一般来说，现在 $(R\varphi, \varphi) = \mathrm{Tr}(P_{[\varphi]}\cdot R)$。事实上，若我们选择一个完全正交集 ψ_1，ψ_2，…，使得 $\psi_1 = \varphi$（且因此 ψ_2，ψ_3，…与 φ 正交），则有

$$P_{[\varphi]}\cdot\psi_n = \begin{cases} \varphi, & \text{当 } n=1 \\ 0, & \text{当 } n \text{ 取其他值时} \end{cases}$$

且因此有

$$\mathrm{Tr}(P_{[\varphi]}\cdot R)=\sum_{m,n}(P_{[\varphi]}\psi_n,\ \psi_m)(R\psi_m,\ \psi_n)$$

$$=\sum_{m}(\varphi,\ \psi_m)(R\psi_m,\ \varphi)=(R\varphi,\ \varphi)$$

从而 $\rho'=\mathrm{Tr}\left(\left\{\sum_n w_n P_{[\varphi_n]}\right\}\cdot R\right)$。由于所有 $P_{[\varphi]}$ 的定号性，且 $w_n\geqslant 0$，因此算子

$$U=\sum_n w_n P_{[\varphi_n]}$$

是定号的。又因为 $\mathrm{Tr}\,P_{[\varphi_n]}=1$，$U$ 的迹等于 $\sum_n w_n=1$。就其统计特性而言，它提供了上述混合状态的完整表征

$$\rho'=\mathrm{Tr}(UR)$$

我们应注意到，除了各种单一状态本身以外，还必须注意这些状态的混合情况。但是首先我们要转而进行更为一般的研究。

我们暂且不论整个量子力学，只关注以下内容：假设给定一个系统 **S**[1]，实验者可以通过列举系统中所有可以有效测量的量，及其相互间的函数关系

〔1〕强调系统本身与处于某种状态之下的系统之间的概念差异十分重要。以下是一个系统的例子：一个氢原子，即一个电子和一个质子，它们之间存在已知的作用力。该系统可由以下数据进行描述：其状态空间是6维的，坐标为 $q_1,\ \cdots,\ q_6$；动量为 $p_1,\ \cdots,\ p_6$；哈密顿函数是

$$H(q_1,\ \cdots,\ q_6,\ p_1,\ \cdots,\ p_6)=\frac{p_1^2+p_2^2+p_3^2}{2m_e}+\frac{p_4^2+p_5^2+p_6^2}{2m_p}+\frac{e^2}{\sqrt{(q_1-q_4)^2+(q_2-q_5)^2+(q_3-q_6)^2}}$$

而一种状态则需要更多额外的数据来确定。在经典力学中，状态是通过将值 $q_1^0,\ \cdots,\ q_6^0,\ p_1^0,\ \cdots,\ p_6^0$ 分配给坐标和动量来定义的；而在量子力学中，状态是通过指定波函数 $\varphi(q_1,\ \cdots,\ q_6)$ 来确定的。确定一个状态所需的信息仅此而已：若系统和状态都是已知的，那么该理论提供了明确的方向，可以通过计算来回答所有的问题。

来表征该系统。对于每个量，我们都将说明如何测量其方向，以及如何从测量仪器的指示器位置读取或计算其数值。若 $\mathcal{R}$ 是一个量，且 $f(x)$ 为任意函数，则量 $f(\mathcal{R})$ 的定义如下：为了测量 $f(\mathcal{R})$，我们需要测量 R，并且找到值 a（对 $\mathcal{R}$）。于是 $f(\mathcal{R})$ 就具有值 $f(a)$。诚如我们所见，所有量 $f(\mathcal{R})$［$\mathcal{R}$ 固定，$f(x)$ 为任意一个函数］都与 $\mathcal{R}$ 同时可测量。这是有关同时可测量的量的第一个示例。$f(\mathcal{R})$ 和 $\mathcal{R}$ 即为同时可测量的量。一般来说，若同一系统中的两个量能通过某种装置同时测量，那么我们称这两个（或多个）量 $\mathcal{R}$，$\mathcal{S}$ 同时可测量——除非它们各自对应的值，需要以与读数不同的方式来计算（众所周知，在经典力学中，所有的量都是同时可测量的，但是在量子力学中并非如此，正如我们在 3.3 节中所见到的那样）。根据给定的两个量 $\mathcal{R}$，$\mathcal{S}$，以及两个变量的函数 $f(x, y)$，我们可以对量 $f(\mathcal{R}, \mathcal{S})$ 进行定义。这个量的测量与量 $\mathcal{R}$，$\mathcal{S}$ 的测量同时进行；如果找到 $\mathcal{R}$，$\mathcal{S}$ 的值分别为 a，b，则 $f(\mathcal{R}, \mathcal{S})$ 的值是 $f(a, b)$。但需注意的一点在于，若 $\mathcal{R}$，$\mathcal{S}$ 同时可测量，那么试图形成 $f(\mathcal{R}, \mathcal{S})$ 是完全没有意义的，因为无法实现相应的测量安排。

然而，研究与单个对象 S 相关的物理量，并非唯一可做的事——特别是对多个量的同时可测性存疑的话。在这种情况下，也可以对由许多系统 $\mathbf{S}_1, \cdots, \mathbf{S}_N$（即 $\mathbf{S}$ 的 N 个样本，N 为较大数）组成的统计总体进行观察[1]。在这样的统计总体 $[\mathbf{S}_1, \cdots, \mathbf{S}_N]$ 中，我们测量的不是量 $\mathcal{R}$ 的“值”，而是其值的分布：对于每个区间 $a'<a \leqslant a''$（a'，a'' 已经给定，并且 $a' \leqslant a''$），在 $\mathbf{S}_1, \cdots, \mathbf{S}_N$ 各

〔1〕一般来说，这样的统计总体（也称作“集合”）对于将概率论确立成为一种频率理论是必不可少的。这些概念由理查德·冯·米泽斯（Richard von Mises）引入，他发现了这些概念对于概率论的意义，并且在此基础上建立了一套完整的理论。

系统中有多少个量 $\mathfrak{R}$ 位于该区间之内。用这个数量除以 N，我们就可以得到概率函数 $w(a', a'')=w(a'')-w(a')$ [1]。对此类统计总体进行测量的主要优点在于：

1 即使对量 $\mathfrak{R}$ 的测量会在很大程度上改变被测量系统 **S**（在量子力学中，也许确实如此，在 3.4 节中我们看到，在关于基本过程的物理学中，必定如此，因为测量对观测系统的干扰与系统或被观测部分的量级是相同的），但若 N 足够大，那么在统计总体 [$\mathbf{S}_1$, …, $\mathbf{S}_N$] 中，对 $\mathfrak{R}$ 的概率分布的统计确定对这一总体所造成的干扰就可以任意小。

2 即使单个系统 **S** 中的两个（或多个）量 $\mathfrak{R}$ 和 $\mathfrak{S}$ 并不是同时可测量的，但是若 N 足够大,就可以用任意精确度得到量 $\mathfrak{R}$ 和量 $\mathfrak{S}$ 在给定统计总体 [$\mathbf{S}_1$, …, $\mathbf{S}_N$] 中的概率分布。

事实上，对于一个有 N 个元素的总体，就量 $\mathfrak{R}$ 值的分布而言，进行统计检查就足够了，无须取所有 N 个元素 $\mathbf{S}_1$, …, $\mathbf{S}_N$，而只需取 $M(\leqslant N)$ 个元素的任意子系统，例如 [$\mathbf{S}_1$, …, $\mathbf{S}_M$] 就足以对量 $\mathfrak{R}$ 的值的分布作统计检验——前提是 M 和 N 都很大，并且 M 远小于 N [2]。那么只有总体的 M/N 部分受到测量引起变化的影响。若所选择的 M/N 足够小，那么这种影响便是任意小的——如 **1** 所述，即便 M 很大，只要 N 足够大，这也是可能的。为了同时测量两个（或多个）量 $\mathfrak{R}$ 和 $\mathfrak{S}$，我们需取以下类型的两个子总体：例如

---

[1] $w(a')$ 是 $a \leqslant a'$ 时的概率，即 a 属于区间 $[-\infty, a']$ 的概率。为强调 $w(a)$ 对于 $\mathfrak{R}$ 的依赖性，我们将其记作 $w_{\mathfrak{R}}(a)$，显然 $w_{\mathfrak{R}}(a)$ 具有以下性质：当 $a\to-\infty$ 时，$w_{\mathfrak{R}}(a)\to 0$；当 $a\to+\infty$ 时，$w_{\mathfrak{R}}(a)\to 1$。当 $a\geqslant a_0$ 时，$a\to a_0$，$w_{\mathfrak{R}}(a)\to w_{\mathfrak{R}}(a_0)$；当 $a'\leqslant a''$ 时，$w_{\mathfrak{R}}(a')\leqslant w_{\mathfrak{R}}(a'')$。在量子力学中，若 $E(\lambda)$ 是属于 R 的单位分解，则 $w_{\mathfrak{R}}(a)=\|E(a)\varphi\|^2=[E(a)\varphi, \varphi]$。

若 $w_{\mathfrak{R}}(a)$ 可微，则可以引入一般的"概率密度" $\frac{\mathrm{d}}{\mathrm{d}a}w_{\mathfrak{R}}(a)$；若（对 $a<a_0$）$w_{\mathfrak{R}}(a)$ 在 $a=a_0$ 处是不连续的，则其在单一点 $a=a_0$ 存在"离散概率" $w_{\mathfrak{R}}(a_0)-w_{\mathfrak{R}}(a_0-0)$。但在所有条件下都成立的一般概念是 $w_{\mathfrak{R}}(a)$。

[2] 这源自所谓的"大数定律"，即伯努利定理。

［$\mathbf{S}_1$，…，$\mathbf{S}_M$］和［$\mathbf{S}_{M+1}$，…，$\mathbf{S}_{2M}$］（$2M \leqslant N$），其中第一个子总体用于获取 $\mathfrak{R}$ 的统计数据，第二个子总体则用于获取 $\mathfrak{S}$ 的统计数据。因此，这两个测量并不会相互干扰，尽管两个子总体同属于一个总体［$\mathbf{S}_1$，…，$\mathbf{S}_N$］中，并且若 $2M/N$ 足够小，那么两次测量对该总体造成的影响也可以变得任意小——如 **2** 所述，即便 M 很大，这对于足够大的 N 也是可能的。

我们看到之所以引入统计总体，即引入概率的方法，是因为测量可能会影响单个系统，并且也因为多个量非同时可测。一个一般理论必须考虑这些情况，因为这类情形在基本过程中的出现总是令人担心的[1]；这类情形的存在现已确定，对于这点已有详尽的讨论（见 3.4 节）。引入统计总体消除了这类困难，又使一个客观的描述（与偶然性无关，以及在给定状态对非同时可测量的两个量中的哪一个量进行测量也无关）成为可能。

对于这样的总体，那么这一事实就不足为奇了：物理量 $\mathfrak{R}$ 不存在精确值，也就是说，$\mathfrak{R}$ 值的分布函数不是由单一值 a_0 构成的[2]，而可能是由多个值或多个值的区间构成，并且存在一个正方差。对于这种现象，两个不同原因是可想而知的：

---

〔1〕例如，定义电场时，测量电荷不得小于电子电荷——这是定义电场的基本难点。

〔2〕精确值 a_0 对应以下概率函数 $w_{\mathfrak{R}}(a)$

$$w_{\mathfrak{R}}(a)=\begin{cases}1, & a \geqslant a_0\\ 0, & a < a_0\end{cases}$$

当且仅当此情况下，平均方差 ε^2 为零。一般情况下，平均值 ρ 与方差 ε^2 的计算如下（斯蒂尔切斯积分）

$$\rho=\int_{-\infty}^{+\infty} a\mathrm{d}w_{\mathfrak{R}}(a)$$

$$\begin{aligned}\varepsilon^2&=\int_{-\infty}^{+\infty}(a-\rho)^2\mathrm{d}w_{\mathfrak{R}}(a)\\&=\int_{-\infty}^{+\infty}a^2\mathrm{d}w_{\mathfrak{R}}(a)-2\rho\int_{-\infty}^{+\infty}a\mathrm{d}w_{\mathfrak{R}}(a)+\rho^2=\int_{-\infty}^{+\infty}a^2\mathrm{d}w_{\mathfrak{R}}(a)-\rho^2\\&=\int_{-\infty}^{+\infty}a^2\mathrm{d}w_{\mathfrak{R}}(a)-\left(\int_{-\infty}^{+\infty}a\mathrm{d}w_{\mathfrak{R}}(a)\right)^2\end{aligned}$$

（见 3.4 节）。

I 统计总体中的单个系统 $\mathbf{S}_1$，…，$\mathbf{S}_N$ 可能处于不同的状态，使得总体［$\mathbf{S}_1$，…，$\mathbf{S}_N$］由其中各状态的相对频率来定义。由于缺乏信息，我们无法得出物理量的精确值是因为信息的缺乏：我们无法确定所测量的是哪个状态，从而无法对结果进行预测。

II 所有单个系统 $\mathbf{S}_1$，…，$\mathbf{S}_N$ 均处于同一状态下，但是自然规律不是因果律。因此偏差的产生并不是由于我们缺乏信息，而是自然规律本身无视"充分理由原则"。

我们熟知情形 **I**，但情形 **II** 是新出现的，并且十分重要。为保险起见，我们对情形 **II** 存在的可能性先持怀疑态度，但我们会找出一个客观标准，以便于对其出现与否予以区分。起初可能会认为情形 **II** 完全不可想象且毫无意义可言，但我们认为这种反对意见不成立，并且为了解决某些难题（譬如，在量子力学中的一些难题），除了 **II** 以外别无他法。因此，我们转而致力于探讨 **II** 在概念上的困难。

有人以大自然不会违背"充分理由原则"（即因果律）为依据而对情形 **II** 持反对意见，因为这只是一个等同性的定义。也就是说，以下命题为真：两个相同的对象 $\mathbf{S}_1$、$\mathbf{S}_2$（即系统 **S** 处于同一状态下的两个复本）在所有可能的干扰下都保持等同，因为这只是同义反复而已。因为若在交互作用中 $\mathbf{S}_1$，$\mathbf{S}_2$ 对相同的干预做出不同的反应（例如，若它们在量 $\mathfrak{R}$ 的测量中，给出不同的值），那么我们就不会称它们是等同的。因此，在相对于量 $\mathfrak{R}$ 具有偏差的总体［$\mathbf{S}_1$，…，$\mathbf{S}_N$］中，各个系统 $\mathbf{S}_1$，…，$\mathbf{S}_N$（根据定义）不可能都处于相同的状态（对量子力学的应用是：由于在多个系统中对同一个量 $\mathfrak{R}$ 进行测量时，会得到不同的值；这些系统都处于具有波函数 φ 的状态。若 φ 不是量 $\mathfrak{R}$[1] 算子 R 的本征函数，即波函数的描述是不完整的，则这些系统彼此之间并不相等。因此必定存在其他的变量，

---

〔1〕这是在多个系统中进行独立测量的情况：对同一系统连续测量总会给出相同的值（见 3.3 节）。

即在 3.2 节中所提及的“隐参数”。我们很快就会看到这将带来什么困难）。因此，在一个大型统计总体中，只要发现其中有任何物理量 $\mathfrak{R}$ 存在偏差，就必定存在将其分解为几个不同构成部分的可能性（根据其元素的各种状态）。这么做更合理，因为通常似乎存在这样一种解决问题的简单方法：我们可以根据 $\mathfrak{R}$ 在统计总体中的不同取值予以解决。在对现存的所有量 $\mathfrak{R}$，$\mathfrak{S}$，$\mathfrak{T}$，…进行细分或者分解后，就会得到真正的同质总体。在该过程结束后，这些量在任何子总体中都不会出现进一步的偏差。

然而，最后几句陈述是不正确的，因为我们并没有考虑到测量会改变被测量系统这个事实。若我们对所有对象测量 $\mathfrak{R}$（为简单起见，我们假设它只有两个值 a_1，a_2），并且可能在 $\mathbf{S}'_1$，…，$\mathbf{S}'_{N_1}$ 上得到 a_1，在 $\mathbf{S}''_1$，…，$\mathbf{S}''_{N-N_1}$ 上得到 a_2，那么无论在［$\mathbf{S}'_1$，…，$\mathbf{S}'_N$］中，还是在［$\mathbf{S}''_1$，…，$\mathbf{S}''_{N-N_1}$］中均不存在偏差（$\mathfrak{R}$ 总是分别取值 a_1 或者 a_2）。尽管如此，这仍不仅仅是把［$\mathbf{S}_1$，…，$\mathbf{S}_N$］分解为上述两个组，因为各个系统可能会因 $\mathfrak{R}$ 的测量而发生变化。通过 **1** 我们确实有一种方法来确定 $\mathfrak{R}$ 值的分布，使得［$\mathbf{S}_1$，…，$\mathbf{S}_N$］仅发生轻微的变化（我们只在 $\mathbf{S}_1$，…，$\mathbf{S}_M$ 中进行测量，M 很大，而 M/N 很小）。这一过程确实会导致所需的分解，因为对于 $\mathbf{S}_1$，…，$\mathbf{S}_N$ 中的大多数（即 $\mathbf{S}_{M+1}$，…，$\mathbf{S}_N$）而言，并不能确定量 $\mathfrak{R}$ 在它们每一个中的具体值。现在我们说明，上述方法不能产生完全同质的总体。让我们对［$\mathbf{S}'_1$，…，$\mathbf{S}'_{N_1}$］和［$\mathbf{S}''_1$，…，$\mathbf{S}''_{N-N_1}$］中的第二个物理量 $\mathfrak{S}$ 进行测量（假设它也只可能有两个值 b_1 和 b_2）。设值 b_1 在 $\mathbf{S}'''_1$，…，$\mathbf{S}'''_{N_{11}}$ 和 $\mathbf{S}^{V}_1$，…，$\mathbf{S}^{V}_{N_{12}}$ 上，且 b_2 在［$\mathbf{S}^{IV}_1$，…，$\mathbf{S}^{IV}_{N_1-N_{12}}$］和［$\mathbf{S}^{VI}_1$，…，$\mathbf{S}^{VI}_{N-N_1-N_{12}}$］上。则 $\mathfrak{S}$ 在［$\mathbf{S}'''_1$，…，$\mathbf{S}'''_{N_{11}}$］，［$\mathbf{S}^{IV}_1$，…，$\mathbf{S}^{IV}_{N_1-N_{11}}$］，［$\mathbf{S}^{V}_1$，…，$\mathbf{S}^{V}_{N_{12}}$］，［$\mathbf{S}^{VI}_1$，…，$\mathbf{S}^{VI}_{N-N_1-N_{12}}$］四个总体中均没有偏差（其测量值为常数，分别为 b_1，b_2，b_1，b_2）。虽然前两个总体是［$\mathbf{S}'_1$，…，$\mathbf{S}'_{N_1}$］的一部分，后两个总体是［$\mathbf{S}''_1$，…，$\mathbf{S}''_{N-N_1}$］的一部分，其中的 $\mathfrak{R}$ 没有偏差，但 $\mathfrak{R}$ 却可以在它们每一个中存在偏差，因为 $\mathfrak{S}$ 的测量改变了组成它们的单个系统。也就是说，

我们并没有前进，仍在原地踏步：我们所做的每一步都会破坏前一步的结果[1]，而且逐次进行的重复测量并不能为这团乱麻理出头绪。在原子中，我们处于物理世界的边缘，其中每次测量所产生的干扰都与被测量对象的量级相同，因此会对其产生基本上的影响。因此，不确定性关系是这些困难的根源。

因此，我们没有任何方法可以总能进一步地解决存在偏差的总体（在不改变其元素的前提下），或者渗透到那些没有偏差的同质总体之中。我们习惯性地认为同质总体是由完全相同，且完全由因果律确定的单个粒子组成的。尽管如此，我们还可以尝试维持这样一种设想：每个有偏差的总体都可以被分解为两个（或多个）部分，部分之间彼此不同，且与总体不同，但其元素却没有变化。也就是说，把分解后的两个总体叠加在一起，可以还原为原始的总体。正如我们所看到的这样，若将因果律解释为相等性定义，就会产生一个可以回答，而且必须回答的实际问题，并且对于该问题的否定回答，是可想而知的。这个问题就是：是否真的有可能通过把两个（或者多个）相互不同的总体进行叠加，用以表示每个含有量 $\mathfrak{R}$ 且量 $\mathfrak{R}$ 存在偏差的总体 $[\mathbf{S}_1, \cdots, \mathbf{S}_N]$ 吗？（若被叠加的总体多于两个，比如：$n=3, 4, \cdots$，可以将其简化为两个，如我们考虑第一个与其他第 $n-1$ 个的叠加。）

若 $[\mathbf{S}_1, \cdots, \mathbf{S}_N]$ 是 $[\mathbf{S}'_1, \cdots, \mathbf{S}'_P]$ 与 $[\mathbf{S}''_1, \cdots, \mathbf{S}''_Q]$ 的混合（和）总体，则每个量 $\mathfrak{R}$ 的概率函数 $w_{\mathfrak{R}}(a)$ 可以借助两个子总体的概率函数 $w'_{\mathfrak{R}}(a)$ 和 $w''_{\mathfrak{R}}(a)$ 表示

$$\mathbf{M}_1 \quad w_{\mathfrak{R}}(a)=\alpha w'_{\mathfrak{R}}(a)+\beta w''_{\mathfrak{R}}(a), \quad \alpha>0, \quad \beta>0, \quad \alpha+\beta=1$$

---

〔1〕人们应当考虑，比如，若用非同时可测量（因为不确定性关系）的量 q（笛卡尔坐标）与 p（动量）替代 $\mathfrak{R}$，$\mathfrak{S}$ 会怎样。若 q 在一个总体中的偏差很小，则精度（即均方差）为 ε 的 q 的测量，则为 q 带来了至少为 $h/4\pi\varepsilon$ 的偏差（见第 3.4 节）：因此之前步骤的结果都被破坏了。

其中，$\alpha=P/N$，$\beta=Q/N$，（$N=P+Q$）与 $\mathfrak{R}$ 无关。这从根本上讲，是一个纯粹的数学问题：在一个概率函数为 $w_{\mathfrak{R}}(a)$ 的总体中，是否存在概率函数分别为 $w'_{\mathfrak{R}}(a)$ 与 $w''_{\mathfrak{R}}(a)$ 的两个总体使得 M_1 对所有 $\mathfrak{R}$ 都成立？这个问题也可以用一种稍微不同的方式来表达，是否可以不通过量 $\mathfrak{R}$ 的概率函数 $w_{\mathfrak{R}}(a)$，而通过其期望值

$$\mathrm{Exp}(\mathfrak{R})=\int_{-\infty}^{\infty}a\mathrm{d}w_{\mathfrak{R}}(a)$$

来表征一个总体呢？于是我们有问题如下：若一个总体无偏差，那么在该总体中，是否对每个量 $\mathfrak{R}$ 都有

$$\mathrm{Exp}\left(\left[\mathfrak{R}-\mathrm{Exp}(\mathfrak{R})\right]^2\right)=\mathrm{Exp}(\mathfrak{R}^2)-\left[\mathrm{Exp}(\mathfrak{R})\right]^2$$

等于 0，即

$$\mathbf{Dis_1}\quad \mathrm{Exp}(\mathfrak{R}^2)=\left[\mathrm{Exp}(\mathfrak{R})\right]^2$$

若不是这种情况，是否总可以找到其他两个总体，其期望值为

$$\mathrm{Exp}'(\mathfrak{R}),\quad \mathrm{Exp}''(\mathfrak{R})$$

$$\left(\mathrm{Exp}(\mathfrak{R})\neq\mathrm{Exp}'(\mathfrak{R})\neq\mathrm{Exp}''(\mathfrak{R})\right)$$

使得

$$\mathbf{M_2}\quad \mathrm{Exp}(\mathfrak{R})=\alpha\mathrm{Exp}'(\mathfrak{R})+\beta\mathrm{Exp}''(\mathfrak{R}),\ \alpha>0,\ \beta>0,\ \alpha+\beta=1$$

恒成立（α，β 与 $\mathfrak{R}$ 无关）？［注意，对于单一量 $\mathfrak{R}$，期望值 $\mathrm{Exp}(\mathfrak{R})$ 并不能代替概率函数 $w_{\mathfrak{R}}(a)$；另一方面，所有 $\mathrm{Exp}(\mathfrak{R})$ 的知识等价于所有 $w_{\mathfrak{R}}(a)$ 的知识。实际上，若定义为

$$f_a(x)=\begin{cases}1, & x\leqslant\alpha\\ 0, & x>\alpha\end{cases}$$

则

$$w_{\mathfrak{R}}(a)=\mathrm{Exp}\left(f_a(\mathfrak{R})\right)$$］。

为了在数学上解决这个问题，最好不要考虑总体［$\mathbf{S}_1$，…，$\mathbf{S}_N$］本身，而

是考虑其相应的期望值 Exp（ $\mathfrak{R}$ ）。每个总体都对应于这样一个函数，该函数定义了系统 **S** 中的所有物理量 $\mathfrak{R}$ ，并且取实数值。反之，该函数完全表征了总体的所有统计特征［见前文有关 Exp（ $\mathfrak{R}$ ）与 $w_{\mathfrak{R}}(a)$ 之间关系的讨论］。当然，我们仍须找出 R 函数所必须具备的性质，以使其能成为适当总体的期望值 Exp（ $\mathfrak{R}$ ）。完成这一步骤，我们就可以进行定义：

a 若一个 $\mathfrak{R}$ 函数是 Exp（ $\mathfrak{R}$ ），其满足条件 $\mathbf{Dis}_1$，则称其为"无偏差函数"。

b 若一个 $\mathfrak{R}$ 函数是 Exp（ $\mathfrak{R}$ ），对于该函数而言，$\mathbf{M}_2$ 满足

$$\mathrm{Exp}(\mathfrak{R}) \equiv \mathrm{Exp}'(\mathfrak{R}) \equiv \mathrm{Exp}''(R)$$

则称此函数为同质的或纯的函数。

以下结论在概念上是合理的：每个无偏差的 Exp（ $\mathfrak{R}$ ）函数必定是纯的。我们将很快在后文予以证明。但我们目前感兴趣的是其逆命题：每个纯的 Exp（ $\mathfrak{R}$ ）函数是否都没有偏差？

显然，每个 Exp（ $\mathfrak{R}$ ）函数必须具有以下性质：

A 若量 $\mathfrak{R}$ 恒等于 1（即若"测量方向"无须测量，因为 $\mathfrak{R}$ 始终为 1），则 Exp（ $\mathfrak{R}$ ）=1。

B 对于每个量 $\mathfrak{R}$ 和每个实数 a，均有 Exp（$a\mathfrak{R}$ ）= aExp（ $\mathfrak{R}$ ）[1]。

C 若量 $\mathfrak{R}$ 的本性是非负的，例如，若它是另一个 $\mathfrak{S}$ 的平方，则也有 Exp（ $\mathfrak{R}$ ）⩾ 0。

D 若量 $\mathfrak{R}$ ，$\mathfrak{S}$，…为同时可测量的，则 Exp（ $\mathfrak{R}+\mathfrak{S}+\cdots$ ）=Exp（ $\mathfrak{R}$ ）+Exp（$\mathfrak{S}$ ）+…。（若量 $\mathfrak{R}$ ，$\mathfrak{S}$，…，并非同时可测量的，则如前所述，$\mathfrak{R}+\mathfrak{S}+\cdots$ 无定义。）

---

〔1〕 $a\mathfrak{R}$ ，$\mathfrak{S}^2$，$\mathfrak{R}+\mathfrak{S}+\ldots$ 表示我们可能要在上述定义的基础上，将量 $\mathfrak{R}$ 或 $\mathfrak{S}$，或 $\mathfrak{R}$ ，$\mathfrak{S}$，… 分别代入方程

$f(x)=ax$，$f(x)=x^2$ 和 $f(x, y, \cdots)=x+y+\cdots$

所有这些均直接来自所考虑量的定义（即它们的"测量方向"），以及其期望值的定义，即在足够大的统计总体中，所测得结果的算术平均值。关于**D**应该注意的是，其正确性取决于以下概率定理：和的期望值始终是各项期望值的总和，与各项之间是否存在概率相关性无关（与之相反，比如：乘积的概率）。这自然只适用于同时可测量的量 $\mathfrak{R}$，$\mathfrak{S}$，…，否则 $\mathfrak{R}+\mathfrak{S}+\cdots$是没有意义的。

但是量子力学的算法还包含另一种操作，该方法超出了刚刚的讨论范围：两个不一定是同时可测的任意量的相加。这一运算依赖于以下事实：对于两个埃尔米特算子，其和 $R+S$ 也是埃尔米特算子，即使 R 与 S 不可对易，情况也是如此。但是，只有在可对易的情况下，例如：两个埃尔米特算子的乘积 RS 才是埃尔米特算子（见 2.5 节）。在每个状态 φ 中，期望值具有可加性：$(R\varphi, \varphi)+(S\varphi, \varphi)=((R+S)\varphi, \varphi)$（见 3.1 节 $\mathbf{E}_2$）。这一性质同样适用于多个被加项求和。我们现在将这一事实纳入一般设置中（至此尚未专门研究量子力学）：

E　$\mathfrak{R}$，$\mathfrak{S}$，…是任意量，则存在一个相加量 $\mathfrak{R}+\mathfrak{S}+\cdots$［与 Exp（$\mathfrak{R}$）函数的选择无关］，使得

$$\mathrm{Exp}(\mathfrak{R}+\mathfrak{S}+\cdots)=\mathrm{Exp}(\mathfrak{R})+\mathrm{Exp}(\mathfrak{S})+\cdots$$

若 $\mathfrak{R}$，$\mathfrak{S}$ 是同时可测量的，则（根据定理 **D**）上述求和必须是普通总和。但一般来说，该总和仅以隐含的方式由 **E** 表征，并且其无法由 $\mathfrak{R}$，$\mathfrak{S}$ 的"测量方向"构建 $\mathfrak{R}+\mathfrak{S}+\cdots$的测量过程[1]。

---

［1］例如，根据海森堡理论，在势场 $V(x, y, z)$ 中运动的电子的能量算子为

$$H_0=\frac{(P^x)^2+(P^y)^2+(P^z)^2}{2m}V(O^x, O^y, O^z,)$$

（见 3.6 节中的例子），该算子是以下两个可对易算子之和

$$R=\frac{(P^x)^2+(P^y)^2+(P^z)^2}{2m},\quad S=V(Q^x, Q^y, Q^z)$$ （转下页）

此外，必须指出，我们不仅要承认表示期望值的 Exp（ $\mathfrak{R}$ ）函数，而且还要承认对应于相对值的函数——我们将放弃标准化条件 **A**。若 Exp（1）（根据 **C**，它 $\geqslant 0$）有限，且不等于 0，这并不重要，因为对于 Exp（ $\mathfrak{R}$ ）/Exp（1），一切都与以前一样。但是，Exp（1）=∞ 是一种完全不同的可能性，实际上为了解决相应的困难，我们需要采取这种扩展，而这最好用一个简单的例子来说明。实际上，在某些情况下，用相对概率代替真实概率运算会更好——特别是在总相对概率无穷大的情况下［Exp（1）对应于总概率］。假设被观测系统是一个在一维线上运动的粒子，且设其统计分布类型如下：该粒子以相等的概率存在于无限区间的任何地方。那么这条线上每个有限区域的概率为 0，但是所有位置的相等概率并不是以这种方式表示的，而是通过以下事实：两个有限区间的概率比等于其区间的长度比。由于 0/0 没有任何意义，因此只有当我们把长度作为其相对概率时才能表示出来，那么相对总概率当然是 ∞。

综合上述考虑，我们得到以下形式的条件（**A′** 对应于 **C**，**B′** 对应于 **B**，**D**，**E**）：

A′ 若量 $\mathfrak{R}$ 在本质上是非负的，例如：若它是另一个量 $\mathfrak{S}$ 的平方，则 Exp（ $\mathfrak{R}$ ）$\geqslant 0$。

B′ 若量 $\mathfrak{R}$，$\mathfrak{S}$，…为任意量，且 a，b，… 为实数，则 Exp（$a\mathfrak{R}+b\mathfrak{S}+\cdots$）= aExp（ $\mathfrak{R}$ ）+bExp（ $\mathfrak{S}$ ）+…，我们强调：

1 由于我们已经考虑了相对概率值，函数 Exp（ $\mathfrak{R}$ ）与 cExp（ $\mathfrak{R}$ ）（c

（接上页）对量 $\mathfrak{R}$（算子为 R）的测量是动量的测量，而对量 $\mathfrak{S}$（算子为 S）的测量是坐标的测量，与我们测量算子为 $H_0=R+S$ 的量 $\mathfrak{R}+\mathfrak{S}$ 时所用的方法完全不同。例如在测量 H_0 时，是通过测量该（跳跃的）电子所发射的谱线的频率，再（根据玻尔频率关系）由谱线确定能量水平，即 $\mathfrak{R}+\mathfrak{S}$ 的值。尽管如此，在任何条件下

$$\mathrm{Exp}(\mathfrak{R}+\mathfrak{S})=\mathrm{Exp}(\mathfrak{R})+\mathrm{Exp}(\mathfrak{S})$$

为大于 0 的常数）并没有本质上的不同。

2　Exp（$\mathscr{R}$）≡ 0（对所有 $\mathscr{R}$）没有提供任何信息，因此这个函数不予考虑。

3　若 Exp（1）=1，则存在绝对的，即正确标准化的期望值。根据 **A′** 可知，Exp（1）在任何情况下都⩾ 0，且若 Exp（1）有限又 ≠ 0，那么 **1** 加上 $c=1/\text{Exp}(1)$ 可导致正确的标准化。正如我们将要展示的那样，对于 Exp（1）= 0，这种情况因导致 **2** 而被排除；然而对于 Exp（1）= ∞，存在一个本质上非标准化的（即相对的）统计量。

我们必须回到定义 **a**，**b** 上来。由 **1**，$\mathbf{M}_2$ 可以用以下更简单的条件取代：

$\mathbf{M}_3$　$\text{Exp}(\mathscr{R}) \equiv \text{Exp}'(\mathscr{R}) + \text{Exp}''(\mathscr{R})$

并且在 $\mathbf{Dis}_1$ 的情况下，我们应该注意到，计算是以 Exp（1）=1 为前提的。对于 Exp（1）=∞，无法定义无偏差特征，因为它意味着 $\text{Exp}\left((\mathscr{R}-\rho)^2\right)=0$，其中 ρ 是 $\mathscr{R}$ 的绝对期望值，即 $\text{Exp}(\mathscr{R})/\text{Exp}(1)$，在这种情况下即为 ∞/∞，从而是没有意义的[1]。所以对 **a**，**b** 重述如下：

a′　若 Exp（1）≠ 0 且有限，则 $\mathscr{R}$ 的函数 Exp（$\mathscr{R}$）无偏差。因此，我们可以根据（1）假设 Exp（1）=1。于是，$\mathbf{Dis}_1$ 是其特性。

b′　若对于 $\mathscr{R}$ 的函数，$\mathbf{M}_3$ 满足

$$\text{Exp}'(\mathscr{R}) = c'\text{Exp}(\mathscr{R}),\quad \text{Exp}''(\mathscr{R}) = c''\text{Exp}(\mathscr{R})$$

（c'，c'' 为常数，$c'+c''=1$，且由 **A′** 及 **1**，**2** 可知，$c'>0$，$c''>0$），则 $\mathscr{R}$ 的函数 Exp（$\mathscr{R}$）为同质的或纯的函数。

由于 **A′**，**B′** 和 **a′**，**b′**，只要我们能够知道系统 **S** 中的物理量，以及各物理量之间存在的函数关系，我们就可以对因果性问题做出决定。在以下各节中，将针对量子力学的关系进行推导。

---

〔1〕然而对无偏差总体，没有理由不引入正确的期望值。

作为本节的结论，应补充如下两点：

第一，关于 Exp（1）= 0 的情形。由条件 **B′** 可知 Exp（c）= 0。因此，若一个量 $\mathfrak{R}$ 总是大于等于 c' 但小于等于 c''，则由 A'' 有 Exp（$c''-\mathfrak{R}$）$\geqslant 0$, Exp($\mathfrak{R}-c'$)$\geqslant 0$; 且从而由 **B′**, 有 Exp(c')$\leqslant$Exp($\mathfrak{R}$)$\leqslant$Exp(c'')，即 Exp（$\mathfrak{R}$）=0。现设 $\mathfrak{R}$ 为任意量，$f_1(x)$，$f_2(x)$，…是一个满足

$$f_1(x)+f_2(x)+\cdots=x$$

的有界函数序列（例如

$$f_1(x)=\frac{\sin x}{x}，\quad f_n(x)=\frac{\sin xn}{xn}-\frac{\sin(n-1)x}{(n-1)x}，\text{其中 } n=2，3，\cdots）$$

于是当 $n=1，2，\cdots$时，$\mathrm{Exp}\left(f_n(\mathfrak{R})\right)=0$，且因此（由 **B′**），也有 Exp（$\mathfrak{R}$）= 0。因此根据前面所述的命题，Exp（1）= 0 的情况被（2）排除。

第二，值得注意的是，根据 **Dis**$_1$，Exp（$\mathfrak{R}^2$）=[Exp（$\mathfrak{R}$）]^2 是无偏差系统的特征，虽然在这种情况下

$$\mathbf{Dis}_2\quad \mathrm{Exp}\left(f(\mathfrak{R})\right)=f\left(\mathrm{Exp}(\mathfrak{R})\right)$$

必须对每个函数 $f(x)$ 成立，因为 Exp（$\mathfrak{R}$）实际上就是 $\mathfrak{R}$ 的值，而 $\mathrm{Exp}\left(f(\mathfrak{R})\right)$是 $f(\mathfrak{R})$ 的值。**Dis**$_1$ 是 **Dis**$_2$ 的一种特殊情况：$f(x)=x^2$，但这怎么就够了呢？答案如下：若 **Dis**$_2$ 对于 $f(x)=x^2$ 成立，则其对于所有 $f(x)$ 都成立。我们甚至可以用 x 的任何其他连续凸函数（即该函数对于所有 $x\neq y$ 有 $f\left(\frac{x+y}{2}\right)<\frac{f(x)+f(y)}{2}$）来替换 x^2。我们在此不拟予以证明。

4.2 统计公式的证明

正如我们所知，对应于量子力学系统中的每一个物理量，都有一个唯一的超极大埃尔米特算子（例见3.5节中的讨论），为了方便起见，假设这种关系是一一对应的，即实际上每个超极大算子都有一个物理量与之对应（我们在3.3节中偶尔也使用了这一假设）。在这种情况下，以下规则成立（见3.5节中所述的**F**，**L**，以及在4.1节末尾处的讨论）：

I 若量 $\mathfrak{R}$ 具有算子 R，则量 $f(\mathfrak{R})$ 具有算子 $f(R)$。

II 若量 $\mathfrak{R}$，$\mathfrak{S}$，…有算子 R，S，…则量 $\mathfrak{R}+\mathfrak{S}+\cdots$ 有算子 $R+S+\cdots$（未假设 $\mathfrak{R}$，$\mathfrak{S}$，…的同时可测量性，详见上述关于这一点的讨论）。

A′，**B′**，**a′**，**b′** 与 **I**，**II** 构成我们分析的数学基础。

设 φ_1，φ_2，…是一个完全标准正交系基，代替每个算子 R，让我们考虑有这个基的矩阵 $a_{\mu\nu}=(R\varphi_\mu,\ \varphi_\nu)$。用以下矩阵元素

$$e_{\mu\nu}^{(n)}=\begin{cases}1, & \text{当}\ \mu=\nu=n\ \text{时}\\ 0, & \text{其他}\end{cases}$$

$$f_{\mu\nu}^{(mn)}=\begin{cases}1, & \text{当}\ \mu=m,\ \nu=n\ \text{时}\\ 1, & \text{当}\ \mu=n,\ \nu=m\ \text{时}\\ 0, & \text{其他}\end{cases}$$

$$g_{\mu\nu}^{(mn)}=\begin{cases}\mathrm{i}, & \text{当}\ \mu=m,\ \nu=n\ \text{时}\\ -\mathrm{i}, & \text{当}\ \mu=n,\ \nu=m\ \text{时}\\ 0, & \text{其他}\end{cases}$$

定义以下埃尔米特算子

$$U^{(n)} = P_{[\varphi_n]}$$

$$V^{(mn)} = P_{\left[\frac{\varphi_m+\varphi_n}{\sqrt{2}}\right]} - P_{\left[\frac{\varphi_m-\varphi_n}{\sqrt{2}}\right]}$$

$$W^{(mn)} = P_{\left[\frac{\varphi_m+i\varphi_n}{\sqrt{2}}\right]} - P_{\left[\frac{\varphi_m-i\varphi_n}{\sqrt{2}}\right]}$$

设上述算子对应的量分别为 $\mathfrak{U}^{(n)}$，$\mathfrak{V}^{(mn)}$，$\mathfrak{W}^{(mn)}$。显然有（因为 $a_{nm}=\overline{a}_{mn}$）

$$a_{\mu\nu} = \sum_n a_{nn} e_{\mu\nu}^{(n)} + \sum_{\substack{m,n\\m<n}} \operatorname{Re} a_{mn} f_{\mu\nu}^{(mn)} + \sum_{\substack{m,n\\m<n}} \operatorname{Im} a_{mn} g_{\mu\nu}^{(mn)}$$

因此，

$$\mathfrak{R} = \sum_n a_{nn} \mathfrak{U}^{(n)} + \sum_{\substack{m,n\\m<n}} \operatorname{Re} a_{mn} \mathfrak{V}^{(mn)} + \sum_{\substack{m,n\\m<n}} \operatorname{Im} a_{mn} \mathfrak{W}^{(mn)}$$

且由于 **II** 和 **B′**，可得

$$\operatorname{Exp}(\mathfrak{R}) = \sum_n a_{nn} \operatorname{Exp}(\mathfrak{U}^{(n)}) + \sum_{\substack{m,n\\m<n}} \operatorname{Re} a_{mn} \operatorname{Exp}(\mathfrak{V}^{(mn)}) + \sum_{\substack{m,n\\m<n}} \operatorname{Im} a_{mn} \operatorname{Exp}(\mathfrak{W}^{(mn)})$$

因此，若我们设

$$\mu_{nn} = \operatorname{Exp}(\mathfrak{U}^{(n)})$$

$$\left.\begin{aligned} \mu_{mn} &= \frac{1}{2}\operatorname{Exp}(\mathfrak{V}^{(mn)}) + \frac{i}{2}\operatorname{Exp}(\mathfrak{W}^{(mn)}) \\ \mu_{nm} &= \frac{1}{2}\operatorname{Exp}(\mathfrak{V}^{(mn)}) - \frac{i}{2}\operatorname{Exp}(\mathfrak{W}^{(mn)}) \end{aligned}\right\}(m<n)$$

那么可得

$$\operatorname{Exp}(\mathfrak{R}) = \sum_{m,n} \mu_{nm} a_{mn}$$

由于 $\mu_{nm}=\mu_{nm}$，我们可用 $(U\varphi_m, \varphi_n)=\mu_{mn}$ 定义埃尔米特算子 U[1]，将上述方程等式的右边化为 $\operatorname{Tr}(UR)$（见 2.11 节），由此，我们可得公式

〔1〕即 $U\varphi_m = \sum_n \mu_{mn}\varphi_n$ （转下页）

Tr Exp（$\mathcal{R}$）=Tr（UR）

U是一个与R无关的埃尔米特算子[1]，因此由总体本身决定。

鉴于**II**，**Tr**对U的每一个选择总满足**B′**，因此我们只需确定A'对U施加了什么样的限制即可。

若$\|\varphi\|=1$，但除此之外φ随机，则因为$P_\varphi^2=P_\varphi$和**I**，对属于P_φ的量$\mathcal{R}$有$\mathcal{R}^2=\mathcal{R}$。因此，根据**A′**，Exp（$\mathcal{R}$）≥0，所以Tr（$UP_{[\varphi]}$）=（$U\varphi$，$\varphi$）≥0。若$f$为任意值，则对$f\neq 0$，$\varphi$可写作$\frac{f}{\|f\|}$，所以有（$U\varphi$，$\varphi$）

（接上页）其中$\sum_n|\mu_{mn}|^2$必须是有限的，其有限性可以用如下方式认定：若$\sum_n|x_n|^2=1$，则对$\varphi=\sum_n x_n\varphi_n$，$R=P_{[\varphi]}$有矩阵$\bar{x}_\mu x_\nu$，且其量$\mathcal{R}$有期望值$\sum_{m,n}\mu_{nm}\bar{x}_m x_n$。由于$P_{[\varphi]}=P_{[\varphi]}^2$，$1-P_{[\varphi]}=(1-P_{[\varphi]})^2$，$0\leqslant\sum_{m,n}\mu_{nm}\bar{x}_m x_n\leqslant\mathrm{Exp}(1)$，因此，至少对于标准化的Exp（$\mathcal{R}$），有0≤Exp（$\mathcal{R}$）≤1。若$x_{N+1}=x_{N+2}=\cdots=0$，则表示对$\sum_{n=1}^{N}|x_n|^2=1$，$N$维埃尔米特形式$\sum_{m,n=1}^{N}\mu_{nm}\bar{x}_m x_n$的值≥0且≤1，即矩阵$\mu_{\rho\sigma}$（$\rho$，$\sigma$=1，…，$N$）的本征值≥0且≤1。因此向量
$y_m=\sum_{n=1}^{N}\mu_{mn}x_n$的长度总是小于等于向量的长度。对

$$x_m=\begin{cases}1, & m=\bar{m}\\ 0, & \text{其他}\end{cases}$$

则有$y_m=\mu_{m\bar{m}}$，因此，

$$\sum_{m=1}^{N}|x_m|^2\geqslant\sum_{m=1}^{N}|y_m|^2,\quad 1\geqslant\sum_{m=1}^{N}|\mu_{m\bar{m}}|^2$$

由于上述不等式对每个N都成立，故$\sum_N|\mu_{\bar{m}n}|^2\leqslant 1$。

〔1〕当且仅当所有φ_1，φ_2，…都属于R的定义域时，整个论证才是严格的。眼下每个R都存在一个完全标准正交系φ_1，φ_2，…（见2.11节），但若R并非处处有意义，该正交系则取决于R。事实上，对每个完全正交系φ_1，φ_2，…，都存在依赖该正交系的U，使得

Exp（$\mathcal{R}$）=Tr（UR）

该式仅当R的定义域属于φ_1，φ_2，…时成立。

但所有U彼此相等。若U'，U''互不相等，则上述公式对二者都成立，便意味着R处处有意义，即Tr（$U'R$）=Tr（$U''R$）。因此，对$R=P_{[\varphi]}$有（$U'\varphi$，φ）=（$U''\varphi$，φ），$((U'-U'')\varphi,\varphi)=0$。由于这对所有满足$\|\varphi\|=1$的$\varphi$成立，从而对所有希尔伯特空间的元素成立，所以有$U'-U''=0$，因此$U'=U''$。

$=\frac{(Uf, f)}{\|f\|^2}$。从而 $(Uf, f)\geqslant 0$；对 $f=0$ 自动成立。所以 U 是定号的，由 **A′** 推出的 U 的定号性，也同样是 **A′** 成立的充分条件。

实际上，**A′** 只确定了每个 $\mathrm{Exp}(\mathfrak{S}^2)\geqslant 0$，且仅此而已，因为若 $\mathfrak{R}$ 只能取非负值，那么对于 $f(x)=|x|$ 有 $f(\mathfrak{R})=\mathfrak{R}$。并且由于 $\left(g(x)\right)^2=f(x)$，等同于 $g(x)=\sqrt{|x|}$，所以 $\left(g(\mathfrak{R})\right)^2=f(\mathfrak{R})$，$\mathfrak{R}=\mathfrak{S}^2$ 及 $\mathfrak{S}=g(\mathfrak{R})$ [1]。因此，我们只需证明：若 S 是 $\mathfrak{S}$ 的算子，则有 $\mathrm{Tr}(US^2)\geqslant 0$。已知 S^2 是定号的，所以有

$$(S^2f, f)=(Sf, Sf)\geqslant 0$$

因此，若我们用 A，B 代替 U，S^2，就能将问题简化为证明以下定理：若 A，B 是定号埃尔米特算子，则 $\mathrm{Tr}(AB)\geqslant 0$。但是我们已经在 2.11 节中，通过定号算子的一般定理证明了这一点[2]。

从而，我们已经完全确定了 $\mathrm{Exp}(\mathfrak{R})$ 函数，它们对应于定号埃尔米

---

[1] 我们不能直接代入 $\mathfrak{S}=\sqrt{\mathfrak{R}}$，即 $\mathfrak{S}=h(\mathfrak{R})$，$h(x)=\sqrt{x}$，因为我们只考虑对所有实数 x 定义的实值函数，而 $\sqrt{x}$ 并非如此，当 x 为负时 $\sqrt{x}$ 是虚数。

[2] 对此可进行简单的直接证明。令 φ_1，φ_2，…为完全正交系，若 $a_{\mu\nu}=(A\varphi_\mu, \varphi_\nu)$，$b_{\mu\nu}=(B\varphi_\mu, \varphi_\nu)$，$\mathrm{Tr}(AB)=\sum_{\mu,\nu}a_{\mu\nu}, b_{\nu\mu}$

$$\sum_{\mu,\nu=1}^{N}a_{\mu\nu}b_{\nu\mu}\geqslant 0$$

则迹 $\mathrm{Tr}(AB)\geqslant 0$。若

$$f=\sum_{\mu=1}^{N}x_\mu\varphi_\mu$$

则

$$(Af, f)=\sum_{\mu,\nu=1}^{N}a_{\mu\nu}x_\mu\bar{x}_\nu\geqslant 0，(Bf, f)=\sum_{\mu,\nu=1}^{N}b_{\mu\nu}x_\mu\bar{x}_\nu\geqslant 0$$

且因此有限矩阵 $a_{\mu\nu}$，$b_{\mu\nu}$（μ，$\nu=1$，…，N）也是定号的。已知在 N 维空间中，

$\sum_{\mu,\nu=1}^{N}a_{\mu\nu}b_{\nu\mu}$ （转下页）

特算子 U，二者之间的关系由 **Tr** 给出。我们将称 U 为正在考虑的总体的统计算子。

现在很容易对 4.1 节中的 **1**，**2**，**3** 三点进行讨论。以下是结果：

1　从相对概率与期望值的角度来看，U 与 cU 彼此之间并没有本质性区别（c 为任意正常数）。

2　$U=0$ 并未提供任何信息，因此不予考虑。

3　当 $\mathrm{Tr}\,U=1$ 时，可得绝对（即正确标准化的）概率与期望值。只要 $\mathrm{Tr}\,U$ 是有限的，我们就可以通过乘以 $c=1/\mathrm{Tr}\,U$（根据（1））以实现 U 的标准化。［因为 U 的定号性，$\mathrm{Tr}\,U\geqslant 0$；但实际上，$\mathrm{Tr}\,U>0$。正如在 4.1 节末尾所示，一般情况下，可由 $\mathrm{Tr}\,U=0$ 得出 $U=0$。但对于我们的情形，也是由 2.11 节得出。根据（2）可以对这种情形予以排除。］仅对于无穷大的 $\mathrm{Tr}\,U$，我们才具有本质上的相对概率和期望值。最后我们必须研究一下 4.1 节中的结论 **a**，**b**，即识别 U 中的无偏差总体与同质总体。

首先，我们来讨论一下无偏差总体。之前我们假设 U 是正确标准化过的（见 4.1 节），于是恒有 $\mathrm{Exp}(\mathfrak{R}^2)=[\mathrm{Exp}(\mathfrak{R})]^2$，即 $\mathrm{Tr}(UR^2)=[\mathrm{Tr}(UR)]^2$。对 $R=P_{[\varphi]}$，有 $R^2=R=P_{[\varphi]}$，$\mathrm{Tr}(UP_{[\varphi]})=(U\varphi,\ \varphi)$，因此 $(U\varphi,\ \varphi)=(U\varphi,\ \varphi)^2$，即 $(U\varphi,\ \varphi)=0$ 或 1。若 $\|\varphi'\|=1$，$\|\varphi''\|=1$，则我们可以连续地变化 φ，使

（接上页）的值与其定号性都是正交不变的。因为 $b_{\mu\nu}$ 是埃尔米特矩阵，可以（在 N 维空间中）通过正交变换化为对角矩阵。因此我们可以从一开始就假定 $b_{\mu\nu}$ 是对角矩阵，即对 $\mu\neq\nu$ 有 $b_{\mu\nu}=0$。由于 $a_{\mu\mu}\geqslant 0$，$b_{\mu\mu}\geqslant 0$，于是

$$\sum_{\mu,\nu=1}^{N} a_{\mu\nu}b_{\nu\mu}=\sum_{\mu=1}^{N} a_{\mu\mu}b_{\mu\mu}$$

$$\left(\text{设 } x_\nu\begin{cases}=1 & (\nu=\mu)\\ =0 & (\nu\neq\mu)\end{cases}\right)$$

而这意味着以上的求和确实 $\geqslant 0$。

其始于 φ'，终于 φ''，并始终保持 $\|\varphi\|=1$ [1]。显然，$(U\varphi,\ \varphi)$ 也连续变化，且由于其只能取值 0 或 1，所以它是常数。因此 $(U\varphi',\ \varphi')=(U\varphi'',\ \varphi'')$，$(U\varphi,\ \varphi)$ 总是 $=0$，或者总是 $=1$，由此我们分别得到 $U=0$ 或 $U=1$。但由 **2**，排除 $U=0$ 的情况，而 $U=1$ 不能被标准化（Tr1= 空间的维数 $=\infty$）。且诚如我们所见，$U=1$ 显然并非是无偏差的。所以，不存在无偏差的总体。

现在让我们继续讨论同质的情况。通过 **b** 和 **Tr** 可知，若由

$$U=V+W$$

（这里的 V，W 与 U 一样是定号埃尔米特算子）可推出 $V=c'U$，$W=c''U$，则 U 是同质的[2]。我们断言该属性适用于 $U=P_{[\varphi]}(\|\varphi\|=1)$，且仅当 $U=P_{[\varphi]}(\|\varphi\|=1)$时成立。

首先，设 U 具有上述性质。由于 $U\neq 0$，存在 f_0 满足 $Uf_0\neq 0$，因此 $f_0\neq 0$，且 $(Uf_0,\ f_0)>0$（见 2.5 节定理 19）。我们构成两个埃尔米特算子 V 与 W

$$Vf=\frac{(Uf_0,\ f_0)}{(Uf_0,\ f)}\cdot Uf_0,\quad Wf=Uf-\frac{(f,\ Uf_0)}{(Uf_0,\ f_0)}\cdot Uf_0$$

则

$$(Vf,\ f)=\frac{|(f,\ Uf_0)|^2}{(Uf_0,\ f_0)}\geqslant 0$$

$$(Wf,\ f)=\frac{(Uf,\ f)\ (Uf_0,\ f_0)-|(f,\ Uf_0)|^2}{(Uf_0,\ f_0)}\geqslant 0$$

---

[1] 对于 $\varphi'=\varphi''$，这是显而易见的。现假定 $\varphi'\neq\varphi''$。φ'，φ'' 的“标准正交化”产生了 φ_1，满足 $\|\varphi_1\|=1$，φ_1 正交于 φ'，φ'' 即为 φ_1 与 φ' 构成的一个线性组合：$\varphi''=a\varphi'+b\varphi_1$，且 $\|\varphi''\|^2=|a|^2+|b|^2=1$。令 $|a|=\cos\theta$，$|b|=\sin\theta$，则 $a=e^{i\alpha}\cos\theta$，$b=e^{i\beta}\cos\theta$，且若定义 $a^{(x)}=e^{ix\alpha}\cos(x\theta)$，$b^{(x)}=e^{ix\beta}\sin(x\theta)$，则 $|a^{(x)}|^2+|b^{(x)}|^2=1$。因此，$\|\varphi^{(x)}\|=1$ 对应 $\varphi^{(x)}=a^{(x)}\varphi'+b^{(x)}\varphi_1$。可见 $\varphi^{(x)}$ 在 $\varphi'(x=0)$ 到 $\varphi''(x=1)$ 上连续变化。

[2] 实际上，因为 **2**，我们应该要求 $W\neq 0$，$V\neq 0$。而 $V=0$ 或 $W=0$ 的情况分别包括在 $c'=0$，$c''=1$；或 $c'=1$，$c''=0$ 中。

（见 2.5 节定理 19），即 V，W 是定号算子，且满足 $U=V+W$。又因为 $Vf_0=Uf_0\neq 0$，$c'=1$，因此 $V=c'U$，即 $U=V$。若我们设 $\varphi=\frac{1}{\| Uf_0 \|}\cdot Uf_0$（$\|\varphi\|=1$），且

$$c=\frac{\| Uf_0 \|^2}{(Uf_0,\ f_0)}\ (c>0)$$

则 $Uf=Vf=c(f,\ \varphi)\ \varphi=c\ P_{[\varphi]}\ f$，即 $U=c\ P_{[\varphi]}$，即根据 **1**，U 在本质上等于 $P_{[\varphi]}$。

反之，设 $U=P_{[\varphi]}$（$\|\varphi\|=1$）。若 $U=V+W$，V 与 W 为定号算子，则由 $Uf=0$ 可得

$$0\leqslant (Vf,\ f)\leqslant (Vf,\ f)+(Wf,\ f)=(Uf,\ f)=0,\quad (Vf,\ f)=0$$

因此 $Vf=0$（见上文）。但是 $Uf=P_{[\varphi]}f=0$ 是由 $(f,\ \varphi)=0$ 得出的，因此 $Uf=0$ 也同理。因此，对于每一个 g，有 $(f,\ Vg)=(Vf,\ g)=0$。也就是说，正交于 φ 的一切，同时也正交于 Vg，因此 $Vg=c_g\cdot\varphi$（c_g 是依赖于 g 的一个数），但我们只需考虑 $g=\varphi$ 的情况，即 $V\varphi=c'\varphi$。每个 f 都有 $(f,\ \varphi)\cdot\varphi+f'$ 的形式，其中 f' 正交于 φ。因此

$$Vf=(f,\ \varphi)\cdot V\varphi+Vf'=(f,\ \varphi)\cdot c'\varphi=c'P_{[\varphi]}f=c'Uf$$

所以 $V=c'U$，$W=U-V=(1-c')U$，证明完毕。

因此同质总体对应于 $U=P_{[\varphi]}$，$\|\varphi\|=1$，而 **Tr** 实际上就是 3.1 节中的公式 $\mathbf{E}_2$：

$$\mathbf{E}_2\qquad \mathrm{Exp}(\mathfrak{R})=\mathrm{Tr}(P_{[\varphi]}R)=(R\varphi,\ \varphi)$$

这里值得注意的是 $\mathrm{Exp}(1)=\mathrm{Tr}(P_{[\varphi]})=1$（因为 $P_{[\varphi]}$ 属于一维空 $[\varphi]$，或者根据 $\mathbf{E}_2$）即 $\overline{U}$ 的当前形式是正确地标准化了的。最终，不难发现 $P_{[\varphi]}$ 和 $P_{[\psi]}$ 有着相同的统计特性，即 $P_{[\varphi]}=cP_{[\psi]}$（$c$ 是一个正常数，见 1）。因为 $\mathrm{Tr}(P_{[\varphi]})=\mathrm{Tr}(P_{[\psi]})=1$，$c=1$，所以有 $P_{[\varphi]}=P_{[\psi]}$，$[\varphi]=[\psi]$，因此 $\varphi=a\psi$。由 $\|\varphi\|=\|\psi\|=1$ 可得，常数 a 有 $|a|=1$。这也显然是充分的。

因此综上所述，我们可以认为：没有任何一个总体是无偏差的，只存在同质总体，对应于$U=P_{[\varphi]}$（$\|\varphi\|=1$），并且仅此而已。对于这些U，**Tr**转化为$\mathbf{E}_2$，标准化是正确的，且若用$a\varphi$替代φ（a为常数，且$|a|=1$），U不会发生改变，但在φ的每一次其他变化中，U都会发生本质上的变化（见**1**）。因此，同质总体对应于量子力学的那些状态，在上文中已经对其特征作出了描述：满足$\|\varphi\|=1$的希尔伯特空间中的φ，其中绝对值为1的常数因子是不重要的（见2.2节），且可由$\mathbf{E}_2$得出统计结论。

我们通过纯定性条件**A′**，**B′**，**a**，**b**，**I**，**II**推导出了所有这些结果。

从而，在我们条件限制的范围内，所做出的决定是违背因果律的。因为所有总体，即便是同质总体，也都存在偏差。

还须讨论3.2节中所提出的有关“隐参数”的问题，即以波函数φ表征的同质总体的偏差（即由$\mathbf{E}_2$）的产生，是否因为这些不是真实的状态，而只是几种状态的混合，而为了描述实际状态（除了波函数φ的相关数据之外），还需要额外的数据（这些信息将成为“隐参数”），所有这些数据将一起依照因果律来确定所有的一切，即产生无偏差的总体。同质总体（$U=P_{[\varphi]}$，$\|\varphi\|=1$）的统计数据将是所有构成该总体真实状态的平均，即对涉及那些状态的“隐参数”的值进行平均。但基于以下两点原因，这种计算是不可行的：第一，这样一来，上述同质总体可以表示为两个不同总体的混合[1]，而这与其定义相悖；第二，必须对应于“真实”状态的无偏差总体（即仅由处于其自身“真实”状态的系统组成的总体）并不存在。应当注意的是，我们不必再深入

[1] 若“隐参数”（以下将所有隐参数记为π）只取离散值π_1，π_2，…，π_n（$n>1$），我们将得到两个子总体，二者叠加是原来的总体，假设其中一个总体中各系统的隐参数为$\pi=\pi_1$，而另一个为$\pi\neq\pi_1$。若π在值域中连续变化，设$\mathbf{\Pi}'$是$\mathbf{\Pi}$的子域，则第一个子总体的系统将包含属于$\mathbf{\Pi}'$的参数π，而另一个子总体的系统则包含不属于$\mathbf{\Pi}'$的参数π。

研究“隐参数”的机制，因为我们现在已经知道，量子力学中的既定结果，永远无法在它们的帮助下重新推导出来。事实上，我们甚至可以肯定，若在波函数之外还有其他变量（即“隐参数”）存在，同样的物理量也不可能以同样的函数关系存在（也就是使 **I**，**II** 成立）。

再则，就算除了量子力学中已经用算子表示的那些物理量之外，还有其他尚未发现的物理量也无济于事，因为这样一来，量子力学所假定的关系（即 **I**，**II**）对于我们现在已知的量来说已经失效。我们在上面对此进行过讨论。因此，与人们所想的不同，这不是一个重新解释量子力学的问题——除了对基本过程的统计描述之外，任何其他的描述倘若能成立，则当前的量子力学体系在客观上必定是错误的。

以下情况也值得一提：乍见之下，不确定性关系与相对论的基本公设有一定的相似性。相对论中指出，原则上不可能以优于 r/c（c 是光速）的时间区间精度，同时确定两个事件发生在相距为 r 的两点处；而不确定性关系预言，原则上不可能以优于体积为 $\left(\frac{h}{4\pi}\right)^3$ 的域的精度，给出物质点在相空间中的位置[1]。尽管如此，二者之间存在一个根本差别。相对论认为客观、精确地同时测量相距较远的对象是不可能实现的，但通过引入伽利略参考系，在系统内放置一个坐标系，便有可能创造一个同时可测量性的定义，并能合乎相关的一般概念。之所以未对远距离同时性这个定义赋予客观意义，只是

〔1〕相空间是一个六维空间，其 6 个坐标是质点的 3 个笛卡儿坐标 q_1，q_2，q_3，以及 3 个对应的动量 p_1，p_2，p_3。根据 3.4 节所述内容，对相关的偏差 ε_1，ε_2，ε_3，η_1，η_2，η_3，我们有

$$\varepsilon_1\eta_1 \geqslant \frac{h}{4\pi}, \quad \varepsilon_2\eta_2 \geqslant \frac{h}{4\pi}, \quad \varepsilon_3\eta_3 \geqslant \frac{h}{4\pi}$$

即

$$\varepsilon_1\varepsilon_2\varepsilon_3\eta_1\eta_2\eta_3 \geqslant \left(\frac{h}{4\pi}\right)^3$$

在任何情况下，经典力学中相空间中的位置皆以此精度为限进行确定。

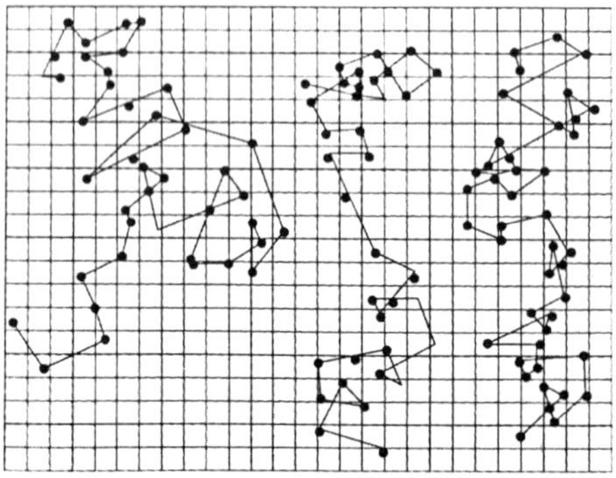

□ 布朗运动

布朗运动是指悬浮在液体或气体中被分子撞击的微粒所做的永不停息的无规则运动。因由英国植物学家布朗发现而得名。做布朗运动的微粒的直径一般为10微米，这些微粒处于液体或气体中时，由于液体分子的热运动，微粒受到来自各个方向液体分子不平衡的冲撞而不断地改变方向，从而出现不规则的运动。布朗运动的剧烈程度随着流体的温度升高而增加。

因为这样的坐标系可以有无穷多种不同的选择，因而会得到无穷多种不同的远距离同时可测量性定义，每种定义都是差不多的。也就是说，不可测量性的理论定义也有无穷多种的可能。在量子力学中，情况则完全不同，通常不可能通过相空间中的点来描述一个可由波函数 φ 表示的系统。即使引入新的（假想的，未观测到的）坐标——“隐参数”也没有帮助，因为引入“隐参数”会产生无偏差总体。也就是说，不仅测量是不可能实现的，甚至任何合理的理论定义也是不可能存在的，即对任何定义，既不能用实验证明，也不能用实验否认。如此，在相对论下，不可测量性之所以产生，是因为有无数种方法可以定义相关概念而不会直接与经验（或理论的一般基本假设）相冲突——而在量子力学的情况下，这种定义方式完全不存在。

综上所述，在现代物理中，宏观上没有一个实验能够支持因果律，也不可能设计一个实验来证明因果律。因为通常而言，世界（即对肉眼可见的物体）看似明显的因果关系，除“大数定律”以外，肯定并无其他原因，而因果律与决定基本过程的自然规律是否具有因果性完全无关。宏观等同物体表现出等同行为与因果性几乎没有关系：这些物体实际上彼此根本不等同，因为确定其原子位置状态的坐标几乎从来不会完全重合，只是宏观观测方法对这些坐标（即“隐参数”）做了平均。但这些坐标的数量十分巨大（对于1克物质，坐标数约为 10^{25}），因而根据概率计算定律，上述平均过程使所有可能的偏差大大减少（自然，这仅在一般情况下成立；在一定特殊情况下，如布朗运动、不稳定状态等，这种表面的宏观因果性并不成立）。因果性问题只能在原子，在基本过程本身中求证，而我们的一切现有知识都与之相左。目前唯一存在的、能可靠地对我们在这一领域的经验进行整理和总结的正式理论，即量子力学，与因果律在逻辑上有强烈的矛盾。当然，若说因果律已被彻底排除也是言过其实：量子力学现在的形式仍存在几个严重的缺陷，甚至整个理论都有可能是虚假的（虽然这种可能性很小），因为在一般问题的定性说明方面，以及在特殊问题的定量计算方面，量子力学已经开始暴露出一定的问题。尽管量子力学与实验的结果有较高的一致性，并为定义这个世界开启了新的视野，但也不能认为其已被经验所证明，只能说量子力学是已知的最佳经验总结。然而，即便有这些警示，我们仍然可以认为，因果律在自然界中不论何时、不论何处、不论何种理由都是不成立的——因为不仅没有实验证明其存在性，原则上对宏观世界也不适用，而与基本过程相联系的，与经验相容的唯一已知理论——量子力学，也与之相左。

不要忘记，本书所讨论的是全人类经年累月沉淀下来的思维方式，而不是一种逻辑必要性（否则不可能构建统计理论），任何不具偏见的领域内人士，没有理由非得对其遵循沿用。在这样的情况下，为了一个并无多少依据的想法去牺牲一个合理的物理理论，难道是值得的吗？

4.3 实验中所得结论

上一节告诉我们，与我们的定性基本假设相容的最一般的统计总体，根据定律 **Tr**，由一个定号算子 U 表征。那些我们称之为“同质”的特殊总体，其特征是 $U=P_{[\varphi]}(\|\varphi\|=1)$，由于这些是系统 **S** 的实际状态（即不能做进一步的解析），我们也将它们称为“状态”（确切来说，$U=P_{[\varphi]}$ 是状态 φ）。

若 U 具有一个纯离散谱，其特征值为 w_1，w_2，…，且其本征值函数为 φ_1，φ_2，…（它们构成了一个完全正交系）那么有（见 2.8 节）：

$$U=\sum_n W_n P_{[\varphi_n]}$$

由于 U 的定号性，所有 $W_n \geqslant 0$（实际上 $U\varphi_n=W_n\varphi_n$，因此有 $(U\varphi_n, \varphi_n)=W_n$ 且因此 $(U\varphi_n, \varphi_n)\geqslant 0$），并且 $\sum_n W_n=\sum_n(U\varphi_n, \varphi_n)=\mathrm{Tr}\,U$（详情也见 4.1 节开始处），即若 U 被正确地标准化，那么则有 $\sum_n W_n=1$。通过 4.1 节开头的注释，U 可以解释为状态 φ_1，φ_2，…各自的相对权重 w_1，w_2，…的叠加。并且若 U 被正确地标准化，那么这些相对权重也就是绝对权重。

但一个被正确标准化的 U，即 $\mathrm{Tr}\,U=1$ 是完全连续的（根据 2.11 节所述），且因此具有纯离散谱。若 $\mathrm{Tr}\,U$ 是有限的，那么情况也是如此（无限的 $\mathrm{Tr}\,U$ 可以被视为一种极限情况，我们不在这里进行讨论）。因此，在真正有趣的情况下，可以把观察到的总体表示为状态的叠加，我们实际上选择了成对正交的状态。然后，我们将称一般的总体为“混合总体”（与本身是“状态”的同质总体相对照）。

如果 U 的所有本征值都是简单的，即若 w_1，w_2，…彼此互不相同，那么如我们所知，除了一个绝对值为 1 的常数因子以外，φ_1，φ_2，…是唯一确定的，然后再唯一地确定相应的状态（以及 $P_{[\varphi_1]}$，$P_{[\varphi_2]}$，…）。同样，除了在序列中的排列，权重 w_1，w_2，…是唯一确定的。因此，在这种情况下，我们可以唯一地说明，混合总体 U 是由哪个（成对正交的）状态形成的。但是如果 U 有多重本征值（“退化性”），情况就完全不同了。在 2.8 节中，对如何精确选择 φ_1，φ_2，…进行了讨论。这种选择可以通过无数种方式完成，所有方式都具有本质上的不同（而 w_1，w_2，…仍然是唯一确定的）。我们必须写下 w_1，w_2，…中彼此不同的那些 w'，w''，…，然后对每个权重 $w=w'$，w''，…（即 $Uf = wf$ 的所有解的集合）形成其本征函数的闭线性流形，即 $\mathfrak{M}_{w'}$，$\mathfrak{M}_{w''}$，…。在此之后，我们按照以下方式进行。从每个 $\mathfrak{M}_{w'}$，$\mathfrak{M}_{w''}$，…中选择一个任意正交系，分别张成该流形 x'_1，x'_2，…；x''_1，x''_2，…；…。这些 x'_1，x'_2，…；x''_1，x''_2，…；…就是 φ_1，φ_2，…。而对应的本征值 w'，w'，…；w''，w''，…；…就是 w_1，w_2，…。一旦 $\mathfrak{M}_w$ 的维数大于 1，即存在多个本征值，相应的 x_1，x_2，…不再在绝对值为 1 的常数因子内进行确定（例如，x_1 可以是 $\mathfrak{M}_w$ 的任意标准化元素），即各个状态本身也是多值的。这种现象也可以表述如下：若状态 x_1，x_2，…是成对正交的（即 x_1，x_2，…形成一个可能有限或者无限的标准正交系），并且若我们将它们以这样的方式进行混合，使其中每一个都获得相同的权重（即相对权重为 1 ∶ 1 ∶ …），那么所得到的混合物仅取决于由 x_1，x_2，…张成的闭线性流形。事实上

$$U = P_{[x_1]} + P_{[x_2]} + \cdots = P_{\mathfrak{M}}$$

若 x_1，x_2，…的数量是有限的，比如 s 个：x_1，…，x_s，那么，这个 U 也可以被认为是 $\mathfrak{M}$ 的所有标准化元素的混合，即 $\mathfrak{M}$ 的所有状态。这些状态是

$$x = x_1 x_1 + \cdots + x_s x_s,\quad |x_1|^2 + \cdots + |x_s|^2 = 1$$

实际上，若我们设 $x_1 = u_1 + \mathrm{i}v_1$，…，$x_s = u_s + \mathrm{i}v_s$，则

$$|x_1|^2 + \cdots + |x_s|^2 = u_1^2 + v_1^2 + \cdots + u_s^2 + v_s^2 = 1$$

描述了 $2s$ 维空间中单位球的 $2s-1$ 维表面 K，且对

$$U' = \iint\limits_{K} \cdots \iint P_{[x]} \mathrm{d}\Omega \text{，} \mathrm{d}\Omega \text{ 记作微分表面元素}$$

我们有

$$(U'f, g) = \iint\limits_{K} \cdots \iint (P_{[x]}f, g)\, \mathrm{d}\Omega = \iint\limits_{K} \cdots \iint (f, x)\overline{(g, x)}\, \mathrm{d}\Omega$$

$$= \iint\limits_{K} \cdots \iint \left(f, \sum_{\mu=1}^{s} (u_\mu + \mathrm{i}v_\mu) x_\mu\right) \overline{\left(g, \sum_{\mu=1}^{s} (u_\mu + \mathrm{i}v_\mu) x_\mu\right)} \mathrm{d}\Omega$$

$$= \iint\limits_{K} \cdots \iint \sum_{\mu,\nu}^{s} (f, x_\mu) \overline{(g, x_\nu)} (u_\mu - \mathrm{i}v_\mu)(u_\nu + \mathrm{i}v_\nu)\, \mathrm{d}\Omega$$

$$= \sum_{\mu,\nu}^{s} (f, x_\mu) \overline{(g, x_\nu)} \iint\limits_{K} \cdots$$

$$\iint \left[(u_\mu u_\nu + v_\mu v_\nu) + \mathrm{i}(u_\mu v_\nu - u_\nu v_\mu)\right] \mathrm{d}\Omega$$

因此，当 $\mu \neq \nu$ 时，根据对称性，所有 $u_\mu v_\nu$，$u_\nu v_\mu$ 的积分以及所有 $u_\mu u_\nu$，$v_\mu v_\nu$ 的积分都等于 0[1]；而当 $\mu=\nu$ 时，所有这些积分都等于 $C/2s$（$C>0$），因此我们进一步得到

$$(U'f, g) = \frac{C}{\mathrm{S}} \sum_{\mu=1}^{s} (f, x_\mu) \overline{(g, x_\mu)} = \frac{C}{\mathrm{S}} \sum_{\mu=1}^{s} (P_{[x_\mu]}f, g)$$

$$= \left(\frac{C}{S} \sum_{\mu=1}^{s} (P_{[x_\mu]}) f, g\right)$$

因此结论为

---

〔1〕一方面，$u_\mu \to -u_\rho$（或 $u_\nu \to -u_\nu$ 或 $v_\mu \to -v_\mu$）是 K 的一种对称运算，其中前一个被积分式改变了其符号，因此它们的积分值等于 0。另一方面，$u_\mu \to v_\mu$，$v_\mu \to u_\mu$ 或 $u_\mu \to u_\nu$，$u_\nu \to u_\mu$ 是 K 的另一种对称运算，其中后一个积分值被对换，所以它们的积分值相等，因此等于它们总和

$$\iint \ddot{K} \iint (u_1^2 + v_1^2 + \cdots + u_s^2 + v_s^2)\, \mathrm{d}v = \iint \ddot{K} \iint \mathrm{d}v = K \text{ 的表面积}$$

的 $1/2s$ 倍，我们称之为 C。

$$U' = \frac{C}{S}\sum_{\mu=1}^{s} P_{[x_\mu]} = \frac{C}{S}U$$

即 U' 和 U 在本质上并无区别。

这些结果对于量子力学的统计性质而言，具有十分重要的意义，因此我们将对其进行重述：

1 若一个混合总体是由具有完全相同权重，且相互正交的状态组成，那么我们将无法再对这些状态进行确定。或者与之相等价的做法是：我们可以通过以完全相同的比例，把不同（相互正交）的成分进行混合，从而产生相同的混合总体。

2 若分量的数量是有限的，则如此获得的混合总体与所有状态的混合总体相同，这些状态是这些分量的线性组合。

这种类型最简单的例子如下：若我们按照 1 ∶ 1 的比例，把 φ 和 ψ（相互正交）相混合，那么我们得到的结果就将与以下例子相同。例如：以 1 ∶ 1 的比例，把

$$\frac{\varphi+\psi}{\sqrt{2}},\ \frac{\varphi-\psi}{\sqrt{2}}$$

相混合，或者甚至把所有的

$$x\varphi + y\psi\ (|x|^2 + |y|^2 = 1)$$

混合在一起。若我们把两个非正交的 φ 和 ψ 相混合（比例不必是 1 ∶ 1），那么我们仍无法确定最终混合总体的成分，因为这种混合总体肯定也可以通过混合各个正交状态来获得。

我们将对混合总体性质的进一步研究推迟至 5.2 节关于热力学的讨论以及其后的讨论。

在 4.2 节中所述的公式 **Tr** 表明如何使用统计算子 U，在混合总体中，计算量 $\mathfrak{R}$ 与算子 R 的期望值，也就是 Tr（UR）。因此，R 的值 a 位于区间 $a' < a \leqslant a''$（a'，a'' 已给定，$a' \leqslant a''$）中的概率，可以在 3.1 节或者 3.5 节中找到：若量 $F(\mathfrak{R})$ 由函数

$$F(x)=\begin{cases}1, & \text{当 } a'<x\leqslant a'' \text{ 时}\\ 0, & \text{其他}\end{cases}$$

构成，那么其期望值是所提到的概率。现在 $F(\mathfrak{R})$ 具有（根据 4.2 节所述 I）算子 $F(R)$，且若 $E(\lambda)$ 是属于 R 的单位分解，那么正如我们不止一次计算过的那样，$F(R)=E(a'')-E(a')$，且待求的概率是 $w(a', a'')=\operatorname{Tr} U\big(E(a'')-E(a')\big)$，因此表述 $\mathfrak{R}$ 统计量的概率函数是 $w(a)=\operatorname{Tr} UE(a)$［见 4.1 节；对于状态，即我们又有 $w(a)=\operatorname{Tr} P_{[\varphi]}E(a)=\big(E(a)\varphi, \varphi\big)$］。若 U 并未正确地标准化，那么这些概率自然也只是相对的。

对于量 $\mathfrak{R}$ 与算子 R 何时在具有统计算子 U 的混合总体中确定地取值 λ^* 的问题，可以借助 $w(a)$ 直接回答：当 $a<\lambda^*$ 时，我们必须要求 $w(a)=0$；而当 $a\geqslant\lambda^*$ 时，我们必须要求 $w(a)=1$，或者若 U 并未正确地标准化，则有 $w(a)=\operatorname{Exp}(1)=\operatorname{Tr}(U)$。也就是，当 $a<\lambda^*$ 时，$\operatorname{Tr} UE(a)=0$；当 $a\geqslant\lambda^*$ 时，$\operatorname{Tr} U\big(I-E(a)\big)=0$ [1]。现在，对于定号算子 A，B，方程 $\operatorname{Tr}(AB)=0$ 的结果是 $AB=0$（见 2.11 节）。因此，当 $a<\lambda^*$ 时，$UE(a)=0$，并且当 $a\geqslant\lambda^*$ 时，$UE(a)=U$。或者与之相等价的是：$E(a)U=0$ 或者 $E(a)U=U$。因为鉴于乘积的埃尔米特性质，各算子之间必须可对易。也就是当 $f=Ug$ 时，

$$E(a)f=\begin{cases}f, & \text{当 } a\geqslant\lambda^* \text{ 时}\\ 0, & \text{当 } a<\lambda^* \text{ 时}\end{cases}$$

且通过在 2.8 节中所进行的讨论可知，这就意味着 $Rf=\lambda^*f$，即 $RUg=\lambda^*Ug$，

---

〔1〕若 $\operatorname{Tr} U$ 是无穷的，那么通过减法所得的后面的公式可能会存在问题。然而，它们也可以通过以下步骤确定：$\mathfrak{R}$ 的值为 λ^* 就意味着 $w(a', a'')=0$，即对 $a''<\lambda^*$ 或者 $a'\geqslant\lambda^*$ 有 $\operatorname{Tr} U\big(E(a'')-E(a')\big)=0$。由于该迹恒大于等于 0，并且由于它是随 a'' 单调递增，且随 a' 单调递减的，因此考虑对 $a''<\lambda^*$ 的 $\lim\limits_{a''\to-\infty}$ 以及对 $a'\geqslant\lambda^*$ 的 $\lim\limits_{a'\to+\infty}$ 就足够了。也就是说，对于 $a'\geqslant\lambda^*$，$\operatorname{Tr} U\big(1-E(a')\big)=0$；而对于 $a''<\lambda^*$，$\operatorname{Tr} UE(a'')=0$。

关于 g 是等同的。所以最终条件是 $RU=\lambda^*U$。或者，若我们用 $\mathfrak{M}$ 表示由 $Rh=\lambda^*h$ 的所有解 h 所构成的闭线性流形，则 Uf 恒位于 $\mathfrak{M}$ 中。

同样的结果也可以由偏差的消失而得到，即（可能是相对的）期望值（$\mathfrak{R}-\lambda^*$）^{2} 的消失而得到的。

在 3.3 节中，我们回答了以下问题（设 $\mathfrak{R}$，$\mathfrak{S}$，…为物理量，R，S，…分别为它们各自的算子）：

1　什么时候可以对量 $\mathfrak{R}$ 进行绝对精确地测量？答案：当 R 仅具有一个离散谱时。

2　什么时候可以绝对准确地同时对 $\mathfrak{R}$ 和 $\mathfrak{S}$ 进行测量？答案：当 R 和 S 仅具有离散谱，且彼此可对易时。

3　什么时候可以绝对准确地同时对多个量 $\mathfrak{R}$，$\mathfrak{S}$，…进行测量？答案：当 R，S，…仅具有离散谱，且全部可对易时。

4　什么时候可以以任意精度同时对多个量 $\mathfrak{R}$，$\mathfrak{S}$，…进行测量？答案：当 R，S，…全部可对易时。

在最后一种情况下，我们使用了由康普顿－西蒙实验的结果中抽象出来的以下原理：

M　若我们在系统 **S** 中，对物理量 $\mathfrak{R}$ 进行两次连续的测量，那么我们每次都将得到相同的值。即使量 $\mathfrak{R}$ 在原始状态的 **S** 下具有离散性也是如此，并且对量 $\mathfrak{R}$ 的测量可以改变 **S** 的状态。

我们在 3.3 节中详细探讨了 **M** 的物理意义。用以回答 **1～4** 问题的进一步假设是：3.3 节所述有关状态的统计公式 $\mathbf{E}_2$；3.3 节所述假设 **F**，根据该假设，若量 $\mathfrak{R}$ 具有算子 R，则 $F\mathfrak{R}$ 有算子 $F(R)$；若（同时可测量的）量 $\mathfrak{R}$ 和量 $\mathfrak{S}$ 分别具有相应的算子 R 和 S，那么根据该假设，量 $\mathfrak{R}+\mathfrak{S}$ 具有算子 $R+S$。

由于这三个假设可以再次供我们使用（第一个假设是由 4.2 节公式 **Tr** 所得，其他两个假设分别对应于 4.2 节中的 **I** 和 **II**），而且我们还必须假设 **M** 是正确的。因为我们已经意识到，它对于量子力学的概念结构而言是必不可少的。在 3.3

节中针对 **1 ~ 4** 所给出的证明在这里也同样成立。因此，给出的答案又是正确的。

在 3.5 节中，我们研究了那些只取 0、1 两个值的物理量。这些量与属性 $\mathfrak{E}$ 存在唯一对应关系。其实，若 $\mathfrak{E}$ 已经给定，那么可以这样定义这个量：它是通过区分 $\mathfrak{E}$ 是否存在来测量的，且其值分别为 1 或 0。相反，若量是给定的，那么 $\mathfrak{E}$ 就是这样一个属性：所讨论的量取值 1（即不是 0）。由 **F**（即在 4.2 节中的 **1**）可知，对应的算子 E 实际上是投影算子，并且只有这些。因此，$\mathfrak{E}$ 存在的概率等于上面所定义的量的期望值。在 3.5 节中，仅针对状态（即 $\|\varphi\|=1$）进行了计算，但是我们可以由 **Tr** 大致确定：它就是 $\mathrm{Tr}(UE)$（这是相对的值，只有当 U 被正确地标准化时，即当 $\mathrm{Tr}\,U=1$ 时，才能获得）。

由于我们已经确定了 **1 ~ 4** 的成立，因此由其推导得出的陈述，即在 3.5 节中的 **a ~ h**，也同样有效。当然应该注意到，在前一种情况下，**a** 只给出了状态的信息，但在这里我们将其扩展到所有混合总体：

a′ 在具有统计算子 U 的混合总体中，性质 $\mathfrak{E}$ 以相对概率

$$\mathrm{Tr}(UE) \text{ 与 } \mathrm{Tr}\big(U(I-E)\big)$$

决定存在与否（这里是相对概率！只有当 U 被正确地标准化时，即当 $\mathrm{Tr}\,U=1$ 时，这些才是绝对概率）。

若我们对多个量 $\mathfrak{R}_1$，…，$\mathfrak{R}_l$ 进行研究，并且若量 $\mathfrak{R}_1$，…，$\mathfrak{R}_l$ 分别与算子 R_1，…，R_l 相对应，且这些算子分别有单位分解 $E_1(\lambda)$，…，$E_l(\lambda)$；若再进一步，给定 l 个区间：$I_1:\lambda'_1<\lambda\leqslant\lambda''_1$，…，$I_l:\lambda'_l<\lambda\leqslant\lambda''_l$，又若 $E_1(I_1)=E_1(\lambda''_1)-E_1(\lambda'_1)$，…，$E_l(I_l)=E_l(\lambda''_l)-E_l(\lambda'_l)$，则投影算子 $E_1(I_1)$，…，$E_l(I_l)$（见 h））分别属于性质“$\mathfrak{R}_1$ 位于 I_1 中”，…，“$\mathfrak{R}_1$ 位于 I_l 中”。$E_1(I_1)$，…，$E_l(I_l)$ 的可对易性是它们同时可判定的特征（见 **c**），它们同时有效的投影是 $E=E_1(I_1)\cdots$，$E_l(I_l)$（见 **e**）。因此，最后提到的复合事件的概率是 $\mathrm{Tr}(UE)$（见 **a′**）。

现在让我们反过来研究：假设我们不知道系统 **S** 的状态，但是我们已经

对 S 进行了某些测量，并且已经知道相应的结果。实际情况也总是以这种方式出现，因为我们只能从测量的结果中了解 S 的状态。更准确地说，状态只是一种理论结构，只有测量结果才是实际可用的。而物理学的问题在于探索过去与未来测量结果之间的联系。可以肯定的是，这总是通过引入辅助概念“状态”来实现的，但是物理理论必须告诉我们两个方面：一方面，如何从过去的测量中推断出当前的状态；另一方面，如何从当前的状态推断出未来的测量结果。到目前为止，我们只处理了后面一个问题，现在必须来应对前面一个问题。

即使以前的测量不足以唯一地确定当前状态，在一定的条件下，我们仍然可以从这些测量中推断出特定状态存在的概率（这在因果理论中成立，例如在经典力学和量子力学中）。于是，恰当的问题是这样的：对应某些给定的测量结果，去寻找一个混合总体，其统计数据与我们预期的系统 S 的统计数据相同。关于 S 我们只知道，已经对其进行过这些测量，并且得到上述的结果。当然，实际上我们必须更精细地说明：关于 S，我们“只知道这一点，仅此而已”是什么意思，以及怎样才会导致这么一组统计数据。

在任何情况下，与统计学的联系必须如下：若对于多个系统 $\mathbf{S}'_1$，…，$\mathbf{S}'_M$（系统 S 的副本），这些测量都给出了上述结果，那么这个总体［$\mathbf{S}'_1$，…，$\mathbf{S}'_M$］在其所有统计特性上，都与对应于测量结果的混合总体相一致。对于所有 $\mathbf{S}'_1$，…，$\mathbf{S}'_M$ 的测量结果是相同的，可以认为归因于 M，即原先给定了一个大的总体［$\mathbf{S}_1$，…，$\mathbf{S}_N$］，在这个大的总体中进行了测量，然后将那些出现预期结果的元素收集到一个新的总体中。这个新的总体就是［$\mathbf{S}'_1$，…，$\mathbf{S}'_M$］。当然，这一切都取决于如何选择［$\mathbf{S}_1$，…，$\mathbf{S}_N$］。可以说，这个初始总体给出了系统 S 的各个状态的先验概率。在一般概率理论中，这些状态的整体情况是众所周知的：为了能够得出由测量结果到状态的结论，即从结果到原因，也就是为了能够计算出后验概率，我们必须知道先验概率。一般来说，这些可以通过许多不同的方式来选择，因此我们的问题不能被唯一地解决。但是，我们将看到，在量子力学的特殊条件下，对初始总体 $[\mathbf{S}_1, \cdots, \mathbf{S}_N]$（即先验概率）的某种确定是特别令人满意的。

若我们所掌握的测量结果足以让我们完全确定 **S** 的状态，那么结果就会大为不同。那么每个问题的答案必须是唯一的。我们很快就会看到这是何种情况。

最后，让我们再提及一下以下内容。代替说（在 **S** 上）的几个测量结果是已知的，我们也可以说，**S** 是关于某个属性 $\mathscr{E}$ 被检查的，并且已经确定了它的存在。由 **a** ~ **h** 我们知道这些事物是如何相互联系的：例如，若（同时进行的）测量结果是有效的，那么量 $\mathscr{R}_1$，…，$\mathscr{R}_l$ 的值分别位于区间 I_1，…，I_l 之中，于是则有 E（取前面使用过的符号）的投影算子 $E=E_1(I_1)\cdots E_l(I_l)$。

因此，有关 **S** 的信息总是源于某个属性 $\mathscr{E}$ 的存在，该属性 $\mathscr{E}$ 在形式上用其投影算子 E 的存在来表征。让我们对等价于总体 $[\mathbf{S}'_1, \cdots, \mathbf{S}'_M]$ 的统计算子 U 进行研究，同时也对一般初始总体 $[\mathbf{S}_1, \cdots, \mathbf{S}_N]$ 的统计算子 U_0 进行研究。E，U，U_0 之间的数学关系是怎么样的呢？

因为 **M**，$\mathscr{E}$ 肯定在 $[\mathbf{S}'_1, \cdots, \mathbf{S}'_M]$ 中出现，即 $\mathscr{E}$ 所对应的量的值为 1。正如我们在本节开头所看到的那样，这意味着 $EU=U$，即 Uf 总是在 $\mathfrak{M}$ 中，其中 $\mathfrak{M}$ 是满足 $Ef=f$ 的所有 f 的集合，即属于 E 的闭线性流形。

除了写成 $EU=U$ 外，我们还可以写成 $UE=U$，$U(I-E)=0$，即对于所有 $g=(I-E)f$，亦即对于属于 $I-E$ 的闭线性流形的所有 g，亦即对于 $\mathfrak{R}-\mathfrak{M}$ 的所有 g，均有 $Ug=0$。因此，对于 $\mathfrak{R}-\mathfrak{M}$ 中的所有 f，均有 $Uf=0$；而对于 $\mathfrak{M}$ 中的 f，Uf 也同样位于 $\mathfrak{M}$ 中。关于 U 没有什么可说的了。

当且仅当 $\mathfrak{M}$ 是零维或者一维的时候，这才确定了 U（即本质上除了常数因子）。事实上，对于 $\mathfrak{M}=[0]$，我们可得 $U=0$，而根据 4.2 节的注〔1〕，这是不可能的。对于 $\mathfrak{M}=[\varphi]$（$\varphi\neq 0$，因此 $\|\varphi\|$ 可以取等于 1）有 $U\varphi=c\varphi$，因此，对于 $\mathfrak{M}$ 的所有 f（因为它们都等于 $a\varphi$）有 $Uf=cf$。从而一般来说，$Uf=UEf=cEf$，$U=cE=cP_{[\varphi]}$，而且由于 $c>0$（因为 U 是定号的，且 $U\neq 0$），所

以本质上有 $U=E=P_{[\varphi]}$。对于维度 ≥ 2 的 $\mathfrak{M}$（$\dim\mathfrak{M}\geq 2$），我们可以从 $\mathfrak{M}$ 中选择两组标准正交系 φ，ψ，那么 $P_{[\varphi]}$，$P_{[\psi]}$ 是两个满足我们条件的本质上不同的 U。因此，$E=0$ 是不可能的，对于 $E=P_{[\varphi]}$（$\|\varphi\|=1$），有 $U=E=P_{[\varphi]}$，否则 U 是多值的。

若 **S** 可能拥有这样的属性 $\mathfrak{E}$，那么就可能会出现很糟糕的事实：$E=0$ 与所找到的任何 U 不相容。但是这种情况被 **f** 排除掉了：这样的属性 $\mathfrak{E}$ 永远不会出现，其概率恒为 0。一维 $\mathfrak{M}$，即 $E=P_{[\varphi]}$（$\|\varphi\|=1$），唯一地确定了 U，并且固定了状态 φ。因此，这种类型的测量，若其结果是肯定的，就完全确定了 **S** 的状态，并且实际上也确定了它就是 φ〔1〕。所有其他测量都是不完全的，并且无法成功确定一个唯一的状态。

在一般情况下，我们进行如下处理：若我们把属性 $\mathfrak{E}$ 所对应的量也称作 $\mathfrak{E}$，那么 U 是通过下述方法得到的：$\mathfrak{E}$ 是在属于 U_0 的整个整体（[$\mathbf{S}_1$，…，$\mathbf{S}_N$]）上进行测量的，把所有量值为 1 的元素都收集起来，形成总体 U（[$\mathbf{S}'_1$，…，$\mathbf{S}'_M$]）。对 $\mathfrak{E}$ 的测量可能以许多种不同的方式进行，比如，可以对另一个量 $\mathfrak{R}$ 进行测量，其中 $\mathfrak{E}$ 是 $\mathfrak{R}$ 的一个已知函数：$\mathfrak{E}=F(\mathfrak{R})$。具体来说，设 φ_1，φ_2，…是一个张成 $\mathfrak{M}$ 的正交系；设 ψ_1，ψ_2，…为与 $\mathfrak{R}-\mathfrak{M}$ 相对应的集合，那么 φ_1，φ_2，…，ψ_1，ψ_2，…张成 $\mathfrak{M}+(\mathfrak{R}-\mathfrak{M})=\mathfrak{R}$，即它是

---

〔1〕这就是说，若出现 $\mathfrak{E}$，则状态为 φ。若 $\mathfrak{E}$ 不出现，则出现“非 $\mathfrak{E}$”，其中 $I-E=I-P_{[\varphi]}$，$\mathfrak{R}-\mathfrak{M}=\mathfrak{R}-[\varphi]$，代替了 $E=P_{[\varphi]}$，$\mathfrak{M}=[\varphi]$。这并不能唯一地确定 U（E 其实对应于问题“这种状态是 φ 吗？”）。对于每个过程，能够唯一确定状态的测量是对量 R 的测量，其算子 R 具有简单本征值构成的纯离散谱，见 3.3 节相关内容。测量后，状态 φ_1，φ_2，…之一（R 的本征函数）出现，即 **S** 的状态通常会因测量而改变。以此类推，$\mathfrak{E}$ 的测量也会改变状态，因为测量之后，对于正结果，$U=P_{[\varphi]}$；对于负结果 $U(I-P_{[\varphi]})=U$，$UP_{[\varphi]}=0$，即 $U\varphi=0$。而在测量以前，两者都不一定如此。这种量子力学的状态的“确定”，正如预期的那样改变了状态。

完全的。设λ_1，λ_2，…，μ_1，μ_2，…为不同的实数，并且用

$$R\left(\sum_n x_n\varphi_n+\sum_n y_n\psi_n\right)=\sum_n \lambda_n x_n\varphi_n+\sum_n \mu_n y_n\psi_n$$

来定义算子R。R显然具有纯离散谱λ_1，λ_2，…，μ_1，μ_2，…，以及各自的本征函数φ_1，φ_2，…，ψ_1，ψ_2，…，且所有的本征值都是简单的。若$F(x)$是任意满足

$$F(\lambda_n)=1,\ F(\mu_n)=0$$

的函数，那么$F(R)$对φ_1，φ_2，…具有本征值1，因此对于$\mathfrak{M}$的每个f也都是如此；且$F(R)$对ψ_1，ψ_2，…具有本征值0，因此对于$\mathfrak{R}-\mathfrak{M}$的每个$f$也是如此。因此$E=F(R)$。若$R$属于$\mathfrak{R}$，那么则$\mathfrak{E}=F(\mathfrak{R})$。因此，对于$\mathfrak{E}$的测量可以被诠释为对$\mathfrak{R}$的测量。

在这种情况下，我们可以计算U_0和U是如何相互联系的。根据$\mathfrak{R}$测量，每个系统都处于φ_1，φ_2，…，ψ_1，ψ_2，…的状态之一，具体取决于找到λ_1，λ_2，…，μ_1，μ_2，…中的哪一个值。其各自的概率为

$$\mathrm{Tr}(U_0P_{[\varphi_1]})=(U_0\varphi_1,\ \varphi_1),\ \mathrm{Tr}(U_0P_{[\varphi_2]})=(U_0\varphi_2,\ \varphi_2),\ \cdots$$

$$\mathrm{Tr}(U_0P_{[\psi_1]})=(U_0\psi_1,\ \psi_1),\ \mathrm{Tr}(U_0P_{[\psi_2]})=(U_0\psi_2,\ \psi_2),\ \cdots$$

（见3.3节中所述的观察结果，我们已经确定了它是成立的）。也就是说，总体U_0的这些部分转化到总体$P_{[\varphi_1]}$，$P_{[\varphi_2]}$，…，$P_{[\psi_1]}$，$P_{[\psi_2]}$，…之中。由于$\mathfrak{E}=1$对应于$\mathfrak{R}=\lambda_1$，λ_2，…，因此U总体是通过综合第一组而产生的。所以，

$$U=\sum_n(U_0\varphi_n,\ \varphi_n)P_{[\varphi_n]}$$

现在每个$P_{[\varphi_n]}$都与R可对易[1]，因此它也必定与U可对易。也就是说，若

〔1〕因为，例如：

$$RP_{[\varphi_n]}f=R((f,\ \varphi_n)\cdot\varphi_n)=(f,\ \varphi_n)\cdot R\varphi_n=\lambda_n(f,\ \varphi_n)\cdot\varphi_n$$

$$P_{[\varphi_n]}Rf=(Rf,\ \varphi_n)\cdot\varphi_n=(f,\ R\varphi_n)\cdot\varphi_n=\lambda_n(f,\ \varphi_n)\cdot\varphi_n$$

U不能与上述方式所产生的每个 R 可对易，那么某些测量过程（即依赖于相应 R 的那些过程）在 U 产生时，将从 U_0 中被消除。于是，我们对 U_0 的了解有所增加，不仅仅限于它是由 $\mathfrak{E}$ 测量而产生的。但是，由于 U 只代表我们所持有的这种知识状态，我们试图坚持这个条件：若存在一个 U，且无须排除对 $\mathfrak{E}$ 的测量过程，那么我们将使用这样的 U。因此，让我们研究一下是否有这样的 U 存在，以及它们是什么样的。

诚如我们所见，U 必须与以上描述方式所产生的所有 R 可对易。由此可知，$RU_{\varphi_n}=UR\varphi_n=U(\lambda_n\varphi_n)=\lambda_n U\varphi_n$，即 $U\varphi_n$ 是 R 的一个本征函数，其本征值为 λ_n，因此有 $U\varphi_n=a_n\varphi_n$，特别是有 $U\varphi_1=a\varphi_1$。若给定一个在 $\mathfrak{M}$ 中满足 $\|\varphi\|=1$ 的任意 φ，那么我们可以选择 φ_1，φ_2，…，ψ_1，ψ_2，…以使得 $\varphi_1=\varphi$，且因此每个这样的 φ 都是 U 的一个本征函数。所有这些 φ 必定属于同一个本征值：实际上，若 φ，ψ 属于不同的本征值，那么它们一定是正交关系。其次，$\frac{\varphi+\psi}{\sqrt{2}}$ 也是一个本征函数，并且由于

$$\left(\frac{\varphi+\psi}{\sqrt{2}},\ \varphi\right)=\frac{(\varphi,\ \varphi)}{\sqrt{2}}=\frac{1}{\sqrt{2}},\quad \left(\frac{\varphi+\psi}{\sqrt{2}},\ \psi\right)=\frac{(\psi,\ \psi)}{\sqrt{2}}=\frac{1}{\sqrt{2}}$$

所以它既不与 φ 正交，也不与 ψ 正交；但它不可能与 φ 及 ψ 属于相同的本征值，因为 φ 和 ψ 属于不同的本征值。因此 $U\varphi=a\varphi$（a 为常数）的结果所服从的限制条件 $\|\varphi\|=1$，显然是可以省略掉的。所以对于 $\mathfrak{M}$ 的所有 f，$Uf=af$ 均成立。因此，恒有 $UEg=aEg$，即 $UE=aE$，但是由于 $U=UE$，所以有 $U=aE$。U 和 E 都是定号的，且不等于 0。因此 $a>0$，从而我们可以设 $U=E$，而不会实质性地改变它。

反之，若对 U_0 进行适当的选择，那么对于每个 R，即对每一组 φ_1，φ_2，…，ψ_1，ψ_2，…，这个 U 都满足要求。对 $U_0=1$

$$\sum_n(U_0\varphi_n,\ \varphi_n)P_{[\varphi_n]}=\sum_n(\varphi_n,\ \varphi_n)P_{[\varphi_n]}=\sum_n P_{[\varphi_n]}=P_{\mathfrak{M}}=E=U$$

因此，在上面概述的纲要的意义上，$E=U$ 成立。此外，若我们假设 U_0 是

通用的，即它的存在不依赖于 E 和 R，那么则可以确定 U_0。于是，$U_0=1$ 产生所需的结果，并且只产生所需的结果：

$$(U\varphi_m,\ \varphi_m)=(E\varphi_m,\ \varphi_m)=(\varphi_m,\ \varphi_m)=1$$

$$(U\varphi_m,\ \varphi_m)=\sum_n(U_0\varphi_n,\ \varphi_n)(P_{[\varphi_n]}\varphi_m,\ \varphi_m)$$

$$=\sum_n(U_0\varphi_n,\ \varphi_n)|(\varphi_n,\ \varphi_m)|^2=(U_0\varphi_m,\ \varphi_m)$$

因此，$(U_0\varphi_m,\ \varphi_m)=1$。由于 $\mathfrak{M}$ 中每个满足 $\|\varphi\|=1$ 的 φ 都可以成为 φ_1，所以我们有 $(U_0\varphi,\ \varphi)=1$。由此可知，对于 $\mathfrak{M}$ 的所有 f 来说，有 $(U_0f,\ f)=(f,\ f)$。由于 $\mathfrak{M}$ 是任意的，这通常适用于所有 f，因此有 $U_0=1$。

考虑到两个属性 $\mathfrak{E}$，$\mathfrak{F}$ 不一定同时可判定。系统 **S** 中的性质 $\mathfrak{E}$ 恰好被发现并保持，在随后的观察中系统也被证明具有属性 $\mathfrak{F}$，这一事件的概率是多少？综上所述，这个概率是 $\mathrm{Tr}(EF)=\sum(EF)$（E，F 是 $\mathfrak{E}$，$\mathfrak{F}$ 的算子；第一个公式成立是因为 $U=E$，第二个公式成立是根据 2.11 节所述内容），有 $E^2=E$，$F^2=F$。此外，这些概率是相对的，所以 $\mathfrak{E}$ 应该被认为是固定的，而 $\mathfrak{F}$ 是可变的；若 $\mathrm{Tr}(E)=\sum(E)=\mathfrak{M}$ 的维数是有限的，我们可以通过除以 $\mathfrak{M}$ 的维数（$\dim\mathfrak{M}$）来实现其标准化。

除了性质 $\mathfrak{E}$ 和 $\mathfrak{F}$，我们还可以考虑物理量：设 $\mathfrak{R}_1$，…，$\mathfrak{R}_j$ 和 $\mathfrak{S}_1$，…，$\mathfrak{S}_j$ 为独立的、同时可测量的两个集合（但是，它们不必一起形成这样的集合）；它们各自的算子分别为 R_1，…，R_j，S_1，…S_l；其单位分解分别为 $E_1(\lambda)$，…，$E_j(\lambda)$，$F_1(\lambda)$，…，$F_l(\lambda)$。设各自的区间应为

$I_1:\lambda_1'<\lambda\leqslant\lambda_1''$

…

$I_j:\lambda_j'<\lambda\leqslant\lambda_j''$

$J_1:\mu_1'<\lambda\leqslant\mu_1''$

…

$$J_l: \mu_l' < \lambda \leqslant \mu_l''$$

并设

$$E_1(I_1) = E_1(\lambda_1'') - E_1(\lambda_1')$$

$$\cdots$$

$$E_j(I_j) = E_j(\lambda_j'') - E_j(\lambda_j')$$

$$F_1(J_1) = F_1(\mu_1'') - F_1(\mu_1')$$

$$\cdots$$

$$F_l(J_l) = F_l(\mu_l'') - F_l(\mu_l')$$

假定 $\mathfrak{R}_1$，…，$\mathfrak{R}_j$ 是在 **S** 上测得的，它们的值分别位于 I_1，…，I_j 中。问题是：在紧随其后的测量中，位于 $\mathfrak{S}_1$，…，$\mathfrak{S}_l$ 和位于 J_1，…，J_l 中的概率分别是多少呢？显然，我们必须设 $E=E_1(I_1)\cdots E_j(I_j)$，$F=F_1(J_1)\cdots F_l(J_l)$。那么期望的概率是（见 e），h））：

$$\mathrm{Tr}\left(E_1(I_1)\cdots E_j(I_j)\cdot F_1(J_1)\cdots F_j(I_j)\right)$$

$$=\sum\left(E_1(I_1)\cdots E_j(I_j)\cdot F_1(I_1)\cdots F_l(J_l)\right)$$

最后，让我们再次考虑一般初始总体 $U_0=1$ 的意义。我们在对 $\mathfrak{R}$ 进行测量时，通过将其分解为两部分而获取了 U。若我们未对其做分解，即若我们在其所有元素上测量了 $\mathfrak{R}$，并且将所有这些重新组合在一起形成一个总体，那么我们将再次得到 $U_0=1$。这可以很容易地直接计算出来，或者可以通过选择 $E=1$ 来证明。于是，μ_1，μ_2，…以及 ψ_1，ψ_2，…不存在，且 λ_1，λ_2，…和 φ_1，φ_2，…形成了一个完全系。因此，虽然 $\mathfrak{R}$ 的测量在一定条件下会改变个别元素，但是所有这些变化必须彼此精确地补偿，因为整个总体不会发生改变。此外，这个性质是 $U_0=1$ 的特征。因为如果对于所有完全正交系 φ_1，φ_2，…有

$$U_0=\sum_{n=1}^{\infty}(U_0\varphi_n,\ \varphi_n)\,P_{[\varphi_n]}$$

那么 U_0 与 $P_{[\varphi_1]}$ 可对易，因为 U_0 与每个 $P_{[\varphi_n]}$ 可对易。也就是说，U_0 与每个 $P_{[\varphi_n]}$，$\|\varphi\|=1$ 可对易。因此，

$$U_0\varphi=U_0P_{[\varphi_n]}\varphi=P_{[\varphi_n]}U_0\varphi=(U_0\varphi,\ \varphi)\cdot\varphi$$

即 φ 是 U_0 的一个本征函数。由此可以得出 $U_0=1$，正如之前从对应关系中得到 $U=E$ 一样（用 $\mathfrak{M}$，E 代替了 $\mathfrak{R}$，1）。

因此，在 $U_0=1$ 时，所有可能的状态都处于可能的最高平衡度，任何测量过程都无法改变这一点。对于每个完全标准正交系 φ_1，φ_2，…有

$$U_0=1=\sum_{n=1}^{\infty}P_{[\varphi_n]}$$

即所有状态 φ_1，φ_2，…是 1 ∶ 1 ∶ …地叠加。由此我们了解到，在较早的量子理论中，$U_0=1$ 对应于普通热力学假设：“所有简单量子轨道的先验概率相等”。该假设将在我们的热力学思考中发挥重要作用，我们将在下一章对其进行讨论。

第五章　一般考虑

5.1 测量与可逆性

若在带有统计算子 U 的混合总体中，对带有算子 R 的量 $\mathfrak{R}$ 进行测量，那么将会发生什么？这个算子必须被看作是在测量集合总体中，对每个元素的 $\mathfrak{R}$ 进行测量，并且将经过如此处理的元素收集到一个新的总体之中。我们将回答这个问题，尽量给出一个明确的答案。

首先，设 R 有一个纯离散的简单谱，φ_1，φ_2，…为本征函数的完全标准正交系，λ_1，λ_2，…为对应的本征值（假设全都彼此不同）。测量后，状态如下：在原始总体的一部分（$U\varphi_n$，φ_n）中，$\mathfrak{R}$ 取值为 λ_n（$n=1$，2，…）。然后，这个部分形成一个总体（子总体），其中 $\mathfrak{R}$ 取确定值 λ_n（见 4.3 节中的 **M**），因此，它处于状态 φ_n 下，具有（正确地标准化的）统计算子 $P_{[\varphi_n]}$。在收集了这些子总体以后，我们可以得到一个混合总体，其统计算子为

$$U'=\sum_{n=1}^{\infty}(U\varphi_n,\ \varphi_n)P_{[\varphi_n]}$$

其次，设 R 只有一个纯离散谱，并且令 φ_1，φ_2，…和 λ_1，λ_2，…与前面所述的含义相同，但本征值 λ_n 并非都是简单的，即 λ_n 中存在重复的可能性。那么，量 $\mathfrak{R}$ 的测量过程不是唯一定义的（例如，在 4.3 节中所述的 $\mathfrak{E}$ 也是同样的情况）。实际上，设 μ_1，μ_2，…为不同的实数，S 为对应于 φ_1，φ_2，…和 μ_1，μ_2，…的算子。设 $\mathfrak{S}$ 为对应的量。若函数 $F(x)$ 满足

$$F(\mu_n)=\lambda_n\ (n=1,\ 2,\ \cdots)$$

那么则有 $F(S)=R$，因此 $F(\mathfrak{S})=\mathfrak{R}$。所以，对 $\mathfrak{S}$ 的测量，也可以看作对 $\mathfrak{R}$ 的测量。现将 U 变为上面给出的 U'，并且 U' 与（完全任意的）μ_1，μ_2，…无关，但与 φ_1，φ_2，…相关。然而，由于 R 本征值的多重性，φ_1，φ_2，

…并不是唯一确定的。我们在 4.2 节中，（继 2.8 节之后）对 φ_1，φ_2，…的相关内容进行了陈述：设 λ'，λ''，…为本征值 λ_1，λ_2，…之中所取的不同值，设 $\mathfrak{M}_{\lambda'}$，$\mathfrak{M}_{\lambda''}$，…为分别满足 $Rf=\lambda'f$，$Rf=\lambda''f$，…的 f 的集合。最后，设 x'_1，x'_2，…，x''_1，x''_2，…分别为张成 $\mathfrak{M}_{\lambda'}$，$\mathfrak{M}_{\lambda''}$…的任意标准正交系。那么 x'_1，x'_2，…，x''_1，x''_2，…就是最一般的 φ_1，φ_2，…集合。因此，U' 可能取决于对 $\mathfrak{S}$ 的选择，即取决于实际的测量安排，可以是形式为

$$U'=\sum_n (Ux'_n,\ x'_n)\,P_{[x'_n]}+\sum_n (Ux''_n,\ x''_n)\,P_{[x''_n]}+\cdots$$

的任何表达式。然而这种构形仅在特殊情况下是明确的。

我们要确定这种特殊情况。每个单独的项都必须是明确的。也就是说，对于每个本征值 λ，若 $\mathfrak{M}_\lambda$ 是满足 $Rf=\lambda f$ 的 f 的集合，则对于张成流形 $\mathfrak{M}_\lambda$ 的每个选定的标准正交系 x_1，x_2，…，其和

$$\sum_n (Ux_n,\ x_n)\,P_{[x_n]}$$

都必定具有相同的值。若我们把这个和记为 V，那么逐字重复 4.3 节中所述的观察（那里的 U_0，U，$\mathfrak{M}$ 现在需要替换为 U，V，$\mathfrak{M}_\lambda$）就表明，我们必须有 $V=C_\lambda P_{\mathfrak{M}}$（常数 $C_\lambda>0$），这就等价于：$\mathfrak{M}_\lambda$ 中的所有 f 均满足于 $(Uf,\ f)=C_\lambda(f,\ f)$。由于这些 f 与 $P_{\mathfrak{M}_\lambda}g$ 相同（对所有 g 而言），我们要求：

$$(UP_{\mathfrak{M}_\lambda}g,\ P_{\mathfrak{M}_\lambda}g)=c_\lambda(P_{\mathfrak{M}_\lambda}g,\ P_{\mathfrak{M}_\lambda}g)\text{，对所有 }g$$

即

$$(P_{\mathfrak{M}_\lambda}UP_{\mathfrak{M}_\lambda}g,\ g)=c_\lambda(P_{\mathfrak{M}_\lambda}g,\ g)\text{，对所有 }g$$

即

$$P_{\mathfrak{M}_\lambda}UP_{\mathfrak{M}_\lambda}=c_\lambda P_{\mathfrak{M}_\lambda}\text{，对于 }R\text{ 的所有本征值 }\lambda$$

该条件显然对 U 作出了严格限定，若该条件不能满足，那么对于 $\mathfrak{R}$ 的不同测量安排确实可将 U 转换为不同的 U'（尽管如此，我们将在 5.4 节中，以热力学为基础，对 $\mathfrak{R}$ 一般测量结果作出一些陈述）。

最后，设 R 无纯离散谱。那么，根据 3.3 节所述内容（或者根据 4.3 节中所述准则 **I**），$\mathscr{R}$ 并非绝对精确可测的，而对 $\mathscr{R}$ 进行有限精度的测量（正如我们在所提及的案例中讨论的那样）等价于对具有纯离散谱的量的测量。

与不连续的、非因果性的和瞬时作用的实验或测量相比，在系统中的另一种干预类型是由与时间相关的薛定谔微分方程给出的。在系统总能量已知的情况下，该方程描述了系统如何随时间连续且因果性地变化，对于状态 φ，这些方程为

$$\mathbf{T_1}\quad \frac{\partial}{\partial t}\varphi_t=-\frac{2\pi i}{h}H\varphi_t$$

其中 H 是能量算子。

对状态 φ_t 的统计算子 $U_t=P_{[\varphi_t]}$，这就意味着

$$\left(\frac{\partial}{\partial t}U_t\right)f=\frac{\partial}{\partial t}(U_tf)=\frac{\partial}{\partial t}((f,\ \varphi_t)\cdot\varphi_t)=\left(f,\ \frac{\partial}{\partial t}\varphi_t\right)\cdot\varphi_t+(f,\ \varphi_t)\cdot\frac{\partial}{\partial t}\varphi_t$$

$$=-\left(f,\ \frac{2\pi i}{h}H\varphi_t\right)\cdot\varphi_t-(f,\ \varphi_t)\frac{2\pi i}{h}H\varphi_t$$

$$=\frac{2\pi i}{h}\left((Hf,\ \varphi_t)\cdot\varphi_t-(f,\ \varphi_t)\cdot H\varphi_t\right)$$

$$=\frac{2\pi i}{h}(U_tH-HU_t)f$$

即

$$\mathbf{T_2}\quad \frac{\partial}{\partial t}U_t=\frac{2\pi i}{h}(U_tH-HU_t)$$

若现在 U_t 并非一个状态，而是几个状态的混合，比如说 $P_{[\varphi_{t(1)}]}$，$P_{[\varphi_{t(2)}]}$，…，且彼此具有各自的权重 w_1，w_2，…，那么 U_t 的变化必须反映每个个体项 $P_{[\varphi_{t(1)}]}$，$P_{[\varphi_{t(2)}]}$，…变化的结果。通过把 $\mathbf{T_2}$ 相应的样本加权相加，我们认识到 $\mathbf{T_2}$ 也适用于这个 U_t。因为现在所有 U 都是这样的混合总体，或者是诸如此类的限制情况（例如，每个具有有限 Tr U 的 U 都是这样一个混合体），我们可以称 $\mathbf{T_2}$ 具有普遍有效性。

此外，在 $\mathbf{T}_2$ 中，算子 H 也可能取决于 t，就好像在薛定谔微分方程 $\mathbf{T}_1$ 中可能取决于 t 一样。若非如此，那么我们甚至可以给出显式解：对于 $\mathbf{T}_1$，我们已知

$$\mathbf{T}_1{}' \quad \varphi_t = \mathrm{e}^{-\frac{2\pi\mathrm{i}}{h}tH}\varphi_0$$

且对于 $\mathbf{T}_2$

$$\mathbf{T}_2{}' \quad U_t = \mathrm{e}^{-\frac{2\pi\mathrm{i}}{h}tH}U_0\mathrm{e}^{\frac{2\pi\mathrm{i}}{h}tH}$$

（我们可以很容易验证得出这两个确实是解，并且它们彼此之间可以相互导出。同样清楚可见的是，对于分别具有固定初始值 φ_0 或 U_0 的方程，只有一个解。因为微分方程 $\mathbf{T}_1$ 和 $\mathbf{T}_2$ 关于 t 是一阶的）。

因此，我们有两种根本不同类型的干预，它们可以在系统 $\mathbf{S}$ 或者总体 $[\mathbf{S}_1, \cdots, \mathbf{S}_N]$ 中发生。首先是测量造成的任意变化，由以下公式给出

$$\mathbf{1} \quad U \to U' = \sum_{n=1}^{\infty}(U\varphi_n, \varphi_n)P_{[\varphi_n]}$$

（φ_1，φ_2，…是一个完全标准正交系，参见同上）。其次是随着时间的推移而产生的自动变化，这些变化由以下公式给出

$$\mathbf{2} \quad U \to U_t = \mathrm{e}^{-\frac{2\pi\mathrm{i}}{h}tH}U\mathrm{e}^{\frac{2\pi\mathrm{i}}{h}tH}$$

（H 是能量算子，t 是时间；H 与 t 无关）。若 H 取决于时间 t，那么我们可以将所考虑的时间区间划分为更小的时间间隔，在每个小时间间隔内 H 不会发生改变，或者只发生非常微小的变化，并且将 **2** 应用于这些单独的间隔上，通过叠加得到最终结果。

现在我们必须更加详细地分析这两种干预类型的性质及它们彼此之间的关系。

首先值得注意的是，**2**（以那里所描述的方式）包含了 H 对时间的依赖性，因此人们可以期待用 **2** 就足以描述由测量造成的干涉：事实上，物理干涉只不过是临时插入某种能量将其耦合到被观察系统中，即引入适度的时间依赖

性（由观测设定）到 H 中。那么我们为什么还需要特殊过程 **1** 进行测量呢？其原因在于：在测量中，我们不能用 **S** 本身观测该系统，而必须研究系统 **S+M**，以便（在数值上）获得其与测量仪器 **M** 之间的相互作用。测量理论是关于 **S+M** 的陈述，并且应该描述状态 **S** 是如何与状态 M 的某些性质（即某个指针的位置，因为观测者会读取相应的数值）相关联的。此外，是否将观测者包含在 **M** 中是相当随意的，并且把状态 **S** 与 **M** 中指针位置之间的关系，替换为该状态与观测者的眼睛甚至是观测者大脑中（即他“看到”或“感知”）的化学变化之间的关系。我们将在 6.1 节中对该问题进行更加准确的研究。所以在任何情况下，对于 **2** 的应用只是对 **S+M** 很重要。当然，我们必须证明这对 **S** 给出的结果，与直接在 **S** 上应用 **1** 所得的结果相同。若上述结果得以证实，那么我们就发现了在量子力学基础上观测物理世界的统一方式。我们将对这一问题的讨论推迟到 6.3 节。

其次，有关 **1** 我们所需注意的是，我们已经反复证明过，在 **1** 的意义上进行的测量必须是瞬时的，即必须在极短的时间内完成，以至于由 **2** 导致的 U 的变化尚不明显。（若我们想通过 **2** 对改变后的 U_t 进行计算，并以此对上述问题进行纠正的话，我们仍将一无所获。因为想要应用任何 U_t，我们必须首先知道 t，确切地说测量的时刻，即测量持续的时间必须很短。）这在原则上是有问题的，因为众所周知，在经典力学中，存在一个与时间典型共轭的量：能量[1]。因此我们可以预期，对于典型的“共轭时间 - 能量对”，必定存在与“笛卡尔坐标 - 动量对”相类似的不确定性关系[2]。这里请注意，狭义相对论表明，必须存在一个意义深远的类比，三个空间坐标与时间形成一个“四向量”，诸如：三个空间动量坐标与能量。这种不确定性关系就意味着：在非常短的

---

〔1〕任何经典（哈密顿）力学教科书都对这些联系进行了说明。

〔2〕有关时间 - 能量的不确定性关系，人们时常予以讨论。见海森堡的综合讨论，*Die Physikalischen Prinzipien der Quanten-theorie*，II.（2）d.，Leipzig，1930。

时间内，不可能对能量进行非常精确的测量。事实上，人们会期望测量误差（在能量中）与持续时间 τ 之间形成以下的关系

$$\varepsilon\tau \sim h$$

这类似于在 4.3 节中对 p，q 进行的物理讨论，确实也导致了这个结果。在不详细说明的情况下，我们将对光量子的情况予以考虑。由于玻尔频率条件，其能量不确定性 ε 是频率不确定性的 h 倍：$h\Delta\nu$。但是，正如我们在 3.4 节中所讨论的那样，$\Delta\nu$ 充其量是持续时间的倒数 $\frac{1}{\tau}$，即 $\varepsilon \geqslant \frac{h}{\tau}$——并且，为了在时间间隔 τ 内建立光量子的单色特性，测量必须在整个时间区间内进行。光量子的情况是特征性的，作为规则，原子的能级通常是由相应谱线的频率确定的。由于能量以这种方式表现，因此其他量 $\mathfrak{R}$ 的测量精度与测量持续时间之间存在某种关系也是可能的。那么我们要如何证明瞬时测量的假设是合理的呢?

首先，我们必须承认，这种反对论点指出了一个本质上的弱点，这实际上是量子力学的主要弱点：非相对论特征。该特征将时间 t 与三个空间坐标 x，y，z 区分开来，并且预先假设了一个客观的同时性概念。事实上，虽然其他所有量（尤其是那些通过洛伦兹变换与 t 密切相关的 x，y，z）都是由算子表示的，但与经典力学中一样，与时间相对应的是一个普通的数字参数 t。又或者：一个由两个粒子组成的系统有一个波函数，该函数取决于 $2\times3=6$ 个空间坐标，且只有一个时间坐标 t——但是根据洛伦兹变换，可能需要两个。我们可以忽略测量最小持续时间的自然定律，这可能与量子力学的非相对论特性有关。这或许是一种解释，但绝非令人满意的一种解释。

但是对这个问题更详细的研究发现，情况确实还没有这么糟糕。因为我们真正需要的并不是减小测量延续时间 t 的变化，而是减小对其概率 $(U\varphi_n, \varphi_n)$ 的计算的影响，因此在形式

$$U' = \sum_{n=1}^{\infty}(U\varphi_n, \varphi_n)P_{[\varphi_n]}$$

的计算过程中影响也很小，无论我们始于 U 本身，或是始于

$$U_t = \mathrm{e}^{-\frac{2\pi\mathrm{i}}{h}tH} U \mathrm{e}^{\frac{2\pi\mathrm{i}}{h}tH}$$

因为

$$(U_t\varphi_n,\ \varphi_n) = \left(\mathrm{e}^{-\frac{2\pi\mathrm{i}}{h}tH} U \mathrm{e}^{\frac{2\pi\mathrm{i}}{h}tH}\varphi_n,\ \varphi_n\right)$$

$$= \left(\overline{U}\mathrm{e}^{\frac{2\pi\mathrm{i}}{h}tH}\varphi_n,\ \mathrm{e}^{\frac{2\pi\mathrm{i}}{h}tH}\varphi_n\right)$$

这可以通过引入一个适当的扰动能来对 H 进行调节，以实现

$$\mathrm{e}^{\frac{2\pi\mathrm{i}}{h}tH}\varphi_n$$

与 φ_n 之间仅相差一个绝对值为 1 的常数因子。即在 **2** 的影响下，状态 φ_n 应该是基本不变的，即处于定态；或者与之相等价的是，$H\varphi_n$ 必须等于一个实常数乘以 φ_n，即 φ_n 必须是 H 的本征函数。乍一看，能量算子 H 的这种变化，使得 R 的本征函数呈定态（即 R 与 H 可对易），因此 H 的本征函数看似不大可信。但事实并非如此，我们甚至可以看出，典型的测量安排正是针对 H 的这种效果。

事实上，每次测量都会导致光量子或质量粒子以一定的能量，沿着某个特定的方向进行发射。也正是通过这些特性，即通过光量子或质量粒子的动量，测量结果才得以表达出来；而当质点（例如：刻度上的指针）停止时，其笛卡尔坐标会给出测量结果。使用 3.6 节中的术语，在光量子的情况下，想要的测量结果等效于关于 $M_n=1$（其余为 0）的陈述，即对所有 M_1，M_2，…的数值进行计算。对于一个运动（离开）的质点，其三个动量分量 P^x，P^y，P^z 的陈述是相应的等价物；而对于一个静止的质点（指针所指的点），就涉及其三个笛卡尔坐标 x，y，z 的陈述，或者使用它们的运算子，即 Q^x，Q^y，Q^z 的值。但是只有在以下的情况中，才能完成测量：当光量子或质点确实飞“离”，即只有当光量子没有被吸收的危险时；或者当质点可能不再被势能偏转时；又或者，若质点实际上是静止的，在这种情况下，则需要有一个大

的质量[1]（由于不确定性关系，后一个条件理所应当地成为必要条件。由于速度必须接近 0，因此它的离散度必须很小。但要使坐标的离散度很小，速度与质量的乘积——动量必定有很大的离散度。刻度显示器通常是一个宏观物体，即有巨大的质量。）现在，就光量子而言，能量算子 H 是（由 3.6 节）

$$\sum_{n=1}^{\infty} h\rho_n \cdot \mathrm{M}_n + \sum_{p=1}^{\infty}\sum_{n=1}^{\infty} w_{kj}^{n}\left(\sqrt{\mathrm{M}_n+1}\cdot\binom{k\to j}{\mathrm{M}_n\to\mathrm{M}_n+1}+\sqrt{\mathrm{M}_n}\cdot\binom{k\to j}{\mathrm{M}_n\to\mathrm{M}_n-1}\right)$$

而对于两个质点的示例，H 由下式给出

$$\frac{(P^x)^2+(P^y)^2+(P^z)^2}{2m}+V(Q^x,\ Q^y,\ Q^z)$$

（其中，m 是质量，V 是势能）。我们的准则是：w_{kj}^{n} 应当为 0，或者 V 应该是常数，或者 m 应该非常大。但这实际上所产生的效果是：P^x，P^y，P^z 和 Q^x，Q^y，Q^z 分别与上面给出的 H 相对易。

总之，值得一提的是，把真正有趣的状态（这里指 φ_1，φ_2，…）化为定态，在理论物理学的其他方面也同样起到重要作用。有关中断化学反应（即它们“中毒”）可能性的假设，就属于这种性质，这在物理－化学“理想实验”中常常是不可避免的[2]。

两种干预措施 **1** 和 **2** 从根本上是不同的。两者在形式上都是唯一的，即因果关系这一点并不重要；事实上，由于我们所研究的是混合总体的统计特性，因此每次变化，即便是统计性的变化，都会影响概率和期望值的因果性变化，这并不足为奇。确实，也正是出于这个原因，人们才引入了统计总体和概率！另一方面，重要的是 **2** 不会增加 U 中存在的统计不确定性，但是 **1**

---

〔1〕测量安排的所有其他细节，仅针对实际感兴趣的量 $\mathfrak{R}$（或者其算子 R），分别与 M_n 或 P^x，P^y，P^z 或 Q^x，Q^y，Q^z 之间的关系，上文已提及。当然，这也是测量技术实际上最重要的一点。

〔2〕见：Nernst，*Theoretische Chemie*，Stuttgart（自 1893 年以来多次再版），第四卷，关于“质量作用定律”。

确实会增加 U 中存在的统计不确定性，这是因为 **2** 进行的是状态间的变换，即

$$P[\varphi] \to P_{\left[e^{-\frac{2\pi i}{h}tH}\varphi\right]}$$

而 **1** 可以将状态转换为混合总体。因此，从这个意义上说，按照 **1** 进行的状态发展是统计性的，而按照 **2** 进行的状态发展是因果性的。

此外，对于固定的 H 和 t，**2** 只是所有 U 的幺正变换：$U_t = AUA^{-1}$，$A = e^{-\frac{2\pi i}{h}tH}$ 是幺正矩阵。也就是说，$Uf = g$ 意味着 $U_t(Af) = Ag$。因此，U_t 是由 U 通过希尔伯特空间的幺正变换 A 而得到的，即通过一个使我们所有基本几何概念保持不变的同构（见 1.4 节中所设定的原则）而得到的。因此，它是可逆的：把 A 替换为 A^{-1} 就足够了——而且这是可能的，鉴于选择 H，t 的广泛可能性，A，A^{-1} 可以被视为完全任意的幺正算子。因此，就像在经典力学中一样，**2** 没有再现现实世界中最重要和最引人注目的一个特性，即不可逆性。不可逆性在时间方向（“未来”与“过去”之间的）上存在着根本的区别。

1　以完全不同的方式表现

$$U \to U' = \sum_{n=1}^{\infty}(U\varphi_n, \varphi_n)P_{[\varphi_n]}$$

这种变换从表面上看肯定是不可逆的。我们将很快看到，它一般来说是不可逆的。因为从某种意义上说，一般不可能通过重复应用过程 **1**，**2** 从给定的 U' 回到 U。

因此，我们已经到了必须使用热力学分析方法的时候。因为只有这种方法可以让我们正确理解 **1** 和 **2** 之间的差异，可逆性问题显然涉及其中。

5.2 热力学因素

我们将根据两种不同的观点来研究量子力学总体的热力学。首先，我们假设两个热力学基本定律都是有效的，即第一类和第二类（能量定律和熵定律）的永动机都是不可能的[1]，并且据此计算每个总体的熵。在这种情况下，我们应用了唯象热力学的常规方法。而且量子力学只对热力学观测的相关对象起作用，这类对象的行为受量子力学定律的调节（我们的总体，以及它们的统计算子 U）。但是这两个定律的正确性都是由我们假设的，而不是证明的。之后我们将对这些基本定律在量子力学中的有效性予以证明。由于能量定律在任何情况下均成立，因此只需要考虑熵定律即可。也就是说，我们将证明：当按照第一种方法进行计算时，干涉 **1**，**2** 不会减少熵。这个顺序可能看起来有些不自然，但它却是基于以下事实：通过唯象讨论，我们得以探视问题的全貌，这是进行第二种类型的考虑所必需的。

因此，我们从唯象的考虑开始，这也将使我们得以解决一个著名的经典热力学悖论。首先，我们必须强调，“理想实验”的不寻常特征（即其实际不可行性）并不会削弱其论证力：在唯象热力学意义上，只要不与热力学的两个基本定律相冲突，每一个可以想象的过程都构成了有效的证据。

我们的目的是用统计算子 U 来确定一个集合 $[\mathbf{S}_1, \cdots, \mathbf{S}_N]$ 的熵，其中

---

〔1〕建立在此基础上的热力学唯象系统可以在许多文献中找到，例如：Planck，*Treatise on Thermodynamics*，London，1927。接下来，这些定律的统计方面是最重要的。

U 被假定为正确标准化的，即 Tr U=1。在经典统计力学的术语中，我们要处理的是吉布斯总体：统计学和热力学并非应用于具有多（尚不完全了解）自由度的复杂力学系统[1]的单个（相互作用的）组成部分，而是应用于多个（相同的）力学系统的集合，其中每个系统都可能具有任意多个自由度，并且每个系统都与其他系统完全分离，不与其中任何一个系统相互作用[2]。鉴于系统 $\mathbf{S}_1$，…，$\mathbf{S}_N$ 的完全分离及以下事实，我们将对其应用概率演算的通常计算方法。很显然，可以使用一般的统计学。而玻色－爱因斯坦统计和费米－狄拉克统计与之不同，适用于某些不可区分以及相互作用的粒子集合（即光量子或电子和质子，见 3.6 节）。但在这里，我们对该问题不予考虑。

针对诸如［$\mathbf{S}_1$，…，$\mathbf{S}_N$］这类总体，爱因斯坦引入的热力学研究方法如下[3]：每个系统 $\mathbf{S}_1$，…，$\mathbf{S}_N$ 被限制于盒子 K_1，…，K_N 中，盒子的壁面不会被任何传输效应所穿透——由于在该系统中缺乏交互作用，而使之成为可能。此外，每个盒子必须具有非常大的质量，由此使得 $\mathbf{S}_1$，…，$\mathbf{S}_N$ 的可能状态（以及能量和质量）的变化对盒子质量的影响微乎其微。再则，在所进行的“理想实验”中，它们的速度保持得如此之小，以至于可以按非相对论进行计算。然后，我们将这些盒子封装在一个非常大的盒子 $\overline{\mathrm{K}}$（即 $\overline{\mathrm{K}}$ 的体积 $\mathcal{V}$ 应该远大于 K_1，…，K_N 的体积之和）之内。为简单起见，设 $\overline{\mathrm{K}}$ 中不存在力场（$\overline{\mathrm{K}}$ 尤其不受所有重力场的影响，并且 $\overline{\mathrm{K}}$ 的质量太大了，所以 K_1，…，K_N 的质量也没有相关影响）。因此，我们可以把 K_1，…，K_N（它们分别容纳 $\mathbf{S}_1$，…，$\mathbf{S}_N$）看成是封闭在一个大容器 $\overline{\mathrm{K}}$ 中的一种气体分子。若我们现在让 $\overline{\mathrm{K}}$ 与一个温度为 T 的

---

〔1〕这是统计力学的麦克斯韦－玻尔兹曼统计方法。例如，在气体理论中，“非常复杂”的系统是由许多（相互作用的）分子组成的气体，并且对该分子进行了统计研究。

〔2〕这是吉布斯方法。这里的单个系统是指整个气体，同时考虑同一系统（即同一气体）的许多副本，并对它们的属性进行统计评估。

〔3〕这是由利奥·西拉德（Leo Szilärd）进一步发展的。

非常大的储热库相接触，那么 $\overline{\mathrm{K}}$ 的壁面也具有这个温度，并且它的（真正的）分子呈现相应的布朗运动，因此它们会把动量贡献给相邻的 K_1，…，K_N，使它们参与运动，并且将动量传递给其他 K_1，…，K_N。很快，所有 K_1，…，K_N 都将处于运动状态，并且将通过碰撞过程与（真正的）壁面分子交换动量（在 $\overline{\mathrm{K}}$ 的壁面上），以及通过碰撞在彼此之间（在 $\overline{\mathrm{K}}$ 的内部）交换动量。当 K_1，…，K_N 所呈现的速度分布与壁面分子（温度 T）的布朗运动相平衡时，就会达到运动的静态平衡，即温度为 T 的气体的麦克斯韦速度分布，其"分子"为 K_1，…，K_N[1]。我们就可以说：[$\mathbf{S}_1$，…，$\mathbf{S}_N$] – 气体的温度为 T。为简单起见，我们将称有统计算子 U 的集合 [$\mathbf{S}_1$，…，$\mathbf{S}_N$] 为"U – 总体"，而称 [$\mathbf{S}_1$，…，$\mathbf{S}_N$] – 气体为"U – 气体"。

我们关注这种气体的原因在于，我们必须确定 U – 总体与 V – 总体的熵差值（这里的 U，V 是定号算子，其迹分别是 $\mathrm{Tr}U=1$ 和 $\mathrm{Tr}V=1$，且其对应的总体分别为 $\mathbf{S}_1$，…，$\mathbf{S}_N$ 和 $\mathbf{S}'_1$，…，$\mathbf{S}'_N$）。根据定义，确定需要把前一个总体可逆地转换为后一个总体[2]，而这一过程最好是借助 U – 气体和 V – 气体来实现。也就是说，我们认为：若对两者的观测都是在相同的温度 T 下进行的，但在其他方面是任意的，那么"U – 总体"和"V – 总体"的熵差值与"U – 气体"和"V – 气体"的熵差值是完全相同的。若 T 非常接近 0，那么这显然是任意精确度的情况，因为"U – 气体"与"V – 气体"之间的差异在温度为 0 时会消失。这是因为，前者的 K_1，…，K_N 在那时本身并没有运动，并且在 $\overline{\mathrm{K}}$ 中以"静止状态"呈现的 K_1，…，K_N 在热力学意义上是不重要的（对于 V

〔1〕众所周知，气体的动力学理论就是以这种方式描述以下过程：壁将其温度传递给被其所包围的气体。

〔2〕在这一转换过程中，若在温度为 T_1，…，T_i 时，所需的热量为 Q_1，…，Q_i，则熵差等于

$$\frac{Q_1}{T_1}+\frac{Q_2}{T_2}+\cdots+\frac{Q_i}{T_i}$$

也同样如此）。因此，若我们能够证明：随着所给定的 T 的变化，U – 气体与 V – 气体的熵的变化是相同的，那么我们将达到我们的目的。从 T_1 加热到 T_2 时气体的熵的变化仅取决于其热量状态方程，或者更准确地说，取决于比热[1]。在我们的例子中，若 T_1 必须选择在 0 附近，那么我们自然不能假定气体是理想气体[2]。另一方面，两种气体（“U – 气体”和“V – 气体”）肯定具有相同的状态方程和相同的比热，因为根据动力学理论，盒子 K_1，…，K_N 占主导地位并完全覆盖了封闭于其中的系统 $\mathbf{S}_1$，…，$\mathbf{S}_N$ 和 $\mathbf{S}'_1$，…，$\mathbf{S}'_N$。因此，在这个加热过程中，U 和 V 的差异并不明显，且如同我们所假设的那样，二者的熵差相同。因此，以下我们将仅对比 U – 气体和 V – 气体之间的差异，并且我们将选择足够高的温度 T，以使它们可被视为理想气体[3]。通过这种方式，我们便完全控制了其动力学行为。并且我们可以将其应用于现实问题：把 U – 气体可逆地转化为 V – 气体。在这种情况下，与目前所使用的过程相比，我们还必须对在 K_1，…，K_N 内部所发现的 $\mathbf{S}_1$，…，$\mathbf{S}_N$ 予以考虑，即我们必须“打开”盒子 K_1，…，K_N。

接下来，我们将证明所有 $U = P_{[\varphi]}$ 的状态均具有相同的熵，即从总体 $P_{[\varphi]}$ 到总体 $P_{[\psi]}$ 的可逆转换是在没有吸收或释放热能的情况下完成的（若 $P_{[\varphi]}$ 中能量的期望值与 $P_{[\psi]}$ 中能量的期望值不同，那么自然会消耗或产生机械能）。事实上，我们甚至不必提及刚刚考虑过的气体。即便在温度值为 0 时，这种转换也会成功，即对于总体本身也会成功。此外，值得一提的是，只要这一点得以证明，

---

〔1〕若所讨论的气体量子在温度 T 下的比热是 $c(T)$，那么在温度区间 T，$T+\mathrm{d}T$ 中，其热量为 $c(T)\,\mathrm{d}T$。根据统计力学方法可知熵的差值为

$$\int_{T_1}^{T_2}\frac{c(T)\,\mathrm{d}T}{T}$$

〔2〕对于理想气体，$c(T)$ 是常数；对于很小的 T，这肯定是不成立的。

〔3〕除此之外，要求 $\overline{\mathrm{K}}$ 的体积 V 要比 K_1，…，K_N 的总体积大；进而，“每个自由度的能量”κT（κ = 玻尔兹曼常数）要比 $h^2/\mu V^{2/3}$ 大（h 为普朗克常数，μ 为个别分子的质量；这个量是能量的量纲）。

我们将能够并且应该将总体 U 的熵标准化，以使所有状态都有零熵。

再则，上述由 $P_{[\varphi]}$ 到 $P_{[\psi]}$ 的转换不需要是可逆的：若不是可逆的，那么熵的差值必定大于第 298 页注〔2〕中给出的表达式，因此大于等于 0；而 $P_{[\varphi]}$，$P_{[\psi]}$ 的置换表明该值也必须小于等于 0。因此，该值等于 0。

最简单的过程就是参考与时间相关的薛定谔微分方程，即我们的过程 **2**，必须在其中找到能量算子 H 和 t 的数值，以使得幺正算子

$$e^{-\frac{2\pi i}{h}tH}$$

把 φ 变换为 ψ 。然后，$P_{[\varphi]}$ 会在 t 秒内自动变换为 $P_{[\psi]}$。这个过程也是可逆的，未提及热量（见 5.1 节）。但是我们更喜欢避免有关能量算子 H 可能形式的假定，而仅单独应用过程 **1**，即测量干预。最简单的测量是测量总体 $P_{[\varphi]}$ 中的量 $\mathfrak{R}$ ，其算子 R 具有纯离散谱，以及简单的本征值 λ_1，λ_2，…，并且其中 ψ 出现于本征函数 ψ_1，ψ_2，…，例如：$\psi_1=\psi$ 。该测量把 φ 转换为状态 ψ_1，ψ_2，…的混合，并且 $\psi_1=\psi$ 将与其他状态 ψ_n 一起出现。但是这个过程是不合适的，因为 $\psi_1=\psi$ 出现的概率只有 $|(\varphi,\ \psi)|^2$，而其他状态则以 $1-|(\varphi,\ \psi)|^2$ 的概率出现。实际上，当 φ 与 ψ 正交时，后一比例将成为全部结果。但是用另一个不同的实验可以实现我们的目的。通过重复大量不同的测量，我们将把 $P_{[\varphi]}$ 变成这样一个总体，它与 $P_{[\psi]}$ 之间相差的量可为任意小。正如我们上面所讨论的，所有这些算子都是（或至少可以是）不可逆的，这一点并不重要。

我们假设 φ 与 ψ 正交，否则可以选择与二者正交的 $x(\|x\|=1)$，并且可以从 φ 到 x，然后由 x 到 ψ 。现在从 k=1，2，…中指定一个数值，并且设

$$\psi^{(\nu)}=\cos\frac{\pi\nu}{2k}\cdot\varphi+\sin\frac{\pi\nu}{2k}\cdot\psi\quad(\nu=0,\ 1,\ \cdots,\ k)$$

显然，$\psi^{(0)}=\varphi$，$\psi^{(k)}=\psi$，且 $\|\psi^{(\nu)}\|=1$ 。我们将每个 $\psi^{(\nu)}$（ν=1，2，…，k）扩展成为一个完全标准正交系 $\psi_1^{(\nu)}$，$\psi_2^{(\nu)}$，…，其中 $\psi_1^{(\nu)}=\psi^{(\nu)}$。设 $R^{(\nu)}$ 是一个具有纯离散谱和不同本征值的算子，比方说，$\lambda_1^{(\nu)}$，$\lambda_2^{(\nu)}$，…，其本

征函数是$\psi_1^{(\nu)}$，$\psi_2^{(\nu)}$，…，且$\mathfrak{R}^{(\nu)}$是对应的量。我们进一步观察到

$$(\psi^{(\nu-1)},\ \psi^{(\nu)}) = \cos\frac{\pi(\nu-1)}{2k}\cos\frac{\pi\nu}{2k} + \sin\frac{\pi(\nu-1)}{2k}\sin\frac{\pi\nu}{2k}$$

$$= \cos\left(\frac{\pi\nu}{2k} - \frac{\pi(\nu-1)}{2k}\right) = \cos\frac{\pi}{2k}$$

在 $U^{(0)} = P_{[\varphi^{(0)}]} = P_{[\varphi]}$ 的总体中，我们现在在 $U^{(0)}$ 上对量 $\mathfrak{R}^{(\nu)}$ 进行测量，在这种情况下会产生 $U^{(1)}$。然后，我们在 $U^{(1)}$ 上对量 $\mathfrak{R}^{(2)}$ 进行测量，从而产生 $U^{(2)}$，等等（以此类推）。我们最终在 $U^{(k-1)}$ 上对量 $\mathfrak{R}^{(k)}$ 进行测量，由此得出 $U^{(k)}$。很容易得出：对于足够大的 k，$U^{(k)}$ 可任意接近 $P_{[\psi^{(k)}]} = P_{[\psi]}$。若我们在$\psi^{(\nu-1)}$上对 $\mathfrak{R}^{(\nu)}$ 进行测量，那么部分$|(\psi^{(\nu-1)},\ \psi^{(\nu)})|^2 = \left(\cos\frac{\pi}{2k}\right)^2$将进入$\psi^{(\nu)}$中，因此在后续对$\mathfrak{R}^{(1)}$，$\mathfrak{R}^{(2)}$，…，$\mathfrak{R}^{(k)}$ 的测量中，至少$\left(\cos\frac{\pi}{2k}\right)^2$的一部分将从$\psi^{(0)} = \varphi$越过 $\psi^{(1)}$，$\psi^{(2)}$，…，$\psi^{(k-1)}$ 进入 $\psi = \psi^{(k)}$ 之中。并且由于 $k\to\infty$ 时$\left(\cos\frac{\pi}{2k}\right)^{2k}\to 1$，所以若 k 足够大，ψ 的结果几乎完全符合人们的期望。精确的证明过程如下：由于过程（1）不改变迹，又因为$\mathrm{Tr}\,U^{(0)} = \mathrm{Tr}\,P_{[\varphi]} = 1$，因此$\mathrm{Tr}\,U^{(1)} = \mathrm{Tr}\,U^{(2)} = \cdots = \mathrm{Tr}\,U^{(k)} = 1$。另一方面

$$(U^{(\nu)}f,\ f) = \sum_n (U^{(\nu-1)}\psi_n^{(\nu)},\ \psi_n^{(\nu)})\,(P_{[\psi_n^{(\nu)}]}f,\ f)$$

$$= \sum_n (U^{(\nu-1)}\psi_n^{(\nu)},\ \psi_n^{(\nu)})\,|(\psi_n^{(\nu)},\ f)|^2$$

因此，当 $\nu = 1$，…，$k-1$，且 $f = \psi_1^{(\nu+1)} = \psi^{(\nu+1)}$时

$$(U^{(\nu)}\psi^{(\nu+1)},\ \psi^{(\nu+1)}) \geqslant (U^{(\nu-1)}\psi^{(\nu)},\ \psi^{(\nu)})\,|(\psi^{(\nu)},\ \psi^{(\nu+1)})|^2$$

$$= \left(\cos\frac{\pi}{2k}\right)^2 \cdot (U^{(\nu-1)}\psi^{(\nu)},\ \psi^{(\nu)})$$

以及当$\nu = k$，且 $f = \psi_1^{(\mathrm{K})} = \psi^{(\mathrm{K})} = \psi$ 时，我们有

$$(U^{(k)}\psi^{(k)},\ \psi^{(k)}) = (U^{(k-1)}\psi^{(k)},\ \psi^{(k)})$$

连同

$$(\overline{U}^{(0)}\psi^{(1)}, \psi^{(1)}) = (P_{[\psi^{(0)}]}\psi^{(1)}, \psi^{(1)}) = |(\psi^{(0)}, \psi^{(1)})|^2$$
$$= \left(\cos\frac{\pi}{2k}\right)^2$$

一起，得出

$$(U^{(k)}\psi, \psi) \geqslant \left(\cos\frac{\pi}{2k}\right)^{2k}$$

因为当 $k\to\infty$ 时，$\mathrm{Tr}\, U^{(k)}=1$，且 $\left(\cos\frac{\pi}{2k}\right)^{2k}\to 1$，我可以应用在2.11节中所得到的结果：$U^{(k)}$ 收敛至 $P_{[\psi]}$。至此，我们的目的就达到了。

唯象热力学的“理想实验”中，有一种主要工具被称为“半透墙”。我们在处理量子力学系统时，可以在多大程度上使用这一工具呢?

在唯象热力学中，以下定理成立：若Ⅰ与Ⅱ是同一系统**S**的两种不同状态，那么我们可以假设存在一堵墙，它对Ⅰ是完全可渗透的，而对Ⅱ是不可渗透的——这就是所谓的“差异”的热力学定义。因此，其也是两个系统“等同性”的定义。这种假设在量子力学中被允许的程度有多大?

我们首先证明，若 φ_1，φ_2，…，ψ_1，ψ_2，…是一个标准正交系，那么则存在一个半透墙，使系统**S**在 φ_1，φ_2，…中的任意一个状态下，可以无障碍地随意通过；并且反映系统在 ψ_1，ψ_2，…每个状态下的都没有变化。另外，处于其他状态的系统可能会因与墙的碰撞而发生改变。

我们可以假设系统 φ_1，φ_2，…，ψ_1，ψ_2，…是完全的，否则可以通过在 φ_1，φ_2，…上添加额外的 x_1，x_2，…来完成。我们现在选择一个具有纯离散谱的算子 R，该算子仅具有简单的本征值 λ_1，λ_2，…，μ_1，μ_2，…，其本征函数分别为 φ_1，φ_2，…，ψ_1，ψ_2，…。假定事实上，$\lambda_n < 0$ 且 $\mu_n > 0$。设 $\mathfrak{R}$ 是属于 R 的量。我们在墙上构造了许多个窗口，每个窗口的定义如下：气体的每个“分子”K_1，…，K_n（我们再次考虑温度 $T>0$ 下的 U-气体）都被挡住，

被打开，其中包含在系统 $\mathbf{S}_1$ 或者 $\mathbf{S}_2$ 或者…$\mathbf{S}_N$ 上测量的量 $\mathscr{R}$。然后再关闭盒子，根据 $\mathscr{R}$ 的测量值是大于 0 还是小于 0，盒子连同里面的内容一起穿透窗口或者被弹回，动量不变。显而易见，这种设计满足了预期的目的——剩下只需讨论在这种碰撞之后会带来什么样的变化，以及它与热力学中所谓的“麦克斯韦妖”联系的紧密程度如何即可。

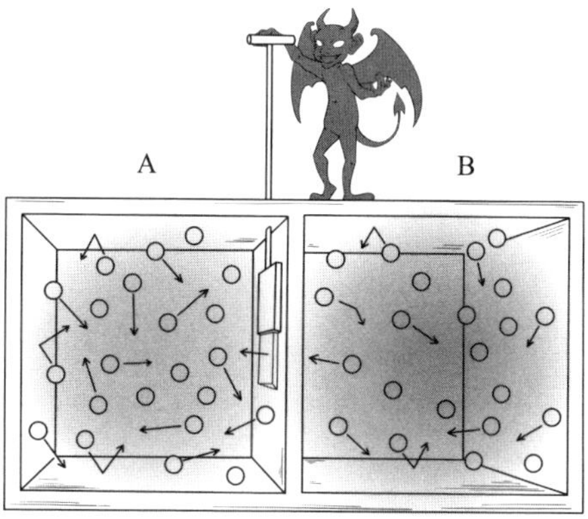

□ **麦克斯韦妖**

“麦克斯韦妖”是物理学中设想的妖，可用以检测并控制单个分子的运动，由物理学家詹姆斯·麦克斯韦于1871年提出，旨在说明违反热力学第二定律的可能性。其内容如下：将一种统计平衡状态下四处移动的气体装在一个坚固的容器中，容器上有一堵墙，墙上有一扇小门，小门由一只小妖操作。当大于平均速度的粒子从A室接近门，或小于平均速度的粒子从B室接近门时，看门人就打开门，粒子通过；但是当小于平均速度的粒子从A室接近门或大于平均速度的粒子从B室接近门时，门就关闭。这样，B室集中的高速粒子浓度不断增加，而A室的不断减少。这导致熵明显降低。因此，如果将这两个隔间现在用热机连接起来，我们似乎就得到了“第二类永动机”。

首先，必须说明，由于测量（在某些情况下）改变了 S 的状态，也许还改变了能量的期望值，所以在热力学第一定律的意义上，这种机械能的差值必定是通过测量操作而增加或吸收的（比如：通过安装一个可以伸展或压缩的弹簧，或者类似的东西）。由于这个例子展示的是一个纯粹自动运行的测量机制，而且只涉及机械能（而不是热能！）的转换，所以肯定不会发生熵的变化。目前，只有熵对我们来说才是重要的（若 $\mathbf{S}$ 处于 φ_1，φ_2，…，ψ_1，ψ_2，…状态之一，那么 $\mathscr{R}$ 的测量通常不会改变 $\mathbf{S}$，并且在测量装置中不会保留任何补偿性变化）。

第二点更值得怀疑。我们的安排与“麦克斯韦妖”非常相似，即类似于一道半透墙，它传输来自右边的分子，并反射来自左边的分子。若我们在一个装满气体的容器中间插入这样一堵墙，那么所有的气体将很快聚集于墙的左边，即体积减半，但未消耗熵。这就意味着气体无补偿的熵增加了。因此，根据热力学第二定律，这样的墙是不可能存在的。不过我们的半透墙与这种热力学上不可接受的墙之间存在着本质上的不同。因为它仅参考“分子”K_1，…，K_N 的内部属性（即包含于其中的 $\mathbf{S}_1$ 或…或 $\mathbf{S}_N$ 的状态），而不是外部属性（即分子是来自右边还是左边，或者与之类似的东西）。但这却是有决定性意义的情况。利奥·西拉德的研究使得对这一问题的深入分析成为可能，他阐明了半透墙、“麦克斯韦妖”以及“存在于热力学系统中的智能干涉”的一般作用。这里我们不能深入探讨这些问题，读者可以在相关参考文献中找到对这些问题的具体处理方法。

上述处理尤其表明，若系统 **S** 的两个状态 φ，ψ 是正交的，那么它们自然可以被半透墙一分为二。现在我们要证明与之相反的情况：若状态 φ，ψ 不是正交的,那么这种半透墙的假设则与热力学第二定律相矛盾。这也就是说，半透墙可分离性的充分必要条件是（φ，ψ）=0，而不是像在经典理论中的 $\varphi\neq\psi$（我们用 φ，ψ 代替上面所用的 Ⅰ，Ⅱ）。这澄清了经典热力学形式的一个古老悖论，即半透墙操作中令人困惑的不连续性：状态之间的差异无论如何微小，都可以 100% 地进行分离，但是绝对相等的状态通常是不可分离的！我们现在有一个连续的转变：可以看出，100% 的可分离性仅存在于当（φ，ψ）=0 的时候，并且随着（φ，ψ）的增加，可分离性会变得越来越差。直到最后，增加到最大值（φ，ψ）时，即 $|(\varphi,\ \psi)|=1$［这里 $\|\varphi\|=\|\psi\|=1$，因此由 $|(\varphi,\ \psi)|=1$ 可得 $\varphi=c\psi$，c 为常数，$|c|=1$］时，状态 φ 与状态 ψ 等同，成为完全不可能分离的两个状态。

为了考虑这些，我们必须对本节的最终结果进行预测：U – 总体的熵值。我们自然不会在推导中使用这一结果。

我们假设存在一堵分离状态 φ 与状态 ψ 的半透墙。然后我们将证明（φ，ψ）=0。我们考虑一种 $\frac{1}{2}(P_{[\varphi]}+P_{[\psi]})$ 气体（即包含在状态 φ 下的 $N/2$ 系统与在状态 ψ 下的 $N/2$ 系统的气体；该算子的迹是 1），并选择 $\mathcal{V}$（即 $\overline{\mathrm{K}}$）和 T，

使得气体成为“理想气体”。设 $\overline{\mathrm{K}}$ 具有图 3 所示的纵向截面 A – B – C – D – A。我们在其一端 a – a 处插入一道半透墙，然后将其移动至中间的 b – b 位置。气体的温度通过与另一端 B – C 位置处一个温度为 T 的大型储热器 **W** 相接触而保持固定不变。

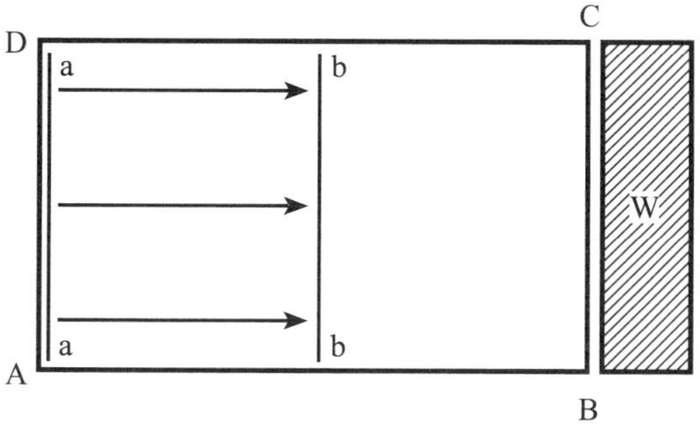

图3

在这个过程中，φ 分子没有任何反应，但是 ψ 分子被推入至 $\overline{\mathrm{K}}$ 的右半部分（位于 b – b 和 B – C 之间）。也就是说，$\frac{1}{2}(P_{[\varphi]}+P_{[\psi]})$ 气体是 $P_{[\varphi]}$ 气体与 $P_{[\psi]}$ 气体的 1 ∶ 1 的混合物。前者没有任何反应，但后者被等温压缩到其原始体积的一半。由理想气体的状态方程可知，在这个过程中做的机械功为 $\frac{N}{2}\kappa T\ln 2$（其中 $N/2$ 为 $P_{[\psi]}$ 气体的分子数，κ 为玻尔兹曼常数）[1]，而且由于气体的能量没有改变（因为等温）[2]，这个能量被储热器 **W** 所接受。于是，储热器熵的

---

〔1〕若一种理想气体是由 M 个分子组成的，那么其压力为 $p=\frac{M\kappa T}{\mathcal{V}}$。因此，在由体积 $\mathcal{V}_1$ 压缩到体积 $\mathcal{V}_2$ 的过程中，做了机械功：

$$\int_{\mathcal{V}_1}^{\mathcal{V}_2} p\mathrm{d}\mathcal{V}=M\kappa T\int_{\mathcal{V}_1}^{\mathcal{V}_2}\frac{\mathrm{d}\mathcal{V}}{\mathcal{V}}=MkT\ln\frac{\mathcal{V}_2}{\mathcal{V}_1}$$

在我们的情形中，$M=N/2$，$\gamma_1=\frac{\gamma}{2}$，$\mathcal{V}_2=\mathcal{V}$。

〔2〕众所周知，理想气体的能量仅取决于其温度。

变化为$Q/T = N\kappa \cdot \frac{1}{2}\ln 2$。

在这个过程之后，原始气体的一半位于 b – b 一线的左边，也就是 $N/4$ 个分子。而另一方面，在b – b的右边，是原始$P_{[\varphi]}$–气体的一半，即$N/4$个分子，以及全部的 $P_{[\psi]}$– 气体，即 $N/2$ 个分子——因此，总共有$\left(\frac{1}{3}P_{[\varphi]}+\frac{2}{3}P_{[\psi]}\right)$–气体的 $3N/4$ 个分子，我们分别将左边的气体压缩至体积 $\mathcal{V}/4$，将右边的气体膨胀至体积 $3\mathcal{V}/4$。所做的机械功再次取自或给予储热器 **W**：其数量分别为 $\frac{N}{4}\kappa T\ln 2$ 和 $\frac{3N}{4}\kappa T\ln\frac{3}{2}$，则储热器 **W** 熵的增量分别为 $N\kappa\cdot\frac{1}{4}\ln 2$ 和 $-N\kappa\cdot\frac{3}{4}\ln\frac{3}{2}$。总计为

$$N\kappa\cdot\left(\frac{1}{2}\ln 2+\frac{1}{4}\ln 2-\frac{3}{4}ln\frac{3}{2}\right)=N\kappa\cdot\frac{3}{4}\ln\frac{4}{3}$$

最终，我们得到$P_{[\varphi]}$–气体和$P_{[\psi]}$–气体，它们分别具有 $N/4$ 个和 $3N/4$ 个分子，其所占的体积分别为 $\mathcal{V}/4$ 和 $3\mathcal{V}/4$。原先，我们有$\left(\frac{1}{2}P_{[\varphi]}+\frac{1}{2}P_{[\psi]}\right)$–气体，分别具有 $N/4$ 个和 $3N/4$ 个分子，所占的体积分别为 $\mathcal{V}/$ 和 $3\mathcal{V}/4$。整个过程所产生的变化如下：体积为 $\mathcal{V}/4$ 的 $N/4$ 个分子由 $\left(\frac{1}{2}P_{[\varphi]}+\frac{1}{2}P_{[\psi]}\right)$– 气体变成了 $P_{[\varphi]}$– 气体；而体积为 $3\mathcal{V}/4$ 的 $3N/4$ 个分子由 $\left(\frac{1}{2}P_{[\varphi]}+\frac{1}{2}P_{[\psi]}\right)$– 气体变成$\left(\frac{1}{3}P_{[\varphi]}+\frac{2}{3}P_{[\psi]}\right)$–气体；而且 **W** 的熵的增量为 $N\kappa\cdot\frac{3}{4}\ln\frac{4}{3}$。由于这个过程是可逆的，所以整个熵的增量必须为 0，即气体的两次熵的变化，必须完全补偿 **W** 的熵的变化。因此，我们必须找出两种气体的熵的变化。

正如我们将看到的那样，若将等体积和等温度的 $P_{[x]}$– 气体的熵值取为 0（详情见上文描述），那么由 N 个分子组成的 U–气体的熵为：$-M\kappa\cdot\mathrm{Tr}(U\ln U)$。因此，若 U 具有纯离散谱，且本征值为 w_1，w_2，…，则其熵为

$$-M\kappa\cdot\sum_{n=1}^{\infty}w_n\ln w_n$$

（因此，当 $x=0$ 时，$x\ln x$ 将被设定为等于0）。容易算出 $P_{[\varphi]}$ 和 $\frac{1}{2}P_{[\varphi]}+\frac{1}{2}P_{[\psi]}$，以及 $\frac{1}{3}P_{[\varphi]}+\frac{2}{3}P_{[\psi]}$ 具有的本征值分别为：{1，0} 和 $\left\{\frac{1+\alpha}{2},\ \frac{1-\alpha}{2},\ 0\right\}$ 以及

$$\left\{\frac{3+\sqrt{1+8\alpha^2}}{6},\ \frac{3-\sqrt{1-8\alpha^2}}{6},\ 0\right\}$$

（$\alpha=|(\varphi,\ \psi)|$，因此 $0\leqslant\alpha\leqslant1$），其中，本征值为0的重数恒为无穷大，但其他的都是简单的[1]。因此，气体的熵增加了

$$-\frac{N}{4}\kappa\cdot0-\frac{3N}{4}\kappa\cdot\left(\frac{3+\sqrt{1+8\alpha^2}}{2}\ln\frac{3+\sqrt{1+8\alpha^2}}{6}+\frac{3-\sqrt{1+8\alpha^2}}{2}\ln\frac{3-\sqrt{1+8\alpha^2}}{6}\right)$$

$$+N\kappa\cdot\left(\frac{1+\alpha}{2}\ln\frac{1+\alpha}{2}+\frac{1-\alpha}{2}\ln\frac{1-\alpha}{2}\right)$$

---

〔1〕我们来确定 $aP_{[\varphi]}+bP_{[\psi]}$ 的本征值。要求如下：

$$(aP_{[\varphi]}+bP_{[\psi]})f=\lambda f$$

由于等式左侧是 φ，ψ 的线性组合，因此右边也一样；所以若 $\lambda\neq0$，那么 f 也是。$\lambda=0$ 肯定是一个无穷多重的本征值，因为每个 f 都与 φ 正交，ψ 属于它。因此，考虑 $\lambda\neq0$ 和 $f=x\varphi+y\psi$ 就足够了（设 φ，ψ 是线性无关的，否则 $\varphi=c\psi$，$|c|=1$ 两个状态是相同的）。

于是，上述方程式则变为：

$$a\big(x+y(\psi,\ \varphi)\big)\cdot\varphi+b\big(x(\varphi,\ \psi)+y\big)\cdot\psi=\lambda x\cdot\varphi+\lambda y\cdot\psi$$

即

$$a\cdot x+a\overline{(\varphi,\ \psi)}\cdot y=\lambda\cdot x,\quad b(\varphi,\ \psi)\cdot x+b\cdot y=\lambda\cdot y$$

这个方程组的行列式必须为0

$$\begin{vmatrix}a-\lambda, & a\overline{(\varphi,\ \psi)}\\ b(\varphi,\ \psi), & b-\lambda\end{vmatrix}=(a-\lambda)(b-\lambda)-ab|(\varphi,\ \psi)|^2=0$$

$$\lambda^2-(a+b)\lambda+ab(1-\alpha^2)=0$$

$$\lambda=\frac{a+b\pm\sqrt{(a+b)^2-4ab(1-\alpha)^2}}{2}=\frac{a+b\pm\sqrt{(a-b)^2+4\alpha^2ab}}{2}$$

若我们分别取 $a=1$，$b=0$ 或 $a=1/2$，$b=1/2$ 或 $a=1/3$，$b=2/3$，那么就得到了正文中的公式。

当把 W 熵的增量 $N\kappa\cdot\frac{3}{4}\ln\frac{4}{3}$ 添加上时，总和应该等于 0。若我们除以 $N\kappa/4$，那么我们有

$$-\frac{3+\sqrt{1+8\alpha^2}}{2}\ln\frac{3+\sqrt{1+8\alpha^2}}{6}-\frac{3-\sqrt{1+8\alpha^2}}{2}\ln\frac{3-\sqrt{1+8\alpha^2}}{6}$$
$$+2(1+\alpha)\ln\frac{1+\alpha}{2}+2(1-\alpha)\ln\frac{1-\alpha}{2}+3\ln\frac{4}{3}=0$$

这里又有 $0\leqslant\alpha\leqslant 1$。

现在可以很容易地看出，随着 α 从 0 变化到 1，左边的表达式单调递增[1]。而实际上，左边的表达式从 0 单调递增到 $3\ln\frac{4}{3}$，因此，α 必须为 0（对

---

[1] 由于 $(x\ln x)'=\ln x+1$，所以有：

$$\left(\frac{1+y}{2}\ln\frac{1+y}{2}+\frac{1-y}{2}\ln\frac{1-y}{2}\right)'=\frac{1}{2}\left(\ln\frac{1+y}{2}+1\right)-\frac{1}{2}\left(\ln\frac{1-y}{2}+1\right)$$
$$=\frac{1}{2}\ln\frac{1+y}{1-y}$$

并且我们表达式的导数是

$$-3\cdot\frac{1}{2}\ln\frac{3+\sqrt{1+8\alpha^2}}{3-\sqrt{1+8\alpha^2}}\cdot\frac{1}{3}\frac{8\alpha}{\sqrt{1+8\alpha^2}}+4\cdot\frac{1}{2}\ln\frac{1+\alpha}{1-\alpha}$$
$$=2\left(\ln\frac{1+\alpha}{1-\alpha}-\frac{2\alpha}{\sqrt{1+8\alpha^2}}\ln\frac{3+\sqrt{1+8\alpha^2}}{3-\sqrt{1+8\alpha^2}}\right)$$

该式 >0 就意味着

$$\ln\frac{1+\alpha}{1-\alpha}>\frac{2\alpha}{\sqrt{1+8\alpha^2}}\ln\frac{3+\sqrt{1+8\alpha^2}}{3-\sqrt{1+8\alpha^2}}$$

即

$$\frac{1}{2\alpha}\ln\frac{1+\alpha}{1-\alpha}>\frac{2}{3}\cdot\frac{1}{2\beta}\ln\frac{1+\beta}{1-\beta},\quad \beta=\frac{\sqrt{1+8\alpha^2}}{3}$$

我们将用 8/9 代替 2/3 来证明这一点。由于 $1-\beta^2=\frac{8}{9}(1-\alpha^2)$ 以及 $\alpha<\beta$（后者是得自前者，因为 $\alpha<1$），这就表明

$$\frac{1-\alpha^2}{2\alpha}\ln\frac{1+\alpha}{1-\alpha}>\frac{1-\beta^2}{2\beta}\ln\frac{1+\beta}{1-\beta}$$

若 $\frac{1-x^2}{2x}\ln\frac{1+x}{1-x}$ 在 $0<x<1$ 中为单调递减，那么则证明了这一点。但这最后一个性质是源自幂级数的展开

$$\frac{1-x^2}{2x}\ln\frac{1+x}{1-x}=(1-x^2)\left(1+\frac{x^2}{3}+\frac{x^4}{5}+\cdots\right)$$
$$=1-\left(1-\frac{1}{3}\right)x^2-\left(\frac{1}{3}-\frac{1}{5}\right)x^4-\cdots$$

于 $\alpha \neq 0$，所描述的逆过程将会减少熵，这与热力学第二定律相矛盾）。因此，我们得以证明$(\varphi, \psi)=0$。

做好这些准备工作之后，我们得以在温度为 T 时，对体积为 $\mathcal{V}$，具有 N 个分子的 U – 气体的熵予以确定——更准确地说，在相同的条件下，它相对于 $P_{[\varphi]}$ – 气体的熵过剩。根据我们之前的评论，在上述标准化的意义上来说，这就是由 N 个独立系统组成的 U – 总体的熵。如上所述，设 Tr U=1。

如我们所知，U 有纯离散谱 w_1，w_2，…，其中

$w_1 \geqslant 0$, $w_2 \geqslant 0$, …, $w_1+w_2+\cdots=1$。设与之相对应的本征函数为 φ_1，φ_2，…，则 $U=\sum_{n=1}^{\infty} w_n P_{[\varphi_n]}$（见 4.3 节）。

因此，我们的 U – 气体是由 $P_{[\varphi_1]}$，$P_{[\varphi_2]}$，… 气体组成的混合物，这些气体分别具有 w_1N，w_2N，…个分子，所有这些气体都在体积 $\mathcal{V}$ 中。我们再次对 T，$\mathcal{V}$ 进行设置，使所有这些气体成为理想气体，并且设 $\overline{\mathrm{K}}$ 为矩形横截面。现在我们将应用以下可逆干涉，以使得 φ_1，φ_2，…的分子彼此分离（见图 4）。我们在 $\overline{\mathrm{K}}$（B – C – D – E – B）上添加一个同样大小的矩形 $\overline{\mathrm{K}'}$ 框（A – B – E – F – A），使其相连接，并且把公共墙 B – E 替换为合并在一起的两道相邻墙。设公共墙 B – E 是固定且半渗透的，即对于 φ_1 是可渗透的，但是对于 φ_2，φ_3，…是不可渗透的；再设另一道墙（b – b）是可移动的，但绝对不可渗透的普通墙。此外，我们插入另一道半透墙，使其接近 C – D 的位置，它对于 φ_2，φ_3，…是可渗透的，但是对于 φ_1 却是不可渗透的。我们在保持 b – b 和 d – d 之间的距离不变的情况下，分别将 b – b 和 d – d 推至 a – a 和 c – c 的位置（即分别推至 A – F 和 B – E 的位置）。通过这种方法，就可以保证 φ_2，φ_3，…不受影响，而 φ_1 则被迫停留在移动墙 b – b 和 d – d 之间。由于这些墙之间的距离是恒定的，因此这个过程中并没有做功（对抗气体压力），也不会产生热量。最后，我们把墙 B – E，c – c 用一道固定且不可渗透的墙 B – E 替代，并且移除 a – a——这样盒子 $\overline{\mathrm{K}}$，$\overline{\mathrm{K}'}$ 就被恢复到初始条件了。

但是却存在如下改变：所有 φ_1 的分子都在 $\overline{\mathrm{K}}'$ 中，即我们已经把所有这些从 $\overline{\mathrm{K}}$ 转移到相同大小的盒子 $\overline{\mathrm{K}}'$ 中了，可逆且未做功，没有任何的热量演化或者温度的变化[1]。

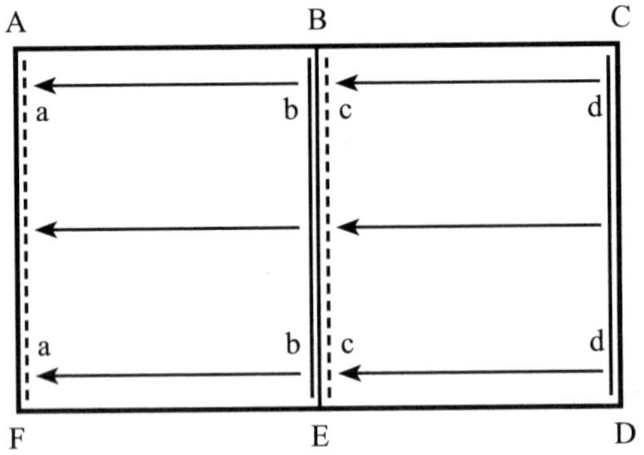

图4

同理，我们将 φ_2，φ_3，…的分子“分隔”至相等的盒子 $\overline{\mathrm{K}}''$，$\overline{\mathrm{K}}'''$，…中。最终得到气体 $P_{[\varphi_1]}$，$P_{[\varphi_2]}$，…，这些气体分别是由 w_1N，w_2N，…个分子组成，其体积为γ。现在，我们要把这些气体分别等温地压缩至体积 $w_1\mathcal{V}$，$w_2\mathcal{V}$，…。那么，在这个过程中，我们必须分别增加热量 $w_1N\kappa T\ln w_1$，$w_2N\kappa T\ln w_2$，…，作为补偿，这些热量源自大型储热器（温度为 T，以便该过程是可逆的；这些热量都小于0）。因为压缩单个气体所做的功，是这些值的负数。因此，在这个过程中熵的增量为

$$\sum_{n=1}^{\infty} w_n N\kappa\cdot\ln w_n$$

最终，我们把气体 $P_{[\varphi_1]}$，$P_{[\varphi_2]}$…全部转化为 $P_{[\varphi]}$－气体（可逆的，见上文，φ 是任意选择的状态）。然后，在体积 $w_1\mathcal{V}$，$w_2\mathcal{V}$，…中，我们分别有 w_1N，

〔1〕这是唯象热力学方法的特征。

w_2N，⋯个分子的 $P_{[\varphi]}$ 气体。由于所有这些都是相同的，并且具有相等的密度（$N/\mathcal{V}$），我们可以将它们混合，这也是可逆的。于是，我们在体积 $\mathcal{V}$ 中，获得 N 个分子的 $P_{[\varphi]}$－气体（因为 $\sum_{n=1}^{\infty} w_n = 1$）。

因此，我们完成了想要的可逆过程。熵增加了

$$N\kappa \sum_{n=1}^{\infty} w_n \ln w_n$$

而且由于其在最终状态下为 0，所以它的初始状态就是

$$-N\kappa \sum_{n=1}^{\infty} w_n \ln w_n$$

由于 U 具有本征函数 φ_1，φ_2，⋯以及本征值 w_1，w_2，⋯，所以算子 $U\ln U$ 具有相同的本征函数，但是其本征值为 $w_1\ln w_1$，$w_2\ln w_2$，⋯，所以

$$\mathrm{Tr}(U\ln U) = \sum_{n=1}^{\infty} w_n \ln w_n$$

我们可以观察到，$0 \leqslant w_n \leqslant 1$，因此 $w_n \ln w_n \leqslant 0$，而实际上，只有当 $w_n =$ 0 或 1 时，才等于 0。请注意，当 $w_n = 0$ 时，我们取 $w_n \ln w_n$ 为 0——这是因为在上述讨论中，根本没有考虑消失的 w_n。从连续性考虑也可以得到同样的结论。

由此，我们确定了由 N 个独立系统组成的 U－总体，其熵为 $-N\kappa\mathrm{tr}(U\ln U)$。前面对于 $w_n \ln w_n$ 的讨论表明，它总是 $\geqslant 0$，而且为了使其为 0，所有 w_n 必须等于 0 或者 1。由于 $\mathrm{Tr}\,U=1$，$w_n=1$ 就意味着恰好有一个 $w_n=1$，而其他的 $=0$，因此，$U = P_{[\varphi]}$。也就是说，这些状态有熵 =0，而其他混合总体的熵 >0。

5.3 可逆性与平衡问题

我们现在可以证明在 5.1 节中所提及的测量过程的不可逆性。例如：若 U 是一种状态，$U=P_{[\varphi]}$，那么在对量 $\mathfrak{R}$（量 $\mathfrak{R}$ 的算子 R 具有本征函数 φ_1，φ_2，…）进行测量时，U 会转化为总体

$$U'=\sum_{n=1}^{\infty}(P_{[\varphi]}\varphi_n,\ \varphi_n)\cdot P_{[\varphi_n]}=\sum_{n=1}^{\infty}|(\varphi,\ \varphi_n)|^2 P_{[\varphi_n]}$$

并且若 U' 不是一种状态，那么就会出现熵的增加（U 的熵为 0，而 U' 的熵 >0），因此该过程是不可逆的。若 U' 也是一种状态，那么它必须是 $P_{[\varphi_{\bar{n}}]}$，并且由于其本征函数是 φ_n，这就意味着所有 $|(\varphi,\ \varphi_n)|^2=0$，除了一个（等于 1），即 φ 正交于所有 φ_n，$n\neq\bar{n}$——但是 $\varphi=c\varphi_{\bar{n}}$，其中 $|c|=1$，因此 $P_{[\varphi]}=P_{[\varphi_{\bar{n}}]}$，$U=U'$。所以对状态的每次测量都是不可逆的，除非被测量的量的本征值（即给定状态下这个量的数值）有一个严格确定的值，在这种情况下，测量完全不改变状态。于是诚如我们所见，非因果性行为与某些同时伴随发生的热力学现象之间有着明确的联系。

我们现在将对过程 **1**

$$U\rightarrow U'=\sum_{n=1}^{\infty}(U\varphi_n,\ \varphi_n)\cdot P_{[\varphi_n]}$$

中，熵增的情况进行全面的讨论。

U 有熵为 $-N\kappa\mathrm{tr}(U\ln U)$。若 w_1，w_2，…是其本征值，且其本征函数为 ψ_1，ψ_2，…，那么就有

$$-N\kappa\sum_{n=1}^{\infty}w_n\ln w_n=-N\kappa\sum_{n=1}^{\infty}(U\psi_n,\ \psi_n)\ln(U\psi_n,\ \psi_n)$$

U' 具有本征值（$U\varphi_1$，φ_1），（$U\varphi_2$，φ_2），…，因此其熵为

$$-N\kappa\sum_{n=1}^{\infty}(U\varphi_n,\ \varphi_n)\ln(U\varphi_n,\ \varphi_n)$$

因此，U 的熵 ⩾ 或 ⩽ U' 的熵，这取决于

$$*\ \sum_{n=1}^{\infty}(U\psi_n,\ \psi_n)\ln(U\psi_n,\ \psi_n)\geqslant$$

$$或 \leqslant\sum_{n=1}^{\infty}(U\varphi_n,\ \varphi_n)\ln(U\varphi_n,\ \varphi_n)$$

我们接下来要证明，在 * 式中⩾在任何情况下都成立，即在 $U\to U'$ 过程中，熵不是递减的——这一点在热力学上确实是很清楚的，但是鉴于这对我们接下来的目的十分重要，我们还是需要有一个纯粹的数学证明。我们将用以下方式证明：U 及其 ψ_1，ψ_2，…是固定的，而 φ_1，φ_2，…取遍所有完全标准正交系。

□ **EPR悖论**

EPR分别代表爱因斯坦、波多斯基（Boris Podolsky）和罗森（Nanthan Rosen）三位物理学家。该悖论指出，按照当时（20世纪）的量子力学所言，两物体A和B在过去曾经相互作用过，即使后来不再相互作用，它们之间也仍然有关联。因此直接对A做测量的结果，与对B作测量后再测量A的结果不同。这种现象违反直觉，所以爱因斯坦要求：若接受量子力学的结论是错误的，或至少承认它不完整，那就必须把它补完整，使违反直觉的现象不会产生；若是接受量子力学的结论是正确的，我们就得承认曾经相互作用过的两物体，不管它们相隔多远，再也不会完全分离。爱因斯坦倾向于第一种可能性。

接下来，由于连续性的原因，我们可以这样限制 φ_1，φ_2，…其中仅有有限个 φ_n 与所对应的 ψ_n 不同。那么，比如，当 $n>M$ 时，设 $\varphi_n=\psi_n$，那么 φ_n，$n\leqslant M$ 是 ψ_n，$n\leqslant M$ 的线性组合，反之亦然。因此

$$\varphi_m=\sum_{n=1}^{M}x_{mn}\psi_n\quad(m=1,\ \cdots,\ M)$$

并且 M 维矩阵 $\{x_{mn}\}$ 显然是幺正矩阵。于是我们得到（$U\psi_m$，ψ_m）$=w_m$，并且可以很容易地计算出

$$(U\varphi_m,\ \varphi_m)=\sum_{n=1}^{N} w_n\,|x_{mn}|^2 \quad (m=1,\ \cdots,\ M)$$

所以，有待证明的是

$$\sum_{m=1}^{M} w_m \ln w_m \geqslant \sum_{m=1}^{M}\left(\sum_{n=1}^{M} w_n\,|x_{mn}|^2\right)\ln\left(\sum_{n=1}^{M} w_n\,|x_{mn}|^2\right)$$

由于表达式右边是 M 个有界变量 x_{mn} 的连续函数，所以它有一个极大值，而且也确实取其最大值（$\{x_{mn}\}$ 是幺正矩阵）。因为

$$x_{mn}=\begin{cases}1, & \text{当 } m=n \text{ 时}\\ 0, & \text{当 } m\neq n \text{ 时}\end{cases}$$

表达式的左边取极大值。

下面我们必须证明：刚刚所提及的极大值出现在 x_{mn}- 复形上。

因此，设 x^0_{mn}（m，n=1，⋯，M）是极大值出现的一组值。若我们将矩阵 $\{x^0_{mn}\}$ 乘以幺正矩阵

$$\left\{\begin{matrix}\alpha, & \beta, & 0, & \vdots & 0\\ -\bar{\beta}, & \bar{\alpha}, & 0, & \vdots & 0\\ 0, & 0, & 1, & \vdots & 0\\ \cdots & \cdots & \cdots & \cdots & \cdots\\ 0 & 0 & 0 & \vdots & 1\end{matrix}\right\},\quad |\alpha|^2+|\beta|^2=1$$

那么，我们就会得到一个幺正矩阵 $\{x'_{mn}\}$，因此这是一个可以接受的 x_{mn}- 复形。我们现在设 $\alpha=\sqrt{1-\varepsilon^2}$，$\beta=\theta\varepsilon$（$\varepsilon$ 为实数，$|\theta|=1$）。其中的 ε 会很小，在接下来的计算中，我们将仅保留 1，ε，ε^2 项，忽略 ε^3，ε^4，⋯项。那么，$a\approx 1-\frac{1}{2}\varepsilon^2$，而且在新矩阵 $\{x'_{mn}\}$ 中

$$x'_{1n}\approx\left(1-\frac{1}{2}\varepsilon^2\right)x^0_{1n}+\theta\varepsilon x^0_{2n}$$

$$x'_{2n}\approx-\bar{\theta}\varepsilon x^0_{1n}+\left(1-\frac{1}{2}\varepsilon^2\right)x^0_{2n}$$

$$x'_{mn}=x^0_{mn},\ m\geqslant 3$$

因此

$$\sum_{n=1}^{M}w_n|x'_{1n}|^2\approx\sum_{n=1}^{M}w_n|x^0_{1n}|^2+\sum_{n=1}^{M}2w_n\Re(\bar{\theta}x^0_{1n}\bar{x}^0_{2n})\cdot\varepsilon$$

$$+\sum_{n=1}^{M}w_n(-|x^0_{1n}|^2+|x^0_{2n}|^2)\cdot\varepsilon^2$$

$$\sum_{n=1}^{M}w_n|x'_{2n}|^2\approx\sum_{n=1}^{M}w_n|x^0_{2n}|^2-\sum_{n=1}^{M}2w_n\Re(\bar{\theta}x^0_{1n}\bar{x}^0_{2n})\cdot\varepsilon$$

$$-\sum_{n=1}^{M}w_n(-|x^0_{1n}|^2+|x^0_{2n}|^2)\cdot\varepsilon^2$$

$$\sum_{n=1}^{M}w_n|x'_{mn}|^2=\sum_{n=1}^{M}w_n|x^0_{mn}|^2,\ m\geqslant 3$$

若我们将这些表达式代入 $f(x)=x\ln x$，其中

$$f'(x)=\ln x+1,\quad f''(x)=\frac{1}{x}$$

并且把所得的结果相加，那么就会得到

$$\sum_{m=1}^{M}\left(\sum_{n=1}^{M}w_n|x'_{mn}|^2\right)\ln\left(\sum_{n=1}^{M}w_n|x'_{mn}|^2\right)$$

$$\approx\sum_{m=1}^{M}\left(\sum_{n=1}^{M}w_n|x^0_{mn}|^2\right)\ln\left(\sum_{n=1}^{M}w_n|x^0_{mn}|^2\right)\left(\ln\left(\sum_{n=1}^{M}w_n|x^0_{1n}|^2\right)\right.$$

$$\left.-\ln\left(\sum_{n=1}^{M}w_n|x^0_{2n}|^2\right)\right)\cdot\sum_{n=1}^{M}2w_n\Re(\bar{\theta}x^0_{1n}\bar{x}^0_{2n})\cdot\varepsilon$$

$$\Bigg[-\left(\ln\left(\sum_{n=1}^{M}w_n|x^0_{1n}|^2\right)-\ln\left(\sum_{n=1}^{M}w_n|x^0_{2n}|^2\right)\right)\left(\sum_{n=1}^{M}w_n|x^0_{1n}|^2\right)-\left(\sum_{n=1}^{M}w_n|x^0_{2n}|^2\right)$$

$$+\frac{1}{2}\left(\frac{1}{\sum_{n=1}^{M}w_n|x^0_{1n}|^2}+\frac{1}{\sum_{n=1}^{M}w_n|x^0_{2n}|^2}\right)\left(\sum_{n=1}^{M}2w_n\Re(\bar{\theta}x^0_{1n}\bar{x}^0_{2n})\right)^2\Bigg]\cdot\varepsilon^2$$

为了使右边第一项为极大值，ε^1 项的系数必须等于 0，并且 ε^2 项的系数必须

$\leqslant 0$。前者有两个因子

$$\ln\left(\sum_{n=1}^{M} w_n \mid x_{1n}^0 \mid^2\right) - \ln\left(\sum_{n=1}^{M} w_n \mid x_{2n}^0 \mid^2\right)$$

和

$$\sum_{n=1}^{M} 2w_n \Re(\bar{\theta} x_{1n}^0 \bar{x}_{2n}^0)$$

若第一个为 0，那么 ε^2 的系数的第一项等于 0（该项始终$\leqslant 0$），所以显然始终$\geqslant 0$ 的第二项必须为 0，以便整个系数$\leqslant 0$。这就意味着

$$\sum_{n=1}^{M} 2w_n \Re(\bar{\theta} x_{1n}^0 \bar{x}_{2n}^0) = 0$$

因此，ε^1 的系数的第二个因子在任何情况下都必须为 0，这也可以写成：

$$2\Re\left(\bar{\theta}\sum_{n=1}^{M} w_n x_{1n}^0 \bar{x}_{2n}^0\right)$$

由于这涉及 $\sum_{n=1}^{M}$ 的绝对值，对于适当的 θ，我们必须有

$$-\sum_{n=1}^{M} w_n x_{1n}^0 \bar{x}_{2n}^0 = 0$$

由于我们可以用任意两个不同的 k，$j=1$，…，M 替换 1，2，我们有

$$\sum_{n=1}^{M} w_n x_{kn}^0 \bar{x}_{jn}^0 f = 0 \text{，当 } k \neq j$$

即用矩阵 $\{x_{mn}^0\}$ 进行幺正坐标变换，将元素为 w_1，…，w_n 的对角矩阵再次变为对角矩阵。由于对角元素是矩阵的乘子（或本征值），它们在坐标变换中不会发生改变，顶多是被置换。在变换之前，它们是 w_m（m=1，…，M）；变换后，它们是 $\sum_{n=1}^{M} w_n \mid x_{mn}^0 \mid^2$（$m$=1，…，$N$）。所以其总和

$$\sum_{n=1}^{M} w_n \ln w_n \text{ 与 } \sum_{m=1}^{M}\left(\sum_{n=1}^{M} w_n \mid x_{mn}^0 \mid^2\right)\ln\left(\sum_{n=1}^{M} w_n \mid x_{mn}^0 \mid^2\right)$$

有相同的值。因此，正如上文所述，无论

$$x_{mn} = \begin{cases} 1, & \text{当 } m = n \text{ 时} \\ 0, & \text{当 } m \neq n \text{ 时} \end{cases}$$

总有一个极大值。

现在让我们确定 * 式中的等号何时成立。若它确实成立，那么

$$\sum_{n=1}^{\infty}(Ux_n,\ x_n)\ln(Ux_n,\ x_n)$$

不仅对 $x_n=\psi_n$（$n=1,2,\cdots$）取极大值（这些是 U 的本征值，具体内容详见上文），而且对于 $x_n=\varphi_n$（$n=1,2,\cdots$）也成立（x_1，x_2，…取遍所有完全标准正交系）。特别是，这只有在前 M 个 φ_n 被转换（即当 $n>M$ 时，$x_n=\varphi_n$）时成立，当然在彼此之间进行幺正变换时也成立。设 $\mu_{mn}=(U\varphi_m,\ \varphi_n)$（$m$，$n=1$，…，$M$），设 v_1，…，v_N 为有限维（同时是埃尔米特和定号的）矩阵 $\{\mu_{mn}\}$ 的本征值，且 $\{a_{mn}\}$（m，$n=1$，…，M）是把 $\{\mu_{mn}\}$ 变换为对角线形式的矩阵。这将把 φ_1，…，φ_M 变换成 ω_1，…，ω_M

$$\varphi_m=\sum_{n=1}^{M}\alpha_{mn}\omega_n,\quad m=1,\ \cdots,\ M$$

于是

$$U\omega_n=v_n\omega_n$$

因此有

$$(U\omega_m,\ \omega_n)=\begin{cases}v_n, & \text{当 } m=n \text{ 时}\\ 0, & \text{当 } m\neq n \text{ 时}\end{cases}$$

对于

$$\xi_m=\sum_{n=1}^{M}x_{mn}\omega_n,\quad m=1,\ \cdots,\ M,\ \text{设 }\{x_{mn}\}\text{ 为幺正矩阵}$$

则有

$$(U\xi_k,\ \xi_j)=\sum_{n=1}^{M}v_nx_{kn}\overline{x}_{jn}$$

鉴于对 φ_1，…，φ_M 的假设

$$\sum_{n=1}^{M}\left(\sum_{n=1}^{M}v_n|x_{mn}|^2\right)\ln\left(\sum_{n=1}^{M}v_n|x_{mn}|^2\right)$$

当 $x_{mn}=a_{mn}$ 时，表达式取其极大值。根据我们之前的证明，由此得出

$$\sum_{n=1}^{M} v_n \alpha_{kn} \overline{\alpha}_{jn} = 0 \text{，当 } k \neq j \text{ 时}$$

即当 $k \neq j$，k，$j = 1$，…，M 时，$(U\varphi_k, \varphi_j) = 0$。

这个公式必须对所有 M 都成立，因此 $U\varphi_k$ 与所有 φ_j（$k \neq j$）正交，因此它等于 $w'_k \varphi_k$（w'_k 是一个常数）。因此，φ_1，φ_2，…是 U 的本征函数，对应的本征值是 w'_1，w'_2，…（因此是 w_1，w_2，…的置换）。但是在这种情况下

$$U' = \sum_{n=1}^{\infty} (U\varphi_n, \varphi_n) \cdot P_{[\varphi_n]} = \sum_{n=1}^{\infty} w'_n \cdot P_{[\varphi_n]} = U$$

因此，我们发现：

过程 **1**：

$$U \to U' = \sum_{n=1}^{\infty} (U\varphi_n, \varphi_n) \cdot P_{[\varphi_n]}$$

（被测量的量 $\mathfrak{R}$ 具有算子 R，其本征函数是 φ_1，φ_2，…），从不减少熵。实际上，在该过程中会增加熵，除非所有 φ_1，φ_2，…都是 U 的本征函数。在这种情况下，$U = U'$。此外，在上述所提及的情况下，U 与 R 可对易，这实际上是该情况的特征（因为它等价于公共本征函数 φ_1，φ_2，…的存在性，见 2.10 节）。因此，在受其影响而产生变化的所有情况下，过程 **1** 都是不可逆的。

按照 5.2 节中所述的第二点，我们现在应该不依赖唯象热力学对过程 **1** 和过程 **2** 的可逆性问题进行处理。我们已经知道可以实现这一点的数学方法：若热力学第二定律成立，那么熵必须等于 $-N\kappa\mathrm{tr}(U\ln U)$，而且熵无论是在过程 **1** 还是过程 **2** 中都不会减少。然后我们必须只把 $-N\kappa\,\mathrm{Tr}(U\ln U)$ 视为计算量，与其作为熵的含义无关，并研究它在过程 **1**，**2** 中的作用[1]。

---

[1] 我们自然可以忽略因子 $N\kappa$，而只考虑 $-\mathrm{Tr}(U\ln U)$。或者，保持与元素数量 N 的比例，只考虑 $-N\,\mathrm{Tr}(U\ln U)$。

在过程 **2** 中，我们由 U 得到

$$U_t = e^{-\frac{2\pi i}{h}tH} U e^{\frac{2\pi i}{h}tH}$$

即若我们指定幺正算子

$$e^{-\frac{2\pi i}{h}tH}$$

由 A，$U \to U_t = AUA^{-1}$。由于 A 的幺正属性，$f \to Af$ 是希尔伯特空间在其自身的同构映射，它将每个算子 P 转化为 APA^{-1}，因此恒有 $F(APA^{-1}) = AF(P)A^{-1}$。所以，$U_t \ln U_t = A \cdot U \ln U \cdot A^{-1}$。于是有 $\mathrm{Tr}(U_t \ln U_t) = \mathrm{Tr}(U \ln U)$，即我们的量 $-N\kappa \mathrm{Tr}(U \ln U)$ 在过程 **2** 中是恒定的。我们已经确定了在过程 **1** 中发生了什么，事实上，无须参考热力学第二定律。若 U 变化（即 $U \neq U'$），则 $-N\kappa \mathrm{Tr}(U \ln U)$ 增加；而对于不变的 U（即 $U = U'$；或者 U 的本征函数 ψ_1，ψ_2，…；或者 U，R 可对易），它自然保持不变。在由多个过程 **1** 和 **2** 组成的干涉中（以任意数量和顺序），若每个过程 **1** 都是无效的（即不导致变化），那么 $-N\kappa \mathrm{Tr}(U \ln U)$ 保持不变，但在所有其他情况下，它会有所增加。

因此，若仅考虑干涉过程 **1**，**2**，那么引起改变的每个过程 **1** 都是不可逆的。

值得注意的是，还有比 $-\mathrm{tr}(U \ln U)$ 更简单的其他表达式，其在过程 **1** 中不减少，在过程 **2** 中保持不变。比如，U 的最大本征值。确实，对于过程 **2**，它是保持不变的，U 的所有本征值也是如此。而在过程 **1** 中，U 的本征值 w_1，w_2，… 转变成为 U' 的本征值

$$\sum_{n=1}^{\infty} w_n |x_{1n}|^2, \quad \sum_{n=1}^{\infty} w_n |x_{2n}|^2, \quad \cdots$$

（见本节之前的讨论），并且由于矩阵 $\{x_{mn}\}$ 的幺正属性

$$\sum_{n=1}^{\infty} |x_{1n}|^2 = 1, \quad \sum_{n=1}^{\infty} |x_{2n}|^2 = 1, \quad \cdots$$

所有这些数字都小于等于最大的 w_n（存在一个极大的 w_n，因为所有的 $w_n \geq 0$，并且因为 $\sum_{n=1}^{\infty} w_n = 1$ 要求 $w_n \to 0$）。现在，因为有可能改变 U，所以保持

$$-\mathrm{Tr}\,(U\ln U)=-\sum_{n=1}^{\infty}w_n\ln w_n$$

不变，但是最大的 w_n 减少了。我们所看到的这些，是根据唯象热力学有可能发生的变化。因此，它们确实可以通过我们的气体过程来实现，但这永远不可能只通过连续应用 **1**，**2** 来实现。这证明了我们引入气体过程确实是必要的。

我们还可以考虑用 $\mathrm{Tr}\big(F(U)\big)$ 代替 $-\mathrm{Tr}\,(U\ln U)$，以获得适当的函数 $F(x)$。若我们在上面所使用的这个函数的特定性质在 $F(x)$ 中也存在，那么，对于 $U\neq U'$ 在过程 **1** 中的这一增加（对于 $U=U'$，以及在过程 **2** 中，它当然是不变的），也可以像对 $F(x)=-x\ln x$ 所做的那样予以证明。

这些特殊性质是：$F''(x)<0$，以及 $F'(x)$ 的单调递减，但是后一特性可由前者推出。因此，考虑非热力学的不可逆性，若 $F(x)$ 是上凸的函数，即若 $F''(x)<0$（在区间 $0\leqslant x\leqslant 1$ 内，因为 U 的所有本征值都位于该区间之内），那么我们可以使用任何一个 $\mathrm{Tr}\,F(U)$。

最后应该证明，两个总体 U，V 的混合（比如，以 $\alpha:\beta$ 的比例，$\alpha>0$，$\beta>0$，$\alpha+\beta=1$）也不会减少熵，即

$$-\mathrm{Tr}\big((\alpha U+\beta V)\ln(\alpha U+BV)\big)\geqslant-\alpha\mathrm{Tr}\,(U\ln U)-\beta\mathrm{Tr}\,(V\ln V)$$

当上述公式用任意凸函数 $F(x)$ 代替 $-x\ln x$ 时也同样成立。具体的证明过程就留给读者了。

我们现在将研究定态平衡叠加，即当能量给定时极大熵的混合物。当然，后者的“能量”应该理解为被指定能量的期望值——鉴于第 279 页注〔1〕中指出的关于统计总体的热力学研究方法，只有这种解释是可接受的。因此，仅允许这样的混合总体，对于 U 有 $\mathrm{Tr}\,U=1$，$\mathrm{Tr}\,(UH)=E$，其中 H 是能量算子，E 是被指定能量的期望值。在这些辅助条件下，$-N\kappa\mathrm{Tr}(U\ln U)$ 将被设为极大值。我们还作了以下简化假设：H 具有纯离散谱，其本征值为 w_1，w_2，…，且其本征函数为 φ_1，φ_2，…（其中有些可能有多个值）。

设 $\mathfrak{R}$ 为一个量，其算子 R 具有（H）的本征函数 φ_1，φ_2，…，但是本征

值各不相同。根据过程（2），对量 $\mathfrak{R}$ 的测量把 U 变换为

$$U' = \sum_{n=1}^{\infty}(U\varphi_n,\ \varphi_n)P_{[\varphi_n]}$$

因此，$-N\kappa\mathrm{Tr}(U\ln U)$ 增加，除非 $U=U'$。此外，$\mathrm{Tr}(U)$，$\mathrm{Tr}(UH)$ 不变——后者因为 φ_n 是 H 的本征函数，因此，对于 $m \neq n$，$(H\varphi_m,\ \varphi_n)$ 消失

$$\begin{aligned}\mathrm{Tr}(U'H) &= \sum_{n=1}^{\infty}(U\varphi_n,\ \varphi_n)\mathrm{Tr}(P_{[\varphi_n]}H)\\ &= \sum_{n=1}^{\infty}(U\varphi_n,\ \varphi_n)(H\varphi_n,\ \varphi_n)\\ &= \sum_{m,n=1}^{\infty}(U\varphi_m,\ \varphi_n)(H\varphi_n,\ \varphi_m) = \mathrm{Tr}(UH)\end{aligned}$$

因为 R 与 H 的可对易性（即 $\mathfrak{R}$ 与能量的同时可测量性），上述等式必定是正确的。所以，若我们仅限于研究这样的 U'，即仅局限于具有本征值 φ_1，φ_2，…的统计算子，那么所需的极大值是相同的，并且假设极大值仅在这些之中。

因此

$$U = \sum_{n=1}^{\infty} w_n P_{[\varphi_n]}$$

并且由于 U，UH，$U\ln U$ 都有相同的本征函数 φ_n，但是它们分别具有本征值 w_n，$W_n w_n$，$w_n \ln w_n$，这就足以在辅助条件

$$\sum_{n=1}^{\infty} w_n = 1,\quad \sum_{n=1}^{\infty} W_n w_n = \boldsymbol{E}$$

下，使得

$$-N\kappa\sum_{n=1}^{\infty} w_n \ln w_n$$

取极大值。但这个问题正好与普通气体理论对应的平衡问题完全相同，并且可以使用相同的求解方法。根据大家所熟知的极值计算规则，对最大化 w_1，w_2，…，有

$$\frac{\partial}{\partial w_n}\left(\sum_{m=1}^{\infty} w_m \ln w_m\right) + \alpha\frac{\partial}{\partial w_n}\left(\sum_{m=1}^{\infty} w_m\right) + \beta\frac{\partial}{\partial w_m}\left(\sum_{m=1}^{\infty} W_m w_m\right) = 0$$

必须成立，其中，α，β 是适当的常数，并且 $n=1$，2，…，即

$$(\ln w_n+1)+\alpha+\beta W_n=0\text{，}\quad w_n=\mathrm{e}^{-1-\alpha-\beta W_n}=a\mathrm{e}^{-\beta W_n}$$

其中引入常数 $a=\mathrm{e}^{-1-\alpha}$。由

$$\sum_{n=1}^{\infty}w_n=1$$

可得

$$a=\frac{1}{\sum_{n=1}^{\infty}\mathrm{e}^{-\beta W_n}}$$

因此

$$w_n=\frac{\mathrm{e}^{-\beta W_n}}{\sum_{m=1}^{\infty}\mathrm{e}^{-\beta W_m}}$$

又因为 $\sum_{n=1}^{\infty}W_n w_n=\boldsymbol{E}$

$$\frac{\sum_{n=1}^{\infty}W_n\mathrm{e}^{-\beta W_n}}{\sum_{n=1}^{\infty}\mathrm{e}^{-\beta W_n}}=\boldsymbol{E}$$

成立，从而确定了 β。若按照惯例，我们引入“分拆函数”

$$z(\beta)=\sum_{n=1}^{\infty}\mathrm{e}^{-\beta W_n}=\mathrm{Tr}(\mathrm{e}^{-\beta H})$$

（对此即以下内容，详见第 279 页注〔1〕）则有

$$z'(\beta)=-\sum_{n=1}^{\infty}W_n\mathrm{e}^{-\beta W_n}=-\mathrm{Tr}(H\mathrm{e}^{-\beta H})$$

因此，确定 β 的条件是

$$-\frac{z'(\beta)}{z(\beta)}=\boldsymbol{E}$$

（我们在这里假设 $\sum_{n=1}^{\infty}\mathrm{e}^{-\beta W_n}$ 与 $\sum_{n=1}^{\infty}W_n\mathrm{e}^{-\beta W_n}$ 对于所有 $\beta>0$ 都收敛，即当 $n\to\infty$ 时，有

$W_n \to \infty$，并且事实上，收敛的速度也足够快，例如 $\frac{W_n}{\ln n} \to \infty$ ）。于是我们得到以下关于 U 本身的表达式

$$U = \sum_{n=1}^{\infty} a\mathrm{e}^{-\beta W_n} P_{[\varphi_n]} = a\mathrm{e}^{-\beta H} = \frac{\mathrm{e}^{-\beta H}}{\mathrm{Tr}(\mathrm{e}^{-\beta H})} = \frac{\mathrm{e}^{-\beta H}}{z(\beta)}$$

现在可以用气体理论中常用的方法来确定平衡总体 U 的性质（它是由 $\boldsymbol{E}$ 或者 β 的数值决定的，因此必定取决于一个参数）。

我们平衡总体的熵为

$$\begin{aligned}
\boldsymbol{S} &= -N\kappa \mathrm{Tr}(U \ln U) = -N\kappa \mathrm{Tr}\left(\frac{\mathrm{e}^{-\beta H}}{z(\beta)} \ln \frac{\mathrm{e}^{-\beta H}}{z(\beta)}\right) \\
&= -\frac{N\kappa}{z(\beta)} \mathrm{Tr}\left(\mathrm{e}^{-\beta H}(-\beta H - \ln z(\beta))\right) \\
&= \frac{\beta N\kappa}{z(\beta)} \mathrm{Tr}(H\mathrm{e}^{-\beta H}) + \frac{\ln z(\beta) N\kappa}{z(\beta)} \mathrm{Tr}(\mathrm{e}^{-\beta H}) \\
&= N\kappa \left[-\frac{\beta z'(\beta)}{z(\beta)} + \ln z(\beta)\right]
\end{aligned}$$

且总能量为

$$N\boldsymbol{E} = -N \frac{z'(\beta)}{z(\beta)}$$

（这需要与 $\boldsymbol{S}$ 一起考虑，而不仅是 $\boldsymbol{E}$ 本身）。因此，我们把 U，$\boldsymbol{S}$，$N\boldsymbol{E}$ 用 β 来表示。与其颠倒最后一个关系式（即用 $\boldsymbol{E}$ 表示 β），还不如更实际地确定平衡混合总体的温度 T，并将一切都做关于 T 的约化处理。

具体做法如下：将我们的平衡混合总体与温度为 T' 的储热器相接触，能量 $N\mathrm{d}\boldsymbol{E}$ 从该储热器传递给它。于是，热力学的两条定律要求，总能量必须保持不变，并且熵必须不能减少。因此，储热器会失去能量 $N\mathrm{d}\boldsymbol{E}$，而其熵增加了 $-\frac{N\mathrm{d}\boldsymbol{E}}{T'}$，我们现在必须有

$$\mathrm{d}\boldsymbol{S} - \frac{N\mathrm{d}\boldsymbol{E}}{T'} = \left(\frac{\mathrm{d}\boldsymbol{S}}{N\mathrm{d}\boldsymbol{E}} - \frac{1}{T'}\right) N\mathrm{d}\boldsymbol{E} \geqslant 0$$

另一方面，$N\mathrm{d}\boldsymbol{E} \geqslant$ 或 $\leqslant 0$ 必须根据 $T' \geqslant$ 或 $\leqslant T$ 来确定，因为较冷的物体从较暖的物体吸收能量，所以 $T' \geqslant$ 或 $\leqslant T$ 就意味着 $\frac{\mathrm{d}\boldsymbol{S}}{N\mathrm{d}\boldsymbol{E}}-\frac{1}{T'}\geqslant$ 或 $\leqslant 0$，即

$$T' \geqslant \text{或} \leqslant \frac{N\mathrm{d}\boldsymbol{E}}{\mathrm{d}\boldsymbol{S}}=\frac{N\frac{\mathrm{d}\boldsymbol{E}}{\mathrm{d}\beta}}{\frac{\mathrm{d}S}{\mathrm{d}\beta}}$$

从而 $T=\frac{N\frac{\mathrm{d}\boldsymbol{E}}{\mathrm{d}\beta}}{\frac{\mathrm{d}\boldsymbol{S}}{\mathrm{d}\beta}}=-\frac{1}{\kappa}\frac{\left(\frac{z'(\beta)}{z(\beta)}\right)'}{\left(\ln z(\beta)-\beta\frac{z'(\beta)}{z(\beta)}\right)'}=-\frac{1}{\kappa}\frac{\left(\frac{z'(\beta)}{z(\beta)}\right)'}{-\beta\left(\frac{z'(\beta)}{z(\beta)}\right)'}=\frac{1}{\kappa\beta}$

即

$$\beta=\frac{1}{\kappa T}$$

因此，现在 U，$\boldsymbol{S}$，$N\boldsymbol{E}$ 都是表示温度的函数。

以上得到的关于熵、平衡总体等的表达式与经典热力学理论相应结果的相似性令人震惊。首先，熵 $-N\kappa\mathrm{Tr}(U\ln U)$ 中

$$U=\sum_{n=1}^{\infty}w_n P_{[\varphi_n]}$$

是权重分别为 w_1，w_2，…的各总体 $P_{[\varphi_1]}$，$P_{[\varphi_2]}$，…（即 $Nw_1\,\varphi_1$－系统，$Nw_2\,\varphi_2$－系统，…）的混合总体。

该混合总体的玻尔兹曼熵是借助“热力学概率” $N!/[(Nw_1)!(Nw_2)!\cdots]$ 而得出的。熵是它的 κ 重对数。由于 N 很大，我们可以通过斯特林公式（Stirling formula）做近似处理，$x!\approx\sqrt{2\pi x}\,\mathrm{e}^{-x}x^x$，于是 $\kappa\ln\frac{N!}{(Nw_1)!(Nw_2)!\cdots}$ 本质上成为

$$-N\kappa\sum_{n=1}^{\infty}w_n\ln w_n$$

这正是 $-N\kappa\mathrm{Tr}(U\ln U)$。

此外，若我们有平衡总体

$$U = e^{-\frac{H}{\kappa T}}$$

（我们忽略标准化因子 $\frac{1}{z(\beta)}$），它就等于

$$\sum_{n=1}^{\infty} e^{-\frac{W_n}{\kappa T}} P_{[\varphi_n]}$$

因此，它是各状态 $P_{[\varphi_1]}$，$P_{[\varphi_2]}$，…的混合，即具有能量 w_1，w_2，…，并且各自（相对）权重为

$$e^{-\frac{W_1}{\kappa T}},\ e^{-\frac{W_2}{\kappa T}},\ \cdots$$

的定态的混合。

若一个能量值是多重的，例如，$W_{n_1} = \cdots = W_{n_\nu} = W$，那么 $P_{[\varphi_{n_1}]} + \cdots + P_{[\varphi_{n_\nu}]}$ 在平衡总体中以权重

$$e^{-\frac{W}{\kappa T}}$$

出现，即在正确地标准化的混合总体

$$\frac{1}{\nu}(P_{[\varphi_{n_1}]} + \cdots + P_{[\varphi_{n_\nu}]})$$

（见 4.3 节的开头）中，以权重

$$\nu e^{-\frac{W}{\kappa T}}$$

出现。但是，经典的“正则”总体以完全相同的方式定义（除了特定的量子力学形式

$$\frac{1}{\nu}(P_{[\varphi_{n_1}]} + \cdots + P_{[\varphi_{n_\nu}]})$$

的出现），这被称为玻尔兹曼定理。

当 $T \to 0$ 时，权重

$$e^{-\frac{W_n}{\kappa T}}$$

趋近于 1，因此我们的 U 趋近于

$$\sum_{n=1}^{\infty} P_{[\varphi_n]} = 1$$

所以，若没有能量限制，$U \approx 1$ 是绝对平衡状态，我们已经在 4.3 节中得到了这个结果。我们看到“量子轨道的先验概率相等”（即简单的非退化轨道——通常本征值的多重性是“先验”权重，见上面的讨论）自动从这个理论中得出。

用非热力学的方式，可以在多大程度上对给定能量的平衡总体 U 进行解析尚有待确定。也就是说，仅基于以下事实：U 是定态（在过程 **2** 中不随时间的变化而改变），并且它在所有不影响能量的测量中保持不变（在过程 **1** 中，测量与能量同时可测的量时，算子 R 与 H 可对易，即具有与 H 相同的本征函数 φ_1，φ_2，…）。

鉴于微分方程 $\frac{\partial}{\partial t}U = \frac{2\pi i}{h}(UH - HU)$，前一个条件仅要求 H 与 U 可对易。后一个条件表明，若 φ_1，φ_2，…作为 H 的完全本征函数系是可用的，那么则有 $U=U'$，即 φ_1，φ_2，…也是 U 的本征函数。设 H 对应的本征值为 W_1，W_2，…，而 U 对应的本征值为 w_1，w_2，…。若 $W_j = W_k$，则对 H 可用

$$\frac{\varphi_j + \varphi_k}{\sqrt{2}}, \quad \frac{\varphi_j - \varphi_k}{\sqrt{2}}$$

替换 φ_j，φ_k，因此它们也是 U 的本征函数，且由此得出 $w_j = w_k$。所以可以构造满是 $F(W_n) = w_n$（$n = 1, 2, \cdots$）的函数 $F(x)$，且 $F(H) = U$。这很明显是足够充分的，而且也意味着 H 与 U 是可对易的。

因此结果是 $U=F(H)$，但是尚未完成对 $F(x)$ 的确定（正如我们所知，$F(x) = \frac{1}{z(\beta)} e^{-\beta x}$，$\beta = \frac{1}{\kappa' T}$）。由 $\mathrm{Tr}\, U = 1$，$\mathrm{Tr}(UH) = E$ 可得出

$$\sum_{n=1}^{\infty} F(W_n) = 1, \quad \sum_{n=1}^{\infty} W_n F(W_n) = \boldsymbol{E}$$

这样一来，我们已经用尽了这种方法所能提供的一切。

5.4 宏观测量

尽管如我们所见，我们的熵的表达式完全类似于经典的熵，但是令人诧异的是：在随时间发展的系统的通常演化（过程 2）中，熵会保持不变，并且只会随着测量结果而增加（过程 1）。在经典理论中（测量通常不起作用），即便是在系统的普通机械演化中，熵也会增加。因此，有必要对这种看似矛盾的情况予以澄清。

通常的经典热力学考虑如下：取一个体积为 $\mathcal{V}$ 的容器，使其右半部分（体积为 $\mathcal{V}/2$，由隔板与另一半隔开）充满 M 个温度为 T 的气体分子（为简单起见，该气体为"理想气体"）。若我们利用气体压力推回隔板，并通过温度为 T 的大储热器保持气体温度恒定，使该气体等温且可逆地膨胀至体积 $\mathcal{V}$，那么，外部（储热器中的）熵将减少 $M\kappa\ln 2$，因此气体的熵可以增加相同的量。另一方面，若我们简单地移除隔板，使气体扩散至原本为空的左半部分，从而使体积增加至 $\mathcal{V}$，即熵增加了 $M\kappa\ln 2$，但是却没有发生相应的补偿。所以该过程是不可逆的，因为熵在系统的简单机械性时间演化（即所谓的"扩散"）中增加了。为什么我们的理论没有给出任何与之相类似的结论呢?

若我们把 M 设置为 1，这个情况就一目了然。热力学对于这种单分子气体仍然有效，若它的体积增加一倍，它的熵确实会增加 $\kappa\ln 2$。然而，只有当人们对气体分子的其他信息一无所知，仅知道该气体曾被分别存放于体积为 $\mathcal{V}/2$ 或者 $\mathcal{V}$ 的空间中时，这个差值才会是 $\kappa\ln 2$。例如：若分子被存放于体积为 γ 的容器中，且已知分子位于容器的右边部分或者左边部分，那么只要在容器的中间插入一个隔板，并且允许分子将隔板（等温且可逆地）推动至容器的左端或者右端就可以了。在这种情况下，共做机械功 $\kappa\ln 2$，即该能量取自储热器。因此，在该过程结束时，分子再次处于体积 $\mathcal{V}$ 中，但我们已不清楚它是在容器的左边部分还是右边部分了。因此，存在补偿性熵减少 $\kappa\ln 2$（在储热器中）。换言之，我们用我们的知识得知了熵减少 $\kappa\ln 2$[1]。或者体积 $\mathcal{V}$ 中的熵与体积 $\mathcal{V}/2$ 中的熵相同。这个结论的前提是在上述第一种情况下，我们知道在容器的哪一半中可以找到分子。因此，若我们知道扩散之前分子的所有性质（位置与动量），我们就可以计算扩散后的每个时刻分子是在右边还是在左边，即熵不减少。但是若我们所掌握的唯一信息是宏观信息：体积最初为 $\mathcal{V}/2$，那么在扩散中，熵确实是会增加。

对于一位知道所有坐标和动量的经典观察者来说，熵是恒定的，且实际上为 0，因为玻尔兹曼的“热力学概率”是 1。就像我们对 $U = P_{[\varphi]}$ 状态的理论一样，因为这些又与观察者所具备的最高知识状态相呼应，取决于观察者对系统知识的了解有多少。

熵随时间的变化是基于以下事实：观察者并不知道所有的一切，也无法从（测量）中找出一切在原则上可测的东西。观察者的感官使他只能感知所谓的宏观。但本章开头所提及的对这种明显矛盾的澄清，使我们有责任去研究经典宏观熵对量子力学总体的精确模拟：观察者所见的熵。观察者不能对所有的量进行测量，只能测量一些特殊的量，即宏观量，而且在某些情况下，甚至对这些宏观量进行测量的准确度也是有限的。

在 3.3 节中，我们了解到，所有有限精度的测量都可以用其他量的绝对精度测量代替，被测量的量是这些量的函数，并且具有离散谱。若 $\mathfrak{R}$ 是这样的一个量，其算子为 R，$\lambda^{(1)}$，$\lambda^{(2)}$，…是其不同的本征值，那么对量 $\mathfrak{R}$

---

〔1〕西拉德证明：若没有补偿性熵增加 $\kappa\ln 2$，人们就无法获得这种“知识”。一般来说，$\kappa\ln 2$ 是知识的“热力学值”，它由两种可选择的情况组成。在不知道分子所在容器的一半的情况如何时，进行上述过程的所有尝试都可以被证明是无效的，虽然它们有时可能会导致非常复杂的自动机制。

的测量就等价于回答以下问题："$\mathcal{R}=\lambda^{(1)}$吗？""$\mathcal{R}=\lambda^{(2)}$吗？"……事实上，我们也可以直接说：假设对具有算子 S 的量 $\mathfrak{S}$ 进行有限精度测量，想要确定它位于 $C_{n-1}<\lambda\leqslant C_n$（$\cdots C_{-2}<C_{-1}<C_0<C_1<C_2<\cdots$）的哪个区间内。于是，这就成了一个回答所有这些问题的例子："$\mathfrak{S}$ 在区间 $C_{n-1}<\lambda\leqslant C_n$ 中吗？"$n=0$，±1，±2，…。

根据3.5节的内容，这些问题对应于投影算子 E，实际上要测量的是其量 $\mathfrak{S}$（只有两个值0，1）。在我们的例子中，$\mathfrak{S}$ 是函数 $F_n(\mathcal{R})$，$n=1$，2，…，其中

$$F_n(\lambda)=\begin{cases}1, & \text{当 } \lambda=\lambda^n \text{ 时}\\ 0, & \text{其他}\end{cases}$$

或者函数 $G_n(\mathfrak{S})$，$n=0$，±1，±2，…

$$G_n(\lambda)=\begin{cases}1, & \text{当 } C_{n-1}<\lambda\leqslant C_n \text{ 时}\\ 0, & \text{其他}\end{cases}$$

——对应的 E 分别是 $F_n(R)$ 和 $G_n(S)$。因此，我们可以等效地给出由宏观测量回答的问题 $\mathfrak{E}$，或者其投影 E（见3.5节），而不是给出宏观可测量的量 $\mathfrak{S}$（连同可获得的宏观测量精度）。这可以看作宏观观察者的特征描述：他对 E 的详细说明（因此，按照经典的方式，人们可以通过表述其能够测量每立方厘米气体的温度和压力，并以此来描述其自身特征——也许有一定的精度限制，但仅此而已）[1]。

现在宏观测量的一个基本事实是，一切可以测量的量都是同时可测的，即所有可以单独回答的问题，也可以同时回答。也就是说，所有的 E 都是可对易的。量子力学中量的非同时可测性之所以给人以如此矛盾的印象，其原因在于这个概念与宏观观察方法格格不入。由于这一点有其根本重要性，最

〔1〕对于宏观观察者这一特性的描述要归功于维格纳。

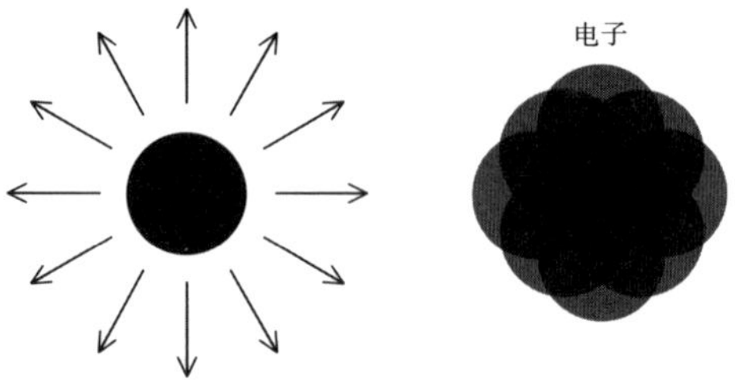

知道了 q 就不知道 p　　知道了 p 就不知道 q

□ **共轭的不确定量 p 和 q**

不确定性原理是德国物理学家海森堡所提出的物理学原理。其指出：不可能同时精确地确定一个基本粒子的位置和动量。粒子位置的不确定性和动量不确定性的乘积必然大于等于普朗克常数除以4π（$\Delta \times \Delta p \geq h/4\pi$）。这一原理于1927年3月23日在《物理学杂志》上发表，被称为“Uncertainty Principle”。起初被翻译成“测不准原理”，后改为更加具有普遍意义的“不确定性原理”。

好能对其进行更加详细的讨论。

让我们考虑这样一种方法，通过这一方法，我们可以以有限的精度同时测量两个非同时可测量的量（例如坐标 q 和动量 p，见 3.4 节）。

设平均误差分别为 ε，η（根据不确定性原理，$\varepsilon\eta \sim h$）。在 3.4 节中的讨论表明，在这样的精度要求下，同时测量确实是可能的：对 q（位置）的测量，使用波长不太短的光波；而对 p（动量）的测量，使用波长不太长的光波列。若一切都安排妥当，那么实际的测量就是以某种方式检测两个光量子。比如，通过照相底片：一种是（在 q 的测量中）康普顿效应散射的光量子；另一种是（通过多普勒效应在对 p 进行测量时）被反射的光量子，其频率因多普勒效应而发生了改变，为了确定这个改变后的频率，该光量子被光学装置（棱镜衍射光栅）偏转。因此，在实验的最后，两个光量子在两张照相底片上分别产生了两个黑点，我们必须根据光量子的方向，或者底片上黑点的位置计算出 q 和 p。但在这里我们必须强调一点，没有什么能够阻止我们（以任意精度）确定所提及的两个方向或黑点的位置，因为这些显然是可以同时测量的量（它们是两个不同对象的动量或坐标）。然而，此时过高的精确度对 q 与 p 的测量没有多大帮助。正如在 3.4 节中所示，这些量与 p，q 的联系是：对于 p，q 而言，不确定性 ε，η 是保持不变的（即便以更高的精确度对上述量进行测量），而且不能对观测仪器进行设置以满足 $\varepsilon\eta \ll h$。

因此，若我们引入上文所提及的两个方向，或者将黑点本身作为物理量

（具有算子 Q'，P'），那么我们可以看到 Q'，P' 是可对易的，但是属于 q，p 的算子 Q，P，可以借助它们本身，分别以不高于 ε，η 的精度来表示。设属于 Q'，P' 的量为 q'，p'。真实宏观上可测量的量不是 q，p 本身，而是 q'，p'，这一解释是非常合理的（实际上的确是测量所得的）。并且，这与我们“所有宏观量同时可测”的假设相符。

将这个结果归因于普遍意义，并将其视为解释宏观观察方法的特征是一种合理的做法。据此，宏观过程包括：将所有相互不可对易的可能算子 A，B，C，…替换为其他相互可对易的算子 A'，B'，C'，…（前者是后者在某个近似值内的函数）。因为我们也可以用 A'，B'，C'，…本身来表示 A'，B'，C'，…的这些函数，所以我们也可以说 A'，B'，C'…是 A，B，C，…的近似值，但彼此之间可对易。若各个数字 ε_A，ε_B，ε_C，…给出了算子 $A'-A$，$B'-B$，$C'-C$，…的量值的度量，那么我们可以看到，$\varepsilon_A\varepsilon_B$ 将是 $AB-BA$ 的数量级（即一般不等于0），等等。这给出了可以达到的近似值的极限。当然值得推荐的是，在计数 A，B，C，…时，仅限于那些物理量无法通过宏观观察进行测量的算子，至少在合理的近似程度之内。

如果我们不能证明，它们仅需的是在数学上可行的东西，那么这些完全定性的发展就仍是一个空洞的计划。因此，对于 Q，P 的特征案例，我们将在数学基础上对上述 Q'，P' 存在性的问题做进一步的讨论。为此，设 ε，η 为两个正数，且 $\varepsilon\eta=\dfrac{h}{4\pi}$。我们要寻找两个可对易的 Q'，P'，以使 $Q'-Q$，$P'-P$（在某种意义上，还有待于更精确的定义）分别有 ε，η 的量级。

我们选用可精确测量的量 q'，p' 来证明，即 Q'，P' 具有纯离散谱。因为它们是可对易的，所以存在二者共用的本征函数的完全标准正交系 φ_1，φ_2，…（见 2.10 节）。设 Q' 和 P' 对应的本征值分别为 a_1，a_2，…和 b_1，b_2，…。那么

$$Q'=\sum_{n=1}^{\infty}a_nP_{[\varphi_n]}\text{，}\quad P'=\sum_{n=1}^{\infty}b_nP_{[\varphi_n]}$$

以这样的方式安排对它们的测量，使其产生状态 φ_1，φ_2，…之一。对量 $\mathfrak{R}$ 进行测量，其本征函数为 φ_1，φ_2，…，且有各不相同的本征值 c_1，c_2，…，那么 Q'，P' 是 R 的函数。该测量意味着以近似的方式对 Q 和 P 进行测量，这显然暗示了：在状态 φ_n 中，Q，P 的值被近似地表示为 Q'，P' 的值，即用 a_n，b_n 近似地表示。也就是说，它们关于这些值的偏差很小。这些偏差是量 $(q-a_n)^2$，$(p-b_n)^2$ 的期望值，即

$$\left((Q-a_n1)^2\varphi_n,\ \varphi_n\right)=\|(Q-a_n1)\varphi_n\|^2=\|Q\varphi_n-a_n\varphi_n\|^2$$

$$\left((P-b_n1)^2\varphi_n,\ \varphi_n\right)=\|(P-b_n1)\varphi_n\|^2=\|P\varphi_n-b_n\varphi_n\|^2$$

它们分别是 Q' 与 Q 之间，以及 P' 与 P 之间差的平方的度量，即它们必须分别近似于 ε^2 和 η^2。因此，我们要求

$$\|Q\varphi_n-a_n\varphi_n\|\lesssim\varepsilon\ ,\ \|P\varphi_n-b_n\varphi_n\|\lesssim\eta$$

与其讨论 Q'，P'，还不如只求一个完全标准正交系更加适宜，并选择合适的 a_1，a_2，…和 b_1，b_2，…，使上述估计成立。

由 3.4 节可知，（对于适当的 a，b）满足

$$\|Q\varphi-a\varphi\|=\varepsilon\ ,\ \|P\varphi-b\varphi\|=\eta$$

的个别 φ（$\|\varphi\|=1$）有

$$\varphi_{\rho,\sigma,\gamma}=\varphi_{\rho,\sigma,\gamma}(q)=\left(\frac{2\gamma}{h}\right)^{\frac{1}{4}}\mathrm{e}^{-\frac{\pi\gamma}{h}(q-\sigma)^2+\frac{2\pi\rho}{h}\mathrm{i}q}$$

由于 $\varepsilon\eta=\dfrac{h}{4\pi}$，所以我们又得到了

$$\varepsilon=\sqrt{\frac{h\gamma}{4\pi}}\ ,\ \eta=\sqrt{\frac{h}{4\pi\gamma}}$$

（即 $\gamma=\varepsilon/\eta$），我们选择 $a=\sigma$，$b=\rho$。我们现在必须借助 $\varphi_{\rho,\sigma,\gamma}$ 构建一个完全标准正交系。由于 σ 是 Q 的期望值，且 ρ 是 P 的期望值，因此 ρ，σ 应各自独立地在数集中取值，这是最合理的。ρ 集的实际密度近似为 ε，且 σ 集的实际密度近似为 η。经证实，选择单位

$$2\sqrt{\pi}\cdot\varepsilon=\sqrt{h\gamma}\ \text{与}\ 2\sqrt{\pi}\cdot\eta=\sqrt{\frac{h}{\gamma}}$$

即

$$\rho=\sqrt{h\gamma}\cdot\mu\ ,\quad \sigma=\sqrt{\frac{h}{\gamma}}\cdot\nu\ (\mu,\ \nu=0,\ \pm1,\ \pm2,\ \cdots)$$

是可行的。函数

$$\psi_{\mu,\nu}=\varphi_{\sqrt{h\gamma}\mu,\sqrt{\frac{h}{\gamma}}\nu,\gamma}\quad(\mu,\ \nu=0,\ \pm1,\ \pm2,\ \cdots)$$

应该对应于 φ_n（n=1，2，…）我们有 μ，ν 两个指标对应于一个 n，这显然是不合适的。

这些$\psi_{\mu,\nu}$是标准化的，并且满足

$$\|Q\psi_{\mu,\nu}-\sqrt{h\gamma}\mu\psi_{\mu,\nu}\|=\varepsilon\ ,\quad \|P\psi_{\mu,\nu}-\sqrt{\frac{h}{\gamma}}\nu\psi_{\mu,\nu}\|=\eta$$

但不是正交的。若我们现在用施密特程序（见 2.2 节中对定理 8 的证明）把它们（逐一地）正交化，那么我们可以毫无困难地证明所得标准正交系 $\psi'_{\mu,\nu}$ 的完全性，并且还可以在固定 C 下建立以下近似：

$$\|Q\psi'_{\mu,\nu}-\sqrt{h\gamma}\mu\psi'_{\mu,\nu}\|\leqslant C\varepsilon\ ,\quad \|P\psi'_{\mu,\nu}-\sqrt{\frac{h}{\gamma}}\nu\psi'_{\mu,\nu}\|\leqslant C\eta$$

以这种方式获得了 $C\sim60$ 的值，而且它可能会减少。对两个不等式的证明导致相当烦琐的计算，但不需要任何新概念，我们就此忽略。因子 $C\sim60$ 并不重要，因为以宏观单位（CGS）测量所得 $\varepsilon\eta=\frac{h}{4\pi}$ 的量值非常微小（在 10^{-28} 的量级）。

综上所述，我们可以肯定以下做法是十分合理的：假设所有宏观算子是可对易的，特别是确定前面所介绍的宏观投影 E 的可对易性。

E 对应于所有宏观上可回答的问题 $\mathfrak{E}$，即对应于被研究系统中所有备选方案的判别，这些判别均可在宏观上进行。它们全都是可对易的。我们可以由 2.5 节得出结论：$I-E$ 与 E 一起，属于与宏观可回答问题（命题）关联的

所有投影算子的集合，并且 EF，$E+F-EF$，$E-EF$ 与 E，F 也同样属于该集合。假定每个系统 S 只有有限个（E_1，…，E_n）算子是合理的。我们引入符号 $E^{(+)}=E$，$E^{(-)}=I-E$，并考虑所有 2^n 个乘积 $E_1^{(s_1)}\cdots E_n^{(s_n)}$（$s_1$，…，$s_n=\pm$）。

其中任意两个不同的乘积为 0：因为若 $E_1^{(s_1)}\cdots E_n^{(s_n)}$ 和 $E_1^{(t_1)}\cdots E_n^{(t_n)}$ 是两个这样的系统，并且 $s_v\neq t_v$，则它们的乘积中出现因子 $E_v^{(s_v)}$，$E_v^{(t_v)}$，即 $E_v^{(+)}=E$ 与 $E_v^{(-)}=I-E$，它们的乘积为 0。每个 E_v 是几个这样乘积的和：实际上

$$E_v=\sum_{s_1,\cdots,s_{v-1},s_{v+1},\cdots,s_n=\pm} E_1^{(s_1)}\cdots E_{v-1}^{(s_{v-1})}\cdot E_v^{(+)}E_{v+1}^{(s_{v+1})}\cdots E_n^{(s_n)}$$

在这些乘积中，考虑那些不为 0 的，称之为 E'_1，…，E'_m（显然 $m\leqslant 2^n$，但实际上甚至有 $m\leqslant n-1$，因为这些必须在 E_1，…，E_n 之中出现，并且不能为 0）。现在很清楚：$E'_\mu\neq 0$；当 $\mu\neq v$ 时，$E'_\mu E'_v=0$；每个 E_μ 都是几个 E'_v 之和（由后面也可得出 $n=2^m$）。需要注意的是：永远不会出现 $E_\mu+E_v=E'_\rho$，除非 $E_\mu=0$，$E_v=E'_\rho$ 或者 $E_\mu=E'_\rho$，$E_v=0$。否则，E_μ，E_v 将是几个 E'_π 的总和，且因此 E'_ρ 是大于等于 2 项 E'_π 的总和（可能有重复）。根据 2.4 节中所述定理 15，定理 16，这些都将彼此不同，因为它们的数目大于等于 2 并且都不等于 0，它们也不同于 E'_ρ，因此它们与 E'_ρ 的乘积将为 0。所以它们的和与 E'_ρ 的乘积也将为 0，但这与总和为 E'_ρ 的论断相矛盾。

对应于 E'_1，…，E'_m 的性质 $\mathfrak{E}'_1$，…，$\mathfrak{E}'_m$ 是以下类型的宏观属性：每个都是合理的，每两个之间都是互斥的。每个宏观属性都是通过对其中几个的分离而获得的。其中没有任何一个性质是可以通过分离成两个更清晰的宏观性质而解决的。因此，$\mathfrak{E}'_1,\cdots,\mathfrak{E}'_m$ 代表了我们可以得到的最为深刻的宏观判别，因为它们在宏观上是不可分解的。

下面我们将不要求这些性质的个数是有限的，只要求它们具有宏观不可

分解的性质 $\mathfrak{E}'_1$，$\mathfrak{E}'_2$，…。设它们的投影算子为 E'_1，E'_2，…，并且全都不为 0，两两正交，并且每个宏观 E 是其中的几个性质之和。

因此，1 也是其中几个性质之和。若 E'_ν 有出现在这个和之中，那么它将与每个项正交，从而也正交于和 1，即 $E'_\nu = E'_\nu \cdot 1 = 0$，而这是不可能的。因此，$E'_1 + E'_2 + \cdots = 1$。我们去掉撇号得到：$\mathfrak{E}_1$，$\mathfrak{E}_2$，…和 E_1，E_2，…。我们把属于这些的闭线性流形称为 $\mathfrak{M}_1$，$\mathfrak{M}_2$，…，它们的维数是 s_1，s_2，…。若所有 $s_n = 1$，即所有 $\mathfrak{M}_n$ 是一维的，那么则有 $\mathfrak{M}_n = [\varphi_n]$，$E_n = P_{[\varphi_n]}$，并且由于 $E_1 + E_2 + \cdots = 1$，所以 φ_1，φ_2，…将形成一个完全标准正交系。这就意味着，宏观测量本身就可能完全确定被观察系统的状态。由于通常情况并非如此，因此我们有 $s_n > 1$，而且事实上也是 $s_n \gg 1$。

此外，还应注意，E_n 是宏观描述世界的基本组成部分，从某种意义上来说，对应于经典理论中相空间的普通细胞分裂。我们已经看到，它们可以用一种近似的方式重现非可对易算子的行为，特别是 Q 和 P 的行为，它们对相空间非常重要。

现在对于一个不可分解的投影算子 E_1，E_2，…的宏观观察者来说，混合总体 U 的熵是多少？或者更准确地说，通过把 U 变换为 V，观察者最多能获得多少熵？即在最有利的情况下，一位观察者可以从外部对象中产生多少熵（在适当的条件下，当然这种熵的变化可能是增加或减少的）作为从 $U \to V$ 变换的补偿？

首先必须强调的是，若 U 和 U' 两个总体对 E_n（当 $n = 1, 2, \cdots$ 时）都给出相同的期望值，即 $\mathrm{Tr}(UE_n) = \mathrm{Tr}(U'E_n)$（$n = 1, 2, \cdots$），那么观察者是无法区分 U 和 U' 这两个总体的。当然，经过一段时间后，对二者的区分或许成为可能，因为 U 和 U' 会根据过程 **2** 发生变化，并且

$$\mathrm{Tr}(AUA^{-1}E_n) = \mathrm{Tr}(AU'A^{-1}E_n), \qquad A = \mathrm{e}^{-\frac{2\pi \mathrm{i}}{h} tH}$$

必定不再成立[1]。但是，我们仅考虑了即刻进行的测量。因此，在上述条件下，我们可以认为 U 和 U' 是不可区分的。此外，观察者也可以只使用那种半透墙，来传输一些 E_n 的 φ，并且把其余部分保持不变地反射回去。我们不难看出，有这种可能性就足够了。通过在 5.2 节中所述的方法

$$U=\sum_{n=1}^{\infty}x_nE_n$$

可逆地变换为

$$V'=\sum_{n=1}^{\infty}y_nE_n$$

使得熵的差值仍为 $\kappa\mathrm{Tr}(U'\ln U')-\kappa\mathrm{Tr}(V'\ln V')$，即 U' 的熵等于 $-\kappa\mathrm{Tr}(U'\ln U')$。可以肯定的是，为了使这种具有 $\mathrm{Tr}\,U'=1$ 的 U' 一般地存在，$\mathrm{Tr}\,E_n$ 即 s_n 的数目必须是有限的。因此，我们假设所有 s_n 的数目是有限的。U' 具有 s_1 重本征值 x_1，s_2 重本征值 x_2，…。因此，$-U'\ln U'$ 有 s_1 重本征值 $-x_1\ln x_1$，有 s_2 重本征值 $-x_2\ln x_2$，…。所以 $\mathrm{Tr}\,U'=1$ 意味着

$$\sum_{n=1}^{\infty}s_nx_n=1$$

并且 U' 的熵等于

$$-\kappa\sum_{n=1}^{\infty}s_nx_n\ln x_n$$

因为

$$U'E_m=\sum_{n=1}^{\infty}x_nE_nE_m=x_mE_m\quad,\quad\mathrm{Tr}(U'E_m)=x_m\mathrm{Tr}\,E_m=s_mx_m$$

---

[1] 若 E_n 与 H 可对易，且因此与 A 可对易，那么以下等式仍然成立，因为

$$\mathrm{Tr}(A\cdot UA^{-1}E_n)=\mathrm{Tr}(UA^{-1}E_n\cdot A)=\mathrm{Tr}(UA^{-1}AE_n)=\mathrm{Tr}(UE_n)$$

但是并非所有的 E_n，即所有宏观可观察的量都与 H 可对易。实际上，许多这样的量，诸如扩散中气体的重心，随着时间 t 有明显的变化，即 $\mathrm{Tr}(UE_n)$ 并非常数。由于所有宏观量均可对易，所以 H 绝对不是一个宏观量，即能量在宏观上不能以完全精确的方式进行测量。这是合理的，无须进行额外的说明。

$$x_m = \frac{\mathrm{Tr}\,(U'E_m)}{s_m}$$

因此 U' 的熵等于

$$-\kappa\sum_{n=1}^{\infty}\mathrm{Tr}\,(U'E_n)\ln\frac{\mathrm{Tr}\,(U'E_n)}{s_n}$$

对任意 U（$\mathrm{Tr}\,U=1$），其熵必须也等于

$$-\kappa\sum_{n=1}^{\infty}\mathrm{Tr}\,(UE_n)\ln\frac{\mathrm{Tr}\,(UE_n)}{s_n}$$

因为，若我们设

$$x_n = \frac{\mathrm{Tr}\,(UE_n)}{s_n},\quad U' = \sum_{n=1}^{\infty}x_nE_n$$

则有

$$\mathrm{Tr}\,(UE_n) = \mathrm{Tr}\,(U'E_n)$$

并且由于 U 与 U' 之间不可区分，因此它们具有相同的熵。

我们还必须提及以下事实：这个熵总是大于常规的熵

$$-\kappa\sum_{n=1}^{\infty}\mathrm{Tr}\,(UE_n)\ln\frac{\mathrm{Tr}\,(UE_n)}{s_n} \geqslant -\kappa\mathrm{Tr}\,(U\ln U)$$

并且等号仅当

$$U = \sum_{n=1}^{\infty}x_nE_n$$

时成立。根据 5.3 节所示结果可知，上述公式必定成立。若

$$U' = \sum_{n=1}^{\infty}\frac{\mathrm{Tr}\,(UE_n)}{s_n}E_n$$

可由 U 通过几次应用过程 **1**（不一定是宏观的）而得到——因为在左边我们有 $-\kappa\mathrm{Tr}\,(U'\ln U')$，并且

$$U = \sum_{n=1}^{\infty}x_nE_n$$

也就意味着 $U=U'$。我们考虑一个标准正交系 $\varphi_1^{(n)}$，…，$\varphi_{s_n}^{(n)}$，由其张成属

于 E_n 的闭线性流行 $\mathfrak{M}_n$ 属于 E_n。由于

$$\sum_{n=1}^{\infty} E_n = 1$$

所有 $\varphi_\nu^{(n)}$（$n=1, 2, \cdots, \nu=1, \cdots, s_n$）形成一个完全标准正交系。设 R 是具有这些本征函数的算子（仅具有相互不同的本征值）并且 $\mathfrak{R}$ 是其物理量。在对 R 的测量中，我们由 U 得到（根据过程 **1**）

$$U'' = \sum_{n=1}^{\infty}\sum_{\nu=1}^{s_n}(U\varphi_\nu^{(n)}, \varphi_\nu^{(n)})\cdot P_{[\varphi_\nu^{(n)}]}$$

于是，若我们设

$$\psi_\mu^{(n)} = \frac{1}{\sqrt{s_n}}\sum_{\nu=1}^{s_n} \mathrm{e}^{\frac{2\pi \mathrm{i}}{s_n}\mu\nu}\varphi_\nu^{(n)} \quad (\mu=1, \cdots, s_n)$$

则 $\psi_1^{(n)}, \cdots, \psi_{s_n}^{(n)}$ 形成一个标准正交系，它张成与 $\varphi_1^{(n)}, \cdots, \varphi_{s_n}^{(n)}$ 相同的闭线性流形：$\mathfrak{M}_n$。因此，$\psi_\nu^{(n)}$（$n=1, 2, \cdots; \nu=1, 2, \cdots, s_n$）也形成了一个完全标准正交系，并且我们可以用这些本征函数构造一个算子 S，其对应的物理量是 $\mathfrak{S}$。我们必须注意以下公式的有效性

$$(P_{[\varphi_\nu^{(n)}]}\psi_\mu^{(m)}, \psi_\mu^{(m)}) = \begin{cases} 0, & m \neq n \\ \dfrac{1}{s_n}, & m = n \end{cases}$$

$$\sum_{\nu=1}^{s_n} P_{[\varphi_\nu^{(n)}]} = \sum_{\nu=1}^{s_n} P_{[\psi_\nu^{(n)}]} = E_n$$

因此，在对 $\mathfrak{S}$ 的测量中，U'' 变为（根据过程 **1**）

$$\sum_{m=1}^{\infty}\sum_{\mu=1}^{s_m}(U''\psi_\mu^{(m)}, \psi_\mu^{(m)})P_{[\psi_\mu^{(m)}]}$$

$$= \sum_{m=1}^{\infty}\sum_{\mu=1}^{s_m}\left[\sum_{n=1}^{\infty}\sum_{\nu=1}^{s_n}(U\varphi_\nu^{(n)}, \varphi_\nu^{(n)})\ (P_{[\psi_\nu^{(n)}]}\psi_\mu^{(m)}, \psi_\mu^{(m)})\right]P_{[\psi_\mu^{(m)}]}$$

$$= \sum_{m=1}^{\infty}\sum_{\mu=1}^{s_m}\left[\sum_{\nu=1}^{s_m}\frac{(U\varphi_\nu^{(m)}, \varphi_\nu^{(m)})}{s_m}\right]P_{[\psi_\mu^{(m)}]} = \sum_{m=1}^{\infty}\sum_{\nu=1}^{s_m}\frac{\mathrm{Tr}(UE_m)}{s_m}P_{[\psi_\mu^{(m)}]}$$

$$=\sum_{m=1}^{\infty}\frac{\mathrm{Tr}(UE_m)}{s_m}E_m=U'$$

因此，经过两次过程 **1** 的作用，足以将 U 转换为 U' ——这就是我们证明所需要的全部。

状态（$U=P_{[\varphi]}$，$\mathrm{Tr}(UE_m)=(E_n\varphi,\ \varphi)=\|E_n\varphi\|^2$）的熵

$$-\kappa\sum_{n=1}^{\infty}\|E\varphi_n\|^2\ln\frac{\|E\varphi_n\|^2}{s_n}$$

不再受制于"宏观"熵：一般而言，它在时间上（即在过程 **2** 中）并非恒定不变的，并且对于所有状态 $U=P_{[\varphi]}$ 都不为 0。事实上：形成我们的熵的 $\mathrm{Tr}(UE_n)$ 在时间上通常并非恒定不变的，这在上一条注释中已经讨论过。很容易确定状态 $U=P_{[\varphi]}$ 的熵何时为 0：因为

$$\frac{\|E_n\varphi\|^2}{s_n}\geqslant 0,\ \leqslant 1$$

这就要求熵表达式中所有被求和项

$$\|E_n\varphi\|^2\ln\frac{\|E_n\varphi\|^2}{s_n}$$

小于等于 0。因此，所有这些都必须等于 0。也就是说

$$\frac{\|E_n\varphi\|^2}{s_n}=0\text{ 或者 }1$$

前者表示 $E_n\varphi=0$，而后者表示 $\|E_n\varphi\|=\sqrt{s_n}$，但是由于

$$\|E_n\varphi\|\leqslant 1,\ s_n\geqslant 1$$

就意味着 $s_n=1$，$\|E_n\varphi\|=\|\varphi\|$，即 $E_n\varphi=\varphi$；或者 $s_n=1$，φ 位于 $\mathfrak{M}_n$ 中。后者当然不能对两个不同的 n 都成立，其实它根本不能成立。因为若成立，则 $E_n\varphi=0$ 将恒为真，因此

$$\sum_{n=1}^{\infty}E_n=1$$

由此可得 $\varphi=0$，所以恰好有一个 n 使得 φ 在 $\mathfrak{M}_n$ 中，因此 $s_n=1$；但因为我

们已确定了通常所有 $s_n \gg 1$，这是不可能的，也就是说，我们的熵恒大于 0。

由于宏观熵是随时间变化而变化的，接下来要回答的问题是：它的行为是否与现实世界中的唯象热力学的熵相似，即它是否会显著增加？在经典力学理论中，所谓的玻尔兹曼 H 定理对这一问题给出了肯定的回答。但其中必须作出某些统计假设，即所谓的“无序假设”[1]。在量子力学中，可以在没有这种假设的情况下证明相应的定理。若对该主题以及与之密切相关的遍历性定理进行详细讨论的话，那么一定会超出本书的范围，所以我们不在此介绍这些研究。对此问题感兴趣的读者可以参考相关文献中的处理方法。

〔1〕有关经典的 H 定理，见 Boltzmann，*Vorlesungen ber Gastheorie*，Leigzig，1896。由沃尔夫冈・泡利（Wolfgang pamli）（*Sommerfeld-Festschrift*，1928）提出的“无序假设”（在量子力学中）取代了玻尔兹曼的理论，并且在其帮助下对 H 定理进行了证明。最近，作者还成功地证明了经典机械遍历定理。

第六章　测量过程

6.1 问题的表述

在前面的讨论中，我们已经处理了量子力学与因果律以及统计学中各种描述性方法之间的关系。在这一过程中，我们发现了量子力学奇特的二元性，对此我们尚不能给出令人满意的解释。即我们发现：一方面，在时间区间 $0 \leqslant \tau \leqslant t$ 中，在能量算子 H 的作用下，状态 φ 转化成了状态 φ'

$$\frac{\partial}{\partial t}\varphi_\tau = -\frac{2\pi i}{h}H\varphi_\tau \quad (0 \leqslant \tau \leqslant t)$$

所以若我们将其记作 $\varphi_o = \varphi$ ，$\varphi_t = \varphi'$ ，那么则有

$$\varphi' = e^{-\frac{2\pi i}{h}tH}\varphi$$

这是纯粹的因果关系。混合体 U 相应地转化为

$$U' = e^{-\frac{2\pi i}{h}tH}Ue^{\frac{2\pi i}{h}tH}$$

因此，由于 φ 到 φ' 的因果变化，状态 $U = P_{[\varphi]}$ 转化为状态 $U' = P_{[\varphi']}$（见 5.1 节中的过程 **2**）。另一方面，可以用状态 φ 测量一个具有纯离散谱，不同本征值及本征函数 φ_1，φ_2，…的量。状态 φ 在测量中经历了一个非因果性的变化，状态 φ_1，φ_2，…中的每个都可以产生相应的概率，并且实际上也确实产生了相应的概率 $|(\varphi,\ \varphi_1)|^2$，$|(\varphi,\ \varphi_1)|^2$，…，即得到了混合体

$$U' = \sum_{n=1}^{\infty}|(\varphi,\ \varphi_n)|^2 P_{[\varphi_n]}$$

更普遍地讲，混合体 U 转化为

$$U' = \sum_{n=1}^{\infty}(U\varphi_n,\ \varphi_n)P_{[\varphi_n]}$$

（见5.1节中的过程1）。

多种状态导致了一种混合状态，因此该过程不是因果性的。$U \to U'$ 的这两个过程之间存在着一个非常根本的区别：除了在因果律上的不同行为之外，二者的不同之处还在于前者（在热力学上）是可逆的，而后者不是（见5.3节）。

现在让我们将这些情况与自然界中真实存在的实际情况，或所观测到的情况进行比较。首先，以下观点从本质上讲是完全正确的：相对于物理环境而言，测量或主观感知的相关过程是新的实体，且后者是不可还原的。实际上，主观感知将我们引入到个体内部的心智生活，就其本质而言，是超观测的（因为主观认知的内容必须在任何可能的观察或实验中被视为理所当然，见上述讨论）。尽管如此，科学观点有一个基本要求，也就是所谓的“心身平行论”，即必须能对这种主观感知的超物理过程进行描述，就如同它在现实物理世界中发生过一样：在客观环境下，在普通空间中，给其各个部分分配等效的物理过程（当然，在这个相互关联的过程中，经常需要把一些过程定位于某些点上，而这些点就位于我们自身所占据的那部分空间之中。但这并不会改变以下事实：它们属于“我们周围的世界”，即上面所提及的客观环境）。下面用这个简单的例子进行阐释，这些概念可做如下应用，如我们想要测量温度。我们可以选择以数字的方式来进行测量，读取温度计水银柱所显示的外部环境的温度，然后说：“这个温度是用温度计测出来的。”但是，我们可以通过水银的特性，利用动力学和分子术语对其进行更加深入的计算，我们可以计算出水银的受热、膨胀以及由此产生的水银柱高度，然后说：“这个高度就是观察者所观察到的。”更进一步，考虑到光源，我们可以找出光量子在不透明的水银柱上的反射，以及剩余光量子进入观察者眼睛的路径——光量子在眼睛晶状体中的折射，并在视网膜上形成一个图像——然后我们会说：“这个图像是由观察者的视网膜记录的。”若我们在生理方面的知识比现如今更加精确的话，我们还可以做更进一步的探究，追踪在视网膜、视神经束和大脑中产生映像的化学反应，最后再说：“他脑细胞中的这些化学变化是能被观察者所感知的。”但是，无论我们如何地深入——从盛水银的容器，到温度计的刻度，到视网膜，或者到大脑——在某一刻，我们必须说："这是由观察者所感知的。"也就是说，我们必须始终将世界划分为两个部分：一部分是被观察的系统；另一部分是观察者。对于前者（至少在原则上），我们可以以任意的精确程度对所有的物理过程进行跟踪。对于后者，这是没有意义的。两者之间的边界在很大程度上是任意的。尤其是在上述的例子中，我们看到了四种不同的可能性。从这个意义上来看，我们不必把观察者与实际观察者相等同：在上述例子所提及的一个情形中，我们甚至把温度计都包含在内；而在另一个情形中，甚至连眼睛和视神经束也没能涵盖其中。这一边界可以以任意程度深入至实际观察者的内部，这就是"心身平行论"的内容。但这并未改变以下事实：在每种有意义的描述方法里，即若该方法可与实验做比较，则必须在某处设置边界。其实经验只能给出下面这种陈述——"某位观察者做出了某个（主观的）观测"，却从没给出过这样的陈述——"某个物理量具有某个特定值"。

现在量子力学借助过程 **2**（见 5.1 节所述内容），对世界上被观察部分中所发生的事件进行了描述，只要它们不与观察部分相互作用；但只要发生了这种相互作用，即测量，就需要应用过程 **1**。因此，这种二元性是合理的[1]。然而，危险存在于以下事实中：只要不能证明被观测系统和观测者之间的边界可以在上述的意义上任意设定，就违反了"心身平行论"。

为了对这一点进行讨论，让我们把世界分成三个部分：Ⅰ，Ⅱ和Ⅲ。设Ⅰ为实际观测到的系统，Ⅱ为测量仪器，Ⅲ为实际观测者[2]。可以证明，边界可以划在Ⅰ和Ⅱ＋Ⅲ之间，也可以划在Ⅰ＋Ⅱ和Ⅲ之间（在我们上述的例子中，

〔1〕玻尔于 1929 年第一次指出，双重描述对于量子力学描述自然的形式体系而言是必要的，事物的物理性质已经完全证明了这种双重描述，这或许与"心身平行论"有关。

〔2〕以下讨论以及在 6.3 节中所述内容，囊括了作者与西拉德对话的基本要素。

在比较第 1 种和第 2 种情形时，Ⅰ是被观测系统，Ⅱ是温度计，Ⅲ是光线 + 观测者；在比较第 2 种和第 3 种情形时，Ⅰ是被观测系统 + 温度计，Ⅱ是光线 + 观测者的眼睛，Ⅲ是观测者，从视网膜开始；在比较第 3 种和第 4 种情形时，Ⅰ是关于观测者的一切，一直到视网膜，Ⅱ是他的视网膜、神经束和大脑，Ⅲ是他抽象的“自我”）。也就是说，在一种情形下，过程 **2** 应用于Ⅰ，而过程 **1** 应用于Ⅰ和Ⅱ + Ⅲ之间的相互作用；而在另一种情形下，过程 **2** 应用于Ⅰ + Ⅱ，而过程 **1** 应用于Ⅰ + Ⅱ和Ⅲ之间的相互作用（在每种情形下，Ⅲ本身都在计算之外）。我们要解决的问题就是证明以下结论：两个过程对Ⅰ给出的结果相同（在这两种情形下，该部分仅有属于世界中被观测的部分）。

但是为了能够成功地解决这一问题，我们首先必须更仔细地研究形成两个物理系统的合并过程（从Ⅰ和Ⅱ到形成Ⅰ + Ⅱ）。

6.2 复合系统

正如上一节末尾所述，我们要考虑两个物理系统Ⅰ，Ⅱ（它们不一定具有上述Ⅰ，Ⅱ的意义），以及二者的组合Ⅰ+Ⅱ。在经典力学的描述方法中，Ⅰ有 k 个自由度，且因此有坐标 q_1，…，q_k，我们将用符号 q 来表示；相应地，设Ⅱ有 l 个自由度，坐标 r_1，…，r_l，记作 r。因此，Ⅰ+Ⅱ具有 $k+l$ 个自由度，坐标是 q_1，…，q_k，r_1，…，r_l，或者简记为 q，r。那么在量子力学中，Ⅰ的波函数具有 $\varphi(q)$ 的形式，Ⅱ的波函数具有 $\xi(r)$ 的形式，而Ⅰ+Ⅱ的波函数具有 $\Phi(q, r)$ 的形式。在相应的希尔伯特空间 $\mathfrak{R}^{\mathrm{I}}$，$\mathfrak{R}^{\mathrm{II}}$，$\mathfrak{R}^{\mathrm{I+II}}$ 中，内积分别被定义为

$$\int \varphi(q)\overline{\psi(q)}\mathrm{d}q\ ,\quad \int \xi(r)\overline{\eta(r)}\mathrm{d}r$$

和

$$\iint \Phi(q, r)\Psi(q, r)\mathrm{d}q\mathrm{d}r$$

Ⅰ，Ⅱ，Ⅰ+Ⅱ的物理量分别对应于在 $\mathfrak{R}^{\mathrm{I}}$，$\mathfrak{R}^{\mathrm{II}}$ 和 $\mathfrak{R}^{\mathrm{I+II}}$ 中的（超极大）埃尔米特算子 $\dot{A}$，$\ddot{A}$ 和 A。

Ⅰ中的每个物理量自然也是Ⅰ+Ⅱ中的物理量。而且Ⅰ+Ⅱ中的 A 实际上是从其 $\dot{A}$ 中通过以下方式获得的：要获得 $A\varphi(q, r)$，请将 r 视为常数，并将 $\dot{A}$ 应用于 q 函数 $\Phi(q, r)$ 中[1]。这一变换规则对于坐标和动量算子 Q_1，…，Q_k 和 P_1，…，P_k，即

〔1〕若 $\ddot{A}$ 是埃尔米特算子或超极大算子，那么 A 也是；这很容易证明。

$$q_1, \cdots, q_k, \quad \frac{h}{2\pi i}\frac{\partial}{\partial q_1}, \cdots, \frac{h}{2\pi i}\frac{\partial}{\partial q_k}$$

在任何情况下都是成立的（见 1.2 节所述内容），并且该变换符合在 4.2 节中所述的原理 I，II[1]。因此，我们所用的规则是普遍成立的（这是量子力学中的惯用程序）。

同理，II 中的每个物理量也存在于 I + II 里，并且其 $\ddot{A}$ 通过相同的规则给出 A：$A\Phi(q, r)$ 等于 $\ddot{A}\,\Phi(q, r)$，在后一个表达式中，q 取作常数，并将 $\Phi(q, r)$ 视为 r 的函数。

若 $\varphi_m(q)$（m=1, 2, …）是 $\mathfrak{R}^{\mathrm{I}}$ 中的一个完全标准正交系，$\zeta_n(r)$（n=1, 2, …）是 $\mathfrak{R}^{\mathrm{II}}$ 中的一个完全标准正交系，那么 $\Phi_{m|n}(q, r) = \Phi_m(q)\xi_n(r)$（$m$, n=1, 2, …）显然是 $\mathfrak{R}^{\mathrm{I+II}}$ 中的一个完全标准正交系。因此，算子 $\dot{A}$，$\ddot{A}$，A 可以分别用矩阵 $\{\dot{a}_{m|n'}\}$ 和 $\{\ddot{a}_{n|n'}\}$ 和 $\{a_{mn|m'n'}\}$（m, n', n, n'=1, 2, …）表示[2]。我们将经常用到。上述矩阵表达方式表明：

$$\dot{A}\varphi_m(q) = \sum_{m'=1}^{\infty}\dot{a}_{m|m'}\varphi_{m'}(q), \quad \ddot{A}\xi_n(r) = \sum_{n'=1}^{\infty}\ddot{a}_{n|n'}\xi_{n'}(r)$$

以及

$$A\Phi_{mn}(q, r) = \sum_{m', n'=1}^{\infty} a_{mn|m'n'}\Phi_{m'n'}(q, r)$$

即

$$A\varphi_m(q)\xi_n(r) = \sum_{m'n'=1}^{\infty}\alpha_{mn|m'n'}\varphi_{m'}(q)\xi_{n'}(r)$$

---

〔1〕这对于 I 很清楚，对于 II 也是如此，只要涉及的是多项式。对于一般函数，可以由以下事实推断得出：在我们进行 $\dot{A}\to A$ 的转换时，单位分解与埃尔米特算子的对应关系不会受到干扰。

〔2〕由于指数的数量与种类繁多，我们使用这种表示矩阵的方法，与目前所使用的符号有些许不同。

尤其，$\dot{A} \to A$ 的对应关系就表明

$$A\varphi_m(q)\xi_n(r)=\left(\dot{A}\varphi_m(q)\right)\xi_n(r)=\sum_{m'=1}^{\infty}\dot{a}_{m|m'}\varphi_{m'}(q)\xi_n(r)$$

即

$$a_{mn|m'n'}=\dot{a}_{m|m'}\delta_{n|n'}，\text{其中，}\delta_{n|n'}=\begin{cases}1, & n=n'\\ 0, & n\neq n'\end{cases}$$

与之相类似，$\ddot{A}\to A$ 的对应关系就表明 $a_{mn|m'n'}=\ddot{a}_{n|n'}\delta_{m|m'}$。

Ⅰ + Ⅱ中的统计总体的特点是其统计算子 U 或其矩阵 $\{u_{mn|m'n'}\}$。这也决定了Ⅰ + Ⅱ中所有量的统计性质，因此也确定了Ⅰ中所有量的统计性质。因此，在Ⅰ中也有一个与之相对应的统计总体。事实上，一个只能感知Ⅰ而不能感知Ⅱ的观测者，会把系统Ⅰ + Ⅱ的统计总体看作一个Ⅰ系统的总体。那么现在属于该系统Ⅰ的算子 $\dot{U}$ 或其矩阵 $\{\dot{u}_{m|m'}\}$ 是什么呢？我们对它的确定过程如下所示：若把具有矩阵 $\{\dot{a}_{m|m'}\}$ 的Ⅰ量看作系统Ⅰ + Ⅱ量，则具有矩阵 $\{a_{m|m'}\delta_{n|n'}\}$，因此，根据在Ⅰ中的计算，它具有期望值

$$\sum_{m,\, m'=1}^{\infty}\dot{u}_{m|m'}\dot{a}_{m'|m}$$

而Ⅰ + Ⅱ中的计算给出了

$$\sum_{m,\, n,\, m',\, n'=1}^{\infty}u_{mn|m'n'}\dot{a}_{m'|m}\delta_{n'|n}=\sum_{m,\, m',\, n=1}^{\infty}u_{mn|m'n'}\dot{a}_{m'|m}$$

$$=\sum_{m,\, m'=1}^{\infty}\left(\sum_{n=1}^{\infty}u_{mn|m'n}\right)\dot{a}_{m'm}$$

为了使两个表达式相等，我们必须有

$$\dot{u}_{m|m'}=\sum_{n=1}^{\infty}u_{mn|m'n}$$

同理，对于我们的Ⅰ + Ⅱ统计总体，若只考虑Ⅱ，而忽略Ⅰ，那么就可以确定一个具有统计算子 $\ddot{U}$ 和矩阵 $\{\ddot{u}_{n|n'}\}$ 的统计总体Ⅱ。通过类推，我们可以得到

$$\ddot{u}_{n|n'}=\sum_{m=1}^{\infty}u_{mn|m'n}$$

至此，我们为Ⅰ，Ⅱ，Ⅰ＋Ⅱ的统计算子建立了相应的规则，即$\dot{U}$，$\ddot{U}$，U。事实证明，这些规则与控制物理量算子$\dot{A}$，$\ddot{A}$，A之间对应关系的规则存在本质上的不同。

这里应当指出的是，我们建立的有关$\dot{U}$，$\ddot{U}$，U的对应性，显然只取决于对完全标准正交系$\varphi_m(q)$和$\zeta_n(q)$的选择。事实上，这是由一个不变的条件推导出来的（仅通过这种安排就能满足）：根据$\dot{A}$与A的期望值相一致的要求，或者根据$\ddot{A}$的期望值与A的期望值相一致的要求。

U表示Ⅰ＋Ⅱ中的统计量，$\dot{U}$与$\ddot{U}$分别限指Ⅰ中的统计量和Ⅱ中的统计量。现在，就出现了这样一个问题：能否由$\dot{U}$，$\ddot{U}$唯一地确定了U？一般而言，人们期望得到一个否定的答案，因为两个系统之间可能存在的所有"概率依赖性"都消失了——信息被简化为$\dot{U}$和$\ddot{U}$的唯一知识，即把系统Ⅰ和系统Ⅱ分离的知识。但若人们精确地知道系统Ⅰ的状态，也知道系统Ⅱ的状态，那么"概率问题"就不会出现，因为那时Ⅰ＋Ⅱ的状态也是精确已知的了。然而，精确的数学讨论要比这些定性的考虑更可取，下面我们将继续讨论。

那么问题在于：对于两个给定的定号矩阵$\{\dot{u}_{m|m'}\}$和$\{\ddot{u}_{n|n'}\}$，找到第三个定号矩阵$\{u_{mn|m'n'}\}$，以使得

$$\sum_{n=1}^{\infty}u_{mn|m'n}=\dot{u}_{m|m'}\,,\quad \sum_{m=1}^{\infty}u_{mn|mn'}=\ddot{u}_{n|n'}$$

（然后由

$$\sum_{m=1}^{\infty}\dot{u}_{m|m}=1\,,\quad \sum_{n=1}^{\infty}\ddot{u}_{n|n}=1$$

直接得出

$$\sum_{m,n=1}^{\infty}u_{mn|mn}=1$$

即得到了正确的归一化）。这个问题总是可解的，例如，$u_{mn|m'n'}=\dot{u}_{m|m'}\ddot{u}_{m|n'}$总是

一个正解（很容易看出，这个矩阵是定号矩阵），但问题在于这是不是唯一的解。

我们将证明：当且仅当两个矩阵{ $\dot{u}_{m|m'}$ }，{ $\ddot{u}_{n|n'}$ }中的至少一个是一种纯状态时，才会出现这种情况。首先，我们证明这个条件的必要性，即若两个矩阵都对应于混合总体，则存在多个解。在这种情况下（见 6.2 节所述内容）

$$\dot{u}_{m|m'} = \alpha\dot{v}_{m|m'} + \beta^{\dot{w}}{}_{m|m'}, \quad \ddot{u}_{n|n'} = \gamma\ddot{v}_{n|n'} + \delta\ddot{w}_{n|n'}$$

（其中，$\dot{v}_{m|m'}$，$\dot{w}_{m|m'}$ 为定号矩阵，且 $\ddot{v}_{n|n'}$，$\ddot{w}_{n|n'}$ 也是定号矩阵，彼此之间相差超过一个常数因子，并且

$$\sum_{m=1}^{\infty}\dot{v}_{m|m} = \sum_{m=1}^{\infty}\dot{w}_{m|m} = \sum_{n=1}^{\infty}\ddot{v}_{n|n} = \sum_{n=1}^{\infty}\ddot{w}_{n|n} = 1$$

α，β，γ，$\delta > 0$，$\alpha + \beta = 1$，$\gamma + \delta = 1$）。

我们很容易验证，以下每个矩阵

$$u_{mn|m'n} = \pi\dot{v}_{m|m'}\ddot{v}_{n|n'} + \rho\dot{w}_{m|m'}\ddot{v}_{n|n'} + \sigma\dot{v}_{m|m'}\ddot{w}_{n|n'} + \tau\dot{w}_{m|m'}\ddot{w}_{n|n'}$$

都是一个解，其中

$$\pi + \sigma = \alpha, \ \rho + \tau = \beta, \ \pi + \rho = \gamma, \ \sigma + \tau = \delta, \ \pi, \ \rho, \ \sigma, \ \tau > 0$$

那么 π，ρ，σ，τ 可以有无数种选择：因为 $\alpha + \beta = \gamma + \delta$，四个方程之中只有三个是独立的；因此 $\rho = \gamma - \pi$，$\sigma = \alpha - \pi$，$\tau = (\delta - \alpha) + \pi$，并且为了使所有这些都大于 0，我们必须要求 $\alpha - \delta = \gamma - \beta < \pi < \alpha$，$\gamma$，这是对于无穷多个 π 的情况。现在不同的 π，ρ，σ，τ 导致不同的 $u_{mn|m'n'}$，因为 $\dot{v}_{m|m'} \cdot \ddot{v}_{n|n'}$，…，$\dot{w}_{m|m'} \cdot \ddot{w}_{n|n'}$ 是线性无关的，这是因为 $\dot{u}_{m|m'}$，$\dot{w}_{m|m'}$ 和 $\ddot{u}_{n|n'}$，$\ddot{w}_{n|n'}$ 都是线性无关的。

接下来我们要证明充分性，这里我们可以假设 $u_{m|m'}$ 对应于一种状态（其他情况可以以同样的方式进行处理）。于是 $\dot{U} = P_{[\varphi]}$，并且由于完全标准正交系 φ_1，φ_2，…是任意的，我们可以假设 $\varphi_1 = \varphi \cdot \dot{U} = P_{[\varphi_1]}$ 有矩阵

$$\dot{u}_{m|m'} = \begin{cases} 1, & m = m' = 1 \\ 0, & 其他 \end{cases}$$

因此

$$\sum_{n=1}^{\infty} u_{mn|m'n} = \begin{cases} 1, & m = m' = 1 \\ 0, & \text{其他} \end{cases}$$

特别是，当 $m \neq 1$ 时，

$$\sum_{n=1}^{\infty} u_{mn|mn} = 0$$

但是由于 $u_{mn|m'n'}\left[u_{mn|mn} = (U\Phi_{mn}, \Phi_{mn})\right]$ 的定号性，所有 $u_{mn|mn} \geqslant 0$，因此在这种情况下，$u_{mn|mn}$=0。即 $(U\Phi_{mn}, \Phi_{mn})=0$，并且由于 U 的定号性，$(U\Phi_{mn}, \Phi_{m'n'})$ 也等于 0（见 2.5 节定理 19），其中 m'，n' 是任意的。也就是说，由 $m \neq 1$ 可以得出 $u_{mn|m'n'}$=0，且由于埃尔米特性质，这也可以由 $m' \neq 1$ 得出。然而，当 $m = m' = 1$ 时，可以得到

$$u_{1n|1n'} = \sum_{m=1}^{\infty} u_{mn|mn'} = \ddot{u}_{n|n'}$$

因此，诚如我们所断言，解 $u_{mn|m'n}$ 是唯一确定的。

因此，我们可以将结果总结如下：当且仅当满足以下两个条件时，Ⅰ＋Ⅱ中包含算子 $U=\{u_{mn|m'n'}\}$ 的统计总体，可以通过它分别在Ⅰ和Ⅱ中的单个统计总体（对应的算子分别为 $\dot{U}=\{\dot{u}_{m|m'}\}$ 和 $\ddot{U}=\{\ddot{u}_{n|n'}\}$）唯一地确定。

1 $u_{mn|mn'} = \dot{v}_{m|m'}\ddot{v}_{n|n'}$，由

$$\operatorname{Tr} U = \sum_{m,n=1}^{\infty} u_{mn|mn} = \sum_{m=1}^{\infty} \dot{v}_{m|m} \sum_{n=1}^{\infty} \ddot{v}_{n|n} = 1$$

可知，通过将 $\dot{v}_{m|m'}$ 和 $\ddot{v}_{n|n'}$ 与两个倒数常数因子相乘，我们可以得到

$$\sum_{m=1}^{\infty} \dot{v}_{m|m} = 1, \quad \sum_{n=1}^{\infty} \ddot{v}_{n|n} = 1$$

于是我们可以得到 $\dot{u}_{m|m'} = \dot{v}_{m|m'}$，$\ddot{u}_{n|n'} = \ddot{v}_{n|n'}$。

2 在 $\dot{v}_{m|m'} = \bar{x}_m x_{m'}$ 或者 $\ddot{v}_{n|n'} = \bar{x}_n x_n$ 二者之中选择其一（当然，$\dot{U} = P_{[\varphi]}$ 就意味着

$$\varphi = \sum_{m=1}^{\infty} y_m \varphi_m$$

且因此 $\dot{u}_{m|m'}=\bar{y}_m y_{m'}$，对于 $\dot{v}_{m|m'}$ 有相应的公式；以此类推，同样适用于 $\ddot{U}=P_{[\xi]}$），我们将分别称 $\dot{U}$ 和 $\ddot{U}$ 为 U 在Ⅰ和Ⅱ中的投影[1]。

我们现在将应用Ⅰ＋Ⅱ的状态，$U=P_{[\varphi]}$。对应的波函数 $\Phi(q, r)$ 可以根据完全标准正交系 $\Phi_{mn}(q, r)=\varphi_m(q)\zeta_n(r)$ 展开

$$\Phi(q, r)=\sum_{m, n=1}^{\infty} f_{mn}\varphi_m(q)\xi_n(r)$$

因此，我们用系数 f_{mn}（$m, n=1, 2, \cdots$）替换它们，这些系数仅受限于一个条件

$$\sum_{m, n=1}^{\infty}|f_{mn}|^2=\|\Phi\|^2$$

有限。

我们可以通过以下方式定义 F，F^* 这两运算子

$$\mathbf{F}\quad F\varphi(q)=\int\overline{\Phi(q, r)}\varphi(q)\mathrm{d}q$$

$$F^*\xi(r)=\int\Phi(q, r)\xi(r)\mathrm{d}r$$

这两个运算子是线性的，但具有特殊性：它们分别定义在 $\mathfrak{R}^{\mathrm{I}}$ 和 $\mathfrak{R}^{\mathrm{II}}$ 中，但分别在 $\mathfrak{R}^{\mathrm{II}}$ 和 $\mathfrak{R}^{\mathrm{I}}$ 中取值。由于显然存在 $(F\varphi, \xi)=(\varphi, F^*\xi)$（左边的内积在 $\mathfrak{R}^{\mathrm{II}}$ 中形成，而右边的内积在 $\mathfrak{R}^{\mathrm{I}}$ 中形成），所以它们之间呈伴随关系。由于 $\mathfrak{R}^{\mathrm{I}}$ 和 $\mathfrak{R}^{\mathrm{II}}$ 的差异在数学上并不重要，我们可以应用 2.11 节中所述的结果：由于我们正处理的是积分算子，所以 $\sum(F)$ 和 $\sum(F^*)$ 都等于

$$\iint|\Phi(q, r)|^2\mathrm{d}q\mathrm{d}r=\|\Phi\|^2=1\ (\|\Phi\| \text{ 在 } \mathfrak{R}^{\mathrm{I+II}} \text{ 中})$$

因此，该积分是有限的。所以 F，F^* 是连续的，实际上它们是完全连续的算子，并且 F^*F 和 FF^* 都是定号算子

---

〔1〕Ⅰ＋Ⅱ状态下的投影通常是Ⅰ或者Ⅱ的混合总体，见前文。这种情况是由朗道（Lev Davidovich）于 1927 年发现的。

$$\mathrm{Tr}(F^*F)=\sum(F)=1\text{，}\ \mathrm{Tr}(FF^*)=\sum(F^*)=1$$

若再次考虑 $\mathfrak{R}^{\mathrm{I}}$ 与 $\mathfrak{R}^{\mathrm{II}}$ 之间的差异，那么我们就可以看到，F^*F 在 $\mathfrak{R}^{\mathrm{I}}$ 中定义并在 $\mathfrak{R}^{\mathrm{I}}$ 中取值；与之相类似，FF^* 在 $\mathfrak{R}^{\mathrm{II}}$ 中定义并在 $\mathfrak{R}^{\mathrm{II}}$ 中取值。

因为 $F\varphi_m(q)$ 等于

$$\sum_{n=1}^{\infty}\overline{f}_{mn}\xi_n(r)$$

F 有矩阵 $\{\overline{f}_{mn}\}$［可以通过分别使用完全标准正交系 $\varphi_m(q)$ 和 $\xi_n(r)$ 来找出该矩阵，注意后者与 $\xi_n(r)$ 一样是完全标准正交系］。同样，F^* 具有矩阵 $\{f_{mn}\}$（借助同样的完全标准正交系所得）。因此，F^*F，FF^* 有矩阵

$$\left\{\sum_{n=1}^{\infty}\overline{f}_{mn}f_{m'n}\right\}$$

［使用 $\mathfrak{R}^{\mathrm{I}}$ 中的完全标准正交系 $\varphi_m(q)$］以及矩阵

$$\left\{\sum_{n=1}^{\infty}\overline{f}_{mn}f_{mn'}\right\}$$

［使用 $\mathfrak{R}^{\mathrm{II}}$ 中的完全标准正交系 $\xi_n(r)$］。

另一方面，$U=P_{[\varphi]}$ 具有矩阵 $\{\overline{f}_{mn}f_{m'n'}\}$［使用 $\mathfrak{R}^{\mathrm{I+II}}$ 中的完全标准正交系 $\Phi_{mn}(q,r)=\varphi_m(q)\xi_n(r)$］，使其在 I 中的投影 $\dot{U}$ 和在 II 中的投影 $\ddot{U}$ 分别具有矩阵

$$\left\{\sum_{n=1}^{\infty}\overline{f}_{mn}f_{m'n}\right\}\text{和}\left\{\sum_{m=1}^{\infty}\overline{f}_{mn}f_{mn'}\right\}$$

（通过上面给出的完全标准正交系）。

U $\quad\dot{U}=F^*F$，$\ddot{U}=FF^*$

请注意，定义 **F** 和方程 **U** 没有使用 φ_m，ξ_n——因此，它们的有效性与此无关。

算子 $\dot{U}$，$\ddot{U}$ 是完全连续的，并且由 2.11 节和 4.3 节的内容可知，它们可以写作

$$\dot{U}=\sum_{k=1}^{\infty}w'_k P_{[\psi_k]}\text{，}\quad \ddot{U}=\sum_{k=1}^{\infty}w''_k P_{[\eta_k]}$$

其中，ψ_k 在 $\mathfrak{R}^{\text{I}}$ 中构成了一个完全标准正交系，η_k 在 $\mathfrak{R}^{\text{II}}$ 中构成了一个完全标准正交系，且所有 w'_k，$w''_k \geqslant 0$。现在，我们忽略前述两公式中分别带有 $w'_k=0$ 或者 $w''_k=0$ 的项，并用 $k=1$，2，…对余下的各项进行重新编号。然后，ψ_k 和 η_k 再次形成标准正交系，但不一定是完全的。求和式 $\sum_{k=1}^{M'}$，$\sum_{k=1}^{M''}$ 代替了两个 $\sum_{k=1}^{\infty}$，其中，M'，M'' 可为 ∞，或者有限。此外，所有的 w'_k，w''_k 现在均大于 0。

现在我们考虑一下 ψ_k。由于 $\dot{U}\psi_k=w'_k\psi_k$，因此 $F^*F\psi_k=w'_k\psi_k$，$FF^*F\psi_k=w'_kF\psi_k$，$\ddot{U}F\psi_k=w'_kF\psi_k$。进而有

$$\begin{aligned}(F\psi_k,\ F\psi_l)&=(F^*F\psi_k,\ \psi_l)=(\dot{U}\psi_k,\ \psi_l)\\&=w'_k(\psi_k,\ \psi_l)=\begin{cases}w'_k, & k=l\\0, & k\neq l\end{cases}\end{aligned}$$

因此，特别是有$\|F\psi_k\|^2=w'_k$。然后，$\frac{1}{\sqrt{w'_k}}F\psi_k$ 在 $\mathfrak{R}^{\text{II}}$ 中形成一个标准正交系，并且它们是 $\ddot{U}$ 的本征函数，具有与 $\dot{U}$ 的 ψ_k 相同的本征值（即 w'_k）。也就是说，$\dot{U}$ 的每个本征值也是 $\ddot{U}$ 的本征值，且有相同的重数。把 $\dot{U}$ 和 $\ddot{U}$ 进行交换表明，它们具有相同的本征值和相同的重数。因此，w'_k 与 w''_k 除了顺序以外，其他都是相同的。所以有 $M'=M''=M$，并且通过对 w''_k 重新编号，我们可以得到 $w'_k=w''_k=w_k$。若上述情况发生了，那么我们一般可以明确地选择

$$\eta_k=\frac{1}{\sqrt{w_k}}F\psi_k$$

于是，

$$\frac{1}{\sqrt{w_k}}F^*\eta_k=\frac{1}{w_k}F^*F\psi_k=\frac{1}{w_k}\dot{U}\psi_k=\psi_k$$

因此

$$\mathbf{V}\quad \eta_k=\frac{1}{\sqrt{w_k}}F\psi_k\text{，}\ \psi_k=\frac{1}{\sqrt{w_k}}F^*\eta_k$$

现在，让我们将标准正交系ψ_1，ψ_2，…扩展成为一个完全标准正交系ψ_1，ψ_2，…，ψ'_1，ψ'_2，…，并且同理地将η_1，η_2，…，扩展为η_1，η_2，…，η'_1，η'_2，…（两个集合ψ'_1，ψ'_2，…和η'_1，η'_2，…中的每一个都可以是空的，有限的或无穷的，并且每个集合都独立于另外一个集合而存在）。我们之前观察到，**F**，**U** 不参考φ_m，ξ_n。因此，我们可以利用 **V** 以及上述构建来确定完全标准正交系φ_1，φ_2，…和ξ_1，ξ_2，…。具体而言，我们使其分别与ψ_1，ψ_2，…，ψ'_1，ψ'_2，…和$\bar{\eta}_1$，$\bar{\eta}_2$，…，$\bar{\eta}'_1$，$\bar{\eta}'_2$，…相同：现设ψ_k对应于φ_{μ_k}，η_k对应于ξ_{v_k}（$k=1$，…，M）（μ_1，μ_2，…之间彼此不同，v_1，v_2，…也同样如此）。于是

$$F\varphi_{\mu_k}=\sqrt{w_k}\xi_{v_k}$$

$$F\varphi_m=0,\ \text{当}\ m\neq\mu_1,\ \mu_2,\ \cdots\text{时}$$

因此

$$f_{mn}=\begin{cases}\sqrt{w_k},\ m=\mu_k,\ n=v_k,\ k=1,\ 2,\ \cdots\\ 0,\ \text{其他}\end{cases}$$

或者等价于

$$\Phi(q,\ r)=\sum_{k=1}^{M}\sqrt{w_k}\varphi_{\mu_k}(q)\xi_{v_k}(r)$$

通过适当选择完全标准正交系$\varphi_m(q)$和$\xi_n(r)$，我们确定了矩阵$\{f_{mn}\}$每一列最多包含一个不等于 0 的元素（其为实数，且大于 0，即$\sqrt{w_k}$，这对于接下来的内容而言并不重要）。这个数学陈述的物理意义是什么呢?

设 A 为一个算子，其本征函数为 φ_1，φ_2，…，且各本征值互不相同，比如 a_1，a_2，…；同样，设 B 的本征函数为 ξ_1，ξ_2，…，且其互不相同的本征值为 b_1，b_2，…。$\mathfrak{A}$ 对应于Ⅰ中的一个物理量，$\mathfrak{B}$ 对应于Ⅱ中的一个物理量。因此，它们是同时可测量的。很容易看出，陈述"$\mathfrak{A}$ 取值 a_m 和 $\mathfrak{B}$ 取值 b_n"确定了状态 $\Phi_{mn}(q, r)=\varphi_m(q)\xi_n(r)$，并且处于状态 $\Phi(q, r)$ 中的概率为 $(P_{[\varphi_{mn}]}\Phi, \Phi)=|(\Phi, \Phi_{mn})|^2=|f_{mn}|^2$。因此，我们的陈述意味着 $\mathfrak{A}$，$\mathfrak{B}$ 是同时可测量的，且若其中之一在 Φ 中测量，则另一个值由其唯一确定（不可能产生导致所有 $f_{mn}=0$ 的 a_m，因为其总概率 $\sum_{n=1}^{\infty}|f_{mn}|^2$ 不可能为 0；若 a_m 曾经被观测到，则恰好对一个 n 有 $f_{mn}\neq 0$；b_n 也是如此）。也就是说，在状态 Φ（即对那些 $\sum_{n=1}^{\infty}|f_{mn}|^2>0$ 的 a_m，存在一个使 $f_{mn}\neq 0$ 的 n，通常所有 a_m 都是如此）中存在若干个可能的 $\mathfrak{A}$ 值，和相同数量的可能的 $\mathfrak{B}$ 值（即对那些 $\sum_{n=1}^{\infty}|f_{mn}|^2>0$ 的 b_n，存在一个使 $f_{mn}\neq 0$ 的 m）；Φ 在可能的 $\mathfrak{A}$ 值和可能的 $\mathfrak{B}$ 值之间建立了一一对应的关系。

若我们记可能的 m 值为 μ_1，μ_2，…，而且对应的可能的 n 值为 v_1，v_2，…，那么则有

$$f_{mn}=\begin{cases} c_k\neq 0, & \text{对 } m=\mu_k,\ n=v_k,\ k=1, 2, \cdots \\ 0, & \text{其他} \end{cases}$$

且因此（无论 M 为有限或者 ∞）

$$\Phi(q, r)=\sum_{k=1}^{M}c_k\varphi_{\mu_k}(q)\xi_{v_k}(r)$$

所以

$$\dot{u}_{mm'}=\sum_{n=1}^{\infty}\overline{f}_{mn}f_{m'n}=\begin{cases} |c_k|^2, & \text{对 } m=m'=\mu_k,\ k=1, 2, \cdots \\ 0, & \text{其他} \end{cases}$$

$$\ddot{u}_{nn'}=\sum_{m=1}^{\infty}\overline{f}_{mn}f_{mn'}=\begin{cases}|c_k|^2, & 对\ n=n'=v_k,\ k=1,\ 2,\ \cdots\\0, & 其他\end{cases}$$

因此

$$\dot{U}=\sum_{k=1}^{M}|c_k|^2 P_{[\varphi_{\mu_k}]},\quad \ddot{U}=\sum_{k=1}^{M}|c_k|^2 P_{[\xi_{v_k}]}$$

所以，当 Φ 投射到Ⅰ或者Ⅱ中时，它通常会成为一个混合总体。虽然它只是Ⅰ＋Ⅱ中的一个状态，但它确实涉及某些关于Ⅰ＋Ⅱ的信息，这些信息不能单独用于Ⅰ或单独用于Ⅱ，即 Φ 提供了 $\mathfrak{A}$ 值和 $\mathfrak{B}$ 值之间彼此一一对应的关系。

因此，对于每个 Φ，我们可以选择 A，B，即 φ_m 和 ξ_n，以满足我们的条件；当然，对任意的 A，B，这个条件可能不会得以满足。于是每个状态 Φ 在Ⅰ和Ⅱ之间建立了一种特定的关系，而与之相关的量 $\mathfrak{A}$，$\mathfrak{B}$ 取决于状态 Φ，即 φ_m 和 ξ_n。对于 Φ 在多大程度上决定了这两个量，这一问题并不难回答。若所有 $|c_k|$ 均不同且不等于 0，则 $\dot{U}$，$\ddot{U}$（由 Φ 确定）唯一地确定了各自的 φ_m 和 ξ_n（见 4.3 节所述内容）。我们将这个一般性的讨论留给读者。

最后，让我们提及以下这个事实：对于 $M\neq 1$，无论 $\dot{U}$ 还是 $\ddot{U}$ 都不是一种状态（因为所有 $|c_k|^2>0$）。当 $M=1$ 时，它们的状态都是：$\dot{U}=P_{[\varphi_{\mu_1}]}$，$\ddot{U}=P_{[\xi_{v_1}]}$。所以 $\Phi(q,\ r)=c_1\varphi_{\mu_1}(q)\xi_{v_1}(r)$。我们可以把 c_1 吸收到 $\varphi_{\mu_1}(q)$ 中。因此，$\dot{U}$，$\ddot{U}$ 是当且仅当 $\Phi(q,\ r)$ 具有 $\varphi(q)\xi(r)$ 形式时的状态，在这种情况下，它们分别等于 $P_{[\varphi]}$ 和 $P_{[\xi]}$。

基于上述结果，我们注意到：若Ⅰ处于 $\varphi(q)$ 状态中，并且Ⅱ处于 $\xi(r)$ 状态中，则Ⅰ＋Ⅱ处于 $\Phi(q,\ r)=\varphi(q)\xi(r)$ 状态中。另一方面，若Ⅰ＋Ⅱ处于非乘积 $\varphi(q)\xi(r)$ 的 $\Phi(q,\ r)$ 状态中，则Ⅰ和Ⅱ是混合总体，而非状态，但是 Φ 在Ⅰ和Ⅱ中的某些数量的可能值之间建立了一一对应的关系。

6.3 测量过程的讨论

本节将从 6.1 节所述想法的意义上对测量过程进行拓展。在我们完成对该种测量过程（借助在 6.2 节中开发的形式工具）的讨论之前，我们将利用 6.2 节所述结果，来排除一种通常用于过程 **1**（见 5.1 节）的可能的统计特征解释。这基于以下想法：设 Ⅰ 为被观测系统，Ⅱ 为观察者。若 Ⅰ 在测量前处于 $\dot{U}=P_{[\varphi]}$ 状态中，而另一方面，Ⅱ 处于混合总体

$$\ddot{U}=\sum_{n=1}^{\infty} w_n P_{[\xi_n]}$$

中，那么 Ⅰ + Ⅱ 是唯一确定的混合总体 U，根据 6.2 节中的结果，我们可以很容易算出

$$U=\sum_{n=1}^{\infty} w_n P_{[\varphi_n]}，\quad \Phi_n(q,\ r)=\varphi(q)\xi_n(r)$$

现在若量 $\mathfrak{A}$ 的测量在 Ⅰ 中进行，那么这将被视为 Ⅰ 和 Ⅱ 的相互作用。这就是具有能量算子 H 的过程 **2**（见 5.1 节）。若过程的持续时间为 t，那么由 U 我们将得到

$$U'=\mathrm{e}^{-\frac{2\pi \mathrm{i}}{h}tH}U\mathrm{e}^{\frac{2\pi \mathrm{i}}{h}tH}$$

且事实上

$$U'=\sum_{n=1}^{\infty} w_n P_{\left[\mathrm{e}^{-\frac{2\pi \mathrm{i}}{h}tH}\varphi_n\right]}$$

现在，若每个 $\psi_n(q)\eta_n(r)$ 都有形式

$$\mathrm{e}^{-\frac{2\pi \mathrm{i}}{h}tH}\Phi_n(q,\ r)$$

其中，ψ_n 是 A 的本征函数，η_n 是任意完全标准正交系，那么这种干涉将具有测量特征。因为它把Ⅰ的每个状态 φ 都转换为 A 的本征函数 ψ_n 的混合。因此，统计特征以这种方式出现：在测量之前，Ⅰ处于（唯一的）状态之中，但Ⅱ是一个混合总体，且Ⅱ的混合特征在相互作用的过程中与Ⅰ＋Ⅱ相关联。特别是，它在Ⅰ中形成了投影的混合总体。也就是说，测量的结果是不确定的。因为在测量之前，观察者的状态是未知的。可以想象，这样的一种机制可能会起到作用，因为观察者关于其自身状态的信息，可能会因自然规律而产生绝对的限制。这些限制将在 w_n 的值中予以表达，这是观察者单独的特征（因此，与 φ 无关）。

从这一点出发，我们尝试的解释不成立。因为量子力学要求 $w_n=(P_{\psi_n}\varphi,\ \varphi)=|(\varphi,\ \psi_n)|^2$，即 w_n 取决于 φ！可能存在另一种分解

$$U'=\sum_{n=1}^{\infty}w_n'P_{[\varphi'_n]}$$

[$\Phi'_n(q,\ r)=\psi_n(q)\eta_n(r)$ 是正交的]，但这也没用；因为 w'_n 是（除了顺序以外）由 U'（见4.3节所述内容）唯一确定的，因此等于 w_n[1]。

因此，过程**1**的非因果性并非通过对观察者状态的任何不完整知识而产生，我们将在接下来的内容中假设该状态是完全已知的。

现在，让我们再次回顾6.1节结束前所提出的问题。Ⅰ，Ⅱ，Ⅲ应具备在此处所给出的含义，而对于Ⅰ，Ⅱ的量子力学研究，我们将使用在6.2节中所述的记法，而Ⅲ仍不在我们的计算范围之内（见6.1节中的讨论）。设 $\mathfrak{A}$ 为实际要测量的量（在Ⅰ中），其本征函数为 $\varphi_1(q)$，$\varphi_2(q)$，…。设Ⅰ处于状态 $\varphi(q)$ 之中。

若Ⅰ是被观测系统，Ⅱ＋Ⅲ是观测者，那么我们必须应用过程**1**，而且

[1] 这种方法能够产生更多变体，出于类似的原因，必须避免出现这些变体。

我们发现测量过程把Ⅰ从状态 φ 转换为状态 φ_n（$n=1, 2, \cdots$）之一，其概率为 $|(\varphi, \varphi_n)|^2$（n=1，2，…）。现在，若被观测系统是Ⅰ+Ⅱ，只有Ⅲ是观测者，那么我们应该采用什么样的描述方法呢？

在这种情况下，我们必须把Ⅱ说成一种测量仪器，它在刻度上显示 $\mathfrak{A}$（在Ⅰ中）的值：指针在刻度上的位置是物理量 $\mathfrak{B}$（在Ⅱ中），它实际上是被Ⅲ观测到的（若Ⅱ已经存在于观测者的体内，我们有相应的生理概念代替刻度和指针，诸如视网膜和视网膜上的成像等）。设 $\mathfrak{A}$ 的值为 a_1，a_2，…，$\mathfrak{B}$ 的值为 b_1，b_2，…，并且用编号将 a_n 与 b_n 相关联。

起初，Ⅰ处于（未知）状态 $\varphi(q)$ 下，Ⅱ处于（已知）状态 $\xi(r)$ 下，因此Ⅰ+Ⅱ处于状态 $\Phi(q, r)=\varphi(q)\xi(r)$ 下。如上文示例所述，测量（只要是Ⅱ在Ⅰ上执行）由能量算子 H（在Ⅰ+Ⅱ中）在时间区间 t 进行：这是过程 **2**，它把状态 Φ 转换为状态

$$\Phi' = e^{-\frac{2\pi i}{h}tH}\Phi$$

观测者Ⅲ认为，只有在以下情况下才能进行测量：若Ⅲ要（通过过程 **1**）对同时可测量的量 $\mathfrak{A}$、$\mathfrak{B}$（分别在Ⅰ或Ⅱ中，或者两者都在Ⅰ+Ⅱ中）进行测量，那么 a_n，b_n 这对值对于 $m \neq n$ 的概率为 0，对于 $m=n$ 的概率为 w_n。也就是说，"查看"Ⅱ就足够了，而 $\mathfrak{A}$ 在Ⅰ中进行测量。此外，量子力学还要求满足 $w_n=|(\varphi, \varphi_n)|^2$ 的条件。

若这一情况成立的，那么在Ⅱ中发生的测量过程，已在理论上得以"解释"，即在 6.1 节中所讨论的划分Ⅰ|Ⅱ+Ⅲ已转换为Ⅰ+Ⅱ|Ⅲ。

于是相应的数学问题如下所述：在Ⅰ中给定一个完全标准正交系 φ_1，φ_2，…。于是，我们可以在 $\mathfrak{R}^{\text{Ⅱ}}$ 中找到集合 ξ_1，ξ_2，…，在 $\mathfrak{R}^{\text{Ⅰ+Ⅱ}}$ 中找到一个（能量）算子 H 以及一个时间 t，使得以下关系成立：若 φ 是 $\mathfrak{R}^{\text{Ⅰ}}$ 中的一个任意状态，并且

$$\Phi(q, r)=\varphi(q)\xi(r), \quad \Phi'(q, r)=e^{-\frac{2\pi i}{h}tH}\Phi(q, r)$$

那么 $\Phi'(q, r)$ 必定有形式

$$\sum_{n=1}^{\infty} c_n \varphi_n(q) \xi_n(r)$$

（这里 c_n 自然取决于 φ）。因此 $|c_n|^2 = |(\varphi, \varphi_n)|^2$（后者等同于上述物理要求，这在 6.2 节中进行过讨论）。

下面我们将应用一个固定的集合 $\xi_1, \xi_2, \cdots$，固定的 ξ，以及固定的 $\varphi_1, \varphi_2, \cdots$，并以此来研究幺正算子 $\Delta = e^{-\frac{2\pi i}{h}tH}$ 而非 H。

这一数学问题将我们带回到 6.2 节中已解决的那个问题：在该节中，对应于我们现在状态 φ 的量已经给出，并且我们已证实了 c_n, φ_n, ξ_n 的存在。现在，φ_n, ξ_n 是固定的，Φ 与 c_n 对 φ 的依赖关系已经给定，我们还需要确定一个固定的 Δ，以使得 $\Phi' = \Delta\Phi$，从而可解出 c_n, φ_n, ξ_n。

我们将证明，确实可能存在这么一个确定的 Δ。在这种情况下，只有原理对我们来说才是最重要的，即找出任何一个这样的 Δ。而对于更进一步的问题，即关于幺正算子 $\Delta = e^{-\frac{2\pi i}{h}tH}$ 所对应的简单、合理的测量安排是否也具有这一性质，在此则不予以考虑。其实，我们发现，我们的要求与干涉测量特征看似合理的直观标准是相吻合的。此外，所探讨的安排应具有测量的特征。因此，若这些 Δ 不满足（至少应在大体上符合）所讨论的要求，则用于观测的量子力学将完全与我们的经验相矛盾。因此，下面将只给出一个完全满足我们条件的抽象 Δ。

设 φ_m $(m=0, \pm 1, \pm 2, \cdots)$ 和 ξ_n $(n=0, \pm 1, \pm 2, \cdots)$ 分别是在 $\mathfrak{R}^{\mathrm{I}}$ 和 $\mathfrak{R}^{\mathrm{II}}$ 中两个给定的完全标准正交系（我们令 m、n 取值 $0, \pm 1, \pm 2, \cdots$，而非取值 $1, 2, \cdots$。这么做纯粹是为了在技术方面方便操作，原则上与前者等同）。为简单起见，我们设状态 ξ 为 ξ_0。我们把算子 Δ 定义为

$$\sum_{m,n=-\infty}^{\infty} x_{mn} \varphi_m(q) \xi_n(r) = \sum_{m,n=-\infty}^{\infty} x_{mn} \varphi_m(q) \xi_{m+n}(r)$$

由于 $\varphi_m(q)\xi_n(r)$ 和 $\varphi_m(q)\xi_{m+n}(r)$ 在 $\mathfrak{R}^{\mathrm{I+II}}$ 中形成了一个完全标准正交系，

所这个Δ是一个幺正算子。现在

$$\varphi(q)=\sum_{m=-\infty}^{\infty}(\varphi,\ \varphi_m)\cdot\varphi_m(q),\quad \xi(r)=\xi_0(r)$$

所以

$$\Phi(q,\ r)=\varphi(q)\xi(r)=\sum_{m=-\infty}^{\infty}(\varphi,\ \varphi_m)\cdot\varphi_m(q)\xi_0(r)$$

$$\Phi'(q,\ r)=\Delta\Phi(q,\ r)=\sum_{m=-\infty}^{\infty}(\varphi,\ \varphi_m)\cdot\varphi_m(q)\xi_m(r)$$

因此，我们的目的得以达成。我们还有$c_n=(\varphi,\ \varphi_n)$。

若我们用具体的薛定谔波函数来例举说明，并用H取代Δ，那么我们就可以更好地了解该过程的机制。

被观测对象，以及观测者（分别指Ⅰ和Ⅱ）可以分别由单个变量q和r表示，二者均可在$-\infty$至$+\infty$之间连续取值。也就是说，可以把二者认为是沿一条直线移动的点。于是二者的波函数分别总是以$\psi(q)$和$\eta(r)$形式存在。我们假设它们的质量分别为m_1和m_2，而m_1和m_2大到可以忽略能量算子的动能部分（即$\frac{1}{2m_1}\left(\frac{h}{2\pi i}\frac{\partial}{\partial q}\right)^2+\frac{1}{2m_2}\left(\frac{h}{2\pi i}\frac{\partial}{\partial r}\right)^2$）。于是，只剩下对测量起决定性作用的相互作用能量部分。为此，我们选择特定的形式$\frac{h}{2\pi i}q\frac{\partial}{\partial r}$。那么含时薛定谔微分方程为［对于Ⅰ+Ⅱ的波函数$\psi_t=\psi_t(q,\ r)$］

$$\frac{h}{2\pi i}\frac{\partial}{\partial t}\psi_t(q,\ r)=-\frac{h}{2\pi i}q\frac{\partial}{\partial r}\psi_t(q,\ r),\quad \left(\frac{\partial}{\partial t}+q\frac{\partial}{\partial r}\right)\psi_t(q,\ r)=0$$

即

$$\psi_t(q,\ r)=f(q,\ r-tq)$$

若对于$t=0$有$\psi_0(q,\ r)=\Phi(q,\ r)$，则我们有$f(q,\ r)=\varphi(q,\ r)$，且因此

$$\psi_t(q,\ r)=\varphi(q,\ r-tq)$$

特别是，若Ⅰ、Ⅱ的初始状态分别以$\varphi(q)$和$\xi(r)$表示，那么从我们的计

算方案的意义上（若时间 t 出现在其中，则选 1）

$$\Phi(q, r)=\varphi(q)\xi(r)$$

$$\Phi'(q, r)=\psi_1(q, r)=\varphi(q)\xi(r-q)$$

现在我们想要证明这可以通过把Ⅱ用于Ⅰ的位置进行测量，即坐标是相互关联的。（由于 q，r 具有连续谱，因此它们只能以有限的任意精度进行测量，而非以绝对精度进行测量。因此，只能近似地完成这项测量。）

为此，我们将假设 $\xi(r)$ 仅在非常小的区间（$-\varepsilon<r<\varepsilon$）内与 0 不同（即在测量前就非常精准地知道观测者的坐标）。此外，ξ 当然应该是标准化了的：$\|\xi\|=1$，即 $\int|\xi(r)|^2\,\mathrm{d}r=1$。

因此，q 位于区间 $q_0-\delta<q<q_0+\delta$ 中，且 r 位于区间 $r_0-\delta'<r<r_0+\delta'$ 中的概率为

$$\int_{q_0-\delta}^{q_0+\delta}\int_{r_0-\delta}^{r_0+\delta}|\varphi'(q, r)|^2\,\mathrm{d}q\mathrm{d}r=\int_{q_0-\delta}^{q_0+\delta}\int_{r_0-\delta}^{r_0+\delta}|\varphi(q)|^2|\xi(q, r)|^2\,\mathrm{d}q\mathrm{d}r$$

若 q_0，r_0 之间的差值大于 $\delta+\delta'+\varepsilon$，该积分则为 0，即 q，r 之间的联系非常紧密，差值永远不会大于 $\delta+\delta'+\varepsilon$。基于我们对 ξ 的假设，若选择 $\delta'\geqslant\delta+\varepsilon$，当 $r_0=q_0$ 时，该积分为

$$\int_{q_0-\delta}^{q_0+\delta}|\varphi(q)|^2\,\mathrm{d}q$$

但是，由于我们可以选择任意小的 δ，δ'，ε（但是它们必须不为 0），这就意味着 q，r 是以任意的紧密度联系在一起的，并且概率密度的值为 $|\varphi(q)|^2$，这是由量子力学得到的。

也就是说，正如我们在 4.1 节和本节中所讨论的那样，测量之间的关系得以实现。

对于更加复杂的例子的讨论，比如，类似于我们在 4.1 节中所举的四个例子，或者对于测量有效性的控制确定，也可以以这种方式进行。该测量是对Ⅱ在Ⅰ上进行的并由第二个观测者Ⅲ予以实施的。我们把这一情况留给读者去探讨。

文化伟人代表作图释书系全系列

第一辑

《自然史》〔法〕乔治·布封 / 著
《草原帝国》〔法〕勒内·格鲁塞 / 著
《几何原本》〔古希腊〕欧几里得 / 著
《物种起源》〔英〕查尔斯·达尔文 / 著
《相对论》〔美〕阿尔伯特·爱因斯坦 / 著
《资本论》〔德〕卡尔·马克思 / 著

第二辑

《源氏物语》〔日〕紫式部 / 著
《国富论》〔英〕亚当·斯密 / 著
《自然哲学的数学原理》〔英〕艾萨克·牛顿 / 著
《九章算术》〔汉〕张 苍 等 / 辑撰
《美学》〔德〕弗里德里希·黑格尔 / 著
《西方哲学史》〔英〕伯特兰·罗素 / 著

第三辑

《金枝》〔英〕J. G. 弗雷泽 / 著
《名人传》〔法〕罗曼·罗兰 / 著
《天演论》〔英〕托马斯·赫胥黎 / 著
《艺术哲学》〔法〕丹 纳 / 著
《性心理学》〔英〕哈夫洛克·霭理士 / 著
《战争论》〔德〕卡尔·冯·克劳塞维茨 / 著

第四辑

《天体运行论》〔波兰〕尼古拉·哥白尼 / 著
《远大前程》〔英〕查尔斯·狄更斯 / 著
《形而上学》〔古希腊〕亚里士多德 / 著
《工具论》〔古希腊〕亚里士多德 / 著
《柏拉图对话录》〔古希腊〕柏拉图 / 著
《算术研究》〔德〕卡尔·弗里德里希·高斯 / 著

第五辑

《菊与刀》〔美〕鲁思·本尼迪克特 / 著
《沙乡年鉴》〔美〕奥尔多·利奥波德 / 著
《东方的文明》〔法〕勒内·格鲁塞 / 著
《悲剧的诞生》〔德〕弗里德里希·尼采 / 著
《政府论》〔英〕约翰·洛克 / 著
《货币论》〔英〕凯恩斯 / 著

第六辑

《数书九章》〔宋〕秦九韶 / 著
《利维坦》〔英〕霍布斯 / 著
《动物志》〔古希腊〕亚里士多德 / 著
《柳如是别传》 陈寅恪 / 著
《基因论》〔美〕托马斯·亨特·摩尔根 / 著
《笛卡尔几何》〔法〕勒内·笛卡尔 / 著

第七辑

《蜜蜂的寓言》〔荷〕伯纳德·曼德维尔 / 著
《宇宙体系》〔英〕艾萨克·牛顿 / 著
《周髀算经》〔汉〕佚 名 / 著 赵 爽 / 注
《化学基础论》〔法〕安托万-洛朗·拉瓦锡 / 著
《控制论》〔美〕诺伯特·维纳 / 著
《月亮与六便士》〔英〕威廉·毛姆 / 著

第八辑

《人的行为》〔奥〕路德维希·冯·米塞斯 / 著
《福利经济学》〔英〕阿瑟·赛西尔·庇古 / 著
《纯数学教程》〔英〕戈弗雷·哈罗德·哈代 / 著
《量子力学》〔美〕恩利克·费米 / 著
《量子力学的数学基础》〔美〕约翰·冯·诺依曼 / 著
《精确科学的常识》〔英〕威廉·金顿·克利福德 / 著

中国古代物质文化丛书

《长物志》
〔明〕文震亨 / 撰

《园冶》
〔明〕计 成 / 撰

《香典》
〔明〕周嘉胄 / 撰
〔宋〕洪 刍 陈 敬 / 撰

《雪宧绣谱》
〔清〕沈 寿 / 口述
〔清〕张 謇 / 整理

《营造法式》
〔宋〕李 诫 / 撰

《海错图》
〔清〕聂 璜 / 著

《天工开物》
〔明〕宋应星 / 著

《髹饰录》
〔明〕黄 成 / 著 扬 明 / 注

《工程做法则例》
〔清〕工 部 / 颁布

《清式营造则例》
梁思成 / 著

《中国建筑史》
梁思成 / 著

《文房》
〔宋〕苏易简 〔清〕唐秉钧 / 撰

《鲁班经》
〔明〕午 荣 / 编

“锦瑟”书系

《浮生六记》
〔清〕沈 复 / 著 刘太亨 / 译注

《老残游记》
〔清〕刘 鹗 / 著 李海洲 / 注

《影梅庵忆语》
〔清〕冒 襄 / 著 龚静染 / 译注

《生命是什么？》
〔奥〕薛定谔 / 著 何 滟 / 译

《对称》
〔德〕赫尔曼·外尔 / 著 曾 怡 / 译

《智慧树》
〔瑞士〕荣 格 / 著 乌 蒙 / 译

《蒙田随笔》
〔法〕蒙 田 / 著 霍文智 / 译

《叔本华随笔》
〔德〕叔本华 / 著 衣巫虞 / 译

《尼采随笔》
〔德〕尼 采 / 著 梵 君 / 译

《乌合之众》
〔法〕古斯塔夫·勒庞 / 著 范 雅 / 译

《自卑与超越》
〔奥〕阿尔弗雷德·阿德勒 / 著 刘思慧 / 译